面向储层预测的
地震保幅处理技术

李继光　栾锡武　著

科学出版社
北京

内 容 简 介

本书从正演模拟出发，详细叙述了地震保幅处理评价准则的制定，不同保幅分析评价方法的建立，在关键处理环节保幅性分析与评价基础上，对保幅能力相对较低的技术环节，通过优选已有的处理技术、流程、参数及新技术研发，形成了完整的面向岩性储层精细预测的地震保幅处理理论和技术体系，经大量的实际生产应用，得到了较好效果。本书述及的技术成果对隐蔽性油气藏的勘探与开发具有实际的指导意义。

本书可供地震勘探开发研究工作人员及高等院校相关专业师生参考。

图书在版编目(CIP)数据

面向储层预测的地震保幅处理技术/李继光，栾锡武著. —北京：科学出版社，2018.1
ISBN 978-7-03-054686-9

Ⅰ. ①面… Ⅱ. ①李…②栾… Ⅲ. ①储集层–地震勘探–研究 Ⅳ. ①P618.130.8

中国版本图书馆 CIP 数据核字（2017）第 240243 号

责任编辑：周 杰 刘文杰 / 责任校对：彭 涛
责任印制：张 伟 / 封面设计：无极书装

科学出版社 出版
北京东黄城根北街 16 号
邮政编码：100717
http://www.sciencep.com

北京京华虎彩印刷有限公司 印刷
科学出版社发行 各地新华书店经销

*

2018 年 1 月第 一 版 开本：720×1000 B5
2018 年 1 月第一次印刷 印张：20
字数：400 000

定价：198.00 元
（如有印装质量问题，我社负责调换）

序

"十一五"以来，中国陆上含油气盆地逐步进入高成熟勘探阶段，隐蔽性油气藏越来越成为勘探开发工作的重点，而岩性油气藏是该类油气藏中的重要类型。河道砂体、三角洲浊积砂体、砂砾岩体、滩坝砂等复杂岩性储层是目前老油区勘探开发的主要对象。但这些复杂岩性储层的反射特征、横向范围和厚度变化大，纵向叠置关系复杂、连通性差，边界预测困难。这成为当前在老油区勘探开发中要解决的主要地震地质问题。

随着地震勘探领域从构造圈闭向岩性圈闭的延伸，地震勘探将面临新的挑战和机遇。构造油气藏勘探主要以落实地下构造为主，研究的是地下构造的精准成像，对资料的信噪比要求高，但对保幅性要求较低，在处理过程中往往不太注重相对保幅处理，处理效果的优劣通常以最终成果剖面的成像效果为主要评价目标。岩性油气藏勘探对地震资料处理提出了更高要求，在满足构造准确成像的基础上，对地震成果资料的保幅、保真性要求更高，希望地震成果资料更加真实地反映地震构造的空间展布情况及含流体的性质。以前的地震处理方法及流程大多只注重构造成像，仅满足于得到地下反射的位置，忽略了处理方法及参数变化对地震波振幅等信息的改造，致使地震反射特征不能够真实地反映地下介质的岩性、物性变化，不利于岩性反演、储层预测和流体判别。地震数据的保幅一直是制约精细储层预测技术发展的瓶颈问题。

目前国内已有不少研究人员在相对保幅处理方面做了很多有益的尝试，并尝试将地震资料的振幅、频率、相位等波形信息被广泛应用于储集体储集性能和含油气评价中。但如何检验一项处理技术是否真正达到了保幅处理的要求，仍然缺乏一个统一的分析与评价标准。对各种处理技术的保幅性还缺乏系统的分析和评价。因此，在质量监控方面有必要建立一套地震资料保幅评价准则，对现有保幅性相对较低的处理环节，开发相应的替代技术，最终建立一套能够满足储层精细预测需要的保幅处理技术和流程，提高地震成果资料的保幅性，以确保岩性油气藏的准确识别与描述。

面对当前岩性勘探和高精度储层预测的需要，结合当前地震处理技术及岩性勘探现状，通过多年的研究与实践，该书提供了一套地震保幅处理评价准则、一套地震资料处理过程及成果资料的保幅分析评价方法、一套面向岩性储层精细预测的保幅处理技术，这将为精细储层预测提供保幅程度较高的地震成果资料，以提高岩性油气藏储层预测的精度。

在相关技术人员的共同努力下，该研究成果在胜利油田东、西部探区几十个区块应用，取得了良好的地质效果与经济效益，具有广泛的推广价值和借鉴意义。

中国工程院院士

2017 年 7 月

前　言

　　Levorsen（1964）于1964年首次提出隐蔽圈闭（隐蔽油气藏）的概念，并强调隐蔽油气藏是与岩性变化、流体和水动力等有关的非构造类油气藏。1981年，Halbouty（1981）将隐蔽油气藏分为地层型、古地貌型和不整合型3类。近些年，对隐蔽油气藏概念的详细讨论较多（牛嘉玉等，2005；庞雄奇等，2007a，2007b）。胡晓兰等（2010）在总结前人研究（潘元林等，1998；杨占龙和陈启林，2006；李丕龙和庞雄奇，2004；林畅松等，2000；王英民等，2003；刘豪等，2004；杨万里，1984；尹太举和张昌民，2005；沈守文等，2001；Vail，1987；何登发，2007）的基础上，认为隐蔽油气藏是指在当前勘探技术水平下，应用非常规思路与方法能够部分识别和描述的非构造油气藏，主要指发育在层序格架的特殊部位或有特殊成因的岩性油气藏、地层油气藏以及复合型水动力油气藏等，并总结指出，截至目前，层序地层学（Haq et al.，1987；Vail，1987；侯明才等，2001；罗立民，1999；Cross，1994；郑荣才等，2000；肖传桃等，2006；贾承造等，2004）、古地貌（周心怀等，2016；吴金才等，2004）、坡折带（周心怀等，2016；张善文等，2003；吴金才等，2004）和油源控制（侯读杰等，2008；赵文智等，2004）4大隐蔽油气藏理论有效地指导了隐蔽油气藏的勘探开发实践；三级层序不整合面上、下空间和低位体系域为隐蔽油气藏发育的有利场所，不整合面自身的疏导能力和封闭机理是隐蔽油气藏形成的主要因素，低位体系域中丰富的储集体和良好的空间配置为油气富集提供了有利条件，古地貌与坡折带制约着储集体的空间展布及汇聚沉积特征，指导了隐蔽储集体的横向追踪；优质烃源岩与储集层的位置关系可以为精确预测隐蔽油气藏发育范围提供思路（胡晓兰等，2010）。

　　随着油气勘探形势的发展和隐蔽油气藏勘探实践的进行，隐蔽油气藏已成为很多盆地油气勘探的主要目标。统计资料表明，在全球范围内，构造油气藏、复合油气藏和隐蔽油气藏的储量比例分别为35%、30%和35%。近年来，我国济阳坳陷油气探明储量的30%来自隐蔽油气藏（郝芳等，2005）。随着油气勘探程度的进一步提高，隐蔽油气藏勘探则向更为复杂的条件拓展。深层隐蔽油气藏、叠合盆地中与不整合面有关的隐蔽油气藏及调整改造型隐蔽油气藏成为重要勘探领域，亦成为隐蔽油气藏成藏机理研究的前沿和难点（郝芳等，2005）。与大型背斜断块构造和潜山披覆背斜构造油气藏不同，隐蔽油气藏主要受地层、不整合面、岩相、砂体几何形态，以及与油气运移相关的断层等因素控制。而在背斜构造油气藏等基础上建立起来的概念，如油水边界、含油高度、地质储量等基本概念，比较难以直接应用到对隐蔽油气藏的描述上。并且，复杂隐蔽油气藏在形态上变化大，生储盖配置关系多样化，这些情况都加大了对复杂隐蔽油气藏勘探开发的难度。围绕这些复杂隐蔽油气藏的成藏机理仍存在一系列有待解决的油气理论问题，但不断提高地震资料的信噪比，在高信噪比地震资料的基础上，如何利用地震资料预测地下油气储层的岩石物性，包括压力、孔隙度、渗透率、饱和度等，由此再进一步预测油气分布位置和规模、确定储集体形态、标定产层深度及厚度，是复杂隐蔽油气藏勘探开发的关键问题（张进铎，2006；张向林等，2006；张延玲等，2006）。

面对隐蔽油气藏，特别是复杂隐蔽油气藏勘探开发提出的新要求，地球物理学家已认识到充分利用地震资料所提供的信息的必要性，要求在最大限度地保留地震资料有效信息的同时，用新的方法和新的手段有效提取、利用这些信息。这些新技术包括成像技术由叠后提到叠前来完成（李林等，2011），研究介质由各向同性转向各向异性（张振波等，2014），反演则以多偏移距（王华忠等，2007）、多分量（李晓明等，2012；赵邦六等，2013）和各向异性为主（黄新平，2009），基础地震资料也由叠后向叠前转变，将岩石物理统计分析技术（肖志波等，2013）、正演模型技术（姜秀清等，2002）、地震反演技术（撒利明等，2015）、AVO技术（孙鹏远，2005；刘伟和曹思远，2008；宋建国等，2008）等应用于地震资料解释中（关达和付强，2003）。

上述技术的应用，反过来对地震数据处理提出了新的要求。针对构造油气藏，地震数据的解释反演主要是在叠后地震数据上进行。叠后地震处理技术是基于均匀介质或水平层状假设的。叠后时间偏移虽然能解决反射层归位和绕射波收敛，但不能解决倾斜界面的非共反射点叠加问题，保幅性和成像效果都较差，加之全角度多次叠加，损失、模糊了很多储层及油气等信息，同时也不同程度降低了地震资料反映储层变化的敏感性。随着隐蔽油气藏勘探工作的深入，特别是复杂隐蔽油气藏勘探工作的开展，提供包含更多信息的叠前地震数据处理已成为数据处理的主流方向，并在深水领域（张振波等，2014），碳酸盐岩地区（陶云光等，2010）和复杂岩性勘探领域（敬魏和杨文斌，2007）都形成了针对性的叠前处理技术。叠前处理技术与叠后处理技术相比，具有很多优点，前者在改善保幅性和成像效果的同时，还能够提供保真度好、聚焦好的道集，为进一步做好AVO、AVA等叠前属性反演研究奠定基础。保幅处理随之成为叠前处理的关键。

近年来，国内外地球物理工作者开展了大量的地震资料保幅处理的相关研究。这涉及不同处理技术的保幅性分析、保幅处理流程的建立等诸多问题。但大家对保幅处理的认识并不统一，观点也不一致。保幅处理"保"什么？保振幅还是保波形？不同的地球物理工作者对这些问题有不同的认识（芮拥军，2011；郭树祥，2009；李振春等，2010；王华忠等，2007）。严格意义上的保幅处理是一种"理想化"的模式。由于基础地震数据本身的缺陷，理想化的保幅处理是难以实现的。从多年的生产实践看，在保持原始地震资料有效反射信息如振幅、频率、相位等不发生相对畸变的前提下，采用有效合理的手段来提升地震资料品质的处理，皆可视为保幅处理。依此，本书定义的相对保幅处理的含义如下：①在恢复（或者补偿）地震波传播过程中被衰减、吸收和反射的那部分信息时，使地震波的振幅特性保持不变；②对地震波进行消除或衰减噪声干扰时，保持地震波的振幅相对关系不变；③在对资料进行其他处理时，不损害地震波的振幅相对关系。

全书在理论基础分析和正演模拟的基础上，针对隐蔽性油气藏地震勘探与相对保幅处理的需要，建立了一套地震保幅处理评价准则，给出了地震保幅处理判别方法，建立了地震保幅处理分析系统；对地震补偿类技术、叠前去噪技术、不同反褶积技术以及地震波成像处理技术进行了较为详尽的保幅性评价；在关键处理技术保幅性分析与评价的基础上，对保幅能力相对较低的技术环节，开展了视频空间域波形一致性校正技术研究、自适应谱模拟反褶积技术研究、三维FK伯复兴叠前道内插技术研究，研发了相应的处理模块；通过优选已有技术流程参数及新研发技术集成，最终形成了一套面向岩性储层精细预测的保幅处理技术系列。本书最后介绍了该技术系列在罗家和垦东1两个试验工区应用的情况。作者在研究与大量实践的基础上，以下三点体会需要特别提醒读者：

（1）低频信息在储层岩性和含流体识别中具有重要的作用，在地震保幅优化处理过程中不能只为了追求高分辨率而损失低频信息。

（2）利用AVO技术进行储层预测对叠前道集具有严格的要求，保证有近偏移距（小角度）到远偏移距（大角度）振幅能量变化的可靠性是地震保幅优化处理的重点。

（3）保幅处理依赖于原始地震资料质量，因此保幅处理要从野外采集入手，通过采集、处理、解释过程的有机结合，才能切实提升岩性油气藏刻画的精度。

本书的出版应该特别感谢各位领导、同事、同学的大力支持与付出，感谢行业基金项目（201511037）和青岛海洋科学与技术国家实验室项目（2016ASKJ13，2017ASKL01，2017ASKJ02）对本书出版的支持，感谢海洋国家实验室海洋矿产资源功能实验室学术委员会主任李阳院士对本项工作的悉心指导并为本书作序。

由于保幅处理是一相对的、逐步完善与提高的过程，因此，本书的工作远没有结束，加之作者水平所限，错误及不足之处敬请读者不吝批评、赐教。

作者
2017年11月

目 录

第1章 绪论 ··· 1
1.1 地震保幅处理的意义 ··· 1
1.2 地震保幅处理的定义 ··· 1
1.3 地震波形的影响因素分析 ··· 3
1.3.1 地震波的振幅 ··· 3
1.3.2 地震波的频率 ··· 4
1.3.3 地震波的相位 ··· 4
1.4 保幅处理应树立的理念 ··· 5
1.5 地震保幅处理的必要性 ··· 6
1.5.1 勘探形势发展的需要 ··· 6
1.5.2 高精度储层预测的需要 ··· 7

第2章 地震保幅评价模型建立与地震响应特征分析 ··· 8
2.1 黏弹介质中可变空间网格地震波传播数值模拟方法 ··· 8
2.1.1 方法研究 ··· 10
2.1.2 数值试验 ··· 13
2.2 砂岩储层模型地震模拟与地震波特征 ··· 21
2.2.1 模型设计与观测方式 ··· 21
2.2.2 砂岩储层特征提取 ··· 22
2.3 地震保幅评价二维数据模型建立 ··· 29
2.3.1 河道砂模型的建立 ··· 29
2.3.2 砂砾岩体模型的建立 ··· 32
2.3.3 复杂断块模型的建立 ··· 34
2.3.4 模型正演模拟与地震响应特征分析 ··· 36
2.4 小结 ··· 45

第3章 地震保幅评价准则建立与保幅分析方法研究 ··· 47
3.1 保幅处理评价准则 ··· 47
3.2 保幅处理判别方法 ··· 50
3.2.1 相减法（残差法） ··· 51

  3.2.2 时频分析方法 ·········· 53
  3.2.3 振幅曲线对比法 ·········· 55
  3.2.4 振幅比计算法 ·········· 58
  3.2.5 子波一致性相关分析法 ·········· 58
  3.2.6 沿层地震属性分析法 ·········· 61
  3.2.7 切片分析法 ·········· 62
  3.2.8 合成记录法 ·········· 63
  3.2.9 AVO 属性分析法 ·········· 64
  3.2.10 波阻抗与测井结果的一致性分析方法 ·········· 65
 3.3 地震保幅分析系统建立 ·········· 67
  3.3.1 主要技术依据 ·········· 67
  3.3.2 三维沿层属性分析 ·········· 67
  3.3.3 三维沿层信噪比分析技术 ·········· 74
  3.3.4 残差分析技术 ·········· 78
  3.3.5 子波属性分析技术 ·········· 78
  3.3.6 时变频率分析 ·········· 80
  3.3.7 井点合成记录与 AVO/AVA 关系生成 ·········· 81
  3.3.8 目的层段 AVO/AVA 关系保持特性监测 ·········· 81
 3.4 小结 ·········· 82

第4章 现有关键处理技术的保幅性研究 ·········· 83
 4.1 地震补偿类技术的保幅性评价 ·········· 83
  4.1.1 道均衡技术保幅性分析 ·········· 84
  4.1.2 增益类技术保幅性分析 ·········· 84
  4.1.3 振幅补偿类技术保幅性分析 ·········· 88
  4.1.4 小结 ·········· 98
 4.2 叠前去噪技术的保幅性评价 ·········· 99
  4.2.1 频率空间域压制面波（FXCNS） ·········· 100
  4.2.2 工业电去除、单频噪声压制、压制工业电干扰 ·········· 105
  4.2.3 分频带振幅统计的自适应噪声衰减技术 ·········· 111
  4.2.4 Radon 变换压制多次波 ·········· 114
  4.2.5 F-K 域压制相干噪声 ·········· 123
  4.2.6 保幅去噪模块小结 ·········· 130
 4.3 不同反褶积技术的保幅性评价 ·········· 131
  4.3.1 反褶积保幅性评价方法 ·········· 132

| 4.3.2 反褶积保幅性分析评价 ·· 133
| 4.3.3 不同反褶积类型保幅性分析 ·· 138
| 4.3.4 反褶积参数的保幅性分析 ·· 140
| 4.3.5 反 Q 滤波技术保幅性评价分析 ·· 151
| 4.3.6 谱白化技术保幅性评价分析 ·· 155
| 4.3.7 实际资料保幅性分析 ·· 157
| 4.3.8 小结 ·· 161
| 4.4 地震波成像处理技术的保幅性评价 ··· 162
| 4.4.1 成像处理技术的理论保幅性研究 ·· 163
| 4.4.2 采集因素对成像保幅性的影响研究 ·· 169
| 4.4.3 偏移成果的保幅性评价实例 ·· 177
| 4.4.4 小结 ·· 179

第 5 章 保幅新技术开发及模块研制 ·· 180

5.1 时频空间域波形一致性校正技术研究 ··· 180
　5.1.1 广义 S 变换时频分析技术 ··· 181
　5.1.2 基于广义 S 变换的频率补偿基本原理 ·· 182
　5.1.3 STFT、小波变换和 S 变换分频方法对比 ·· 184
　5.1.4 时频空间域波形一致性能量补偿方法实现思路 ··· 187
　5.1.5 实际资料应用测试 ·· 189
　5.1.6 小结 ·· 195
5.2 自适应谱模拟反褶积技术研究 ··· 196
　5.2.1 传统谱模拟反褶积技术基本原理 ·· 196
　5.2.2 谱模拟参数优选原则 ·· 197
　5.2.3 传统谱模拟反褶积方法技术缺陷 ·· 199
　5.2.4 谱模拟技术改进策略 ·· 199
　5.2.5 自适应谱模拟反褶积技术 ·· 204
　5.2.6 小结 ·· 215
5.3 三维 FK 保幅性叠前道内插技术研究 ·· 216
　5.3.1 保幅性叠前道内插基本原理 ·· 216
　5.3.2 空缺数据道的内插重建 ·· 219
　5.3.3 数据内插分类 ·· 221
　5.3.4 保幅性三维傅里叶变换叠前道内插应用效果分析 ··· 230
　5.3.5 小结 ·· 233

第6章 面向储层精细预测的保幅处理流程建立及应用研究 ……………… 235
6.1 保幅处理流程建立——以罗家-2009高精度三维为例 …………… 235
6.1.1 研究区地质特点分析 ………………………………………… 235
6.1.2 以往处理流程分析 …………………………………………… 237
6.1.3 关键处理环节配置关系研究 ………………………………… 240
6.1.4 关键处理模块的保幅性分析及应用 ………………………… 244
6.1.5 研究区保幅流程建立 ………………………………………… 262
6.2 保幅处理流程建立——以垦东1三维研究区为例 ………………… 263
6.2.1 垦东1三维研究区概况 ……………………………………… 263
6.2.2 资料分析 ……………………………………………………… 264
6.2.3 以往处理流程分析 …………………………………………… 264
6.2.4 关键处理环节保幅配置关系研究 …………………………… 265
6.2.5 关键处理步骤保幅性分析 …………………………………… 272
6.3 邵家沙四段上灰岩储层应用效果分析 ……………………………… 283
6.3.1 储层分布及成藏特征分析 …………………………………… 283
6.3.2 地震属性储层预测技术 ……………………………………… 285
6.3.3 优化前后效果分析 …………………………………………… 286
6.3.4 储层预测成果 ………………………………………………… 288
6.3.5 小结 …………………………………………………………… 290
6.4 垦东北馆上河道砂岩储层应用效果分析 …………………………… 290
6.4.1 储层敏感参数及正演特征分析 ……………………………… 291
6.4.2 储层预测技术 ………………………………………………… 294
6.4.3 叠前反演储层预测技术 ……………………………………… 299
6.4.4 储层综合解释评价 …………………………………………… 301
6.4.5 小结 …………………………………………………………… 302

参考文献 ……………………………………………………………………… 303

第1章 绪 论

1.1 地震保幅处理的意义

随着勘探程度逐步加深,隐蔽性油气藏成为了勘探开发工作的重点,而岩性油气藏是该类油气藏中的重要类型。河道砂体、三角洲浊积砂体、砂砾岩体、滩坝砂等复杂岩性储层是目前老油区勘探开发的主要对象。但这些复杂岩性储层的反射特征复杂,横向范围和厚度变化大,纵向叠置关系复杂,连通性差,边界预测困难,这些都是在老油区进一步勘探开发中要解决的主要地震地质问题。

岩性油气藏的勘探不同于一般的构造油藏的勘探。首先从采集环节就要进行面向岩性油气藏预测的采集,主要考虑地震数据的广角度(较精确地估计速度)、空间均匀(较好地压制采集脚印)、高密度(反假频与压制低视速度干扰波)、宽频带(尤其是低频成分)以及压制各种环境与相干噪声,提高原始单炮的信噪比。

在处理环节,以产生相对保真的道集为核心。保真道集有两重含义:一方面,储层岩性对波形的改造是基于波形属性进行储层预测的基础,储层对波形的改造主要由储层的非弹性特征所引起,而且主要体现在波形的频率和相位变化上。储层对波形的改造是在处理过程中应得到保护的;另一方面,道集的 AVO/AVA 特性主要由反射界面两边的弹性参数变化所决定,它与子波特征没有关系。总体来讲,在相对保真的道集基础上进行地震波属性提取或 AVA 分析和波阻抗反演,并与岩石物理、地质、测井等先验知识相结合,才能进入岩性储层的描述和刻画。这是半定量/定量储层描述与油气预测的基本思路。

目前,地震勘探的目标已由构造解释转变为岩性识别,面向岩性油气藏的地震数据采集和保幅处理就显得异常重要。

1.2 地震保幅处理的定义

地震勘探中,地震波经激发在地下传播并被接收,传播过程中经历了波前扩散、地层介质的吸收、地质界面的反射、地下多次波等干扰波的干涉,地面接收时来自地表和空间干扰波的干涉等。换言之,野外采集得到的原始地震单炮是经过数次"改造"后的地震波。资料处理时如何在把这些"改造"合理消除的同时，不"改变"地震波的真实特征，是近年来为使地震资料更好地满足隐蔽性油气藏勘探的需要，地球物理工作者努力探索攻关的方向。

地震反射能量与波阻抗成正比，波阻抗与岩性的变化存在一定联系，这也成为利用地震反射振幅进行隐蔽油藏勘探的理论基础。地震资料处理过程中，在保持原始数据有效反射地震信息（如振幅、能量、频率以及波形等）不发生畸变的前提下，采用有效合理的处理手段来消除"改造"的过程为相对保幅处理过程。

地震波的波形特征包括振幅、频谱及相位等信息。近年来，国内外地球物理工作者开展了地震资料保幅处理技术研究。但目前大家对保幅性处理的认识并不统一，观点也不一致。保幅处理"保"什么，保振幅还是保波形，不同的地球物理工作者对这一问题有不同的认知和答案。

郭树祥（2009）、芮拥军（2011）等认为，保幅处理是一个比较理想化的处理技术系列。他们给出的保幅处理的定义如下：经某个或某些处理过程之后，地震资料的振幅保持不变或成正比。他们给出的结论如下：对正演数据而言，模型中反射界面理论反射率与处理后同一界面的反射率相等或成正比，即地震数据的入射子波与出射子波基本保持一致，认为对于实际资料，后续的处理能够有效地补偿前面缺失的有效振幅或地质层位，可认为是保幅的。

李振春等（2006）认为，保幅处理的实质就是保波形，保持的是传播到反射界面处的地震子波的波形。但由于激发因素、地表介质变化因素、炮点到反射点之间各种传播因素、反射点到接收点之间的各种传播因素、接收因素都会影响处理与成像后的反射界面处的子波波形，实际技术实现时存在很大难度，可操作性不强。

王华忠（2011）给出的保幅处理定义如下：保持入射子波与波阻抗分界面作用后的刚刚离开波阻抗分界面的反射波形特征在一点上的相对真实性和横向上的一致性。考虑到波阻抗分界面的 AVO/AVA 效应，尤其要保持随角度变化的反射波形特征在一点上的相对真实性和横向上的一致性。该定义同样存在入射子波的求取难度及不确定问题。

从多年的生产实践层面看，在保持原始地震资料有效反射信息，如振幅、频率、相位等不发生相对畸变的前提下，采用有效合理的处理手段来提升地震资料品质的处理过程，皆可视为保幅处理。依此思想，保幅处理需满足两个条件：一是精确地消除地震波在传播过程中的球面扩散效应和吸收衰减的影响；二是经某个或某些处理过程或模块的作用后，地震子波的波形特征没有发生不符合地球物理规律的受人为影响的畸变。如果将每个处理模块都视作滤波器，从滤波器及其输入、输出的观点看，滤波器本身原则上应该首先是零相位的，然后是振幅全通的。这样的滤波器不改变子波的波形特征，即输出的振幅、相位和频率等不发生相对畸变。对照该定义,即可剖析不同处理方法是否满足保幅处理的要求,从而确定处理成果是否保幅。

由此可知,地震资料的保幅处理至少包含3个方面的内容:①在恢复(或者补偿)地震波传播过程中被衰减、吸收和反射的那部分信息时,使地震波的振幅特性保持不变;②对地震波进行消除或衰减噪声干扰时,保持地震波的振幅相对关系不变;③在对资料进行其他处理时,不损害地震波的振幅相对关系。

严格意义上的保幅处理是一种"理想化"的模式,由于基础地震数据本身的缺陷(如采集脚印、异常地质体造成的照明缺失等),理想化的保幅处理是难以有效实现的。所谓的保幅处理的含义如下:①精确地消除地震波在传播过程中的球面扩散效应、吸收衰减的影响;②经某个或某些处理模块的作用后,地震子波的波形特征没有发生不符合物理规律的人为畸变。

1.3 地震波形的影响因素分析

地震波的波形特征包括振幅、频谱及相位等信息,也就是地震波振动图的特征。利用波形特征可以定性分析地层介质在纵横向的差异,也可以结合频谱等信息将其作为岩性研究及储层含油气预测的辅助手段。理清影响地震波形的因素,才能为更好地实现保幅处理奠定基础。

1.3.1 地震波的振幅

地震勘探中,激发后的地震波在地下传播的过程中,经历了吸收、衰减及噪声相干等多方面的影响。影响地震波振幅的因素可以概括为以下几个方面。

(1)与地表相关的因素:地表介质与震源和检波器的互相作用及波在表层(风化层)的传播引起的道与道之间的振幅的差异。

(2)地质因素:主要包括反射界面的形态、界面的反射系数,岩相的变化、波的干涉等。因为它们与地下地质因素有关,因此,各种利用振幅等信息研究岩性及进行烃类检测的方法就是利用这些关系中的一个或几个方面。也就说,利用这些影响振幅的地质因素才能建立起利用振幅进行岩性研究及烃类检测的理论基础和基本思路。

(3)与传播有关的因素:包括球面扩散、透射损失、介质的非弹性性质等。

(4)与采集系统有关的因素:主要与观测系统的非规则、检波器组合的响应特征、震源的响应等特性有关。

(5)与噪声有关的因素:包括随机噪声和规则干扰,它们破坏了反射波同相轴的振幅相对关系。此外,当地震波穿过薄互层时,地震波在各薄互层界面之间会产生多次反射的现象,即微屈多次反射和层间干扰。

(6)与资料处理有关的因素:包括动校正拉伸及处理方法、参数的选取不当引起的振幅和波形的复杂化,在处理过程中,可以进行适当参数调整或技术方法的完善降低或消除其影响。

1.3.2　地震波的频率

影响地震波频率的因素非常复杂,有些问题还尚待进一步研究。但其基本影响因素,可归纳为以下4个方面。

1)大地滤波作用对频率的影响

大地滤波作用使地震脉冲的高频成分受到损失,而保留相对的低频成分,因此利用关于介质对高频成分有吸收作用的理论解释频率随深度的总体变化趋势是可行的。含气砂岩对高频成分有一定的衰减作用,但这不是影响频谱的主要因素,对频率的影响起主要作用的是反射系数。

2)不同砂体结构的影响

砂泥岩组合对频率的影响比较复杂,还没有一种定量的解释。在薄层情况下,往往会观测到复合反射波波形的复杂变化。

3)地震子波波形变化与频率的关系

当储层含油气后,地震波波形会发生变化,频率往往降低。但在使用低频特性进行油气检测时应特别慎重,尤其是"暗点"探区更要谨慎使用这一特性。

4)处理因素的影响

静校正量的存在对地震波频率存在一定影响,特别是反褶积等提高分辨率处理在改变地震波绝对振幅的同时,对频率、频谱特征影响最大。此外,深度偏移等处理对地震信号也存在一定的频率影响。

1.3.3　地震波的相位

1)不同激发接收条件的影响

随着地震勘探的不断深入,其难度在不断加大。针对滩海、城区等复杂地表条件的地震勘探活动日益增多。受不同地表条件的限制,在实际地震资料野外采集中,为了适应地表条件的变化,需要采用不同的震源激发或不同的检波器接收或者兼而有之。震源和检波器的不同,特别是震源的不同,使得同一区块所得到的地震记录的子波存在一定的差异,同一条测线可能出现不同的记录面貌;同一地层在不同震源的衔接处,同相轴可能出现明显的不连续性。只有消除不同激发接收条件子波相位差异(不同震源、检波器组合下地震资料的子波相位差异),才能为后续的相位一致性处理及保幅处理提供支撑。

2)不同处理系统中关键处理步骤对子波相位特征影响

生产实践表明,利用不同处理系统处理的数据存在一定的相位差异,同处理系统处理的数据由于参数不同也会存在相位差异。在地震数据处理中,对地震子波相位产生影响的模块主要有滤波、叠前反褶积、叠后提频等。保幅处理中,需要深入研究不同处理系统关键处理技术对地震子波相位特征的影响,探寻不同处理系统、不同参数造成差异的理论基础。

1.4 保幅处理应树立的理念

绝对的保幅处理是不存在的,保幅处理具有相对性。其相对性有3个层面的含义:一是严格意义上的保幅处理是一种"理想化"模式,但是由于基础地震数据本身的缺陷(如采集脚印、异常地质体造成的照明缺失等),理想化的保幅处理是难以有效实现的,只能在一定的限度内进行相对保幅的处理。保幅技术的选择也遵循有所为有所不为的原则;二是保幅处理技术是一个动态过程,不同时期的认知、不同阶段的保幅处理技术不尽相同,需要根据物探技术的进步不断完善与发展;三是地震资料的保幅处理是一个复杂的系统工程,做到真正的保幅难度是很大的,且目前技术难以实现,现行的实际资料处理都是相对保幅处理的概念。

保幅处理的数据基础是较高信噪比的原始地震资料。目前没有一种方法真正做到严格意义上的信噪分离,无法在数学意义上完全识别噪声和信号。保幅处理在某种意义上就是对有效反射信号的"损伤"最小化。因此,原始资料的信噪比越高,越有利于资料的保幅处理。在地表复杂的地区,应坚持以提高信噪比、落实地下构造为主,保幅处理为辅的原则。

先进的观测系统有利于保幅处理。如果采集过程中能够实现对地下波场进行充分、均匀、对称、连续采样,无疑有利于后续的保幅处理。近年来,野外地震采集观测系统对数据空间采样分布的均匀性、对称性等都进行了严格设计,最大限度避免观测系统设计不合理对储层振幅带来的影响,新采集资料的观测属性大大优于老三维,从而有效保障了后续处理成果的保幅性,使得新资料对地下地质体的刻画更加真实、客观。

1.5 地震保幅处理的必要性

1.5.1 勘探形势发展的需要

随着地震勘探领域从构造圈闭向岩性圈闭的延伸,地震勘探面临新的挑战和机遇。构造油气藏勘探主要以落实地下构造为主,追求的是地下构造的精准成像,对资料的信噪比要求高,但对地震处理技术及其成果的保幅性要求较低,在处理过程中往往不太注重相对保幅处理,处理效果的优劣通常以最终成果剖面的成像效果为主要评价目标。

岩性油气藏勘探对地震资料处理提出了进一步要求,其中对地震资料处理的保幅性要求较高,即希望地震成果资料更加真实地反映地震构造的空间展布情况及含流体的性质。但这毕竟是一种理想情况,现行的地震处理方法及流程大多注重构造成像,仅满足于得到地下反射的位置,而忽略了处理方法及参数变化对地震波振幅等信息的改造,导致地震反射特征不能够真实地反映地下介质的岩性、物性变化,不利于岩性反演、储层预测和流体判别。

地震剖面不仅要求能准确反映地下地质结构的细节,岩性勘探开发需要进行后续的叠前叠后地震属性的提取。在这个过程中,振幅的真实性起着关键作用。实际上,资料处理时是否保幅对构造解释而言关系不大,但对储层解释关系重大。但保幅不是保证振幅不变,而是保证空间相对振幅关系不被人为改变。这样,在岩性研究和储层预测解释时就不需要考虑处理"陷阱"了。

那么,地震资料处理时,对原始地震数据直接进行速度分析与偏移成像是否最为保幅呢?实际上,原始数据中近地表因素的影响、各种噪声的存在及地震波传播过程中分辨率的降低都破坏了地震资料的振幅关系。因此,不进行去噪和提高分辨率等处理的资料谈不上保幅。保幅处理可以获得分辨率较高、振幅特性良好的地震资料。将保真度更好、分辨率较高的地震资料中目的层段的地震反射结构与地质背景相结合,可以更好、更有效地预测沉积微相;对波阻抗和层速度的研究可进一步评价储集性能;正、反极性瞬时相位剖面及层拉平技术有助于对沉积微相反射结构的识别。

近年来,国内外地球物理工作者开展了大量相对保幅的地震资料处理技术研究,涉及相对保幅的处理标准、不同处理技术的保幅性分析、相对保幅处理流程的建立等诸多问题,但缺乏一个统一的保幅分析与评价标准,相关研究的系统性存在偏差,从而使岩性解释精度及储层描述都受到相应的制约,给岩性地震勘探工作带来困难。如何提高地震资料的保幅性,使地震处理成果更加满足岩性油气藏勘探的需要,促进岩性油气藏的勘探开发在当前显得尤为紧迫。

1.5.2 高精度储层预测的需要

随着主要勘探目标不断向薄互层及特殊岩性体等隐蔽油气藏的转移,目前,岩性勘探已经逐渐成为成熟探区油气勘探的主流。与之相应的是,面向隐蔽性油气藏的储层预测工作,也面临着从定性到定量、从储层岩性到物性及含流体识别的挑战。利用地震资料进行储层预测已经成为比较成熟且广泛使用的技术方法,在诸多区块的实际生产中也见到了显著效果。这在国内外均有许多成功先例。但该技术的应用,对地震资料的保真程度的要求也越来越高。

地震数据中不仅包含构造信息,而且包含丰富的岩性信息及含油气信息。地震反射波能量与反射界面波阻抗成正比、波阻抗与岩性的变化存在一定的联系。这都成为利用反射波振幅等信息进行隐蔽性油气藏勘探的理论基础。目前进行储层与流体预测多数采用的属性分析和地震反演技术方法,是从叠前叠后地震资料中得到与储层和流体相对敏感的参数。资料的保幅性显得尤为重要。因此,做好地震资料相对保幅处理,尽可能地保留地震数据中真实有效信息,是隐蔽性油气藏勘探成功的基础。

近几年来,我国在车排子地区、董2井北地区、罗家地区、垦东地区、邵家地区等利用叠前叠后反演等技术,在提高储层预测精度取得了显著成效。这些技术的应用取得好的效果的基础就是要有保幅性好的地震资料。地震数据的保幅程度一直是制约精细储层预测技术发展的瓶颈。

第 2 章 地震保幅评价模型建立与地震响应特征分析

地震正演模拟就是利用已有资料建立地下地质模型,根据地震波在地下介质中的传播原理,通过射线追踪或波动方程偏移等方法,计算出对应于模型的地震记录。通过地震正演模拟,能够帮助研究人员直观地认识地震波在地层中的传播规律,识别地质构造及油气藏的地震响应,正确识别各类储层的地震反射特征;通过对正演模型进行叠前、叠后正演模拟,形成相应的叠前叠后数据,从已知出发,开展相应的处理分析与测试工作,为保幅性方法测试及保幅性流程建立奠定良好的基础。

2.1 黏弹介质中可变空间网格地震波传播数值模拟方法

在地震勘探中,通常将介质假设为理想弹性体,而实际介质更接近于黏弹性固体。介质的黏滞性可看成是介质内部颗粒存在内摩擦力。介质形变时将克服摩擦力做功,使得形变过程中伴随热效应现象,即地震波能量以热的形式在传播过程中发生衰减和耗散。地震波的这种衰减性质通常用品质因子 Q 来表征。一般认为,介质的品质因子 Q 是频率的函数,因此,基于傅里叶变换的伪谱法在模拟黏弹性介质地震波传播时具有一定优越性,国内外许多学者应用该方法做了大量工作。

McDonal 等(1958)通过实验分析表明,地震勘探频带内介质的品质因子 Q 基本为常数;Blanch 等(1995)和孙成禹等(2007)对构建常 Q 模型的数值方法进行了讨论,减少了描述黏弹介质所需的参数。获得黏弹性介质的本构关系是构建黏弹性介质的关键,也是在黏弹性介质中进行地震波传播数值模拟的基础。目前,在描述线性黏弹性体的模型中,Kelvin 模型应用较广。苑春方等(2005)对 Kelvin 模型进行了深入研究,求得了均匀黏弹介质中波动方程的解析解。数值模拟是研究黏弹介质中地震波传播的有效方法,主要包括有限差分法、有限元法、伪谱法等,其中有限差分法的应用最为广泛。交错网格高阶差分法是目前地震波模拟中最为先进的方法。交错网格首先由 Madariaga(1976)提出;Robertsson 等(1994)将交错网格有限差分技术应用于常 Q 模型的黏滞弹性波模拟中;Arntsen 等(1988)采用频率域交错网格有限差分法对黏滞声波进行了模拟,但精度较低;Dablain(1986)提出了采用高阶差分来近似地震波场的方法;董良国等(2000)将交错网格和高阶差分有机结合,在不增加内存的前提下提高了弹性波模拟精度,此后该方法得到了广泛应用;宋常瑜和裴正林(2006)在模拟井间黏滞弹性波时采用了交错网格和高阶差分相结合的方法。

由于地震勘探遇到的地质模型越来越复杂,常含有孔洞缝等精细结构和物性参数剧烈变化区域。为了保证正演模拟的精度,常需要采用较小的空间网格来离散介质模型。模拟方法的稳定性又要求必须采用短的时间步长与其相匹配,这样在介质缓变区域就存在时间过采样的问题,大大降低了计算效率。为了兼顾模拟精度和计算效率,Moczo(1989)提出了可变空间网格思路,Falk 等(1998)提出了局部可变时间步长的方法,国内外众多学者将其与高阶差分、交错网格高阶差分相结合,在保证模拟精度的同时大大提高了地震波模拟的效率。

从 Kelvin 介质的本构关系出发,在前人研究的基础上李晓波和董良国(2012)推导了均匀黏弹性介质中的位移–应力方程,并得到了考虑吸收效应的声波方程。在常 Q 各向同性介质条件下,建立了黏弹介质中声波方程的高阶差分解和黏滞弹性波方程的交错网格高阶差分解,并将可变空间网格与局部可变时间步长技术应用于其中,形成了两种研究黏弹介质中地震波传播数值模拟的方法,既兼顾了模拟精度,又提高了计算效率,这两种方法分别称作可变网格与局部时间步长的高阶差分黏滞声波数值模拟(VGTQA)和可变网格与局部时间步长的交错网格高阶差分黏滞弹性波模拟(VGTSQE)。

地震正演模拟的方法有很多,在油气地震勘探中主要包括:①射线类方法;②波动方程法;③反射率方法;④波前绕射法。正演模拟方法很多且各有特点,通过分析优选,波动方程正演模拟方法的保幅性较好,为保幅正演评价模型的建立奠定了数据基础。针对传统波动方程法计算量大、速度低的特点,研究了黏弹介质中可变空间网格与局部可变时间步长的地震波传播数值模拟方法,并通过二维地震地质模型进行了正演模拟,分析了地震反射特征,为保幅处理技术研究与评价提供了资料基础,见表2-1。

表2-1 几种正演模拟方法比较

特点及用途 正演方法	波场特征	计算效率	适用条件	缺点	用途
射线类方法	波场清晰,无干扰,能反映波场的微弱变化	高	较简单介质	波形单调,信息量不足	(1)研究某一特定的波; (2)野外施工现场波场估算及参数确定

续表

特点及用途 正演方法	波场特征	计算效率	适用条件	缺点	用途
波动方程法	波场全面,能反映复杂构造下波场的变化	低	复杂介质	频散、稳定性、边界反射等难处理	(1)研究复杂构造波场; (2)研究吸收、散射等引起的波场能量变化; (3)研究波场动态传播特征
反射率方法	包含多次波、转换波、透射损失的平面波场	高	水平层状介质	无折射波信息	(1)测井曲线正演地震道集,AVO正演; (2)Tau-p 记录无需变换、可进行动校正或角道集分析
波前绕射法	含绕射波,能保证各波的相对振幅和相位特征	高	地层倾角不能太大	不能保证走时的正确性及同相轴的走向	(1)快速浏览叠后剖面的形态; (2)为属性研究提供正演数据

2.1.1 方法研究

1. 黏性介质中地震波波动方程建立

Kelvin 单元体是一种描述弹性固体黏弹性介质的典型模型,从 Kelvin 单元体的本构关系出发,在前人研究的基础上李晓波和董良国(2012)推导了适用于黏性介质中传播的地震波方程。众所周知,Kelvin 单元体是由一个弹性单元体(弹簧)和一个黏性单元体(阻尼器)并联而成,两者的本构关系分别服从胡克定律和牛顿黏性定律。以一维情况为例,Kelvin 单元体的总应力 σ 等于弹性单元体的应力 σ_1 和黏性单元体的应力 σ_2 之和,总应变 ε 与各单元体的应变相等,则有

$$\sigma = \sigma_1 + \sigma_2 = E\varepsilon + \eta \dot{\varepsilon} \tag{2-1}$$

式中,E 为弹性模量;η 为黏性系数;$\dot{\varepsilon}$ 为对时间变量求一阶导数,对应可得三维空间-时间域中 Kelvin 介质的本构方程:

$$\sigma_{6\times 1} = (\boldsymbol{C}_{6\times 6} + \hat{\boldsymbol{C}}_{6\times 6} l_t)\varepsilon_{6\times 1} \tag{2-2}$$

式中,$\boldsymbol{C}_{6\times 6}$ 为弹性矩阵;$\hat{\boldsymbol{C}}_{6\times 6}$ 为黏性矩阵;l_t 为对时间求一阶导数的微分算子。结合位移-应变关系,可得到二维情况下黏弹性介质中弹性波传播的位移-应力方程:

$$\begin{cases} \rho \dfrac{\partial^2 u}{\partial t^2} = \dfrac{\partial \sigma_{xx}}{\partial x} + \dfrac{\partial \sigma_{xz}}{\partial z} + \rho f_x \\ \rho \dfrac{\partial^2 w}{\partial t^2} = \dfrac{\partial \sigma_{xz}}{\partial x} + \dfrac{\partial \sigma_{zz}}{\partial z} + \rho f_z \\ \sigma_{xx} = (\lambda + 2\mu)\dfrac{\partial u}{\partial x} + \lambda \dfrac{\partial w}{\partial z} + (\lambda' + 2\mu')\dfrac{\partial^2 u}{\partial t \partial x} + \lambda' \dfrac{\partial^2 w}{\partial t \partial z} \\ \sigma_{zz} = \lambda \dfrac{\partial u}{\partial x} + (\lambda + 2\mu)\dfrac{\partial w}{\partial z} + \lambda' \dfrac{\partial^2 u}{\partial t \partial x} + (\lambda' + 2\mu')\dfrac{\partial^2 w}{\partial t \partial z} \\ \sigma_{xz} = \mu\left(\dfrac{\partial u}{\partial z} + \dfrac{\partial w}{\partial x}\right) + \mu'\left(\dfrac{\partial^2 u}{\partial t \partial z} + \dfrac{\partial^2 w}{\partial t \partial x}\right) \end{cases} \quad (2\text{-}3)$$

式中，u、w 分别为位移的水平分量和垂直分量；σ_{xx}、σ_{zz} 为正应力；σ_{xz} 为切应力；λ、μ 为拉梅常数；ρ 为介质密度；f_x、f_z 为 x 和 z 方向的体力密度；t 为时间。其中，黏滞拉梅系数为

$$\lambda' + 2\mu' = \frac{\lambda + 2\mu}{\omega Q_p(\omega)}, \quad \mu' = \frac{\mu}{\omega Q_s(\omega)} \quad (2\text{-}4)$$

式中，Q_p、Q_s 分别为介质的纵横波品质因子，二者均为频率的函数。

Kelvin 介质与均匀弹性各向同性介质一样，体积应变系数 θ 和旋转应变矢量 $\vec{w}$ 与位移矢量 $\vec{u}$ 同样存在 $\theta = \nabla \cdot \vec{u}$ 和 $\vec{w} = \nabla \times \vec{u}$ 的关系。对于流体而言，有

$$\mu = \mu' = 0, \quad \lambda' = \frac{\lambda}{\omega Q_p(\omega)} \quad (2\text{-}5)$$

将体积应变系数 θ 和旋转应变矢量 $\vec{w}$ 与位移矢量 $\vec{u}$ 的关系式以及式(2-5)代入方程组(2-3)中，整理即可得到考虑黏滞吸收效应的二维情况下的声波方程：

$$\frac{1}{V^2}\frac{\partial^2 u}{\partial t^2} = \left[1 + \frac{1}{\omega Q_p(\omega)}\frac{\partial}{\partial t}\right]\left(\frac{\partial^2 u}{\partial x^2} + \frac{\partial^2 u}{\partial z^2}\right) \quad (2\text{-}6)$$

介质的纵、横波品质因子随频率变化，但在油气地震勘探频带内，Q_p 和 Q_s 随频率变化并不大（McDonal，1958）。在地震波频段内，Q_p 和 Q_s 可以看成常数，而且随频率变化的介质品质因子在实际地震勘探中也很难获得。因此，可在时间-空间域，建立黏性介质中可变空间网格与局部可变时间步长的声波方程的高阶差分解和黏滞弹性波方程的交错网格高阶差分解，进而研究黏滞弹性（声）波的传播规律和特征。

2. 黏弹介质中空间可变网格原理

将空间可变网格与交错网格黏滞弹性波模拟技术相结合，在介质剧烈变化或者速度很低时采用小网格进行剖分，在介质缓变的较高速区域采用大网格进行剖分，这样在进行黏滞弹性波模拟时，既保证了模拟精度，又提高了模拟效率。

假设横向与纵向小网格尺寸分别为 Δx、Δz，大网格尺寸分别为 $N\Delta x$、$N\Delta z$（N 为正整数），Δt 为时间间隔。为了提高模拟精度，计算过程中，在大、小网格区域，变量对空间的偏导数均采用高阶有限差分。

大网格区域为

$$\frac{\partial u}{\partial x} \approx \frac{1}{N\Delta x}\sum_{i=1}^{K} c_i \left\{ u\left[x+\left(i-\frac{1}{2}\right)N\Delta x, z\right] - u\left[x-\left(i-\frac{1}{2}\right)N\Delta x, z\right] \right\} \quad (2\text{-}7)$$

小网格区域为

$$\frac{\partial u'}{\partial x} \approx \frac{1}{\Delta x}\sum_{i=1}^{K} c_i \left\{ u'\left[x+\left(i-\frac{1}{2}\right)\Delta x, z\right] - u'\left[x-\left(i-\frac{1}{2}\right)\Delta x, z\right] \right\} \quad (2\text{-}8)$$

大小网格交界处为

$$\frac{\partial u'}{\partial x} \approx \frac{1}{\Delta x}\sum_{i=1}^{n} c'_i \left\{ u'\left[x+\left(i-\frac{1}{2}\right)\Delta x, z\right] - u'\left[x-\left(i-\frac{1}{2}\right)\Delta x, z\right] \right\} + \frac{1}{(N\Delta x)}$$
$$\sum_{i=1+n}^{K} c'_i \left\{ u\left[x+\left(n-\frac{1}{2}\right)\Delta x + (i-n)N\Delta x, z\right] - u\left[x-\left(n-\frac{1}{2}\right)\Delta x - (i-n)N\Delta x, z\right] \right\}$$
$$(2\text{-}9)$$

式中，c_i 为均匀网格计算时的差分系数；c'_i 为大小网格混合计算时的差分系数；n 为计算点距离细网格边缘网格点数。这样就可以把大、小网格的计算结合起来，既提高了计算精度，又提高了模拟效率。数值实验表明，变量对时间的一阶、二阶偏导数分别采用一阶、二阶差商代替，即可满足计算精度的要求，其中变量对空间和时间的混合偏导可表示为

$$\frac{\partial^2 u}{\partial t \partial x} = \frac{1}{\Delta t}\left[\left(\frac{\partial u}{\partial x}\right)^t - \left(\frac{\partial u}{\partial x}\right)^{t-\Delta t}\right] \quad (2\text{-}10)$$

其他变量对空间和时间的偏导数计算方法相同，这样即可在不增加很多内存的前提条件下获得计算黏弹介质中应力场的差分格式。

当介质剪切模量为零时，考虑介质黏滞吸收效应的地震波方程，可记为

$$\frac{1}{V^2}\frac{\partial^2 u}{\partial t^2} = \left[1+\frac{1}{\omega Q_p(\omega)}\frac{\partial}{\partial t}\right]Lu + s \quad (2\text{-}11)$$

式中，L 为拉普拉斯算子；s 为震源。

对于常 Q 介质模型，计算地震波场的差分格式为

$$u^{t+\Delta t} = 2u^t - u^{t-\Delta t} + v^2 \Delta t^2 \left\{ (Lu)^t + \frac{1}{Q\omega}\frac{1}{\Delta t}\left[(Lu)^t - (Lu)^{t-\Delta t}\right] + s \right\} \quad (2\text{-}12)$$

其中，波场对空间的变化率可以采用高阶差分方法来计算，大网格区域为

$$\frac{\partial^2 u}{\partial x^2} \approx \frac{1}{(N\Delta x)^2} \sum_{i=1}^{K} c_i [u(x + i \cdot N\Delta x, z) - 2u(x,z) + u(x - i \cdot N\Delta x, z)]$$

(2-13)

小网格区域为

$$\frac{\partial^2 u'}{\partial x^2} \approx \frac{1}{(\Delta x)^2} \sum_{i=1}^{K} c'_i [u'(x + i\Delta x, z) - 2u'(x,z) + u'(x - i\Delta x, z)] \quad (2-14)$$

式中，c_i 为差分系数；c'_i 为过渡带处新的差分系数；$2K$ 为空间差分精度。

为了适应高阶差分和交错网格的计算需求，采用空间可变网格计算黏滞弹性波时可扩展到任意奇数倍，计算黏滞声波方程时可扩展到任意整数倍。

3. 黏弹介质中局部可变时间步长原理

在进行二维地震波模拟时，高阶差分法的稳定性是由 X、Z 方向的 Courant 数共同决定的，因此，在进行空间变网格计算时，若采用短时间步长，则在大网格剖分区域必然造成计算量的浪费，若采用长时间步长，则在小网格剖分区域不能满足稳定性条件。在前人研究的基础上，李晓波和董良国(2012)将局部可变时间步长技术扩展到任意整数倍，并将大小网格剖分与长短时间步长的选取有机地结合起来，既保证了模拟精度，又极大地提高了计算效率。将该项技术应用于二维黏弹介质的地震波传播数值模拟中，局部可变时间步长仍为任意整数倍。

采用可变空间网格与局部可变时间步长高阶差分法进行地震波模拟时，会造成在计算短时间步长的波场时，大网格区域没有与小网格区域相对应的波场。这就需要在大小网格交界处建立一个过渡带。在黏弹性介质中与均匀介质进行地震波模拟的主要区别在于计算时增加了波场对时间的偏导数，这样在过渡带处则需要增加一段时间的地震波场，并将其保存于内存中，根据计算需求不断更新，即可保证计算的进行，由于过渡带区域很小，所以内存增加量几乎可以忽略。

2.1.2　数值试验

李晓波和董良国(2012)主要设计了 3 个介质模型，第一个模型用来说明引入的可变网格模拟技术不会在网格变化处产生人为散射，第二个模型用来说明该模拟方法可以比较好地模拟介质对地震波的吸收效应，第三个模型用来说明可变网格模拟方法在模拟小尺度地质体对地震波传播的影响时具有特殊的优势。模拟中均采用 P 波震源，选用主频为 30Hz 的 Richer 子波作为震源子波，所有模型虚线框中均为小网格计算区域，其余部分为大网格计算区域，所有模拟方法采用的网格参数见表 2-2。

表 2-2　黏滞弹性(声)波模拟网格参数选取

方法	黏滞声波		黏滞弹性波	
	大网格和长时间步长	小网格和短时间步长	大网格和长时间步长	小网格和短时间步长
均匀大网格	$\Delta x = \Delta z = 10\mathrm{m}$ $\Delta t = 0.5\mathrm{ms}$	—	$\Delta x = \Delta z = 11\mathrm{m}$ $\Delta t = 0.5\mathrm{ms}$	—
可变网格	$\Delta x = \Delta z = 10\mathrm{m}$ $\Delta t = 0.5\mathrm{ms}$	$\Delta x = \Delta z = 1\mathrm{m}$ $\Delta t = 0.05\mathrm{ms}$	$\Delta x = \Delta z = 11\mathrm{m}$ $\Delta t = 0.5\mathrm{ms}$	$\Delta x = \Delta z = 1\mathrm{m}$ $\Delta t = 0.05\mathrm{ms}$
均匀小网格	—	$\Delta x = \Delta z = 1\mathrm{m}$ $\Delta t = 0.05\mathrm{ms}$	—	$\Delta x = \Delta z = 1\mathrm{m}$ $\Delta t = 0.05\mathrm{ms}$

模型 1 为单一层状介质模型(图 2-1),分别采用传统均匀网格方法和可变网格方法进行模拟。图 2-2 和图 2-3 分别为黏滞弹性波和黏滞声波质点的振动曲线,图中蓝色实线为均匀小网格计算结果,绿色实线为均匀大网格计算结果,图 2-2 中的红色虚线为 VGTSQE 计算结果,图 2-3 中的红色虚线为 VGTQA 计算结果。对比质点的振动曲线(图 2-2 和图 2-3)可以发现,采用可变网格技术模拟的结果与采用均匀小网格模拟的结果几乎完全吻合,说明采用变网格技术之后在网格变化处没有引入人为反射。与均匀大网格相比,可变网格对反射波的旅行时刻刻画更准确,特别是 PS 反射波的旅行时刻。

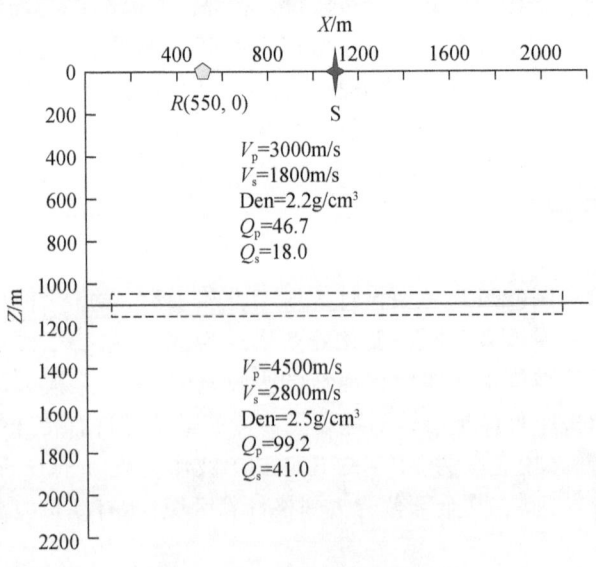

图 2-1　单一界面层状介质模型

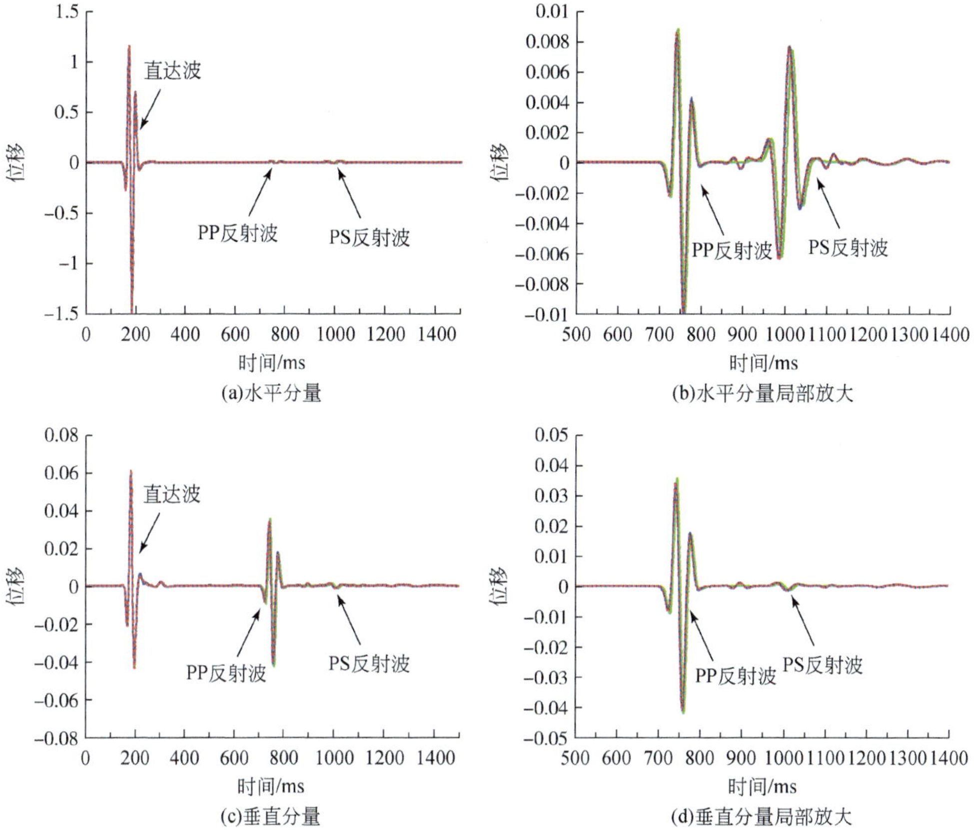

图 2-2 黏弹性波质点振动曲线示意图

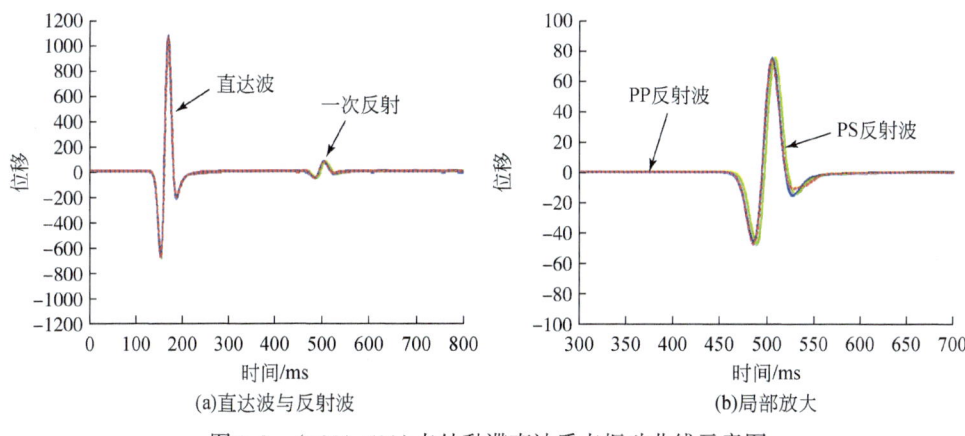

图 2-3 (1000,500)点处黏滞声波质点振动曲线示意图

表 2-3 反映了对比不同方法对单一界面层状模型计算效率，CPU 耗时均为单节点计算结果。分析可知，采用可变网格技术后，黏滞声波和黏滞弹性波的计算效率相对于均匀小网格方法分别提高了 22 倍和 13 倍，在保证模拟精度的同时大大提高了计算效率。

表 2-3 单一界面层状介质模型计算效率对比

方法	黏滞声波		黏滞弹性波	
	计算效率 CPU 耗时/s	相对均匀小网格与大网格计算时间的倍数	计算效率 CPU 耗时/s	相对均匀小网格与大网格计算时间的倍数
均匀大网格	18.03	1	165.2	1
可变网格	273.5	15.2	3 008.9	18.2
均匀小网格	5 888.4	326.6	39 937.3	241.8

模型 2 为均匀介质模型（图 2-4），分别采用可变网格与局部时间步长的高阶差分地震波数值模拟（VS&T）、可变网格与局部时间步长的交错网格高阶差分弹性波模拟（VGTS）、VGTQA 和 VGTSQE 方法进行了数值模拟，主要从地震波波形、零偏 VSP 记录和 VSP 记录的频谱进行对比分析，目的是为了验证介质对地震波的吸收效应。VSP 记录中第一个检波器位于地表，共 201 道，由于变网格技术和采样的需求，进行（黏滞）声波模拟时道间距为 10m，进行（黏滞）弹性波模拟时道间距为

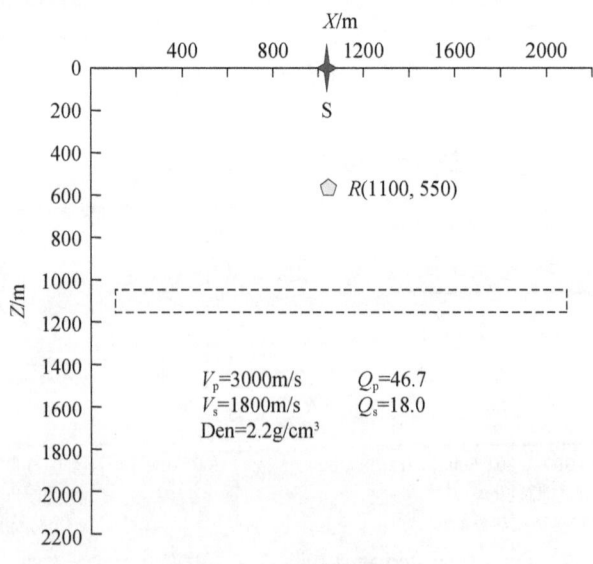

图 2-4 均匀介质模型

11m。分析图 2-5 ~ 图 2-8 可知,考虑介质黏滞吸收效应时,随着传播距离(即道号)的增加,VSP 记录中各道的地震波能量逐渐减弱,主频逐渐降低,频带逐渐变窄,说明该模拟方法能够较好地模拟出介质对地震波传播的吸收效应。

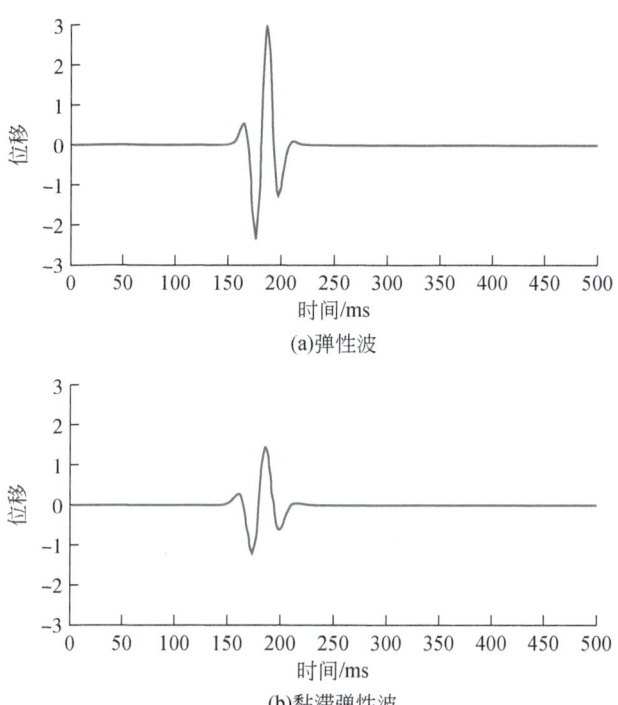

图 2-5 (1100,550)处质点振动曲线垂直分量对比

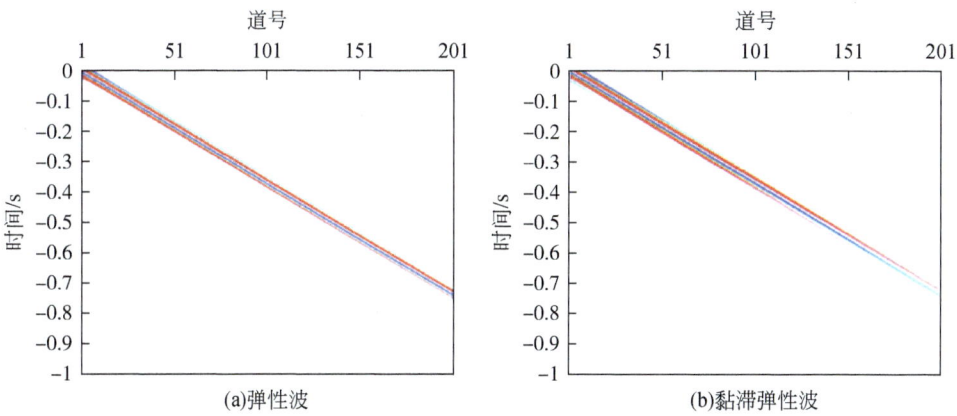

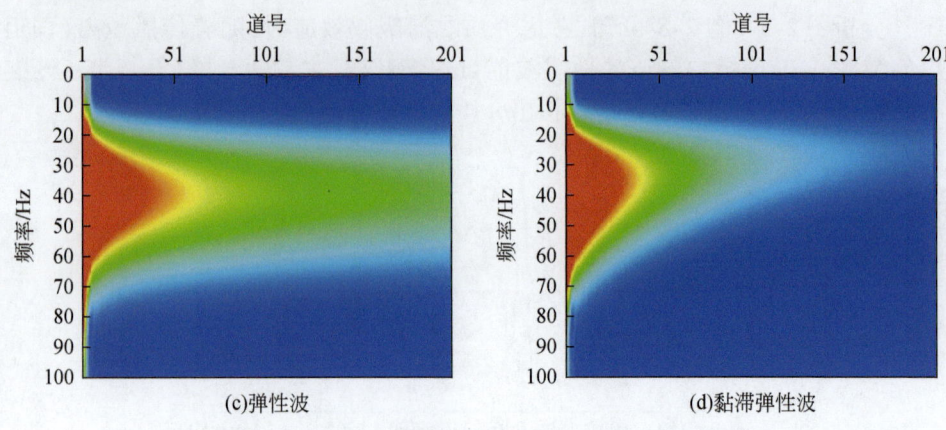

图 2-6 （黏滞）弹性波垂直分量零偏 VSP 记录及频谱

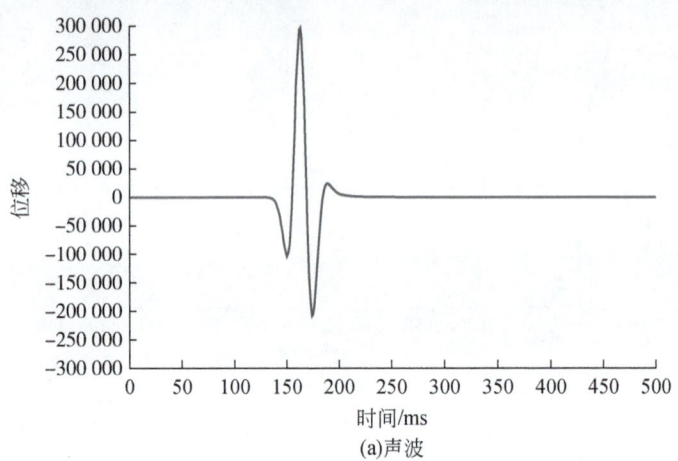

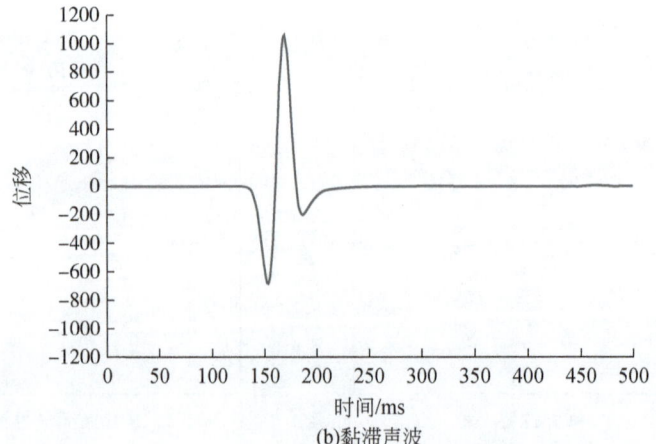

图 2-7 （1000,500）处质点振动曲线对比

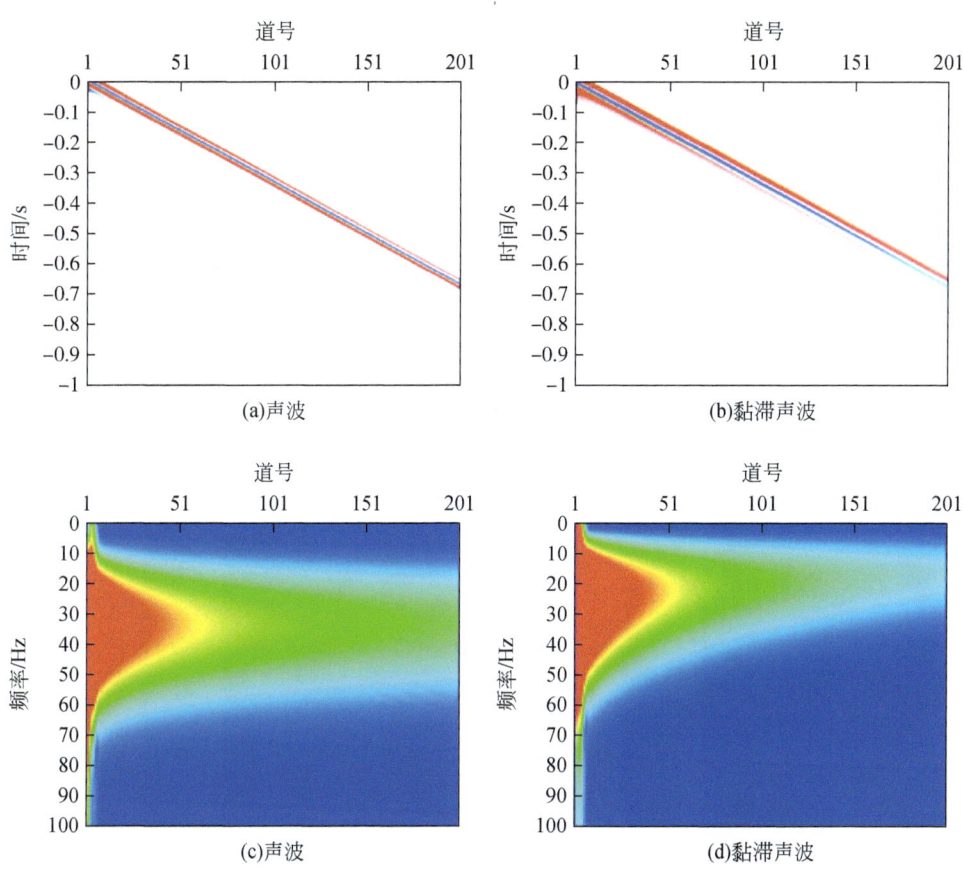

图 2-8 （黏滞）声波零偏 VSP 记录及频谱

为了更清楚地展示单程波单向照明的计算精度,将上述两种方法的计算结果与理论解析结果进行对比。如图 2-9 所示,取以震源点为圆心、半径为 R 的圆周上各点的照明能量,观察照明能量随角度 θ 的变化。然后,截取照明图某一深度水处平曲线 D,观察各点照明能量值随横向位置或纵向位置的变化情况。图 2-10 是 R 为 400m 时,能量随角度 θ 的变化曲线。图 2-11 是 $d=1000$m 深度处能量随水平位置的变化曲线。

可以看出,无论是照明分布图,还是相同半径能量随角度的变化曲线,相同深度能量随水平位置的变化曲线以及相同水平位置能量随深度的变化曲线中,(黏)弹性双程波模拟照明结果都与均匀介质中的理论解析式计算结果几乎完全相同。因此,(黏)弹性双程波模拟方法具有极高的模拟精度,也说明具有绝对的保幅性。

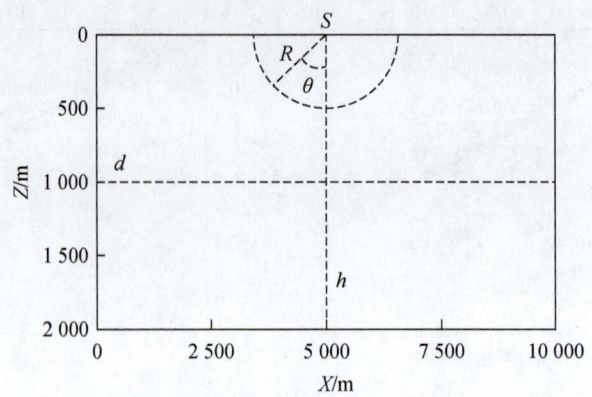

图 2-9 精度对比曲线截取示意图

圆周半径 $R=400\text{m}$,均匀介质

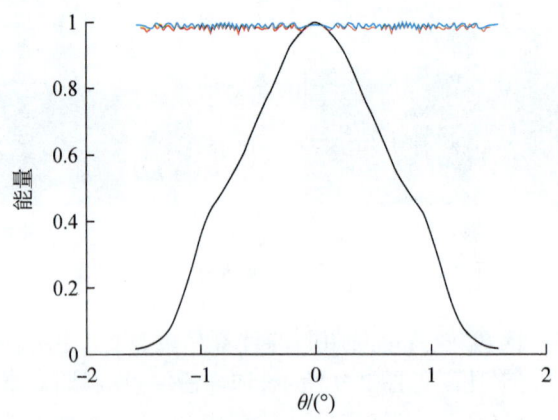

图 2-10 理论计算照明结果对比圆周曲线

黑色为带补偿的频率空间域有限差分算子;红色为(黏)弹性双程波高阶差分算子;
浅蓝色为理论解析式计算

另外,为了进一步说明模拟方法的保真性,对一个两层介质的水平层状模型,利用开发的模拟方法模拟出水平界面的反射波,拾取各道的反射波振幅,进行几何扩散校正,校正后的反射系数曲线见图 2-12。可以发现,模拟的反射系数曲线与理论的反射系数曲线基本一致,说明所用的模拟方法都是保幅的。

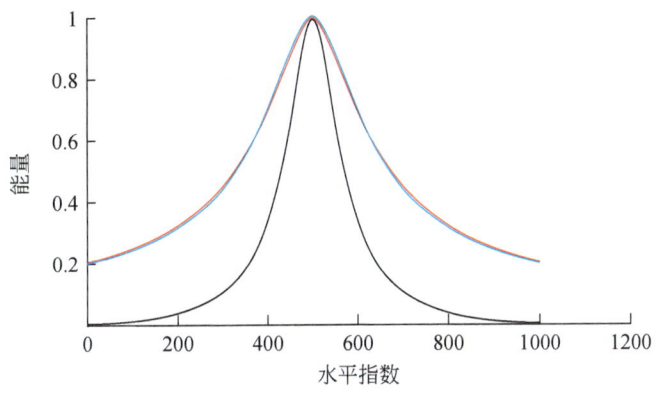

图 2-11　理论计算照明结果对比水平曲线

距震源深度 $d=1000\mathrm{m}$，均匀介质

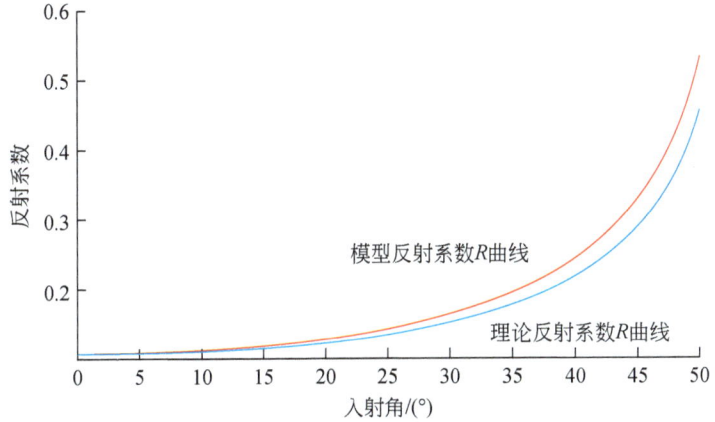

图 2-12　水平界面反射系数曲线与理论曲线对比

黑色为带补偿的频率空间域有限差分算子；红色为(黏)弹性双程波高阶差分算子；
浅蓝色为理论解析式计算

2.2　砂岩储层模型地震模拟与地震波特征

2.2.1　模型设计与观测方式

为了研究胜利油田岩性储层的地震波传播特征，参考了胜利油田垦东 1 区的地质和测井资料，建立了一系列单个水平岩性储层模型。首先依次改变储层的厚度、孔隙度、不同流体填充物、子波主频，对 300 多个理论模型进行了可变空间网格与局部可变时间步长地震波传播数值模拟,然后提取了模拟的储层反射波的地震属性,以研究胜利油田岩性储层的地震波传播特征(图2-13)。

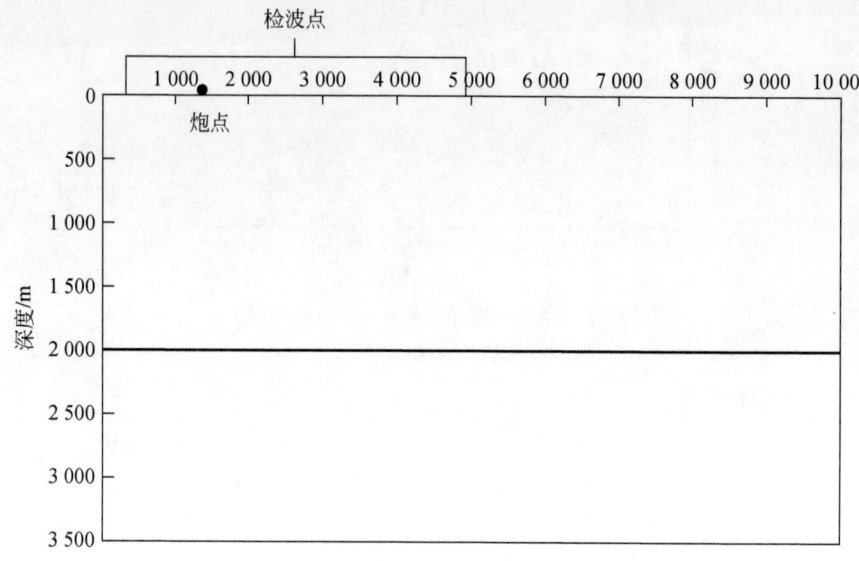

图2-13　岩性储层理论模型与观测方式示意图

每个模型的长度为10km,深度为3.5km,砂体顶界面距模型顶部2km。模拟空间离散网格为1m×1m,时间离散网格 $\Delta t = 0.1 \text{ms}$。选取了20个储层厚度,厚度分别为1m、2m、3m、4m、5m、7m、9m、12m、15m、18m、21m、25m、29m、33m、38m、43m、49m、55m、61m、68m。选取了6种孔隙度变化,分别为0.05、0.10、0.15、0.20、0.25、0.30。流体充填:70%油,30%水。模拟用的雷克子波的主频分别为10Hz、15Hz、20Hz、25Hz、30Hz、40Hz、50Hz、60Hz、80Hz。具体模型参数示例见表2-4。

采用双边接收观测系统,炮点离左边界3km,检波器排列全长7km,道间距10m,共计701道,最大偏移距为6km,记录时间为4s。

2.2.2　砂岩储层特征提取

1. 反射波振幅随砂岩储层厚度的变化特征

以频率为30Hz、孔隙度为0.15的水平层状砂岩为研究对象,改变砂岩的厚度,观察反射波振幅随砂岩厚度的变化情况,如图2-14所示。可以看出,随着砂岩储层厚度从1m增加到25m,反射波的振幅逐渐增大。储层厚度为20m和25m时,反射波振幅曲线在入射角等于15°左右出现交点。

表 2-4 理论模型物性参数及模拟子波主频

水平层状模型 模型序号（30Hz）	Richer子波 主频/Hz	砂岩储层厚度、速度、密度参数					围岩速度、密度参数		
		厚度/m	孔隙度/%	V_s/(m/s)	V_s/(m/s)	ρ/(g/cm³)	V_s/(m/s)	V_s/(m/s)	ρ/(g/cm³)
30-5-1		1	5	4015.1	2289.2	2.5371			
30-5-2		2							
30-5-3		3							
30-5-4		4							
30-5-5		5	10	3421.0	1869.7	2.4451			
30-5-7		7							
30-5-9		9							
30-5-12	10	12							
30-5-15	15	15	15	3062.0	1636.0	2.3531	2420	1397	2.15
30-5-18	20	18							
30-5-21	25	21							
30-5-25	30	25							
30-5-29	40	29	20	2817.5	1485.0	2.2612			
30-5-33	50	33							
30-5-38	60	38							
30-5-43	80	43							
30-5-49		49	25	2640.6	1379.2	2.1693			
30-5-55		55							
30-5-61		61	30	2508.0	1301.7	2.0773			
30-5-68		68							

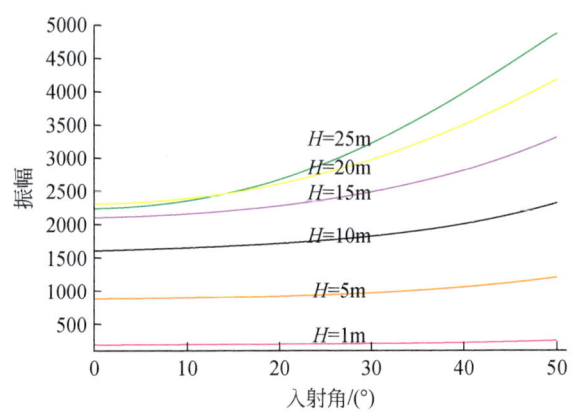

图 2-14 不同厚度储层模型反射波振幅随入射角的变化规律（几何扩散校正后）

将所有储层厚度的反射波振幅随入射角变化曲线显示在图 2-15 中,可以看出,当入射角小于 20°时,砂层厚度从 30m 开始以 5m 为间隔变到 45m 时,反射波振幅是逐渐降低的;当砂层厚度从 50m 变到 80m 时,反射波的振幅趋于平稳。当入射角大于 20°时,反射波的振幅快速增大。综合图 2-14 和图 2-15 可知,在入射角小于 15°时,$H=20$m 时的反射波振幅值最大。$H=20$m 正好对应于 $\lambda/4$(即 1/4 个波长,称为调谐厚度)。

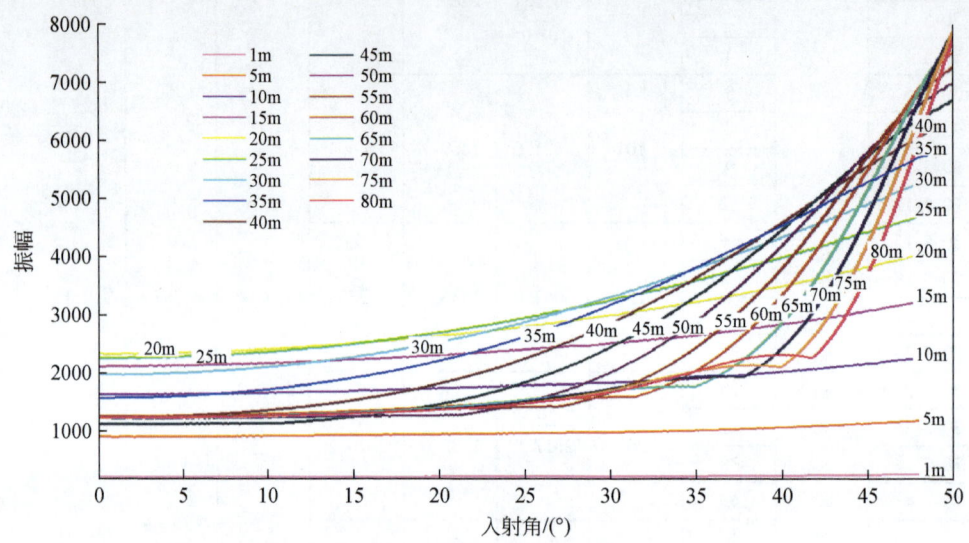

图 2-15　不同厚度储层模型反射波振幅随入射角的变化特征
注:频率为 30Hz,储层孔隙度为 0.15

2. 反射波振幅随子波主频的变化特征

分别以孔隙度为 0.15、厚度为 49m 和 55m 的水平层状砂岩为研究对象,改变子波的频率,观察反射波振幅随频率的变化情况,如图 2-16 所示。可以看出,对于孔隙度为 0.15、同一厚度的水平层状砂岩而言,随着子波频率的增大,反射波的振幅是降低的。当子波频率大于 60Hz 时,由于计算时数值频散原因,反射波的振幅曲线局部出现抖动。

3. 反射波振幅随储层孔隙度的变化特征

分别以频率为 30Hz、厚度为 5m 和 68m 的水平层状砂岩为研究对象,改变砂岩的孔隙度,观察反射波振幅随孔隙度的变化情况,如图 2-17 所示。

可以看出,对于频率为 30Hz、不同厚度的水平层状砂岩储层而言,随着砂层孔隙度 φ 增大,反射波的振幅是逐渐降低的(原因是随孔隙度增大,储层弹性参数更接近围岩),变化趋势基本一致。

第 2 章 | 地震保幅评价模型建立与地震响应特征分析

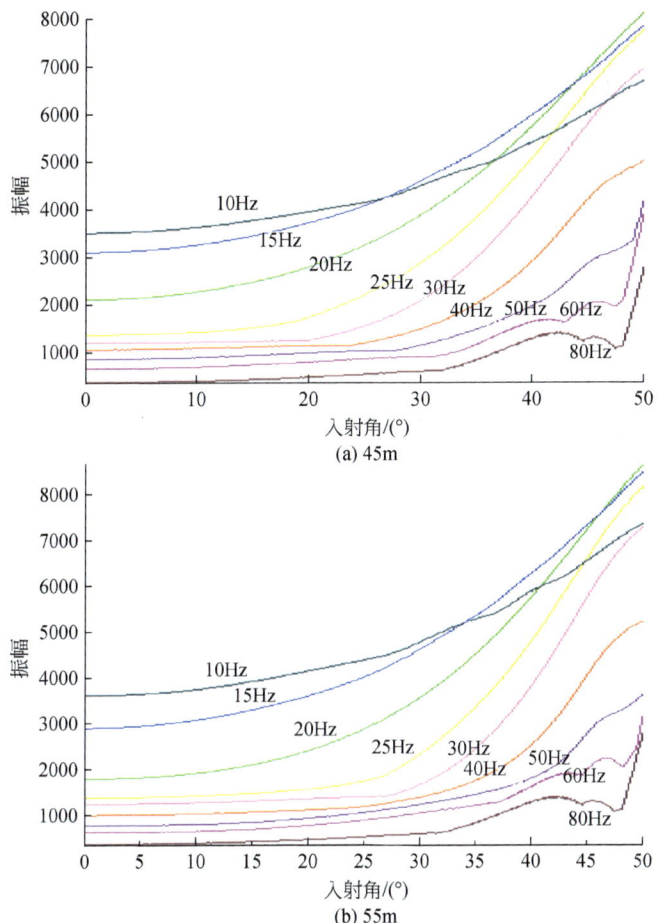

图 2-16 不同子波主频时储层反射波振幅随入射角的变化特征

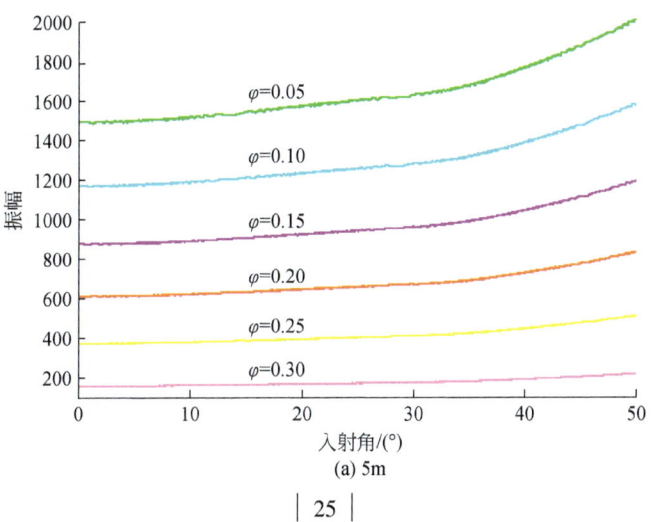

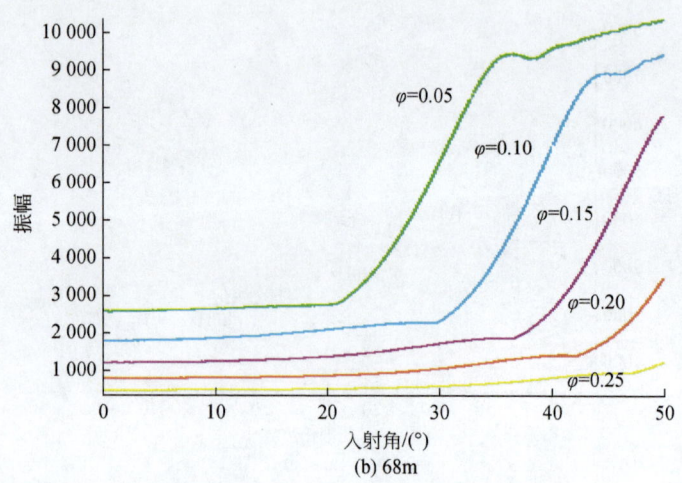

图 2-17　不同孔隙度储层反射波振幅随入射角变化特征

4. 反射波振幅随入射角的变化特征

将频率为 30Hz、孔隙度为 0.15 的各个厚度的水平层状砂岩的反射波振幅中拾取的入射角相同点的振幅值绘成一条曲线,通过改变入射角的度数,观察反射波振幅随入射角的变化情况,如图 2-18 所示。

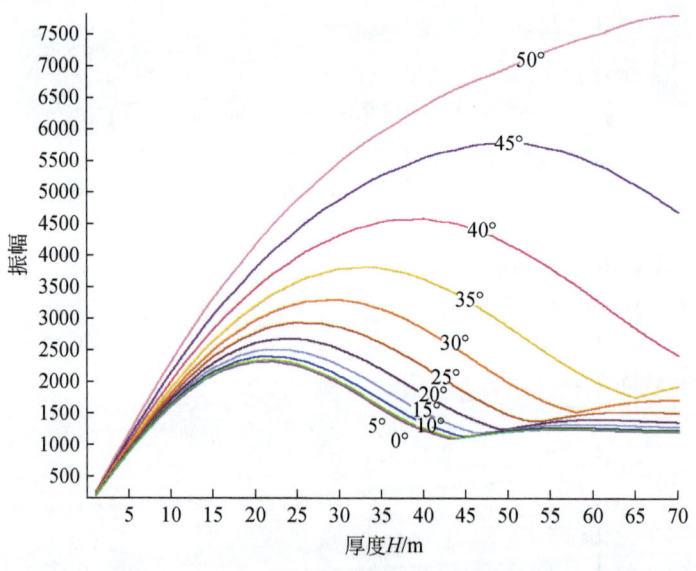

图 2-18　不同入射角反射波振幅随储层厚度变化

从纵向看,随着入射角从 0°增大到 50°,反射波的振幅是逐渐增大的。从横向看,当 $H=20m$ 时,反射波的振幅值出现最大值,随后降低,在储层厚度达到 55m 后,反射波的振幅值变化比较缓慢。

5. 反射系数随储层厚度的变化特征

由频率为30Hz、孔隙度为0.15的各个厚度的水平层状砂岩的反射波振幅求得反射系数R_{pp}，通过改变厚度H，观察纵波反射系数曲线随厚度的变化情况，如图2-19所示。图2-19中绿色曲线表示的是砂层厚度达到模型底界（即$H=1500m$）时的双层模型反射系数R_{pp}曲线。可以看出，当入射角小于20°时，模型反射系数R_{pp}随砂层厚度的增加变化不大。当入射角大于20°时，模型反射系数R_{pp}随砂层厚度的增加迅速增大。

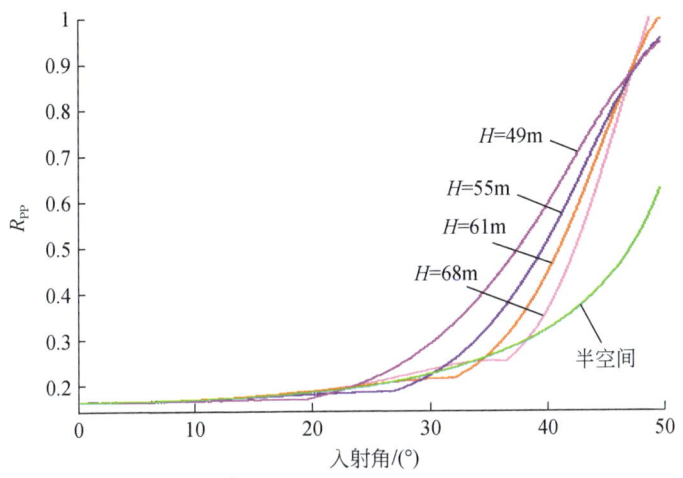

图2-19　不同厚度储层反射系数随入射角变化

6. 零偏移距剖面上地震波形特征

从水平层状砂岩的单炮记录零炮检距（即自激自收）波形图[图2-20(a)，频率为30Hz，孔隙度为0.15]中可以看出，当砂层厚度小于40m时，砂层顶底界面的反射波重合在一起；当砂层厚度大于40m时，砂层顶底界面的反射开始分开，当砂层厚度达到50m时，砂层顶底界面的反射已完全分开，且随着砂层厚度的增大分开得越明显。从水平层状砂岩的单炮记录零炮检距最大瞬时频率图[图2-20(b)]中可以看出，频率图对应的波形图是有一定延迟的。当砂层厚度小于50m时，反射波的最大瞬时频率是逐渐降低的；当砂层厚度大于50m时，即顶底界面的反射波明显分开之后，反射波的最大瞬时频率突然增大到最大值，然后随着厚度的增大而降低。

图2-21是炮检距分别为700m的地震记录及最大瞬时频率随厚度的变化图，其中模拟子波主频为30Hz，储层孔隙度为0.15。对比炮检距为100m、200m、300m、400m、500m、600m、700m时的波形图发现，炮检距越大波形越难分开。当炮检距达到400m时，砂层顶底界面的反射波已很难分开。说明自激自收地震数据的分辨率是最高的，随着炮间距的增大，地震数据的分辨率越来越低。

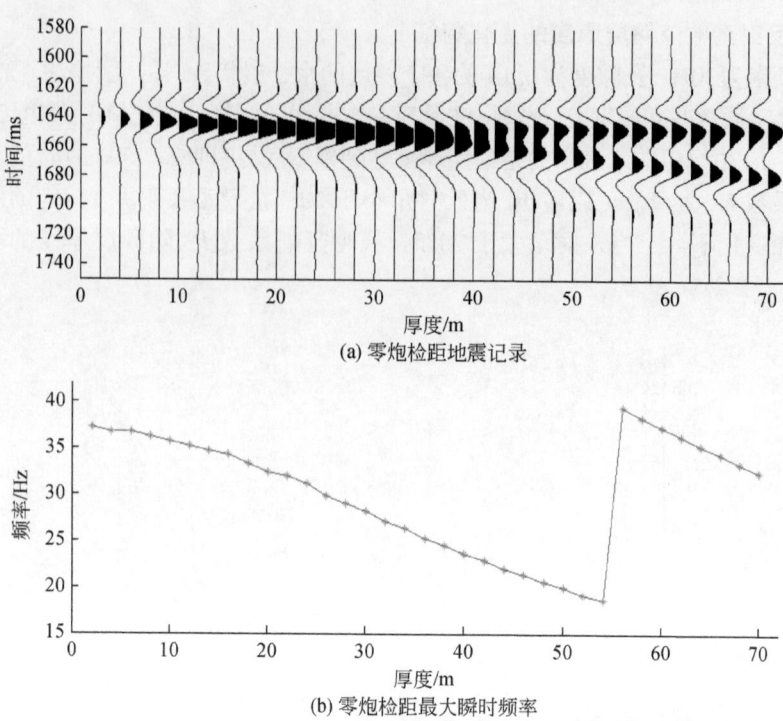

图 2-20 零炮检距地震记录(a)及零炮检距最大瞬时频率随厚度的变化特征(b)

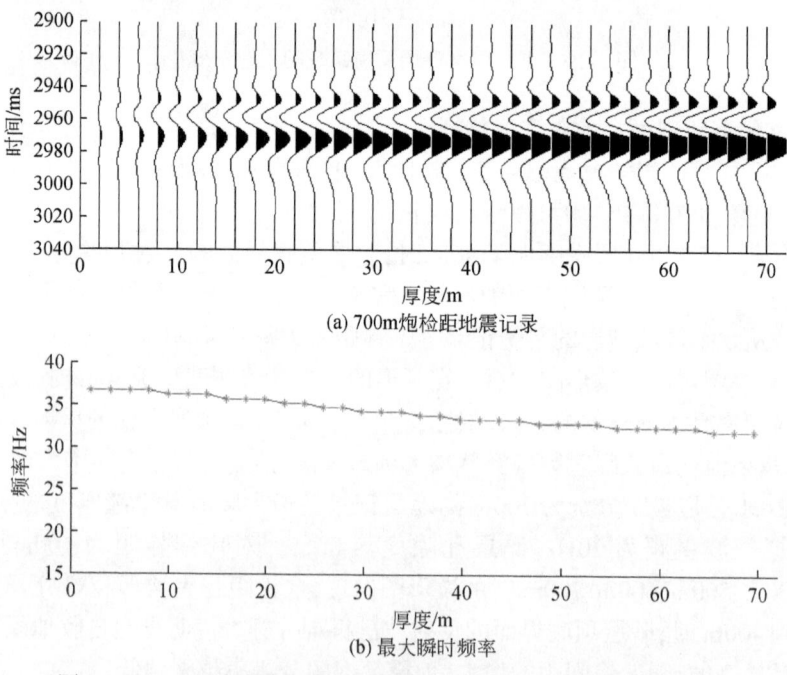

图 2-21 700m 炮检距地震记录及最大瞬时频率随厚度的变化特征

对比炮检距为 100m、200m、300m、400m、500m、600m、700m 时的最大瞬时频率图可以发现,炮检距越大,反射波的最大瞬时频率随厚度的增大而降低得越慢;反射波的最大瞬时频率值(突然跳跃至最大值)出现时对应的地层厚度值越大。当炮检距达到 400m 时,由于顶底界面的反射波已很难分开,反射波的最大瞬时频率随厚度的增大而缓慢降低,没有出现频率跳跃。

2.3 地震保幅评价二维数据模型建立

随着油气藏精细勘探开发的逐步深入,岩性油气藏已成为各大油田勘探、开发的重点。在岩性油气藏勘探中,对储层岩性,特别是对砂体或薄互层的地震属性研究广泛重视,地震资料的振幅及波形信息被广泛应用于储集体储集性能和含油气评价。在实际地震资料处理过程中,影响振幅的因素复杂且多变。而正演数据可以根据需要设计不同的地质模式,影响因素已知且单一。以胜利油田典型岩性储层(如河道砂、砂砾岩体等)为对象,在分析其地质和地球物理特征的基础上,参考测井及地质解释资料,建立适合不同处理技术保幅性评价的正演模型。

2.3.1 河道砂模型的建立

河道砂体正演模型是以胜利油田垦东1区块河道砂(图2-22)为基础设计的,模型设计的过程中以垦东32、垦东701和垦东128三口井为基础,首先对三口井的河道砂体的厚度和速度进行了统计分析,按照油藏模型中油层统计,平均速度为2200～

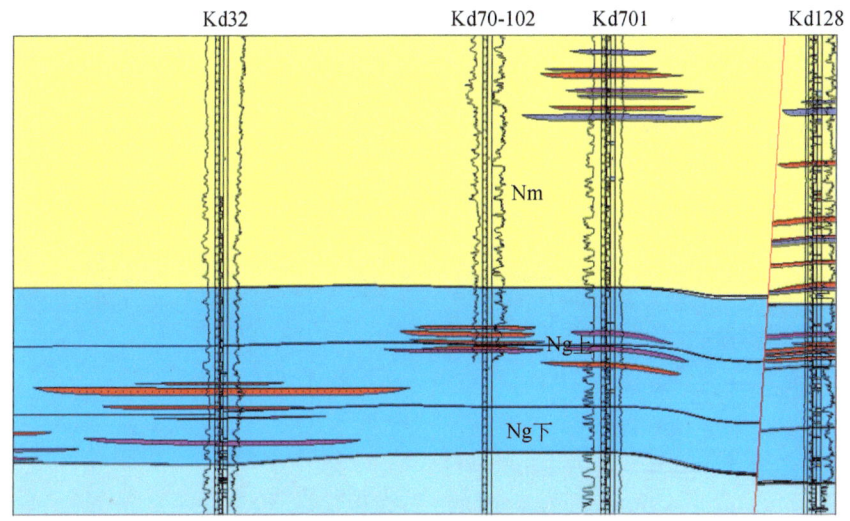

图 2-22 垦东 1 区块油藏剖面

2300m/s,泥岩速度为 2500m/s 左右(图 2-23),通过对砂体厚度统计可以看到,厚度小于 2m 的砂体较多,大于 10m 的砂体比例不到 10%(图 2-24),总体来说砂体的厚度比较薄(表 2-5)。河道砂体地质模型、模型参数和速度模型如图 2-25 和图 2-26 所示。

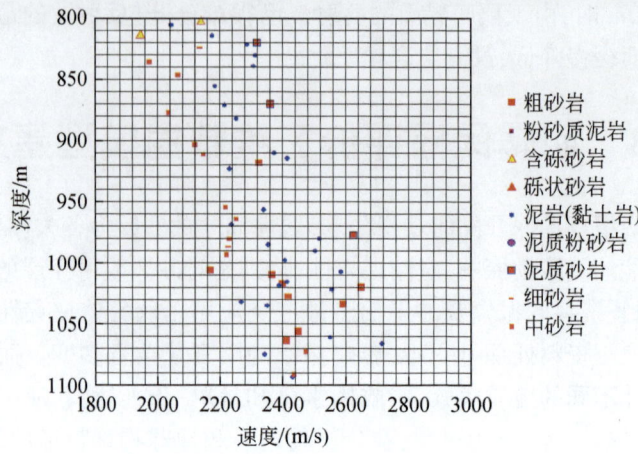

图 2-23 河道砂速度统计分析

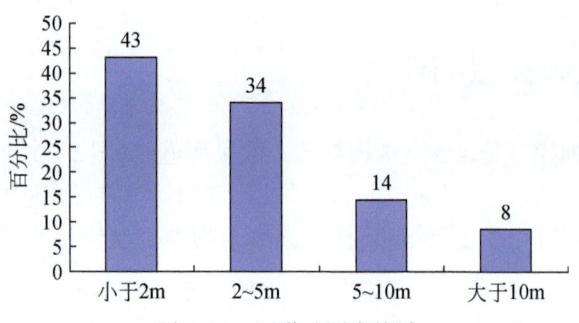

图 2-24 河道砂厚度统计

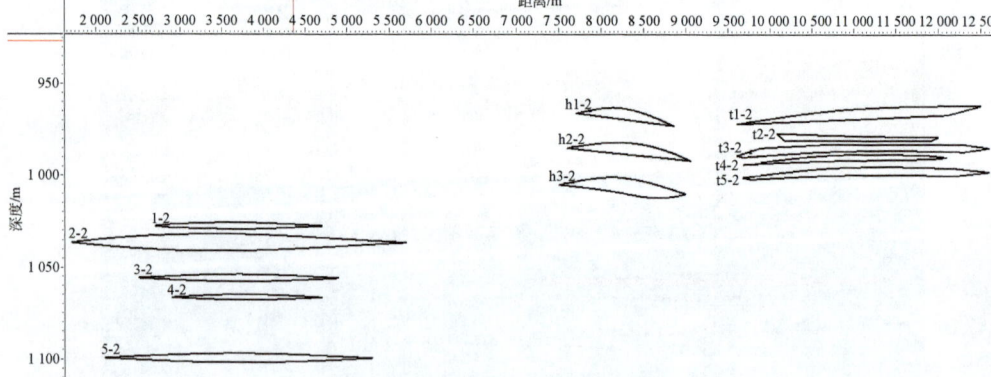

图 2-25 设计河道砂体地质模型

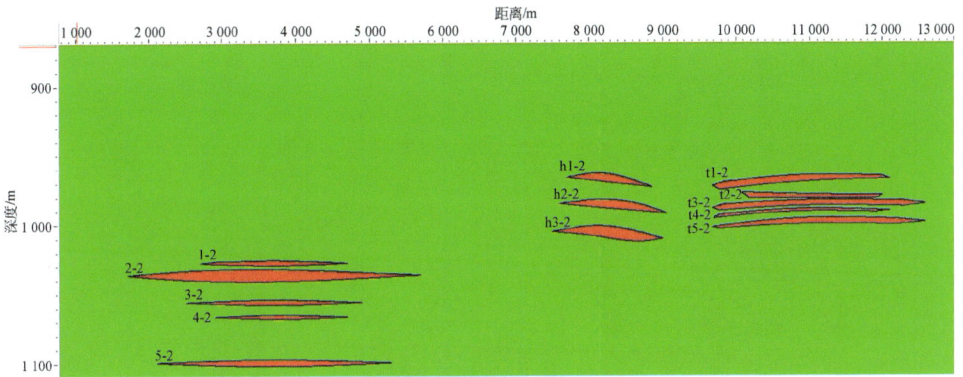

图 2-26 河道砂速度模型

表 2-5 河道砂体模型参数

地层类型	P 波速度/(m/s)	S 波速度/(m/s)	密度/(g/cm³)	泊松比 ν	V_p/V_s
泥岩	2500	1160	2.30	0.36	2.16
油砂	2300	1310	2.15	0.26	1.76

由于野外实际地震资料的采集受到低速带和降速带的影响,因此,在河道砂体模型的基础上增加了低速带、降速带、中间层和高速带,厚度分别为 10m、20m、150m 和 20m(图 2-27,图 2-28 及表 2-6)。正演模拟分别采用主频为 30Hz、40Hz、50Hz 和 60Hz 的零相位雷克子波作为震源,用零偏移距接收方式模拟模型的零偏移距剖面。用弹性模拟算法进行了炮记录的正演模拟,将主频为 60Hz 的雷克子波作为震源。

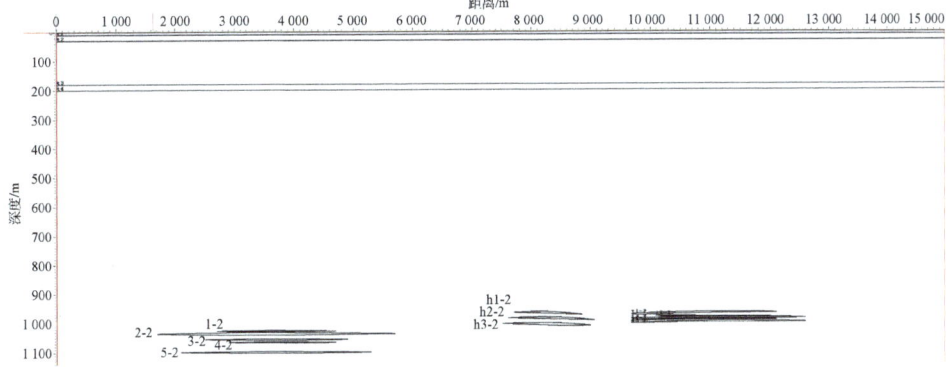

图 2-27 河道砂体地质模型(加低速带)

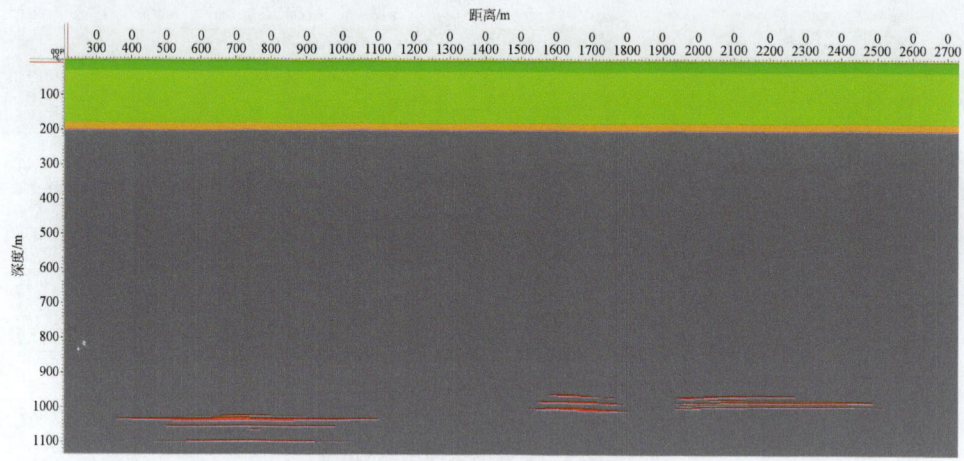

图 2-28 河道砂体速度模型(加低速带)

表 2-6 河道砂体模型参数

地层类型	P波速度/(m/s)	S波速度/(m/s)	密度/(g/cm³)	泊松比 ν	V_p/V_s
低速带	400	160	1.386	0.4	2.5
降速带	600	240	1.534	0.4	2.5
中间层	1000	400	1.743	0.4	2.5
高速带	1800	720	2.019	0.4	2.5
泥岩	2500	1300	2.30	0.31	1.92
油砂	2230	1200	2.15	0.29	1.86

2.3.2 砂砾岩体模型的建立

设计砂砾岩体模型(图 2-29)的砂砾岩体大小一致,因此便于观察分析油气水的不同反射特征。在浅层设计了 6 个透镜体(图 2-30),长度一致,厚度和含油气性发生了变化,可以分析地质频率在纵向上的分辨能力具体砂砾岩体模型参数见表 2-7。

图 2-31 为地层反射系数随入射角的变化特征,可以看到油、气、水的反射特征都是随入射角的增大而增大的,气层的变化最快,油次之。

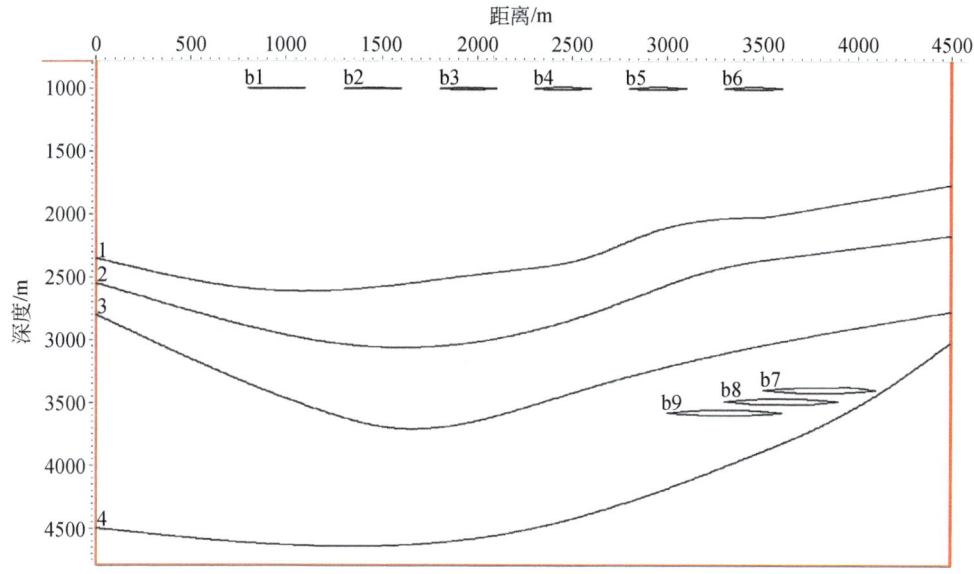

图 2-29 砂砾岩体地质模型

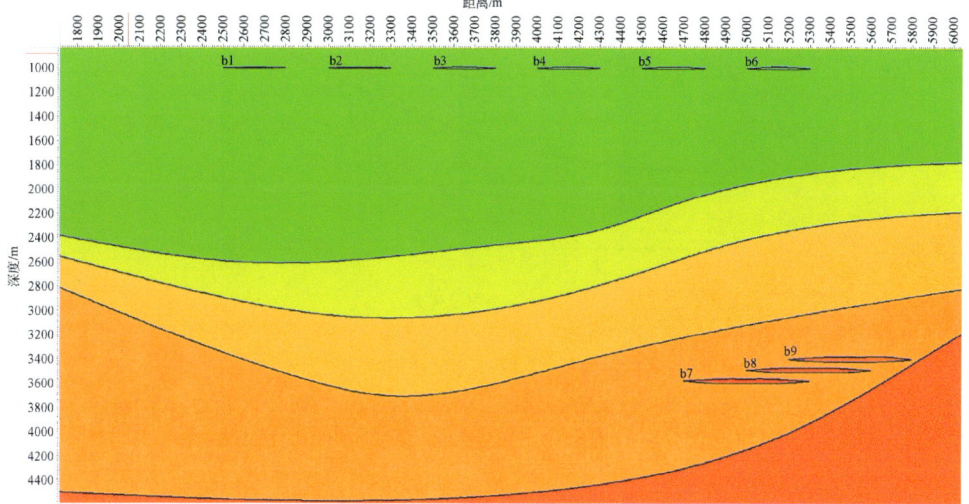

图 2-30 砂砾岩体速度模型

表 2-7 砂砾岩体模型参数

地层类型	P 波速度/(m/s)	S 波速度/(m/s)	密度/(g/cm³)	泊松比 ν	V_p/V_s
泥岩	2500	1080	2.30	0.39	2.31
水砂	2380	1120	2.25	0.36	2.13

续表

地层类型	P 波速度/(m/s)	S 波速度/(m/s)	密度/(g/cm³)	泊松比 ν	V_p/V_s
油砂	2230	1200	2.15	0.30	1.86
气砂	2100	1280	1.95	0.20	1.64
泥岩	3200	1500	2.40	0.36	2.13
泥岩	3900	1900	2.50	0.39	2.05
泥岩	4650	2200	2.70	0.36	2.11
泥岩	5300	2550	2.75	0.34	2.08
砂砾岩水	5160	2620	2.66	0.32	1.96
砂砾岩油	5080	2740	2.62	0.29	1.85
砂砾岩气	4850	2850	2.56	0.24	1.70

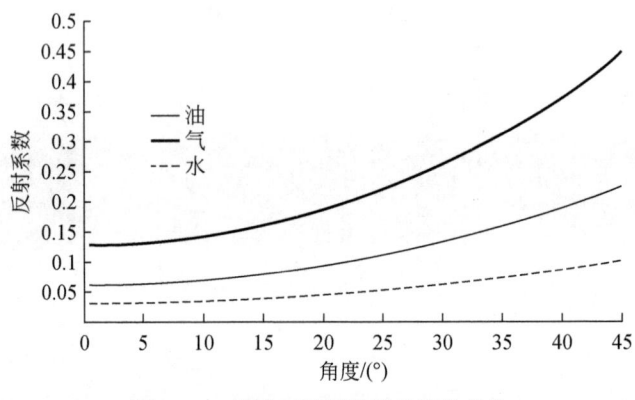

图 2-31　地层反射系数随角度的变化

2.3.3　复杂断块模型的建立

构造控制的岩性储集体为油气资源的成藏提供了有利的地质条件,断层的存在一方面为油气运移提供了良好的通道;另一方面,当底层的错断运动稳定后也为储层提供了较好的盖层。胜利油田地区的地质条件较好,早期构造运动较剧烈,形成了许多断层控制的油气藏,因此建立一个典型的断层控制的岩性储层模型并加以深入研究具有一定的实际意义。

复杂构造模型由楔形体、透镜体、薄互层、断层和迭瓦状构造等常见的地质构造组成(图2-32)。这些特殊构造的规模大小不等,厚度不一,分别充填不同的流体,流体的物性参数见表2-8,图2-33是充填流体速度模型。

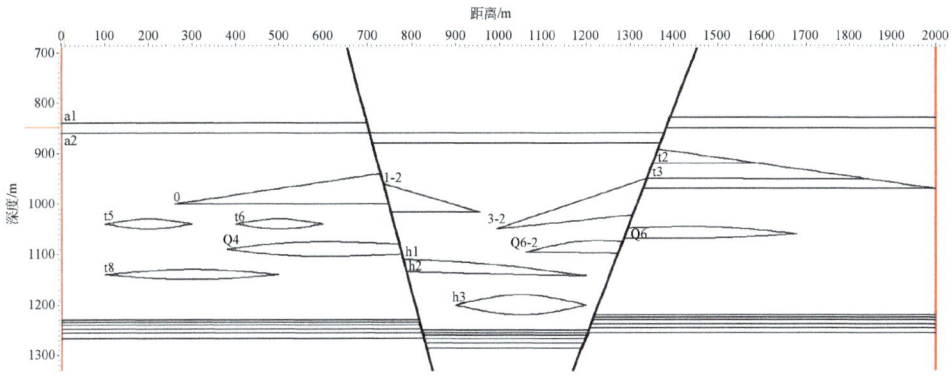

图 2-32　复杂构造模型的地质模型

表 2-8　复杂断层模型参数表

地层类型	P波速度/(m/s)	S波速度/(m/s)	密度/(g/cm³)	泊松比 ν	V_p/V_s
泥岩	2100	860	2.10	0.4	2.44
水砂	2000	960	2.07	0.35	2.08
油砂	1900	1060	2.05	0.3	1.79
气砂	1700	1130	2.00	0.1	1.50

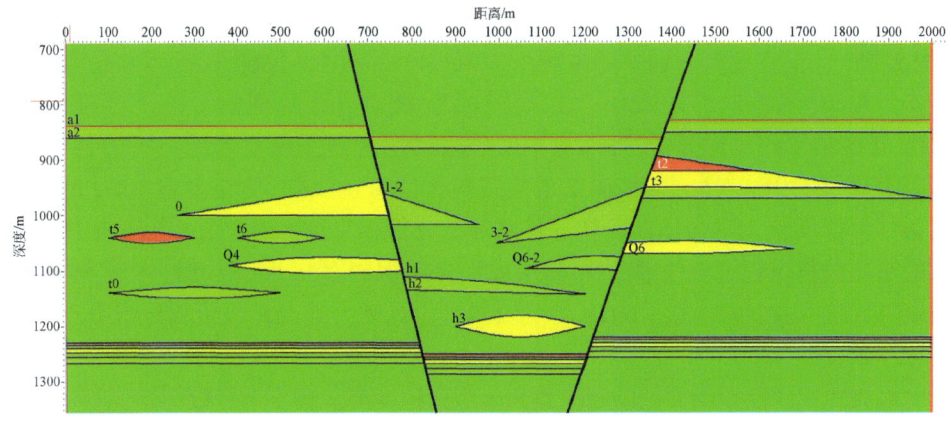

图 2-33　复杂构造模型的速度模型

图 2-34 为地层反射系数随入射角的变化特征,可以看到油、气、水的反射特征都是随入射角的增大而最大的,气层的变化最快,油次之。

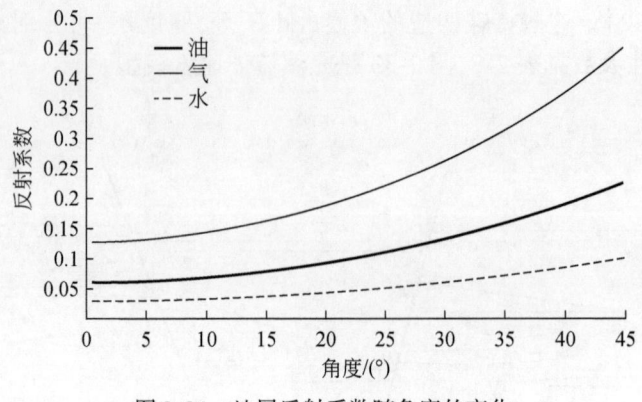

图 2-34　地层反射系数随角度的变化

2.3.4　模型正演模拟与地震响应特征分析

地震波正演模拟是研究地球介质中地震波传播的运动学和动力学特征的重要手段,是研究地震波在复杂介质中的传播规律及其响应特征的有力工具,也是地球物理反演与地震资料偏移成像的基础。地震波正演模拟常常被用于指导野外采集参数设计、评价地震处理效果、检验地震解释结论,甚至直接被用于含油气性检测。地震波正演模拟还能为反演方法(如 AVO 反演、全波形反演等)的研究提供理论数据,并可对反演方法的可行性和有效性进行检验。

1. 河道砂体模型正演与地震响应特征分析

利用声波波动方程地震波模拟算法对该河道砂体模型进行了地震波正演模拟(图 2-26)。正演模拟分别采用主频为 30Hz、40Hz、50Hz 和 60Hz 的零相位雷克子波作为震源,用零偏移距接收方式模拟模型的零偏移距剖面。通过对 30Hz 与 40Hz 正演结果的对比分析,可以对中间砂岩储层地震正演反射波特征进行分析。当泥岩隔层为 16m 时,主频 30Hz 地震资料无法直接反映,而在主频 40Hz 的正演结果中可以反映。这与地震资料分辨率理论分析相一致。对 50Hz 与 60Hz 模拟结果的对比分析可以通过左侧砂岩储层验证。当泥岩隔层为 10m 时,主频 50Hz 地震资料无法直接反映,主频 60Hz 地震资料可以反映。这与地震资料分辨率理论分析相一致(图 2-35)。

高震源主频模拟剖面波的层次感和分辨率精度高。在零偏移距剖面,断点、尖灭点绕射波丰富且十分清晰;深度偏移剖面可以消除由于上覆层速度结构以及构造(断层)影响引起断层下盘的地层成像同相轴下凹现象而获得正确成像。另外,通过观测系统设计以及叠前地震正演,叠前道集中各种地质构造反射特征清晰,而靠近模型边缘附近倾斜层成像能量减弱,这是由于边缘道的偏移孔径不足造成的。

第 2 章 │ 地震保幅评价模型建立与地震响应特征分析

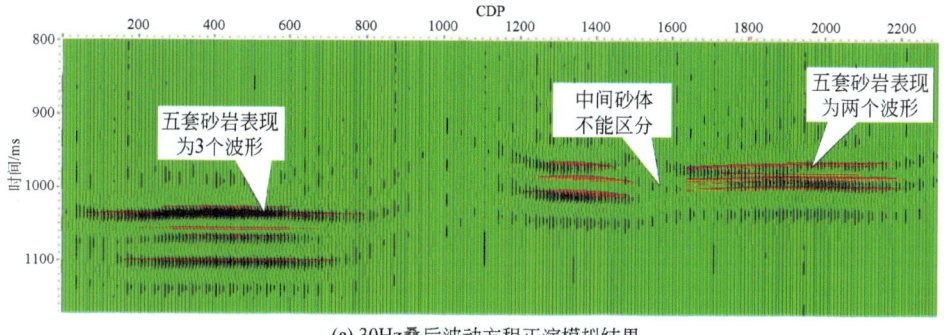

(a) 30Hz 叠后波动方程正演模拟结果

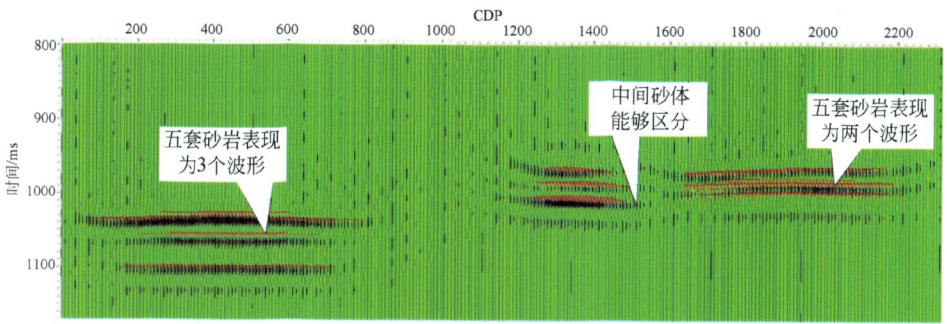

(b) 40Hz 叠后波动方程正演模拟结果

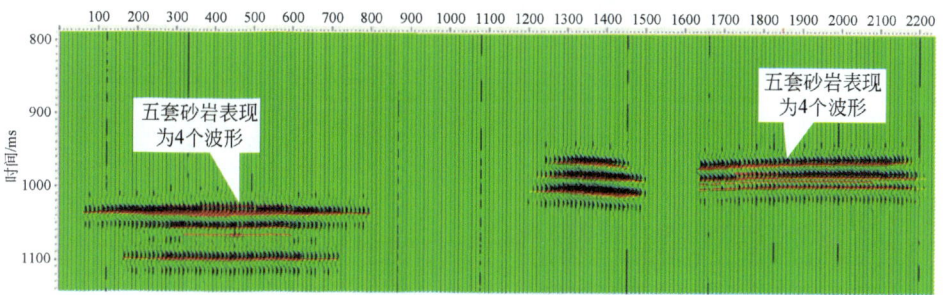

(c) 50Hz 叠后波动方程正演模拟结果

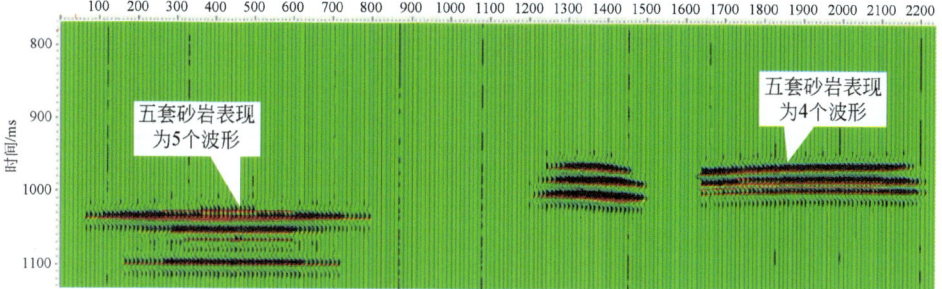

(d) 60Hz 叠后波动方程正演模拟结果

图 2-35　河道砂体模型叠后正演模拟结果

对60Hz叠后波动方程正演模拟结果分别提取了瞬时频率和均方根振幅属性,从图2-36中可以看到,在储层段均方根振幅明显高于围岩;而储层段的瞬时频率则比较平缓,围岩段变化比较剧烈。这主要是因为受到边界绕射的影响(图2-37)。

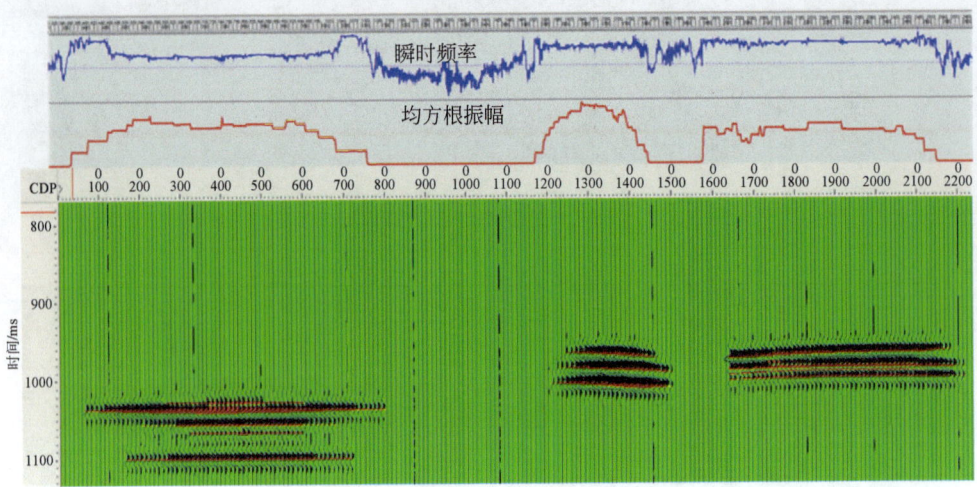

图2-36 60Hz叠后波动方程正演模拟结果的属性分析

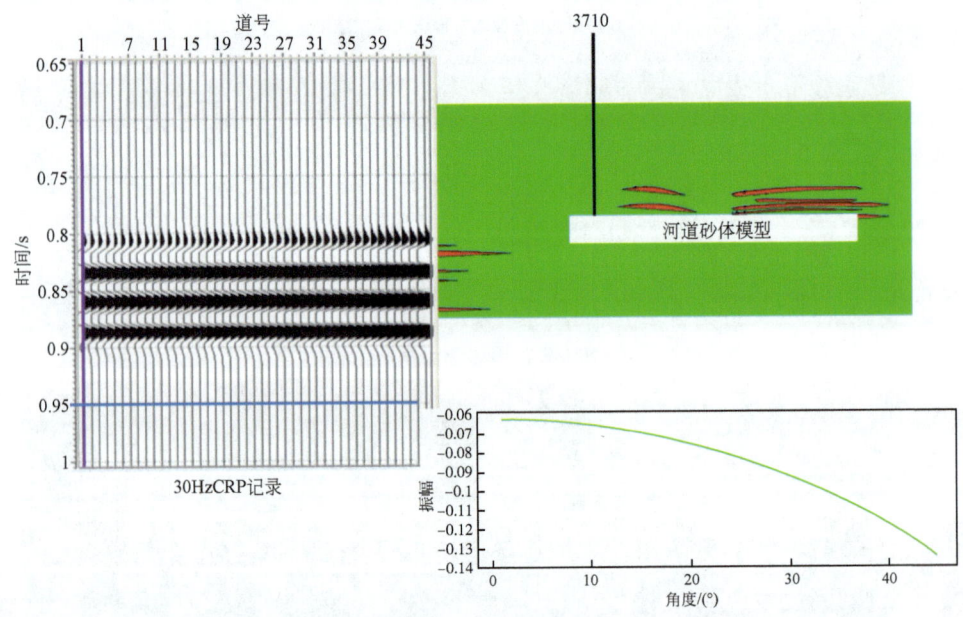

图2-37 30Hz_Zoeppritz正演记录的AVO曲线特征

Zoeppritz正演道集AVO特征为振幅随入射角(偏移距)的增大而减少,为第

Ⅳ类AVO异常。随频率的提高,分辨率明显提高,底部薄互层也能分辨,道集中有比较明显的反映。通过叠后正演模拟的分析及叠后波动方程正演模拟结果的分析对比,当子波频率为60Hz时河道砂体基本能够分开(图2-38),理论模型首先要能够区分每个砂体,这样才能够为下一步的保福处理评价提供基础数据,所以参考垦东1区块的三维观测系统,设计如下二维观测系统。

道间距:10m;覆盖次数:15次;接收道数:240道;激发方式:单边放炮;炮间距:80m;总炮数:160炮;首炮位置:0m;激发频率:60Hz。

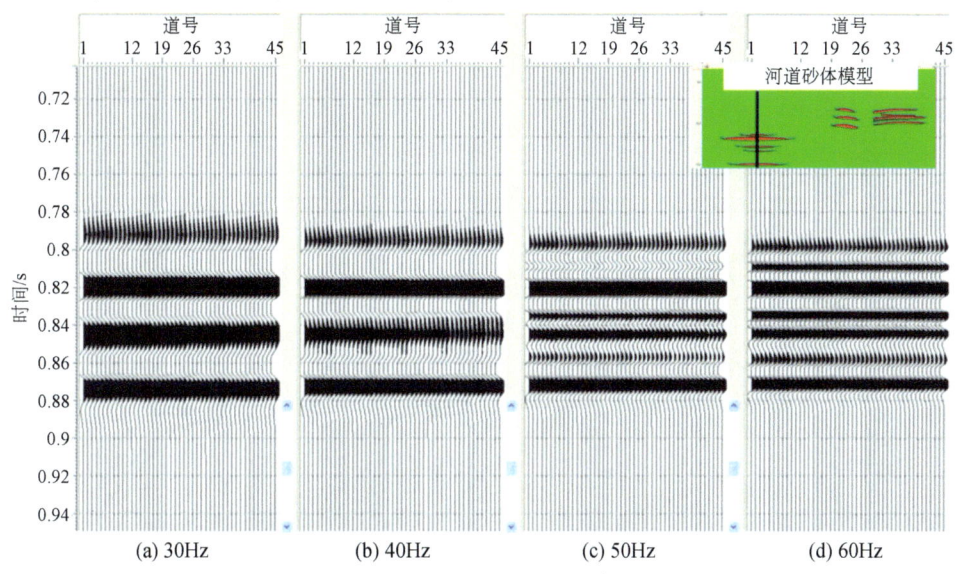

图2-38 不同频率的Zoeppritz正演道集

观测系统参数计算:

$$炮点移动公式为(N\times S)/2n = 炮间距/道间距$$

式中,N为接收道数;S单边接收时为1,双边接收为2;n为覆盖次数(参数必须满足以上公式要求)(240×1)/(2×15) = 80/10。

由上述公式可以计算得到炮点排列每次向前移动2道的检波点距。

入射角的计算:

$$\tan\alpha = offset/2H = 3700/(2\times1102) = 1.679$$

式中,offset为最大偏移距,H为目的层深度,$\alpha=59.2°$。

激发频率计算:该软件激发频率与接收主频率大致相当,没有经过吸收衰减,为了与实际地震记录对比,采取与实际地震资料主频相当的60Hz。

正演炮记录特点分析:按照上述观测系统,在P波震源主频60Hz弹性波正演模拟得到的炮记录中可以同时得到x分量和z分量,并且每一个分量中的转换S波反射及P波反射均非常清楚。炮记录中各种反射分别对应地质模型中不同砂体的反射,反映直观清晰(图2-39)。

2. 砂砾岩体模型正演模拟与地震响应特征分析

利用声波波动方程地震波模拟算法对砂砾岩体模型进行了地震波正演模拟。正演模拟分别采用主频为30Hz、40Hz、50Hz和60Hz的零相位雷克子波作为震源,用零偏移距接收方式模拟模型的零偏移距剖面(图2-40)。由于围岩是低速的,气层与围岩速度接近,因而几乎没有反射。水层反射最强,油层、水层反射特征清晰,频率越高,振幅越强(图2-41)。随入射角增大而减少趋势,入射角大于45°时可观察到极性反转。随入射角增大而减少趋势,入射角大于一定角度时可观察到极性反转,为Ⅰ类AVO异常。

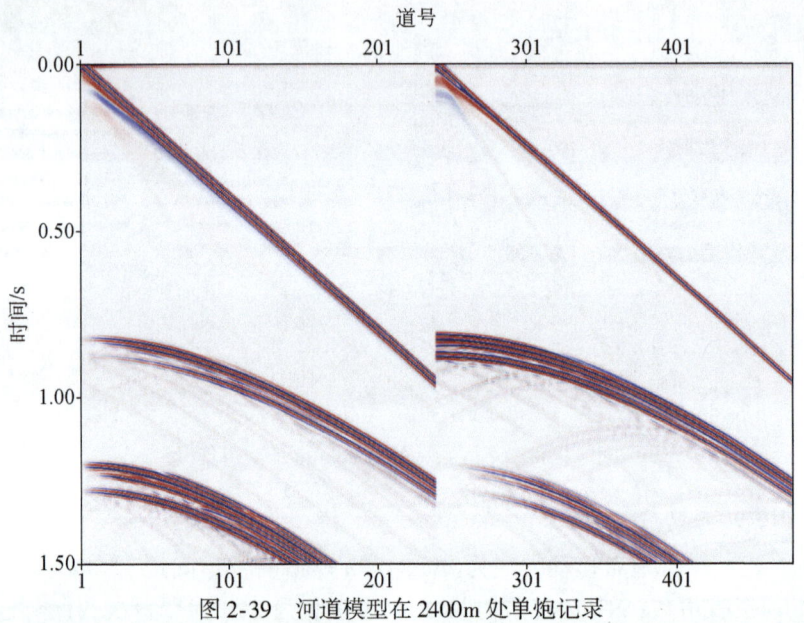

图 2-39 河道模型在 2400m 处单炮记录

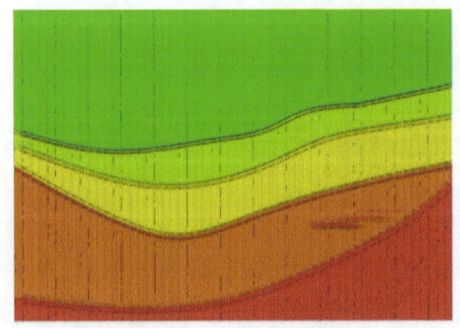

(a) 30Hz 叠后波动方程正演模拟结果

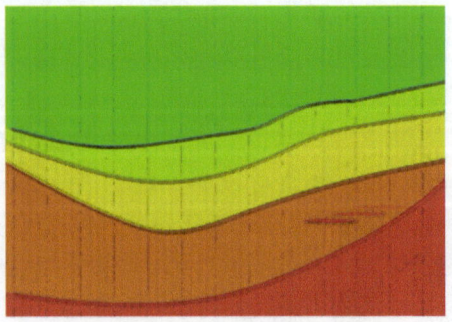

(b) 50Hz 叠后波动方程正演模拟结果

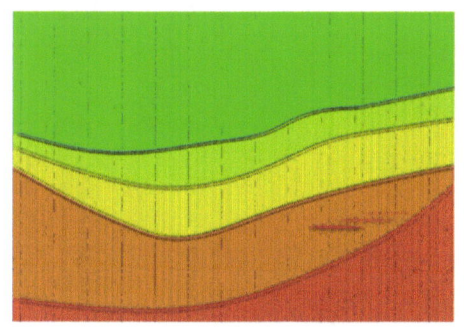 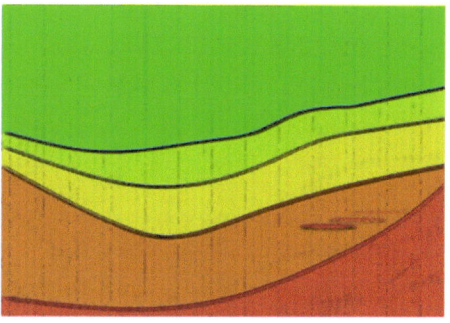

(c) 40Hz叠后波动方程正演模拟结果　　　　(d) 60Hz叠后波动方程正演模拟结果

图 2-40　叠后波动方程正演模拟结果

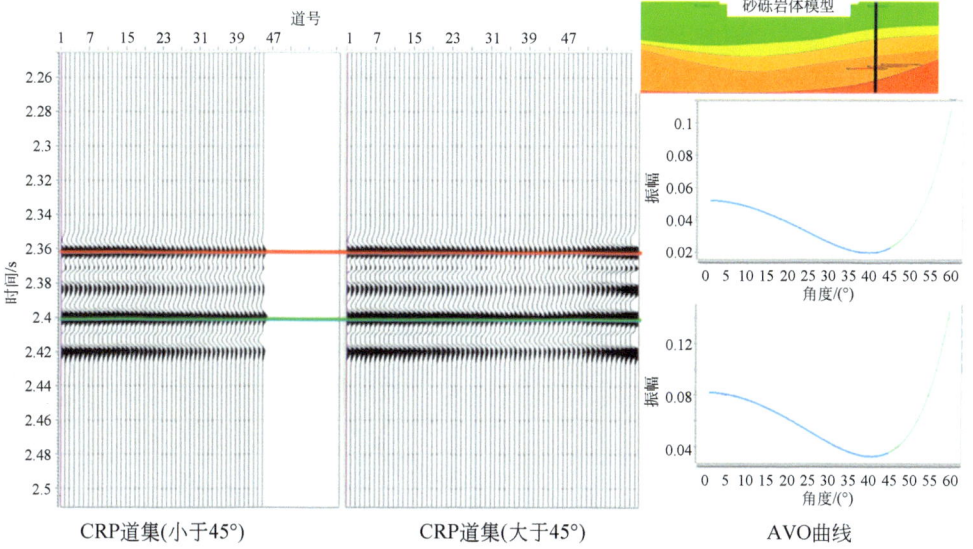

图 2-41　砂砾岩体的 Zoeppritz 正演道集特征分析

通过将叠后正演模拟的分析结果和叠后波动方程正演模拟的分析结果对比可知，当子波频率为 60Hz 时砂砾岩体特征更清楚，理论模型首先要能够区分每个砂体，这样才能够为下一步的保幅处理评价提供基础数据，基于以上要求，设计如下二维观测系统。

道间距:10m；覆盖次数:352 次；接收道数:1410 道；激发方式:双边放炮；炮间距:40m；总炮数:351 炮；首炮位置:0m；激发频率:60Hz。

观测系统参数计算：

炮点移动公式为 $(N \times S)/2n =$ 炮间距/道间距

式中，N 为接收道数；S 单边接收时为 1，双边接收为 2；n 为覆盖次数（参数必须满足以上公式要求）$(1410 \times 2)/(2 \times 352) = 40/10$。

由上述公式可以计算得到炮点排列每次向前移动 2 道的检波点距。

入射角的计算：
$$\tan\alpha = \text{offset}/2H = 7800/(2 \times 3600) = 1.083$$

式中，offset 为最大偏移距；H 为目的层深度，$\alpha = 47.3°$。

激发频率计算：该软件激发频率与接收主频率大致相当，没有经过吸收衰减，为了与实际地震记录对比，采取与实际地震资料主频相当的 60Hz。

正演炮记录特点分析：按照上述观测系统，在 P 波震源主频 60Hz 弹性波正演模拟得到的炮记录中，各种反射分别对应地质模型中不同砂体的反射，反映直观清晰（图 2-42）。

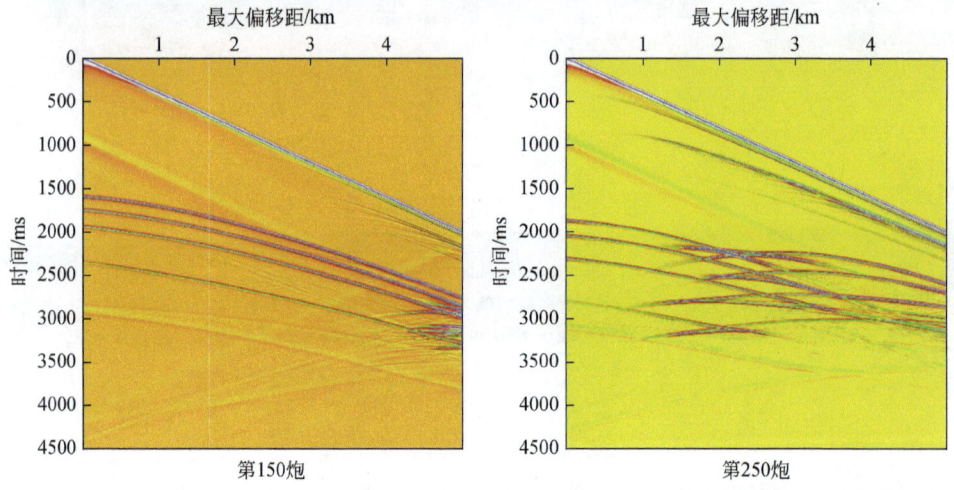

图 2-42　砂砾岩体模型对应地表记录（第 150 炮、第 250 炮）

3. 复杂断块模型正演与地震响应特征分析

利用声波波动方程地震波模拟算法对复杂断块模型进行了地震波正演模拟。正演模拟分别采用主频为 30Hz、40Hz、50Hz 和 60Hz 的零相位雷克子波作为震源，用零偏移距接收方式模拟模型的零偏移距剖面。在零偏移距剖面中，断点、尖灭点绕射波丰富且十分清晰。在 30Hz、40Hz 子波主频正演结果中，透镜体、楔状体由于地层比较厚，所以能够清晰反映，而在 50Hz、60Hz 子波主频正演结果中，底部的薄互层也能够分辨（图 2-43）。

30Hz 单炮模拟结果分辨率比较低，大的构造反射特征可分辨，但是底部薄互层就无法分辨。60Hz 分辨率明显提高，底部薄互层也能够分辨。

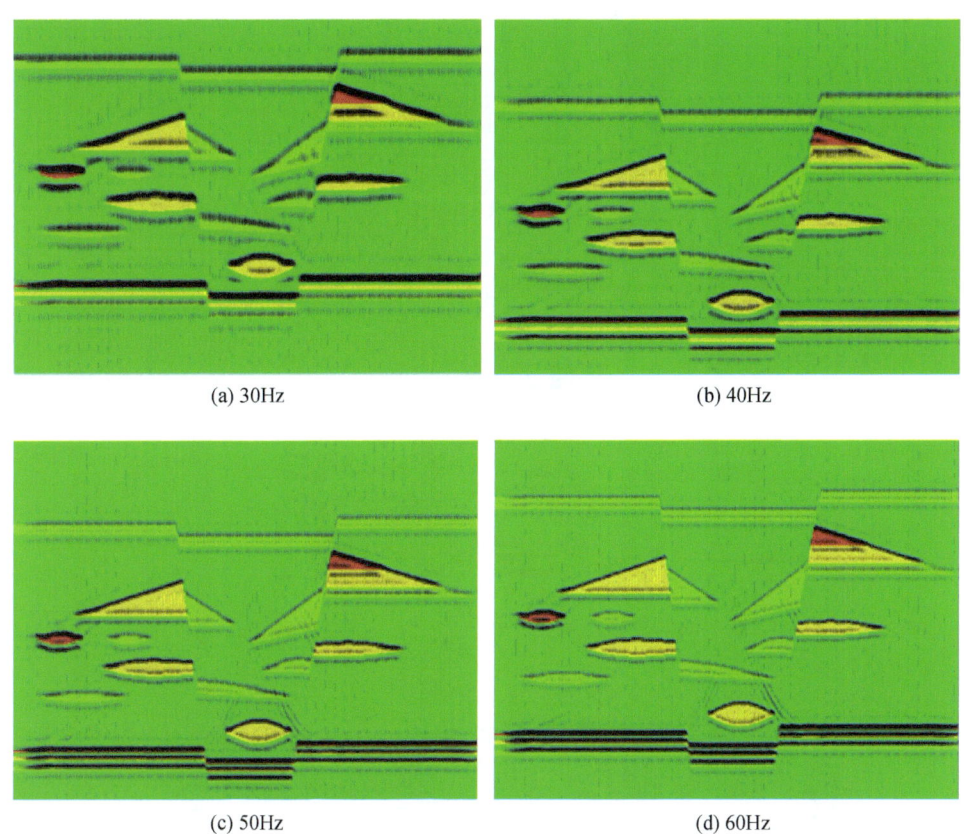

图 2-43 叠后波动方程正演模拟结果

CRP 道集表现为随入射角(偏移距)增大而增大趋势,为第三类 AVO 异常(图 2-44,图 2-45)。随着频率提高,其分辨率明显提高,底部薄互层也能够分辨,在 CRP 道集中有比较明显的反映(图 2-46)。

通过对叠后正演模拟的分析和叠后波动方程正演模拟结果的分析对比,当子波频率为 60Hz 时薄互层特征更清楚,理论模型首先要能够区分每个砂体,这样才能够为下一步的保福处理评价提供基础数据。设计如下二维观测系统。

道间距:10m;覆盖次数:60 次;接收道数:240 道;激发方式:单边放炮;炮间距:20m;总炮数:160 炮;首炮位置:0m;激发频率:35Hz、60Hz(图 2-47)。

按照上述观测系统,在 P 波震源主频 60Hz 弹性波正演模拟得到的炮记录中,各种反射分别对应地质模型中不同构造的反射,反映直观清晰。

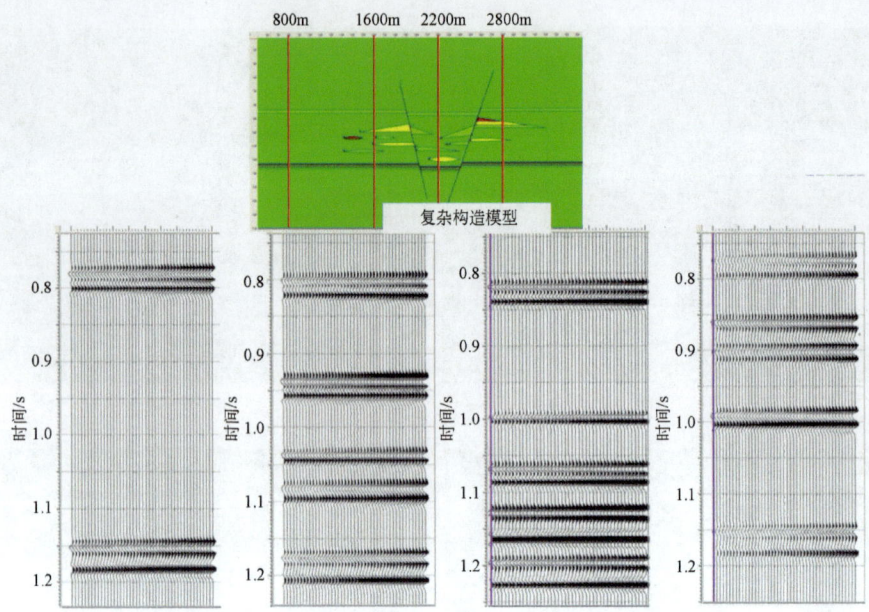

图 2-44 模型不同位置处 Zoeppritz 正演道集(60Hz)

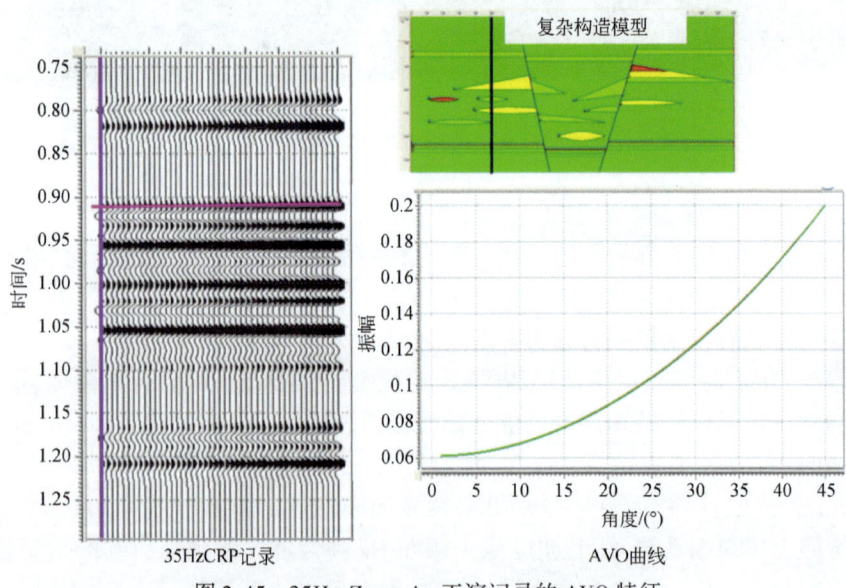

图 2-45 35Hz_Zoeppritz 正演记录的 AVO 特征

第 2 章 地震保幅评价模型建立与地震响应特征分析

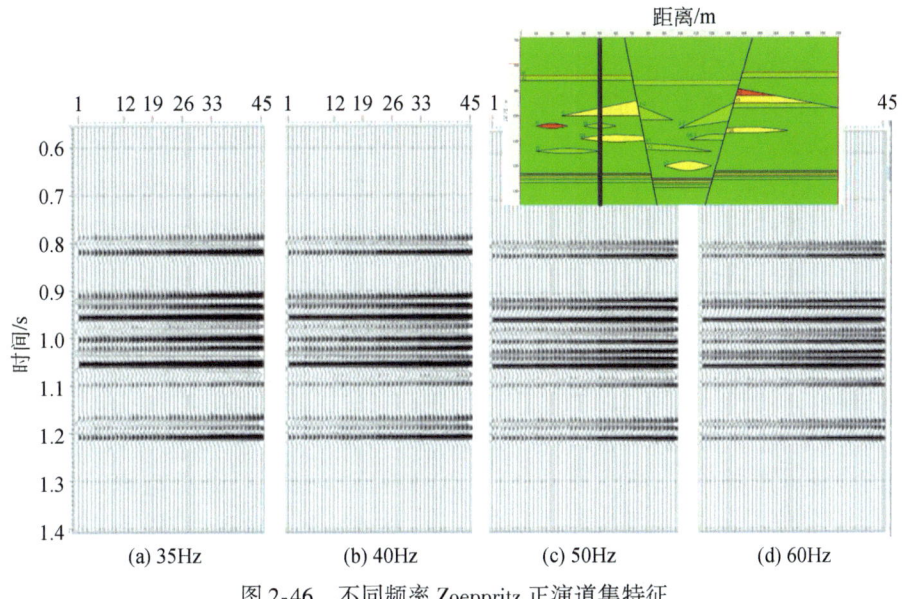

图 2-46 不同频率 Zoeppritz 正演道集特征

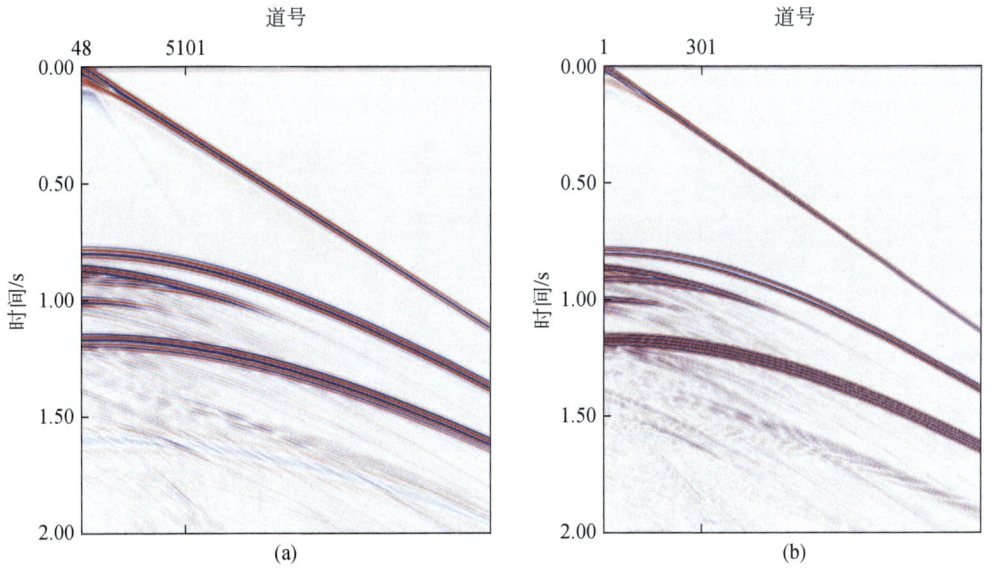

图 2-47 2800m 处 35Hz 单炮记录

2.4 小 结

从 Kelvin 介质的本构关系出发,推导了黏弹介质中的弹性波方程及声波方程,分别建立了黏滞弹性波方程的交错网格高阶差分解和黏滞声波方程的高阶差分解，并将可变空间网格和局部可变时间步长的技术与其相结合，提出了 VGTQA 和 VGTSQE 两种针对黏弹介质的高精度模拟方法。通过数值实验及对结果的分析，得到如下认识。

（1）数值实验及分析表明，黏弹介质中的交错网格高阶差分弹性波模拟方法具有绝对的保幅性，保证了正演模拟精度，同时提高了计算效率，为保幅正演评价模型建立奠定了数据基础。

（2）一维模型正演分析表明，反射波振幅与储层厚度、反射频率、孔隙度、偏移距等之间的关系随地层参数不同而发生相应变化，从而为地震反射特征分析研究奠定了基础。

（3）依据测井、地质资料及区块实际观测系统，设计了河道砂、砂砾岩体、复杂断块等地震地质模型，正演模拟分析了叠后地震反射特征及叠前炮记录、道集 AVO 特征。分析表明，地震资料主频较低时，地震反射同相轴为多个砂体的综合反映；当主频足够高时，地震同相轴才能代表单个砂体的反射特征。

（4）正演记录及地震反射特征分析表明，模型 AVO 类型及其 CRP 道集 AVO 特征与地层两侧地层岩石物理参数密切相关，正演道集很好地保持了这种 AVO 特征，为后面的保幅处理 AVO 关系提供了理论数据基础。

第 3 章 地震保幅评价准则建立与保幅分析方法研究

3.1 保幅处理评价准则

地震波传播过程中,有很多由非储层因素引起的对子波波形的改造和对反射系数估计的影响。分析可知,地表因素的影响、观测系统非规则的影响、噪声的影响、传播过程中诸因素的影响、背景速度和各向异性参数不准确对同相叠加的影响等,会在保幅处理结果中体现出来。针对这些问题,处理过程中会采取不同的技术手段,每一项处理技术都有其理论基础,其目的不同,保幅效果也不同,对原始资料振幅的改变也不同,因此,保幅评价的要求也不同。

由于理论的局限性、实际资料的复杂性,地震资料处理过程中对地震数据进行绝对的保幅是不现实的,只能在一定限度内进行相对保幅处理,保幅技术的选择也遵循有所为有所不为的原则,同时保幅处理技术也是一个动态过程,需要根据物探技术的进步不断调整。研究过程中,通过对专家咨询,结合处理、解释专家的讨论及模型和实际资料的测试与应用,将整个处理过程分为 5 项技术类别,并分别制定了保幅处理评价准则。

1. 噪声压制保幅处理评价准则

噪声压制保幅处理评价的目的:分离、压制或消除非反射界面产生的波场信号,仅仅保留反射界面产生的波场信号。对绕射波,要保留完整的绕射波信息。在噪声去除环节,要满足相对保持振幅、波形、频率和相位的要求,重点考虑压噪滤波器尽量满足零相位、振幅全通,单频噪声压制时对不同频率、不同振幅的信号影响为有效信号,不出现假频现象、振幅能量关系相对保持不变。

(1)噪声压制方法满足相对保持振幅、波形、频率和相位的要求,压噪滤波器尽量满足零相位、振幅全通的要求。

(2)在时间域中,噪声压制前后的残差剖面应满足不包含有效信号的要求。

(3)在频率域中,噪声压制前后残差剖面的频谱分析仅表现有相应噪声的频率范围。

(4)单频噪声压制不损害同频率、不同振幅的有效信号,压制后不产生附加噪声。

(5) 相干类噪声压制后,有效信号振幅能量关系相对保持不变,不出现假频现象。

(6) 噪声压制后平面振幅属性图不存在异常值。

(7) 叠后噪声压制,沿层振幅趋势不变,目的层极大值振幅整体变化趋势与处理前吻合。

2. 振幅补偿保幅处理评价准则

振幅补偿保幅处理的目的是消除球面扩散对 AVO/AVA 效应的影响,消除因地表条件变换对观测、接收和波传播影响导致的振幅不一致现象。振幅补偿保幅处理过程中,球面扩散补偿前后的振幅曲线,纵向上保持相应的振幅关系,补偿后的地震数据,符合岩石物性参数及 VSP 建立的本地区球面扩散补偿模型;地表一致性振幅补偿后的单炮,总体能量变化满足空间相对一致性要求,振幅平面属性图不存在边界效应及异常值,补偿后的地震道集保持相应的 AVO 特征,地震剖面应具有相应的振幅响应。

(1) 振幅补偿方法理论上满足相对保持振幅的要求。

(2) 球面扩散补偿后的地震数据,符合岩石物性参数及 VSP 建立的本地区球面扩散补偿模型。

(3) 球面扩散补偿前后的振幅曲线,纵向上保持相应的振幅关系。

(4) 地表一致性振幅补偿后的单炮,总体能量变化满足空间相对一致性要求,振幅平面属性图不存在边界效应及异常值。

(5) 与根据测井结果合成出的 AVO 关系对比,补偿后的地震道集保持相应的 AVO 特征,地震剖面应具有相应的振幅响应。

(6) 与补偿前相比,补偿后(简单构造)目的层段的振幅特征及 AVO 关系不能出现异常变化。

3. 提高分辨率保幅处理评价准则

提高分辨率保幅处理的目的是消除近地表的剩余静校正时差(实质上是表层速度不准引起的),消除中、深层速度和各向异性参数不准确引起的非同相叠加,消除因子波拉伸引起的成像结果分辨率降低现象。提高分辨率保幅处理过程中,要求初次静校正后的地震剖面不产生假地质现象,剩余静校正后互相关函数对称性好,峰值大,时间延迟小;吸收补偿后的地震数据,符合岩石物性参数及 VSP 建立的本地区地质吸收补偿模型;反褶积后的自相关函数,主瓣宽度压缩、旁瓣幅度降低,主能量一致性加强;提高分辨率后的地震剖面波组特征清晰,切片显示构造特征完整,满足精细地质解释要求。

(1) 近地表引起的道间时差精确校正,校正后地震反射同相轴一致性加强,地震剖面不产生假地质现象。

(2) 剩余静校正后的互相关函数对称性好(反映了子波的相位),峰值大(即信噪比高),时间延迟小,准确动、静校正后的互相关特征参数接近于1,峰值参数大于或等于4,时间延迟接近0;多次迭代后的剩余静校正数据,95%的校正量在一个样点之内,波形同相性有效加强。

(3) 利用测井、VSP、岩石物理及地面数据的结合,建立尽可能准确的 Q 模型,沿波传播路径补偿 Q 引起的振幅、频率和相位的变化。

(4) 吸收补偿后(反 Q 滤波)的地震数据,符合岩石物性参数及 VSP 建立的本地区地质吸收补偿模型。

(5) 采用多道反褶积方法,反褶积后的自相关函数,主瓣宽度压缩、旁瓣幅度降低,主能量一致性加强。

(6) 反褶积后频谱分析有效频带振幅能量加强,资料信噪比得到有效保持,子波一致性变好。

(7) 建立准确的速度模型,实现高保真的 CMP 叠加和叠前偏移成像叠加,尽可能消除子波拉伸效应。

(8) 提高分辨率后的地震剖面波组特征清晰,切片显示构造特征完整,满足精细地质解释要求。

4. 成像处理保幅评价准则

成像处理叠前保幅的目的是产生保真的道集数据,准确归位的成果资料及速度文件,为构造解释及岩性研究提供可靠的数据基础。影响成像保幅性的因素主要是数据的规则化、偏移算法、偏移孔径参数和反假频因子等参数以及偏移速度模型等因素。因此,在成像处理保幅评价中注意数据规则化处理,尽量选用算法先进且考虑保幅的偏移方法及参数,考虑各向异性并建立准确的速度模型等。叠前偏移中尽可能输出保真的共成像点道集,道集中波形一致性好,反射同相轴拉平,且不出现空间假频,能够满足叠前地震属性研究的需求。

(1) 叠加过程中采用无效样点不参与振幅能量平均计算的保幅叠加方法。

(2) 偏移前做好 CMP 道集的规则化处理,偏移用的道集满足覆盖次数及偏移距均匀化要求。

(3) Kirchhoff 积分偏移选好偏移孔径参数和反假频参数,采用保幅的加权算子,尽可能消除采集脚印的影响。

(4) 偏移方法满足消除与反射系数无关的因素并保持反射系数的动力学特征。

(5) 在偏移速度模型建立及偏移过程中,考虑介质各向异性对成像结果的影响。

(6) 叠前偏移中尽可能输出保真的角度道集,满足叠前地震属性研究的要求。

(7) 叠前偏移后地震数据不出现空间假频,成像后道集(如 CIP)波形一致,反射同相轴拉平。

（8）偏移道集不进行均衡处理,成像剖面在不加增益的情况下,深层与浅层主要反射层的幅值应具有相同量级。

5. 成果资料保幅性评价准则

成果资料保幅性的目的是获得最终成像结果的保幅性,就是要看处理剖面上反射波的振幅比是否接近于反射界面的反射系数比。

（1）成像前后同一储层道集内振幅相对关系保持一致。

（2）利用测井信息得到岩石物性参数合成 AVA/AVO 道集,保幅处理成像道集显示的 AVA/AVO 特征与合成道集具有有效的相似性。

（3）复杂构造区域的构造清晰、分辨率高、速度场资料准确,具有较好的动力学特征。

（4）叠前偏移成果资料要与已知井资料分层数据相吻合。

（5）以标准反射层为参考,沿连续反射层提取的地震属性（振幅、频率、相位和波形）具有基本稳定的一致性,相应的处理数据满足相对保持振幅、频率、相位和波形的条件。

3.2　保幅处理判别方法

反射地震信号保幅处理的目的就是通过对野外地震信号的分析处理,尽可能地消除地震波在传播过程中的球面扩散效应和吸收衰减的影响,以及由非地质因素造成的地震信号特性（振幅、频率、相位、波形等）的变化,使地震信号的特性变化与地下地层的地质变化达到最佳匹配。地下的有效反射层（目前的子波能够分辨的且反射系数足够大）应在最终成果剖面上得到很好显示,同时还要保持最终成果剖面上各点间地震信号动力学特性的相对关系。

保幅处理的结果体现在对反射子波波形特征的保持和对反射系数特征的保持上,而判别保幅处理的结果是否满足保幅处理评价准则,主要从实际应用上展开。在保幅处理评价准则建立的基础上,通过对子波特征的振幅、频率和相位特征分析以及子波相似性分析、目的层波形属性的变化特征分析、AVO 特征分析、波阻抗与测井结果的一致性分析等,结合实际处理流程,针对不同的处理技术进行了保幅评价方法的研究。由于方法理论的局限性及实际资料的复杂性,地震资料处理过程中对地震数据进行绝对的保幅是不现实的,只能在一定的限度内进行相对保幅处理,通过对相对保幅处理技术的讨论,并结合实际处理流程,针对不同的处理技术进行了分析评价技术研究。

3.2.1 相减法(残差法)

相减法可适用于对噪声处理的保幅性鉴别:在资料处理中,叠前去噪是一个提高信噪比的很好手段。那么如何保证去噪处理是一个保幅处理呢?可通过一个简便的方法来判别:用原始地震记录与处理后地震记录相减,可以得到差值地震记录,分析差值记录中是否包含有效信号成分及差值地震记录中噪声的成分,判断去噪方法的保幅性。

如今地震数据去噪方法很多,但针对去噪方法的保幅性的理论研究还缺乏系统性,去噪处理常带有不同程度的盲目性,不能预测可能的振幅损伤,有时甚至不顾地震信号的先天不足(偏离算法的信号模型假设前提),贸然实施去噪方法,最终导致因去噪而破坏地震数据的保幅性,从而影响储层和油气预测结果的可靠性。对于各种地震去噪技术,保幅处理要求其尽量做到"不损伤有效波,而尽可能压制噪声"。为了认识去噪方法的保幅性,需要细致地分析去噪方法对有效信号和噪声的改造过程,以便清楚地了解哪些因素会影响信号的振幅信息。例如,去噪方法的理论算法、参数选择、信噪分离程度等都会直接影响最终资料的振幅特性,对这些问题都有必要展开具体的分析和讨论。

1)理论依据

差别分析技术的目的主要是观察去噪前后数据的差别,去噪前和去噪后相减可以观察噪声的去除效果,了解是否把有效信号当成噪声去掉了,反褶积技术对振幅和频率的改造作用如何,以及去噪后有效信号振幅能量有没有减弱。

其公式表达比较简单,假定两个数据集为 $A(X,T)$ 和 $B(X,T)$,则差别分析为

$$D(X,T) = A(X,T) - B(X,T)$$

目前没有一种方法可以做到真正的信噪分离,还无法在数学意义上识别噪声与信号。保幅处理在某种意义上就是对信号的"损伤"的大小。一般情况下,只要滤波器具有零相位和振幅全通的特征,滤波后的结果就可以认为是保幅的。

2)实例说明

罗家-2009 高精度三维采用炮、道密度均匀性较好的观测系统施工,面波在近排列表现为线性,远排列表现为双曲线。同时,高精度三维采集使面波资料空间采样均匀,在处理中采取先进的十字交叉滤波技术进行三维空间滤波(图 3-1),技术理论保幅性好,同时在资料处理中得到了明显的效果。

将区域滤波剖面与十字交叉滤波剖面相减(图 3-2),可以得到低频的有效反射能量,分析这些信号的频谱(图 3-3),其频率在 10Hz 以内,主频为 6Hz,在十字交叉滤波法剖面所保留的低频能量应该是有效反射的能量,这说明十字交叉滤波方法能更好地消除面波,保护低频信号。

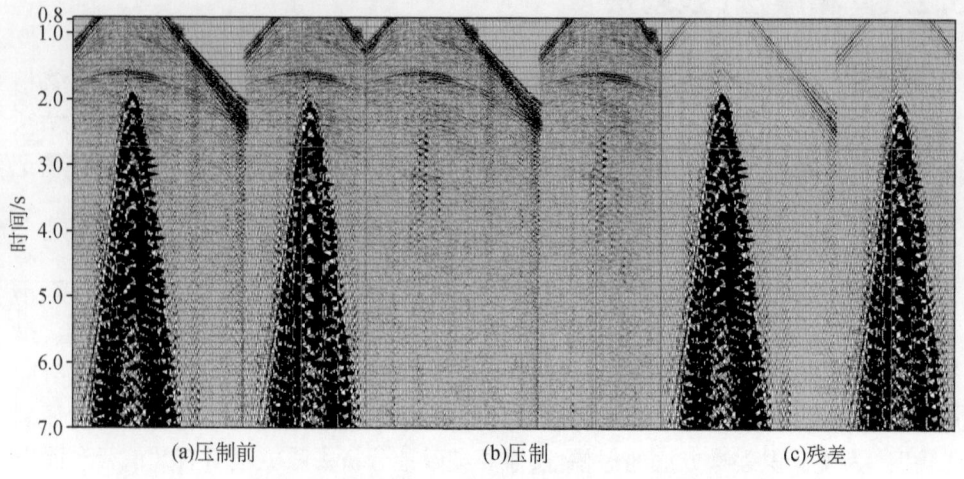

(a)压制前　　　　　　　(b)压制　　　　　　　(c)残差

图 3-1　面波压制前后的单炮效果及差值分析

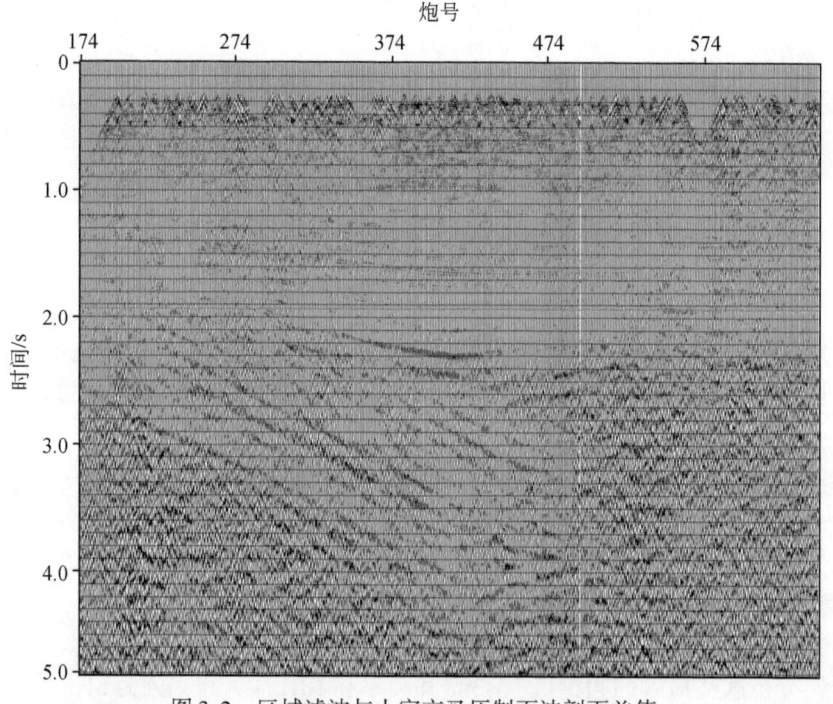

图 3-2　区域滤波与十字交叉压制面波剖面差值

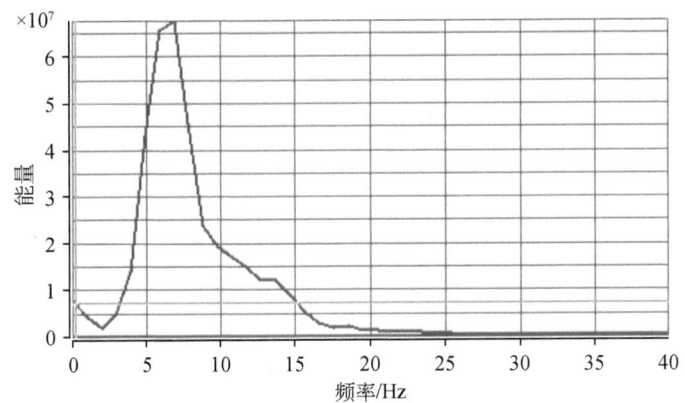

图 3-3 残差剖面频谱分析

3.2.2 时频分析方法

对处理前后的剖面或道集进行时频分析,如果子波的时频特征发生异常变化,可以判断该处理模块不适宜用保幅处理。时频分析监控可以针对特征层位进行,主要监控处理前后波形的瞬时振幅、瞬时频率和瞬时相位的变化。

1)理论依据

通常 Fourier 变换是地震信号分析的主要工具,但对于非平稳信号,Fourier 分析存在以下局限:①Fourier 假定信号在整个时间轴是平稳的,在频率域和时间域互换时,只能反映信号的总体特征;②Fourier 变换可对信号进行时域或频域分析,但无法准确描述非平稳信号的时变特征。

傅里叶谱可以从时间域或频率域的角度分析信号,但它不能同时保留时间和频率信息。对于非平稳信号(地震信号),要获得某一时间的频率成分或某一频率成分的分布情况,时频分布就显示出其重要作用。频谱和时频分布的区别在于:频谱能够确定哪些频率存在,而时频分布能够确定在某一时刻频率成分的分布特征,从而监控子波的时频特征的异常变化。

2)实例说明

图 3-4 显示的是振幅、频率衰减前后的时频分析谱,从中可以明显地看到,不同处理时期子波的时频特征变化。图 3-5 为衰减前后频谱的变化,频谱中只反映了频率存在,而无法确定在某一时刻频率成分的分布特征。

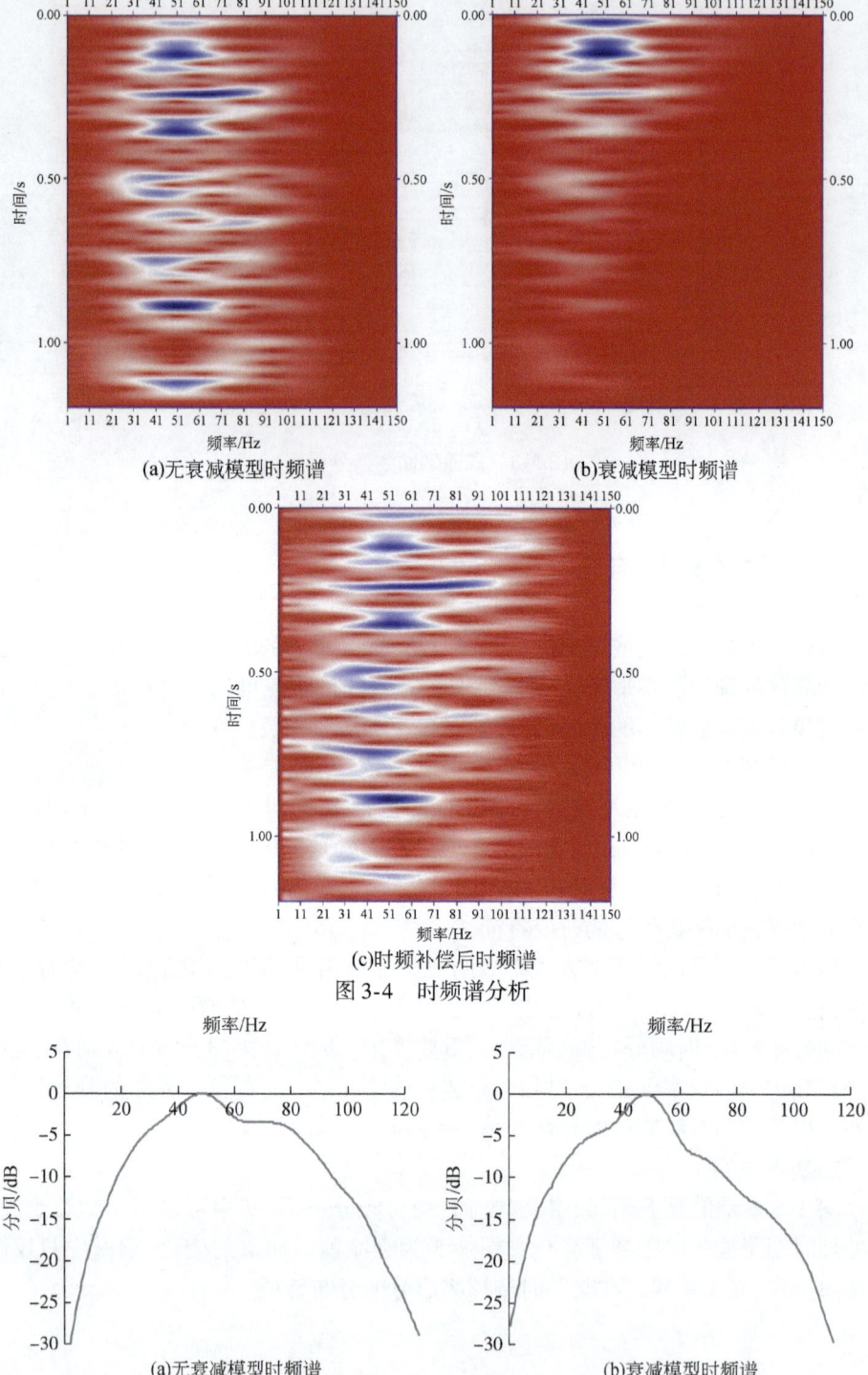

(a)无衰减模型时频谱　　(b)衰减模型时频谱

(c)时频补偿后时频谱

图 3-4　时频谱分析

(a)无衰减模型时频谱　　(b)衰减模型时频谱

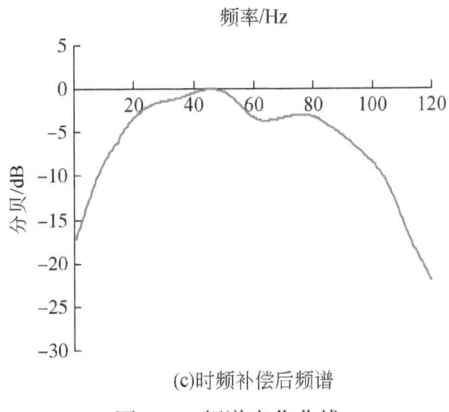

(c)时频补偿后频谱

图 3-5　频谱变化曲线

3.2.3　振幅曲线对比法

对于振幅补偿类处理技术，通过分析振幅补偿前后浅、中、深层的振幅曲线及振幅平面属性变化图，在不改变有效地质层位振幅变化规律的情况下，以单炮总体能量变化满足浅、中、深层空间相对一致性，振幅平面属性图不存在边界效应及异常值为标准，对振幅补偿类处理技术的保幅性进行有效鉴别。

1）理论依据

地震反射能量与波阻抗的相对变化成正比，波阻抗与岩性的变化存在一定联系，这成为利用地震反射振幅进行隐蔽油藏勘探的理论基础。如果没有地震波在传播过程中的球面扩散效应和地层吸收的影响，那么深、浅层反射波具有相同的振幅谱，相位谱仅相差一线性相位；如果把地震记录分成不同的频率，所对应时间的能量分布关系具有相似性，也就是各频率来自深层的反射能量与来自浅层的反射能量之比应该为一常数，不同的只是频率间的绝对能量大小不同。

地层无吸收时，不同频率成分所对应时间的能量分布关系具有相似性；有地层吸收时，低频成分衰减缓慢，高频成分衰减较快。球面扩散补偿是对地震波由震源向外以球面扩散的方式传播时，对产生的能量损失进行的补偿。地震波振幅的球面扩散损失是传播路程中球面波前半径的函数，用球面扩散补偿因子对地震道加权就补偿了球面扩散作用对地震振幅的衰减损失。地表一致性振幅补偿是消除由于地表条件空间变化对振幅的影响，提高振幅的保真性，使得振幅的空间变化能够反映地下岩性和参数的变化以及流体成分的改变情况。

2）实例说明

地震波振幅的球面扩散损失是传播路程中球面状波前半径的函数。由于地震记录的是波的旅行时间,一般用速度、时间来代替路程,故球面扩散损失又是速度和时间的函数。用球面扩散补偿因子对地震道加权就补偿了球面扩散作用对地震振幅的衰减损失,因此,该补偿属于保幅处理范畴。

图3-6是建立的一个正演模型,将原始单炮通过指数在时间上进行衰减,得到衰减单炮,将衰减单炮进行球面扩散补偿,得到补偿后单炮。从补偿效果看,恢复后的单炮能量与原始单炮基本相同。图3-7是三种单炮的振幅曲线,补偿后的能量曲线在保持振幅强弱关系不变的情况下,纵向能量得到有效恢复。

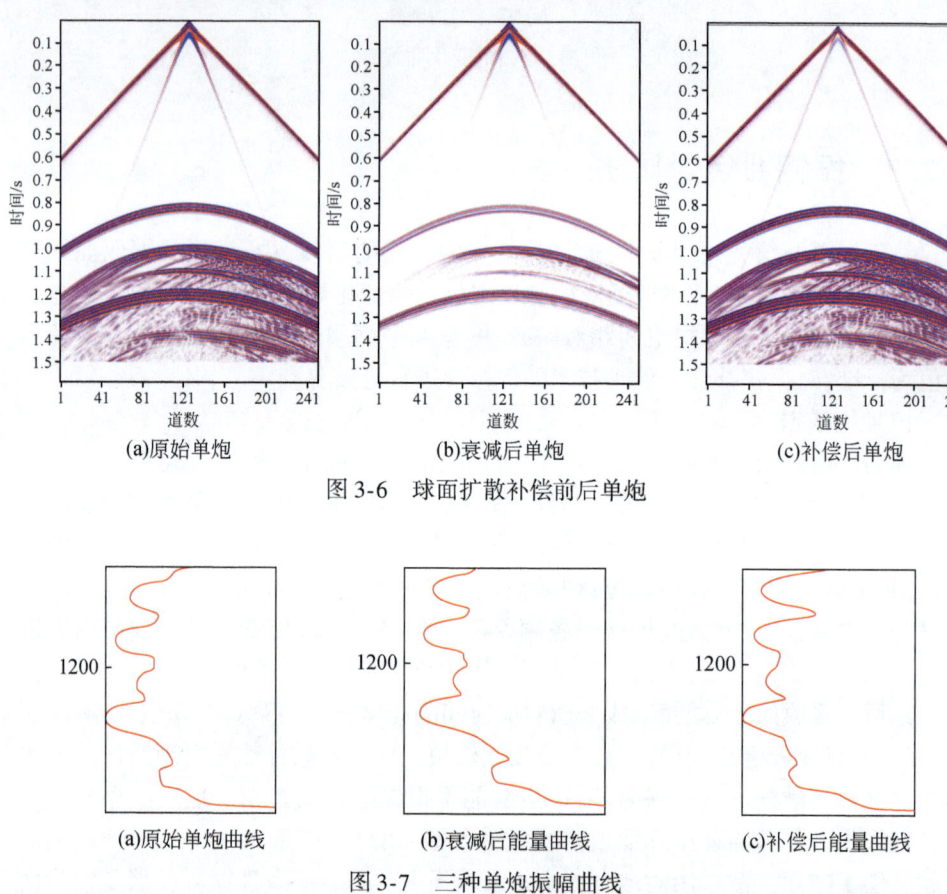

(a)原始单炮　　　　(b)衰减后单炮　　　　(c)补偿后单炮

图3-6　球面扩散补偿前后单炮

(a)原始单炮曲线　　　(b)衰减后能量曲线　　　(c)补偿后能量曲线

图3-7　三种单炮振幅曲线

图3-8是罗家-2009高精度三维实际资料球面扩散补偿前后单炮分析。从图中看到,纵向上的能量得到有效补偿。图3-9是补偿前后的振幅曲线分析,补偿后的振幅曲线能量得到有效提升,振幅强弱关系发生改变,技术保幅性比较好。

第 3 章 | 地震保幅评价准则建立与保幅分析方法研究

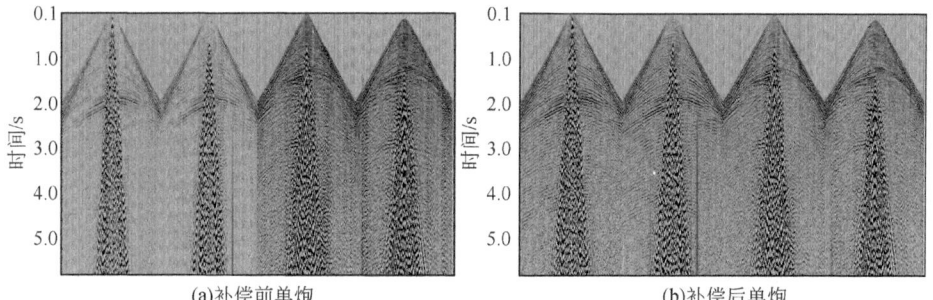

图 3-8 罗家-2009 高精度资料球面扩散补偿前、后单炮

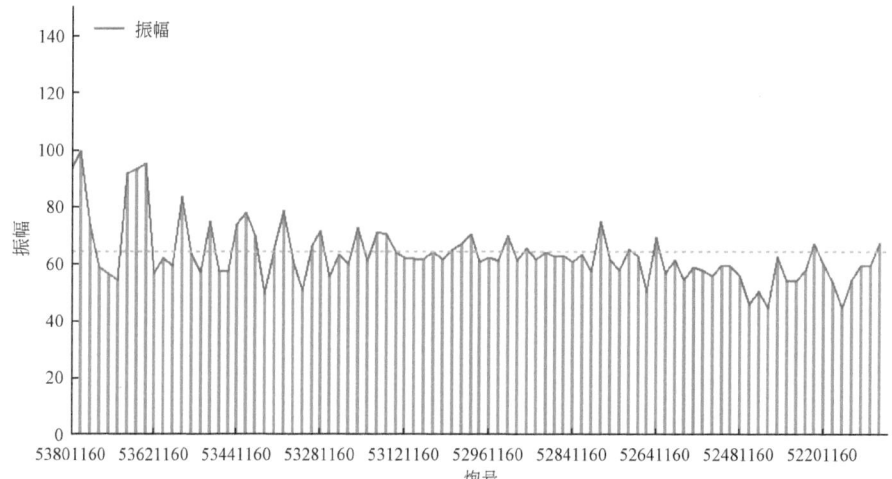

图 3-9 罗家-2009 高精度资料球面扩散补偿前、后能量曲线

3.2.4 振幅比计算法

地震资料保幅处理,保持地层的相对振幅,如果处理后,数据的整体能量虽然发生变化,但不同地层间振幅的相对强弱关系没有破坏,也是相对保幅的处理过程。

1)理论依据

以叠前正演数据为基础,在已知地层反射系数、地震波的振幅相对关系的情况下,对数据进行不同的处理,通过计算处理前后同一标准层的相对振幅比,可以对相应处理技术及流程进行评价。该方法适用于反褶积处理、能量补偿处理等技术的保幅性评价。

2)实例说明

图 3-10 是模型数据,图 3-10(a)是正演数据,图 3-10(b)是经过处理后的结果。从图 3-10(b)中看到,处理后的总体振幅发生了变化,但振幅比依然保持原始数据的特征,即振幅的相对强弱关系没有破坏,处理过程可以被视为是一个相对保持振幅的过程。

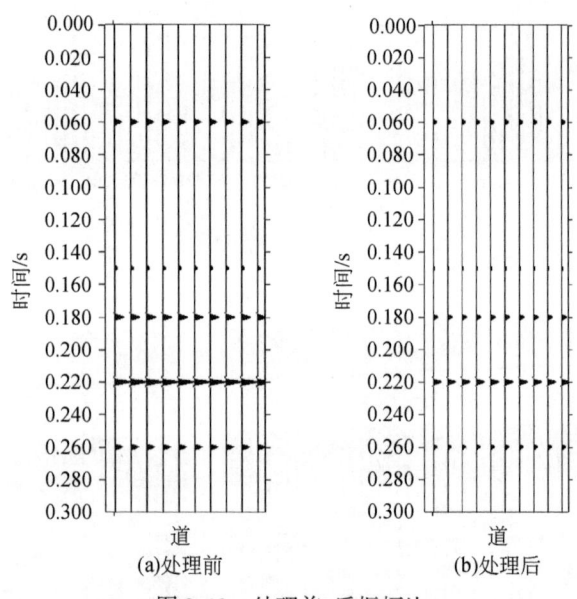

图 3-10 处理前、后振幅比

3.2.5 子波一致性相关分析法

对叠前提高分辨率的处理结果的保幅性分析,可以采用频谱分析及子波一致性相关分析法,利用地震子波的自相关来判断子波的一致性。地震子波相关分析法的标准是不改变地震资料的极性或相位,有效频带内能量加强,高频噪声得到抑制,自相关函数主能量一致性加强,旁瓣能量发散,子波一致性变好。

1) 理论依据

目前可提高分辨率的处理手段,如反褶积、反 Q 滤波、谱白化等,无论是假设反射系数白噪,还是直接将记录谱进行白化,都会直接或间接地将地震记录振幅谱展平抬宽,破坏反射系数间的相对关系。

以提高分辨率为目的的处理技术从物理意义上讲其初衷都是补偿子波能量、去子波效应(滑动平均)、恢复反射系数形态。目前的盲反褶积技术,其求解思路就是通过引入某种非高斯性准则来不断调节反褶积算子,使反褶积输出的概率密度函数逐渐逼近原反射系数的概率密度函数,从而去除子波对反射系数的影响。因此,提高分辨率处理的保幅评价可以通过考察处理前后反射系数间(子波相关函数)的相对关系破坏程度来衡量处理的保幅性能。

利用叠前地震数据,建立模型道。计算数据集(共炮集或者共接收点道集)上的每一道和它对应的模型道的归一化互相关函数。数据质量差时,其互相关函数的对称性差,但最大峰值和次大峰值差别不大。峰值小(即信噪比低)、时间延迟量大(τ)说明数据存在严重的静校正问题和相位问题。互相关函数对称性好(互相关函数的对称性反映了子波的相位)、峰值大(即信噪比高)、时间延迟小、剩余静校正问题小说明数据保幅性好(图 3-11,图 3-12)。

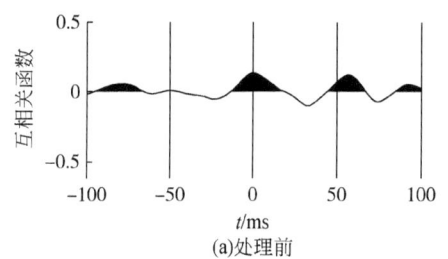 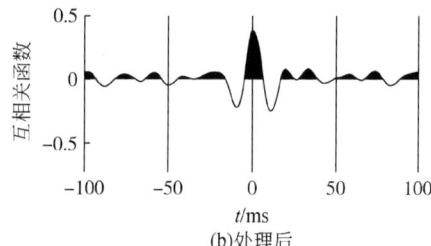

(a) 处理前　　　　　　　　　　　　(b) 处理后

图 3-11　剩余静校正处理前后互相关波形

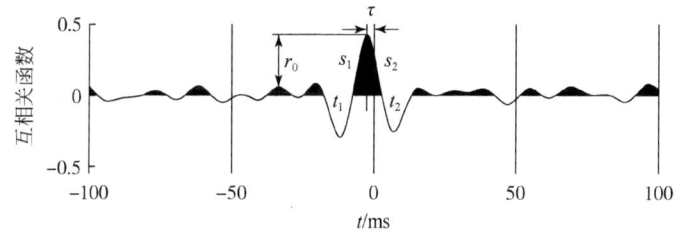

图 3-12　互相关特征参数

上述图中,参数 r_0、τ 和 S 是需要提取的 3 种特征参数。S 大小反映了互相关函数的对称性,其越接近于 1,表示互相关函数越对称,越远离于 1,则表示互相关函数越不对称,其对称性反映了子波的相位。r_0 值定性地反映了地震数据信噪比的高低。τ 单位为 ms,通过互相关可以求出各个炮点和各个检波点的 r_0,τ 和 S 参数,参数值的大小定量地反映了炮点和检波点静校正量的大小。

2) 实例说明

反 Q 滤波是一种补偿大地吸收衰减效应的技术,它不仅可以补偿振幅衰减和频率损失,还可以改善记录的相位特征,改善同相轴的连续性,提高弱反射波的能量和地震资料的信噪比、分辨率。图 3-13 是罗家-2009 高精度三维反 Q 滤波前后的效果对比,图 3-13(a)是滤波后效果,图 3-13(b)是滤波前剖面。图 3-14 是子波及相位分析,由图 2-13 和图 2-14 显示,反 Q 滤波后分辨率得到提高,复波明显减少,同相轴连续性变好,相位特征未发生变化。也就是说,反 Q 滤波提高资料频率后并没有改变数据的极性或相位,自相关函数主能量一致性得到加强,旁瓣能量发散,子波一致性变好。

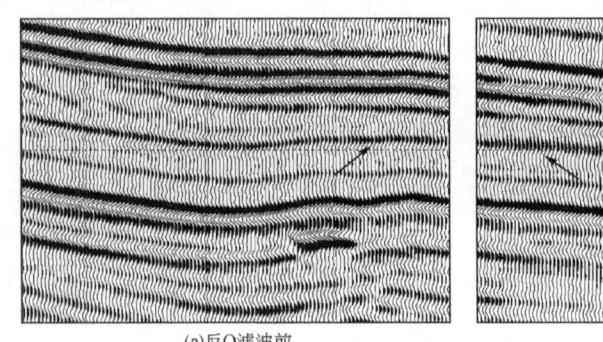

(a)反Q滤波前　　　　　　　　　(b)反Q滤波后

图 3-13　罗家-2009 高精度三维反 Q 滤波前后效果分析

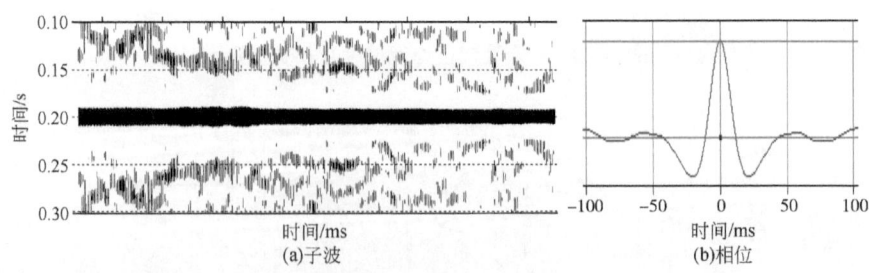

(a)子波　　　　　　　　　(b)相位

图 3-14　罗家-2009 高精度三维反 Q 滤波后子波及相位分析

3.2.6 沿层地震属性分析法

对于振幅补偿及频率一致性处理技术的保幅性分析,通常采用沿层振幅能量及沿层频率分析法,分析振幅补偿及频率一致性处理前后的振幅能量,主频、频宽的正态分布及平面分布,以目的层的振幅能量及主频、频宽能够保持正态分布,而在平面分布上只消除了由非地质因素引起的振幅和频率变化为标准,对处理技术的保幅性进行有效鉴别。

1)理论依据

在勘探区域内,目的层附近存在一个稳定的沉积环境(河流相或湖相)阶段,在该阶段形成了具有全区稳定的连续反射层,以该连续反射层为参考标准层,沿该连续反射层提取的地震属性(振幅、频率、相位和波形)具有基本稳定的一致性。

通常地震数据的处理是按道进行的,但是地震属性在储层预测和含油气检测方面的应用方法更多的是沿层进行空间分析。通常认为,一个波形的形态是由振动波形的主频决定的,比如主频10Hz的面波尽管还有很多其他频率成分,但看到的振动波形比较胖,视周期也是100ms。这是因为在频谱上观察,发现主频的振动幅度最高。当我们观察频谱的高端和低端时,通常可以看到它们的幅度在衰减,当衰减到一定程度时,该频率成分对波形的形态影响很小。在资料处理中利用反褶积技术不能完全恢复有效信号,同时小幅度信号的频率也会被噪声所淹没。

2)实例说明

图 3-15 是垦东 1 区三维去噪处理前后沿层频率和振幅分析。由图 3-15 可知,在油藏部位选择一个标志层,通过沿层频率及振幅属性分析可知,去噪后的沿层振幅曲线特征不变,噪声峰值得到压制,振幅总体能量得到有效提升。沿层频率曲线显示,除了噪声部位的沿层最小频率、最大频率及沿层主频曲线峰值发生变化外,其余部分的曲线特征未发生任何改变。

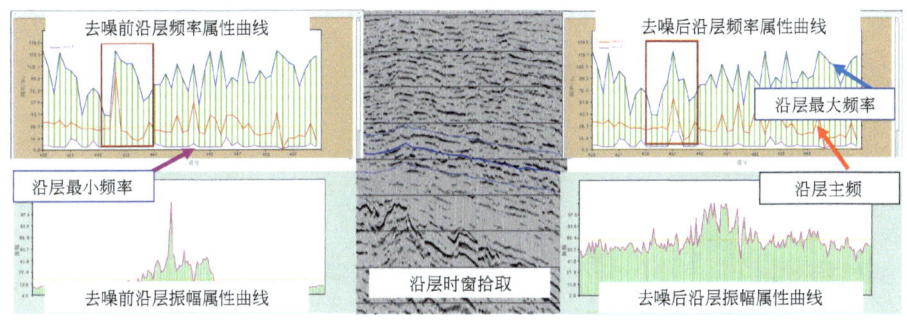

图 3-15 垦东 1 区三维噪声压制前后沿层地震属性分析效果图

3.2.7 切片分析法

对于叠后提高分辨率的处理技术的保幅性分析,通常采用通过相干切片法以成像剖面是否清晰反映微小地质体特征来判别处理技术的保幅性。

1) 理论依据

地震属性分析方法就是利用各种数学方法从地震数据体中提取各种地震属性,并结合地质、钻井、测井资料对目的层的特征进行研究的方法。

时间切片通过一个时间常数或加上一个平行的时窗段来显示提取的属性参数,在地层是水平或薄片状时能反映它所在的沉积层位。沿层切片考虑到了地层构造倾角的影响,在平行解释层位的时窗段或在平行偏离解释层位的时间上提取属性参数,这种方法要求地层成薄片状。通常地层厚度是变化的,厚度的显著变化和断层容易导致在做时间或沿层切片时,所采用的地层样点数据来自于不同地层的地震反射,影响到分析的合理性。

2) 实例说明

图 3-16 是罗家-2009 高精度三维叠前时间偏移及叠前深度偏移在 2180ms 处的时间切片效果分析。从图 3-16 箭头所指处可以看到,叠前深度偏移成像对切片细节反映更清晰,构造成像更收敛,边界刻画更完整,保幅保真性优于叠前时间偏移。图 3-17 是叠后采用反 Q 滤波提高分辨率前后切片显示,图 3-17(a) 是提高分辨率前切片机频谱效果,图 3-17(b) 是反 Q 滤波后效果。由图 3-17 看到,提高分辨率后基本保持了原始构造现象,且断层更加清晰可靠,陡坡带成像更清晰,保幅性较好。

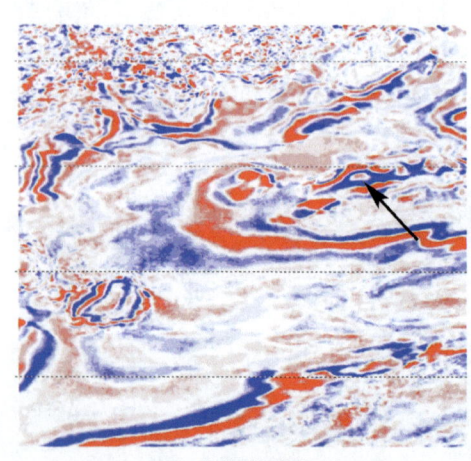
(a) 叠前时间偏移

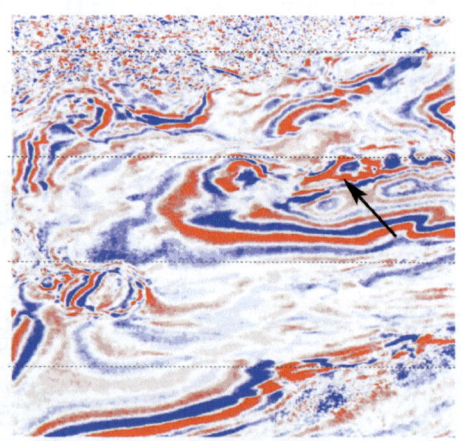
(b) 叠前深度偏移

图 3-16 罗家-2009 高精度三维不同成像方法切片

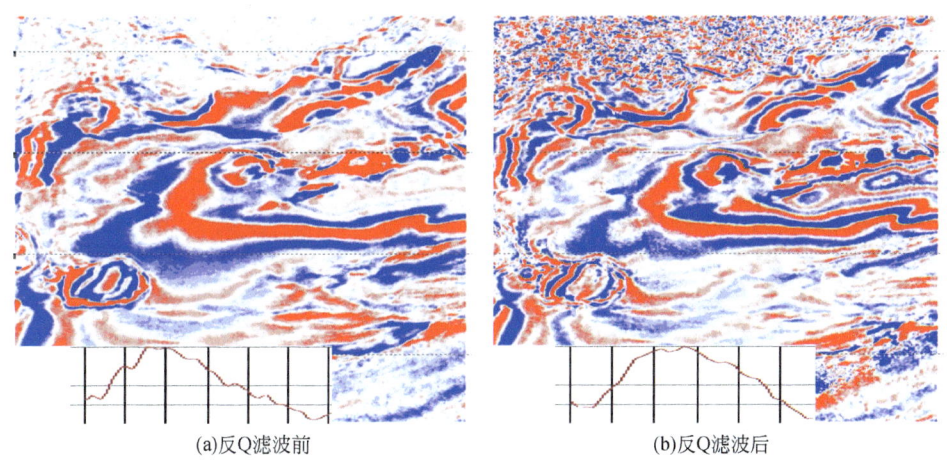

(a) 反Q滤波前 (b) 反Q滤波后

图 3-17 罗家-2009 高精度三维反 Q 滤波前和反 Q 滤波后切片及频谱

采用水平切片法来分析提高分辨率前后及最终成像类剖面地质现象的清晰程度，能够更清晰地反映地下细小地质特征，同时保持原始构造现象的方法及成果，可以判定其为是相对保幅处理技术。

3.2.8 合成记录法

合成记录法是利用合成记录对成果数据振幅的保幅性进行鉴别。测井合成记录能够反映地下地层特征，利用测井数据制作合成记录，分析记录的频率、相位、波形特征以及能量相对关系，并与井附近的地震资料进行对比分析，分析是否存在差别，如果存在，需找出存在差别的原因并加以修正。这一鉴别方法虽然严谨但实现难度大，目前还难以实现，尤其是波形特征与能量相对关系的对比，需要研究鉴别与对比方法。

1）理论依据

测井数据提供了井筒中的岩石物性参数，可以根据此参数计算井位置的各反射层的 AVA 曲线，也可以利用波阻抗合成零偏移距地震道。原则上，这两个结果可以作为标准来判别保幅处理结果中井点处 AVA 关系的可靠性和零偏移距地震道的保幅性。多口井的控制应该可以对整个探区的保幅处理结果有一个比较客观的判断。

对于叠前 CMP 道集而言，根据测井数据换算出地层速度，根据目的层位的埋深和炮检距计算出入射角，再根据 Zoeppritz 方程计算出反射系数与地震子波褶积就得到了反映目的层井点处的 CMP 道集，将合成记录道集中各反射波振幅变化关系与处理后的地震道集中各反射波振幅的变化关系进行比较,可以验证处理方法对叠前道集的保幅性。

对于叠后和偏移剖面,根据测井数据换算出地层速度,计算出各地层界面的法向反射系数,利用褶积模型可以得到井旁的一道合成记录。将此合成记录中不同时间的反射波振幅变化关系与处理后井旁地震道中不同时间的反射波振幅的变化关系进行比较,可以验证处理方法在纵向上的保幅性。

2)实例说明

图3-18是测井数据、地震子波、合成记录与地震剖面的对应关系图,由图可知,合成记录与实际地震记录的吻合度比较好,合成记录中不同时间的反射波振幅变化关系与处理后井旁地震道中不同时间的反射波振幅的变化关系一致性较好,从这一角度验证了地震成果资料在时间方向上的保幅性。

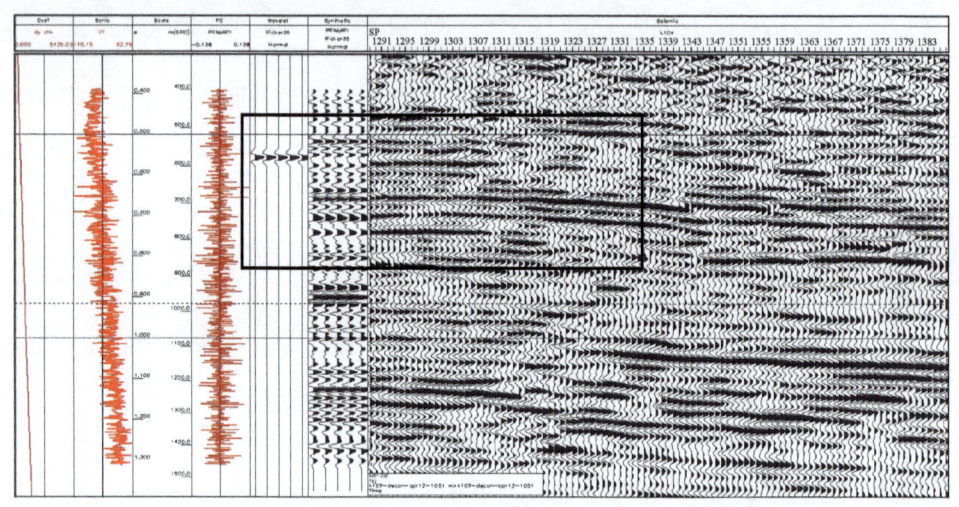

图3-18 测井数据、地震子波、合成记录对成果数据保幅性效果分析

3.2.9 AVO属性分析法

建立一个地质模型,生成道集数据,对道集AVO特征进行量化分析,使用不同处理方法或不同流程参量对模型数据进行处理,同时进行AVO特征分析,然后对两者的AVO特征进行对比与量化分析,得出对处理方法及流程的保幅性评价。对于已知探井区块的地震目标处理,使用测井数据回控重要的地震处理步骤/参数,以达到地震相对振幅保持和地震相位标定的目的。在已知探井的情况下,通过与井资料模拟的AVA/AVO关系进行对比,道集处理后的AVA/AVO关系不能破坏。

地震剖面要与已知井资料分层数据相吻合,已知气井含气标准层具有明显的 AVO 特征,地震剖面应具有相应的振幅响应。

1)理论依据

在处理过程中,任何一个处理模块施加后,道集中的 AVA/AVO 关系都不能破坏,处理过程只能用 AVA/AVO 道集的合理性来判断。通过利用测井信息得到岩石物性参数,合成 AVA 道集,比较保幅处理与成像结果和合成 AVA 道集之间的相似性,就能够判断资料的保幅性。

考虑到波阻抗分界面(或波阻抗分界层)的 AVO/AVA 效应,尤其要保持随角度变化的反射波形特征在一点上的相对真实性和横向上的一致性。

2)实例说明

图 3-19 是模型数据在添加噪声及噪声压制后的道集数据分析。该模型数据具有振幅随偏移距增大而增大的第三类 AVO 特征,对添加噪声后的记录进行噪声压制,噪声去除后的道集数据仍然保持了振幅随偏移距增大而增大的特点,说明该噪声压制方法及结果满足相对保持振幅的要求。

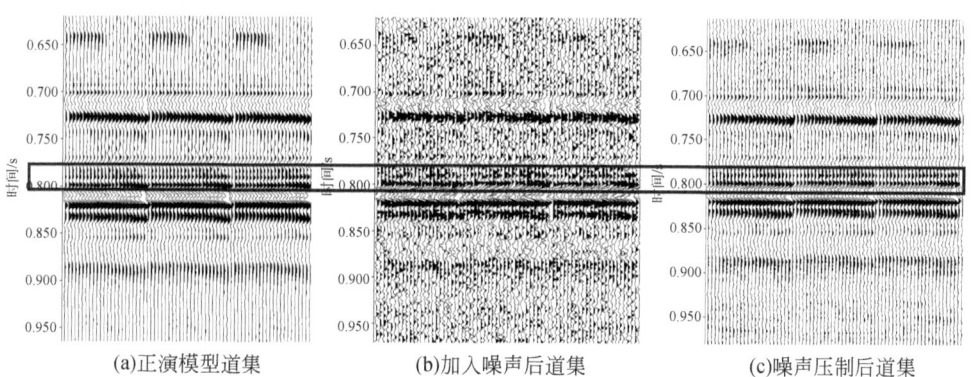

(a)正演模型道集　　　(b)加入噪声后道集　　　(c)噪声压制后道集

图 3-19　AVO 方法验证噪声压制技术的保幅性效果分析

3.2.10　波阻抗与测井结果的一致性分析方法

反演得到的波阻抗与测井得到的波阻抗一致性是检验保幅处理效果的重要标准。因为只有保幅的处理结果才能得到相对保真的波阻抗反演结果。

地震勘探从认识地下的构造形态开始,发展到直接应用地震信息判断岩性、分析岩相、定量计算岩层的物性参数及寻找油气显示等。地震反演技术正是这一发展过程的产物。在地震反演研究中,有多种参数的反演方法,如波阻抗、速度、密度、孔隙度、渗透率、泊松比等。其中,波阻抗信息是联系地质和地球物理的一座桥梁。叠后计算数据量相对较小,在实际生产中应用方便而且效果明显。因此,波阻抗反演在地震反演中具有特殊的地位。狭义的地震反演其实指的就是波阻抗反演。

波阻抗反演是利用地震资料反演地层波阻抗的地震特殊处理解释技术。该项技术是20世纪70年代早期由加拿大的Technika Resource Development公司的Roy Lindseth(1978)博士开发的。

20世纪70年代后期国外源于合成声波测井技术,提出了测井资料约束的波阻抗反演技术,即有井反演。它是基于褶积模型的叠后一维地震资料反演技术,在储层识别与横向预测中具有重要作用。然而,这种方法受噪声、不良的振幅保持以及地震资料频带限制的影响很大,而且还存在波阻抗值随递推公式传递误差的问题。用这种方法处理的波阻抗剖面分辨率很低,难以解决薄层或薄互层问题,使其应用受到限制。1983年,Cooke介绍了地震资料广义线性反演方法,从而揭开了波阻抗反演技术的新篇章。20世纪80年代后期,Seymour等提出了利用地震剖面所过井位的声波测井资料作为约束条件,将正演、反演结合并进行迭代,求取了地下波阻抗的方法。由于这种方法利用了测井资料的高频信息,大幅度拓宽了地震资料的频带,使地震剖面的视分辨率得到了很大的提高。

周竹生和周熙襄(1993)提出了综合利用地质、地震和测井资料进行约束反演,可克服单一的线性反演方法的缺陷。李宏兵(1996)在国内提出了将递推反演与宽带约束反演结合的方法。该方法的提出,解决了从单道出发的反演不能在根本上消除噪声的难题。在此基础之上,林小竹等(1998)进行了无井多道反演和有井多道反演的研究,使波阻抗反演方法更加完善。Connolly(1999)首次给出了弹性波阻抗计算公式,该方法存在的主要问题是求取的弹性波阻抗数值随着角度的变化而变化,因此,无法与声波阻抗相对比,而且求取的反射系数不稳定。

Whitcombe等对Connolly公式进行了改进,使在一定角度范围内计算的EI值可以相互类比,该方法在精度上与Connolly公式一致。同时,Whitcombe(2002)提出了可用于岩性和流体预测的扩充弹性波阻抗方法。Verwest等(2000)将不变的地震射线参数作为参量,推出了另一种弹性波阻抗计算公式,由该公式求得的反射系数精度高,能够有效地预测岩性和流体。Paradigm公司、Jason公司都在其商业软件中推出了弹性波阻抗的相关模块。我国的马劲风(2003)也对弹性波阻抗方法进行了改进,对Zoeppritz方程进行了简化,推导出了适合常规叠后资料的、非零炮检距条件下纵波反射系数递推公式,提出了广义弹性波阻抗的概念。这些进展说明弹性波阻抗已经成为波阻抗反演进一步发展的方向之一,地震反演的发展正走向AI和EI结合、AI和AVO结合的道路。

3.3 地震保幅分析系统建立

随着叠前成像技术的不断发展,目前针对构造成像的处理技术已经比较成熟。但在油田勘探程度不断加深的情况下,寻找岩性油气藏与隐蔽油气藏已逐渐成为油气勘探的主流。岩性圈闭的识别对地震资料的保幅处理要求也越来越高。为了更好地满足地震资料处理的需要,必须拥有一套成熟的技术及方法对保幅处理进行分析评价。通过系统的研究及软件集成,中国石化胜利油田有限公司物探研究院开发了保幅处理分析评价软件(图3-20)。地震保幅分析软件系统主要技术原理与功能如下。

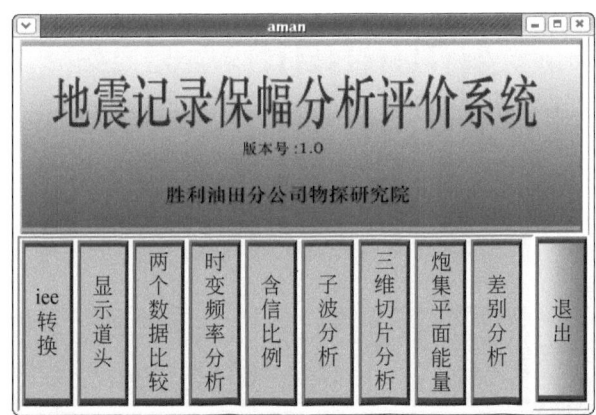

图3-20 地震记录保幅分析评价系统软件主界面

3.3.1 主要技术依据

保幅处理的结果体现在对反射子波波形特征和反射系数特征的保持上。但是,判别保幅处理的结果如何,主要从对保幅结果的应用上展开。主要是在对子波特征的振幅和频率及相位特征的分析、子波相似性的分析、目的层波形属性的变化特征分析、AVO特征分析、波阻抗与测井结果的一致性分析等方面对保幅处理的结果进行判断。因此,该软件的开发基本实现上述技术原理。

3.3.2 三维沿层属性分析

在对目的层段反射能量相对关系、主频和频宽分布规律的研究基础上,研究开发了地震资料沿层振幅能量的相对关系、沿层主频和频宽的分布规律的分析显示方法，以及某一时窗内的振幅、主频和频宽的分布规律的分析显示方法。频宽、主频、能量的彩色分布图可以直观地反映三维处理成果的能量、频率与地质构造之间的联系，能够更有效地对地震数据去噪、提高分辨率及能量处理前后的频宽、主频、能量的变化情况进行统计，并以图形的方式显示，可以方便、直观、有效地监控处理前后的能量、振幅、频率的变化，从而达到保幅、保真处理监控的目的。图3-21～图3-25为三维频带及切片综合分析示意图，这些方法可以从能量和频率两大方面对地震数据进行综合分析。

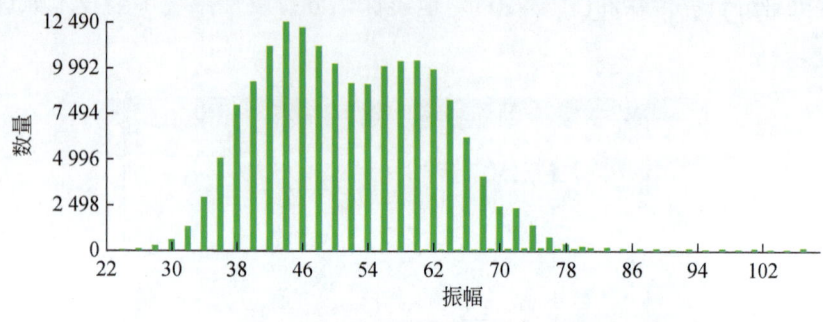

图3-21　三维频带70～80Hz分布

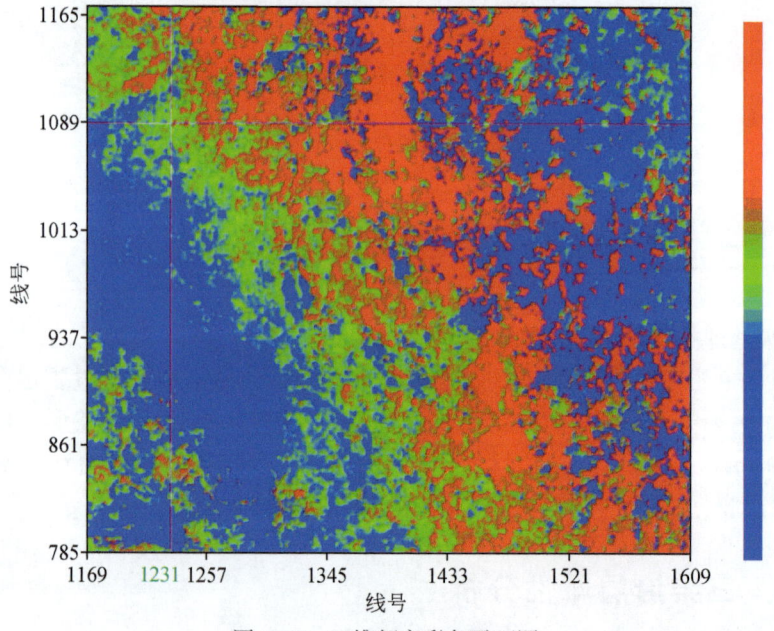

图3-22　三维频宽彩色平面图
颜色变化代表频率的变化

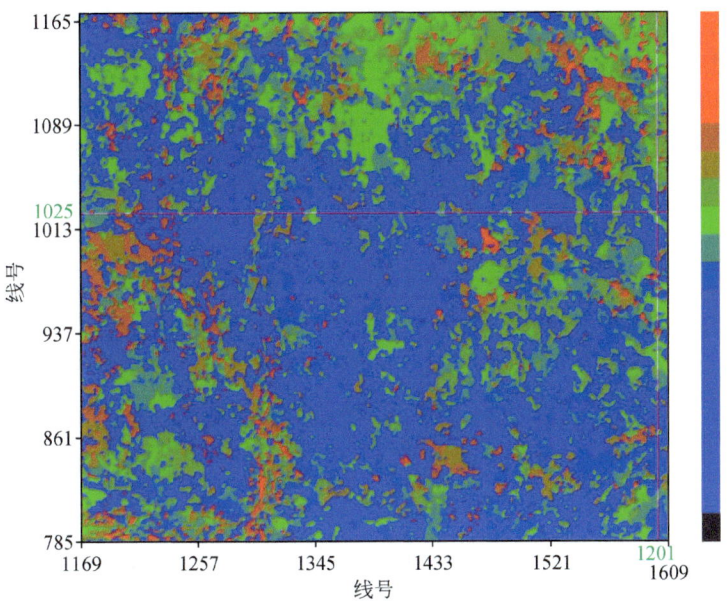

图 3-23 三维主频彩色平面图

颜色的变化代表频率的变化

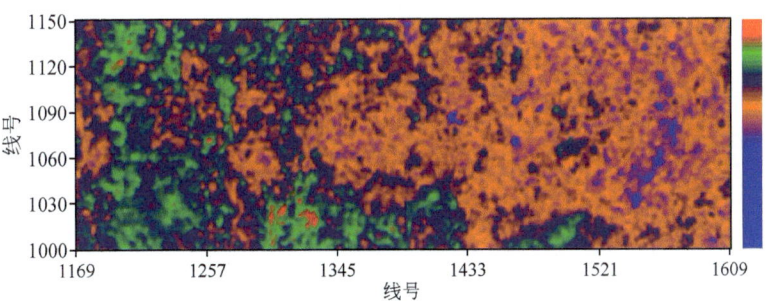

图 3-24 三维能量彩色平面图

颜色的变化代表能量的变化

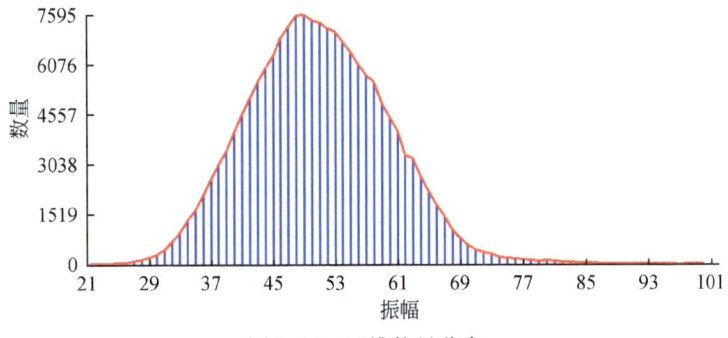

图 3-25 三维能量分布

图 3-26～图 3-30 为垦东 1 区新、老资料频宽正态分布及切片综合分析图,可以从能量和频率两大方面对地震数据进行综合分析。图 3-26 是频宽正态分布图,图 3-26(a)中老资料的频宽比新资料频宽窄,新资料优势频带的能量得到了提升;图 3-27 是三维频宽图,图中红色区域代表频宽较大的区域,图 3-27(b)新处理的资料红色区域分布更广,说明新处理资料的频带更宽;图 3-28 是主频图,颜色越深代表主频越高,从图中可以看到,老资料的主频要比新处理资料的主频高;图 3-29 是目的层能量平面图,色标底部蓝色代表能量较强,色标顶部红色代表能量较弱,图 3-29(b)新处理资料蓝色分布更广,说明新处理的资料目的层能量较强,从图 3-30 也能看出,图 3-30(b)中新处理资料的峰值能量为 45,而老资料峰值能量为 43。

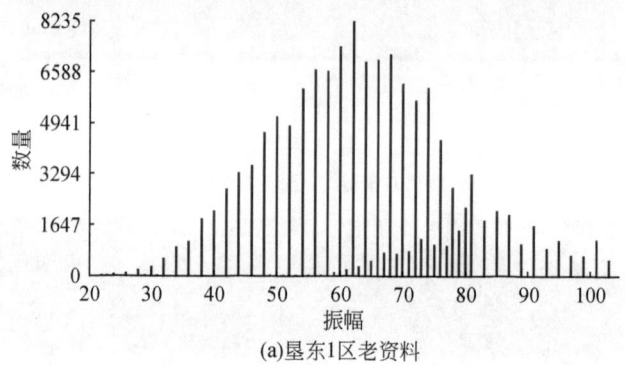

(a)垦东1区老资料

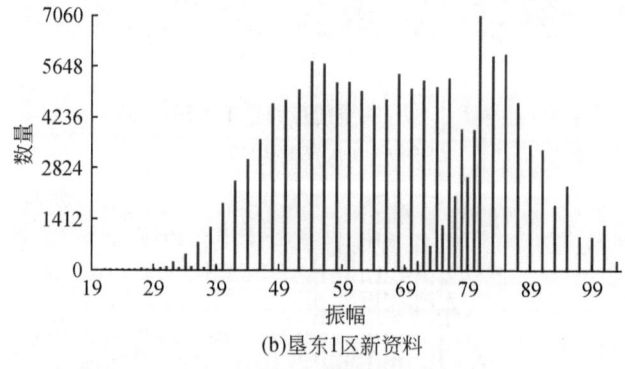

(b)垦东1区新资料

图 3-26 频带分布

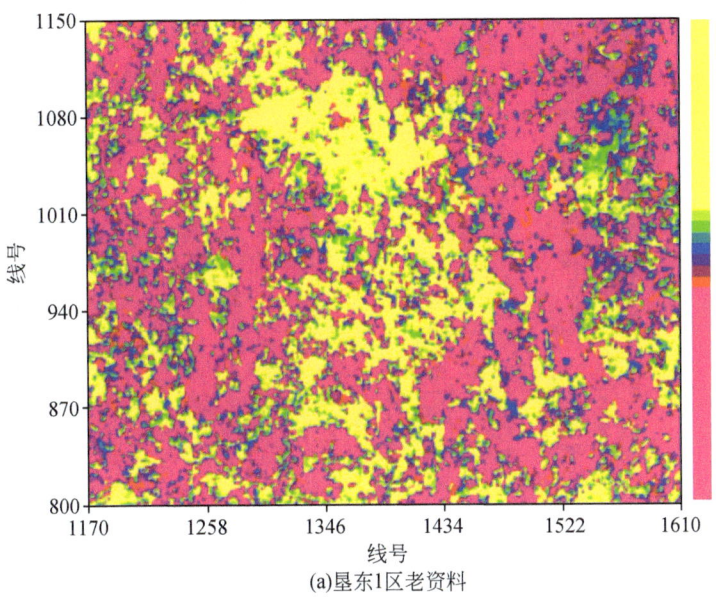

(a) 垦东1区老资料

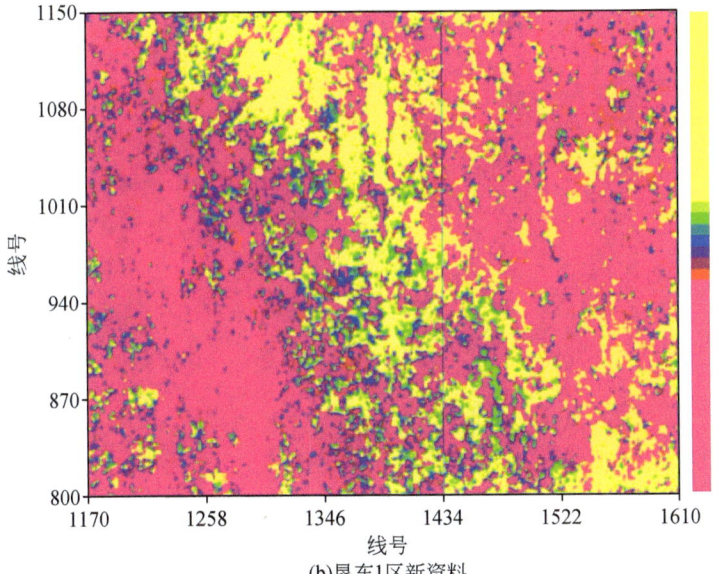

(b) 垦东1区新资料

图 3-27　三维频宽彩色平面
颜色的变化代表频率的变化

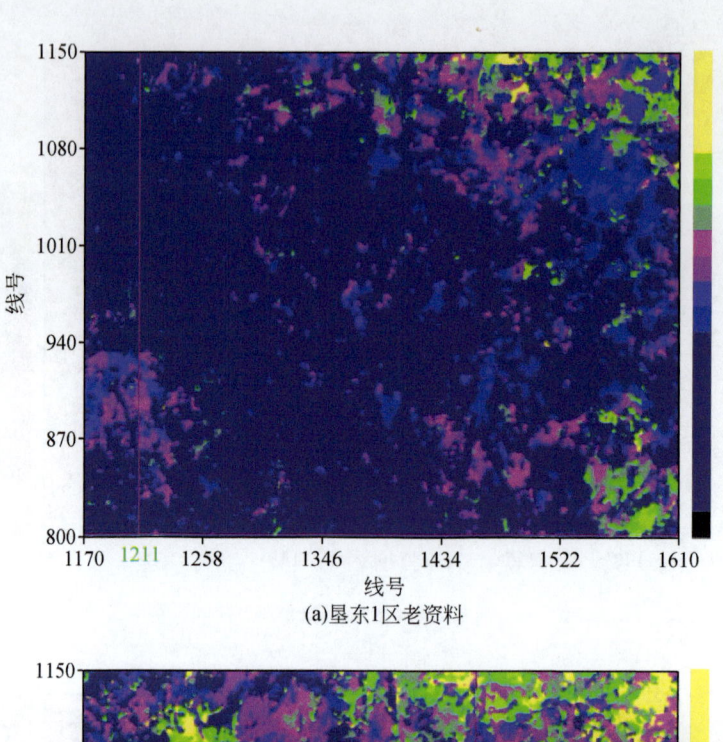

(a)垦东1区老资料

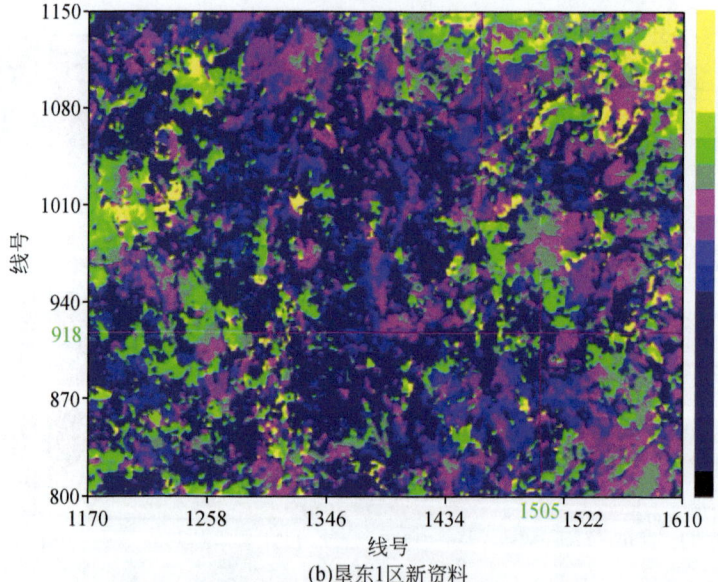

(b)垦东1区新资料

图 3-28 三维主频彩色平面

颜色的变化代表频率的变化

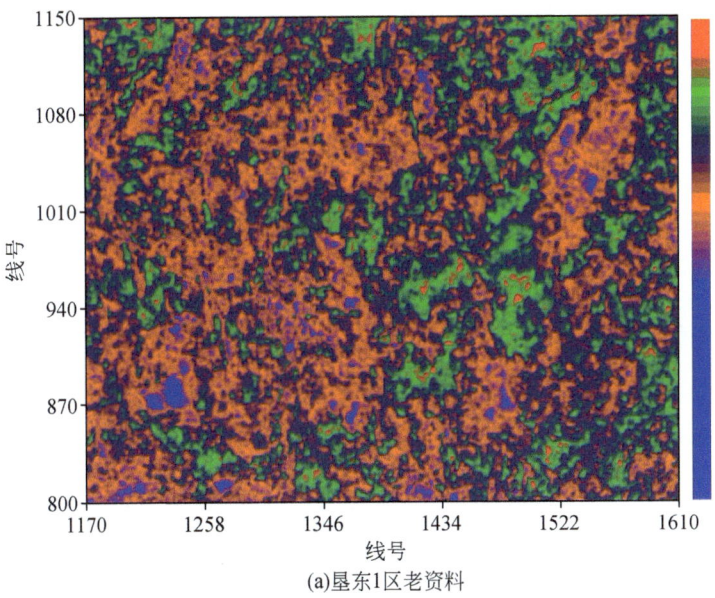

(a) 垦东1区老资料

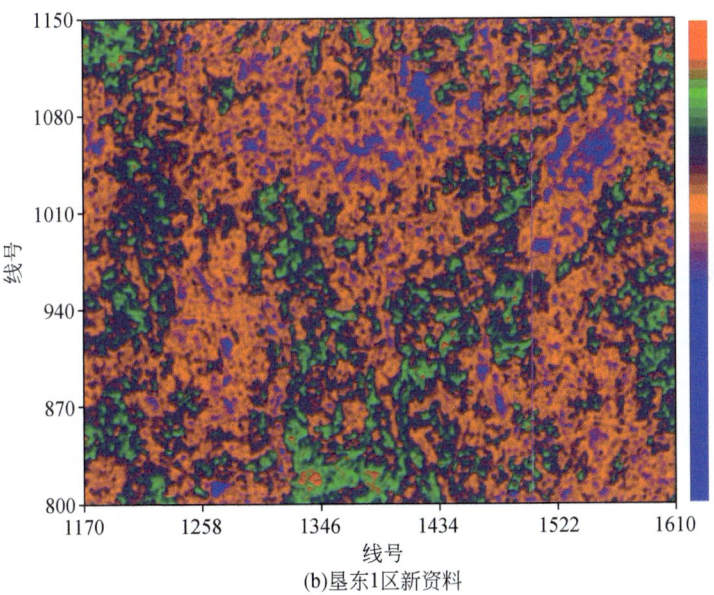

(b) 垦东1区新资料

图 3-29 三维能量彩色平面

颜色的变化代表能量的变化

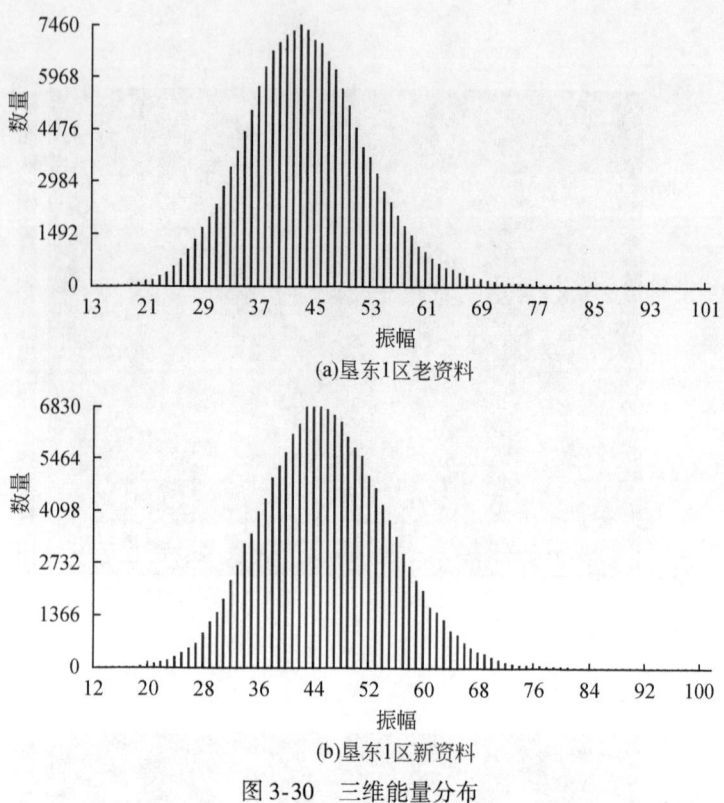

图 3-30 三维能量分布

3.3.3 三维沿层信噪比分析技术

三维沿层信噪比分析技术可分析反褶积前后、带通滤波沿层处理前后、叠前去噪前后和叠后去噪前后有效信号的保留程度,提高分辨率前后振幅能量相对关系的变化,同时对资料有效频率成分作出综合评价。

图 3-31 ~ 图 3-33 为三维分频含信比平面及正态分布分析图,通过分析可以看出整个工区有效信号所占的比重,为去噪处理提供依据。

图 3-35 为垦东 1 区新、老资料 15 ~ 55Hz 含信比分布图,图 3-35(a)显示垦东 1 区老资料的平均信噪比为 53.8,图 3-35(b)显示垦东 1 区新资料的平均信噪比为 58.6,说明新处理资料整体信噪比较高,从图中也可以看到,新处理资料各条线的信噪比比较均衡(X 轴为线号)。从图 3-36 信噪正态分布图来看,新、老资料的信噪比分布集中于基本相同的范围内。从图 3-37 含信比平面分布图来看,新老资料的信噪比基本一致。

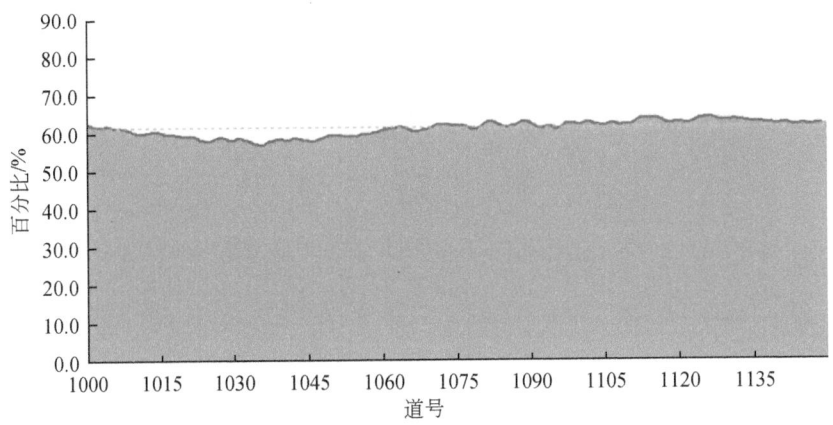

图 3-31 15~35Hz 含信比分布

虚线代表含信比平均值,后同

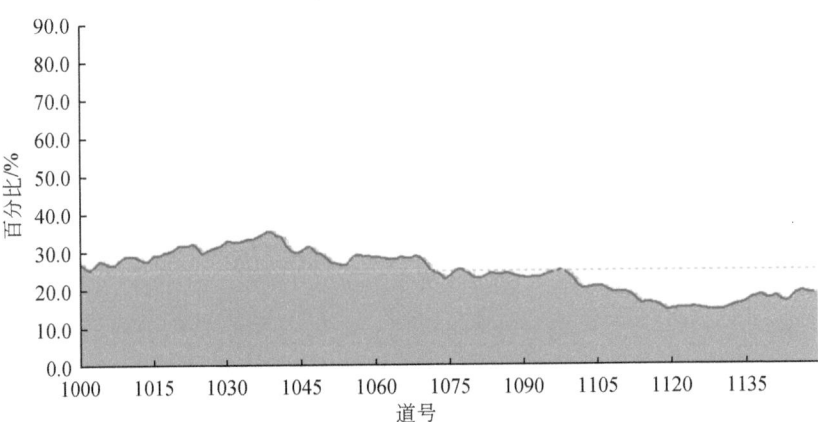

图 3-32 45~55Hz 含信比分布

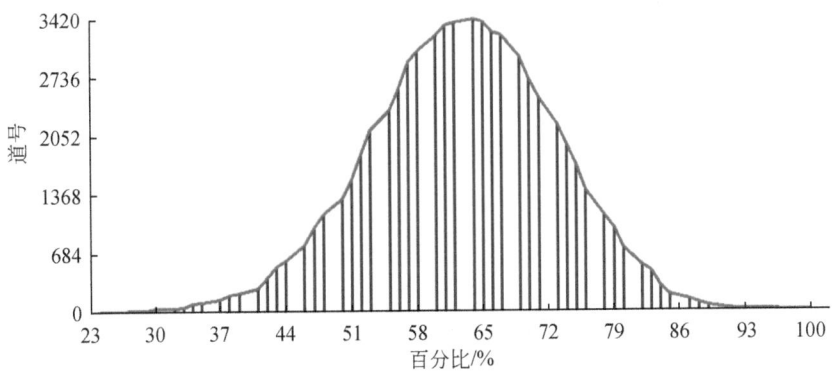

图 3-33 含信比的正态分布

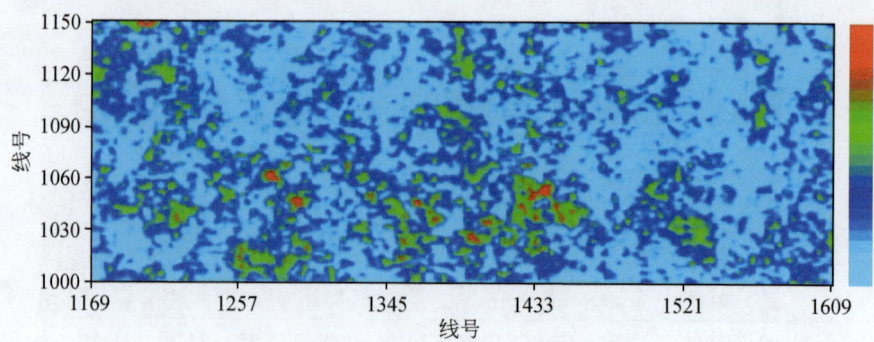

图 3-34　15~35Hz 三维含信比平面显示图

颜色变化代表含信比变化,单位%

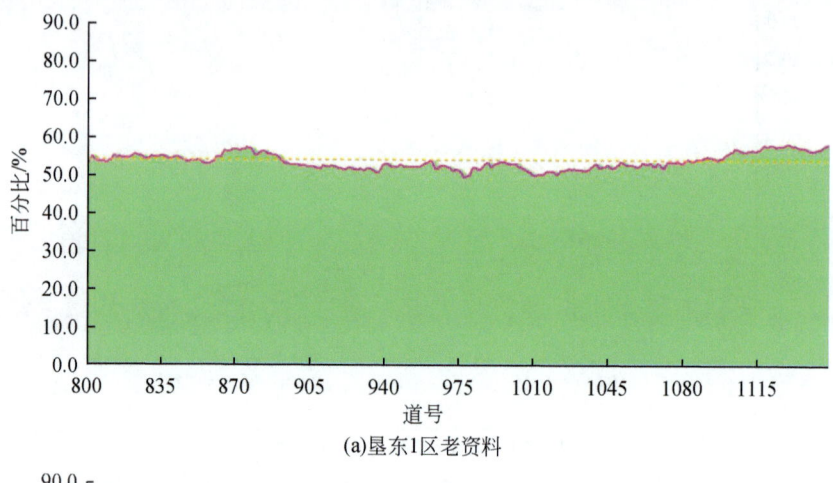

(a)垦东1区老资料

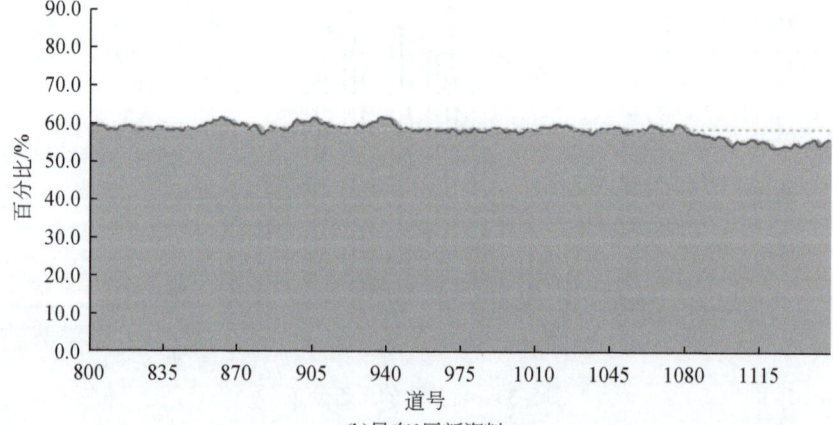

(b)垦东1区新资料

图 3-35　15~55Hz 含信比分布

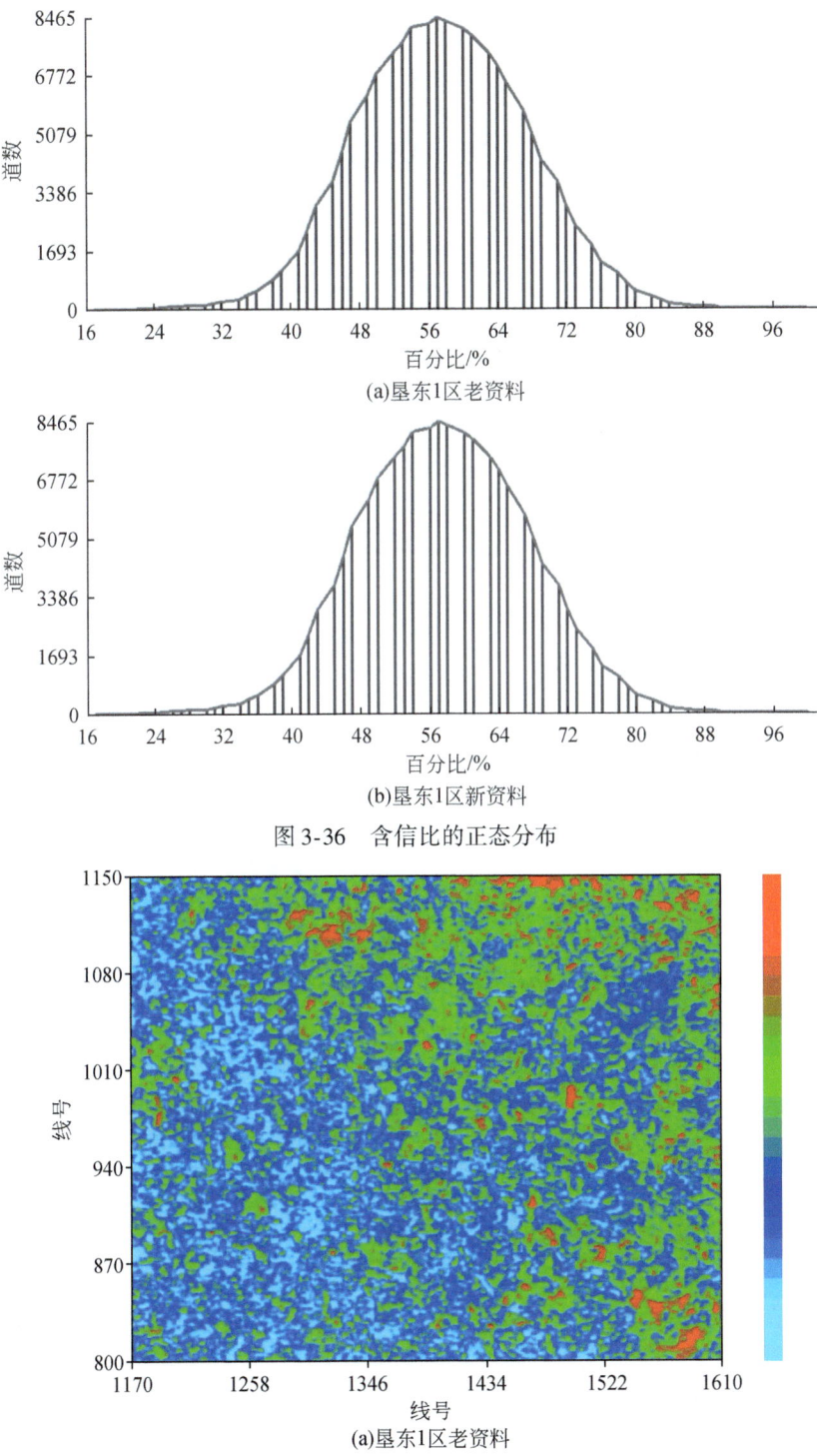

(a) 垦东1区老资料

(b) 垦东1区新资料

图 3-36 含信比的正态分布

(a) 垦东1区老资料

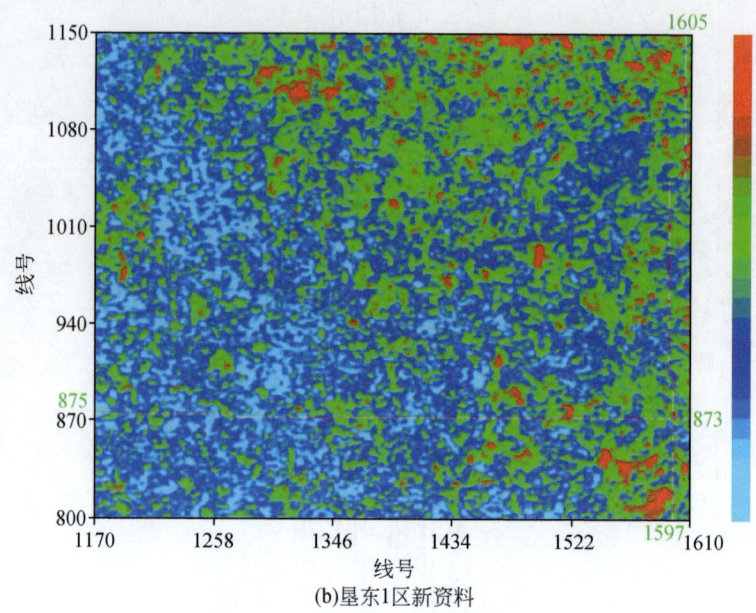

(b)垦东1区新资料

图 3-37　15～55Hz 三维含信比平面显示

颜色变化代表含信比变化,单位:%

3.3.4　残差分析技术

残差分析技术的主要目的是观察处理前后数据的差别,通过将去噪前和去噪后的数据相减可以观察噪声的去除效果,可知是否将有效信号当成噪声去除了、反褶积等处理对振幅和频率的改造作用、噪声类型与分布范围、哪种噪声对资料信噪比影响起主导作用、去噪后有效信号振幅能量有无减弱等。

图 3-38 为垦东 1 区地震数据三维随机噪声压制前后残差分析图,主要通过处理前后数据的差异来分析损失掉的成分是否为有效信号。从图中可以看到,处理前后的差值剖面看不到有效信息。

3.3.5　子波属性分析技术

地震子波提取方法总体上可分为确定性子波提取方法、统计性子波提取方法两大类。确定性子波提取方法不需要对反射系数序列的分布作任何假设,就能得到较为准确的子波。例如,基岩波法在深海中用单个气枪和水听器,求取远

  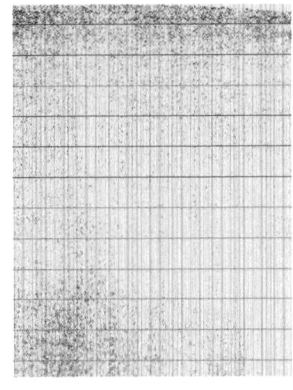

(a)原始记录　　　　　　　(b)去噪结果　　　　　　　(c)残差结果

图 3-38　去噪前后残差分析

场信号子波、VSP 的下行波等。这些子波基本上是经简单处理后直接得到的。统计性子波提取需要对地震资料和地下反射系数序列的分布进行某种假设,所得到子波精度与假设条件的满足程度有关。本书对统计性子波提取方法进行了简单的描述,并认为可以通过记录的时间、空间分析得到混合相位子波。通过对地震记录的子波提取处理,可以得到子波的统计频谱,并且显示出子波的形态及振幅谱。

图 3-39 ~ 图 3-41 为子波分析,结果从地震数据窗口中求取子波的振幅谱与相位谱,然后对子波的性质进行分析。

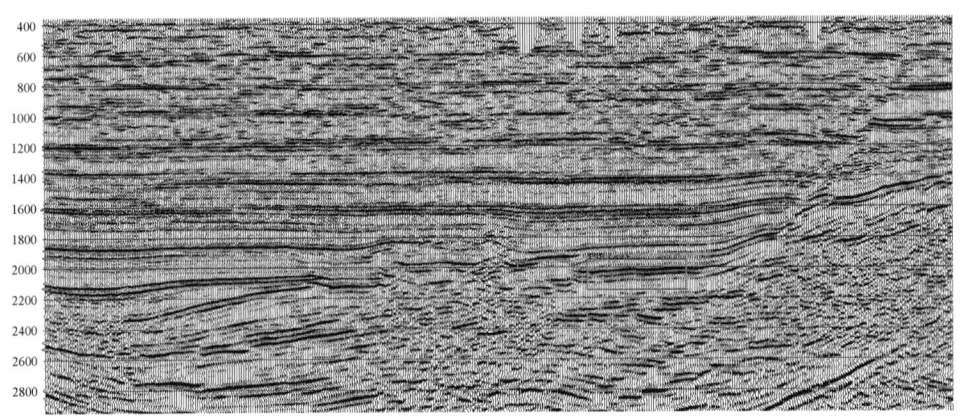

图 3-39　子波求取窗口

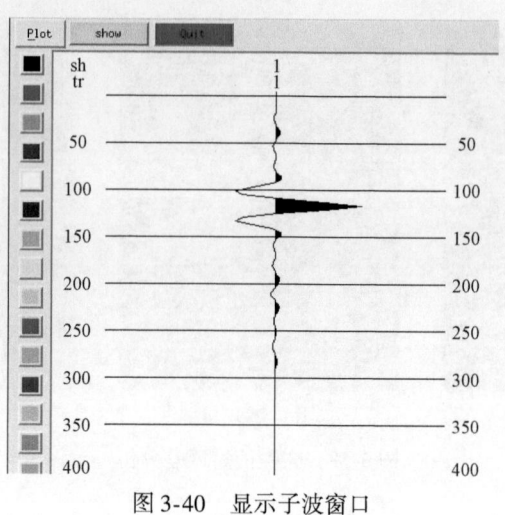

图 3-40　显示子波窗口

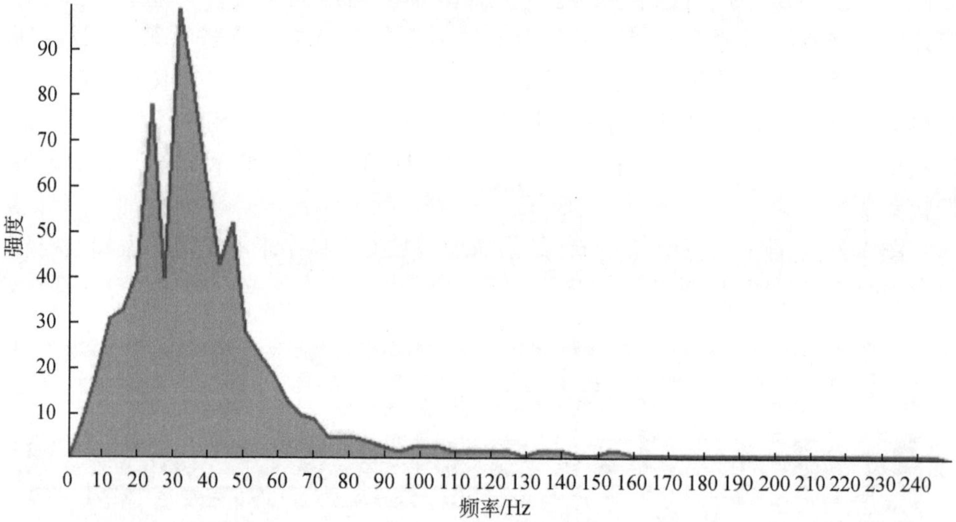

图 3-41　子波频谱显示

3.3.6　时变频率分析

对处理前后的剖面或道集进行时频分析，如果子波的时频特征发生异常变化，可以判断该处理模块不适宜用于保幅处理。时频分析方法可以分析数据不同时间的频带，并计算该频带不同时间的强度。图 3-42 为罗家-2009 高精度三维频率的时变振幅变化图，中间是主频变化曲线。从图中可以看出主频随时间的变化情况。

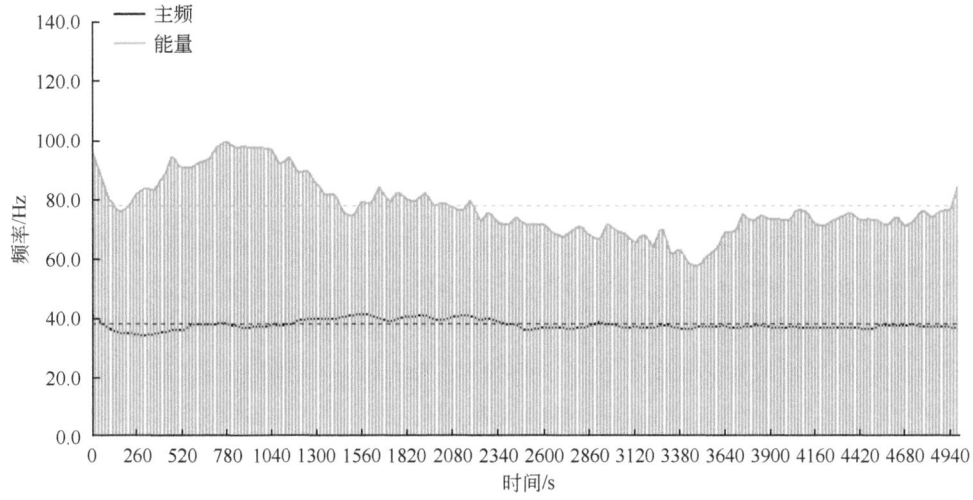

图 3-42　频率随时间的变化

3.3.7　井点合成记录与 AVO/AVA 关系生成

井点合成记录主要是依据测井岩石物性参数和子波估计合成井旁零偏移距地震记录,并计算井点处的 AVO/AVA 关系曲线。目的是监控处理前后子波的保真情况、波阻抗反演的合理性及 AVO/AVA 分析/反演的可靠性。

3.3.8　目的层段 AVO/AVA 关系保持特性监测

利用 CMP 和 CIG 道集中的 AVO/AVA 关系与已知的 AVO/AVA 关系进行对比,监控处理过程可能对 AVO/AVA 关系有破坏作用,判断保幅处理模块或流程的可靠性。

同时,针对保幅处理监控的需要,主要完成了如下内容的功能软件。
(1)叠前叠后沿层能量曲线,反映出不同的参数流程对振幅的改造作用。
(2)同频率段时变时窗的振幅比较,绘制同频率时变曲线图。
(3)沿层含信比二维曲线图、三维平面彩色图。
(4)地震记录子波提取。
(5)三维沿层信噪比、能量、主频、频宽的彩色平面图、正态分布图。
(6)三维切片的信噪比、能量、主频、频宽的彩色平面图、正态分布图。
(7)地震记录的差别分析对比显示。

(8)地震记录的自相关分析及显示。
(9)地震记录多功能选择显示。
(10)辅助功能。IEEE 转换及道头显示。

3.4 小　　结

(1)在标准制定过程中,规定了地震资料保幅处理应遵循的原则、技术流程和质量控制要求,规范了地震资料处理过程中不同阶段应执行的准则,适用于陆地及海上信噪比较高的地震资料保幅处理。对于采集数据品质差、构造成像困难的地震资料应在保证成像质量的前提下,辅助性的考虑保幅处理的要求。

(2)通过方法研究,面向实际地震资料的处理流程,针对不同的处理环节,研究了去噪处理、振幅补偿处理、提高分辨率及子波处理等的保幅评价分析方法,提出了地震资料保幅处理的方法思路,形成了系列地震资料处理综合评价技术。

(3)保幅评价软件,为保幅评价方法的有效实施及地震资料的保幅处理提供了一套成熟的技术、方法及可分析的软件包,可对资料处理的全过程进行保幅质量监测。保幅评价软件通过对保幅处理定量或定性的分析评价,保证了各处理环节技术及成果的保幅性,使地震资料处理成果的保幅性得到更进一步提高。

第4章 现有关键处理技术的保幅性研究

保幅处理是一个庞大的系统工程,涉及处理过程中的各个技术环节。不同的处理方法及参数变化对地震波振幅的改造不同。若处理前后地震波的相对振幅关系发生较大变化,地震反射特征就难以真实地反映地下介质的岩性、物性变化,不利于岩性反演、储层预测和流体识别。虽然以往国内许多研究人员在保幅处理方面进行了很多有益尝试,但对关键处理技术的保幅性仍缺乏系统研究。

本书基于建立的保幅评价准则,从正演模型出发,对生产应用中重点环节的处理技术(振幅补偿技术、叠前噪声去除技术、子波处理技术、叠前成像技术),对主流处理系统中的56个处理模块,从理论方法、模型试算以及实际数据对比分析等方面进行了保幅性分析评价,为建立保幅性处理流程、保幅性参数选取奠定了基础。

4.1 地震补偿类技术的保幅性评价

振幅补偿类处理技术主要是恢复地震波传播过程中的吸收衰减和地表激发接收条件不一致造成的能量差异,使地震波能够真正反映地下地质岩性的特征,恢复藻储层的构造形态,使地震资料的波组特征清楚、地质信息丰富。

对于振幅补偿类处理技术,通过分析振幅补偿前后的浅层、中层、深层的振幅曲线及振幅平面属性变化图,在不改变有效地质层位振幅变化规律的情况下,以单炮总体能量变化满足浅层、中层、深层空间的相对一致性及平面振幅属性不存在边界效应及异常值为标准,对振幅补偿类处理技术的保幅性进行有效鉴别。该方法的理论依据是地震反射能量与波阻抗成正比,波阻抗与岩性的变化存在一定联系。这也是利用地震反射振幅进行隐蔽油藏勘探的理论基础。

在现有处理系统中与地震波振幅有关的技术主要包括道均衡技术、增益技术、振幅补偿技术。通过多年的应用实践对主流处理系统中的相关模块进行了筛选,共选择模块14个,其中,Omega处理系统模块8个、CGG处理系统模块5个、独立产权模块1个。我们利用模型数据及实际地震资料对这些模块进行了细致的分析工作。

4.1.1　道均衡技术保幅性分析

道均衡是地震波振幅的时变比例均衡,通常是基于均方根标准的比例均衡,特别是对一组地震道中的每一道都要进行比例均衡,以使这些地震道具有相同的均方根振幅能量期望值。

道均衡技术的理论依据为如下公式:

$$\mathrm{SM} = \frac{\mathrm{AMP} \times 0.8818}{M} \tag{4-1}$$

式中,SM 为补偿算子;AMP 为期望振幅;$M = \dfrac{\sum\limits_{i=1}^{N} |X(i)|}{N}$ 为平均振幅,$X(i)$ 为第 i 个样点,N 为样点个数。

其应用过程如图 4-1 所示,其中,t_0 为第一个样点时间,t_1 为初至时间,t_2 为计算窗口起始时间,t_3 为计算窗口终止时间,t_4 为最后一个样点时间。

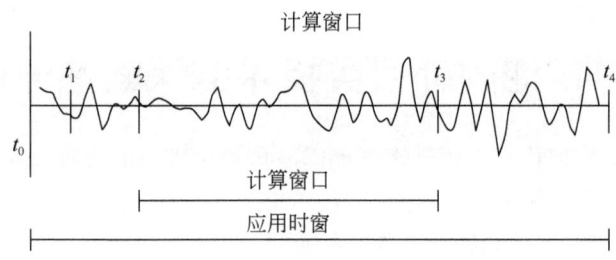

图 4-1　道均衡技术示意图

通过对道均衡前后单炮、叠加剖面及沿层振幅曲线的分析(图 4-2,图 4-3),道均衡技术较大的改变了地震波振幅,因此道均衡技术不具有保幅性,不能将其应用于地震资料处理过程中,但在地震数据显示及绘图中可以使用。

4.1.2　增益类技术保幅性分析

增益是一种时变比例均衡,这种比例函数是根据所期望的规则确定的。地震数据显示利用增益可以增强弱信号,但使用时必须谨慎,因为它会破坏信号特征。

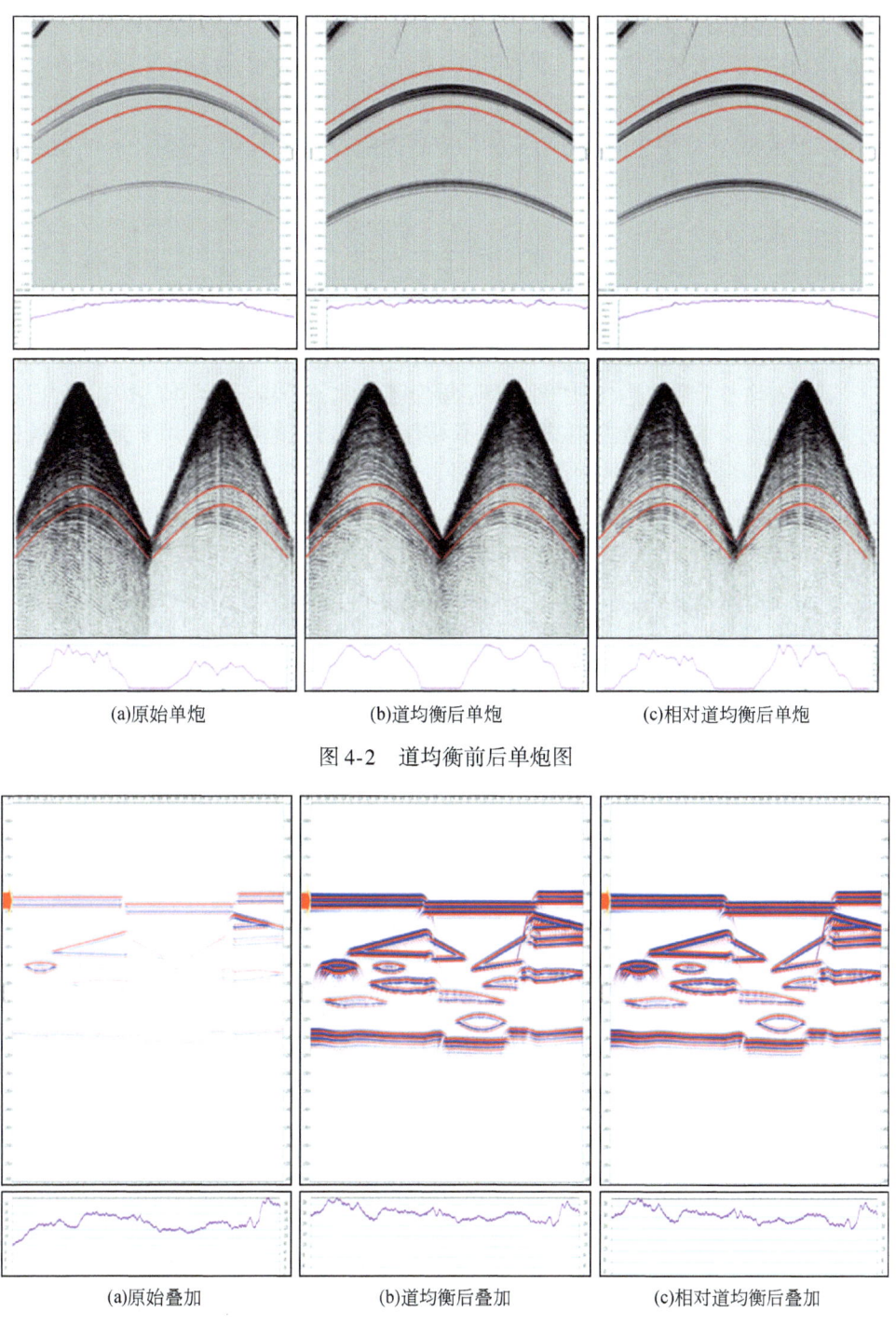

(a)原始单炮　　(b)道均衡后单炮　　(c)相对道均衡后单炮

图 4-2　道均衡前后单炮图

(a)原始叠加　　(b)道均衡后叠加　　(c)相对道均衡后叠加

图 4-3　道均衡前后叠加对比

均方根振幅增益函数是根据输入道上特定时窗中的均方根振幅确定的。这个增益函数按以下方式计算,输入的地震道被划分为几个时窗,先对时窗内的每一个样点值求平方,然后将这些值求平均再开方。这就是该时窗内的均方根振幅。期望均方根振幅 A(如值为2000)与实际均方根振幅的比值作为该时窗中心的增益函数值,因此,函数 $g(t)$ 在时窗中心可表示为

$$g(t) = \frac{A}{\sqrt{\frac{1}{N}\sum_{i=1}^{N} x_i^2}} \qquad (4-2)$$

式中,x_i 为地震道振幅;N 为时窗内的样点数。

通过对增益前后单炮、叠加剖面及沿层振幅曲线的分析(图4-4~图4-6),增益技术较大的改变了地震波振幅,因此其不具有保幅性,不能将其应用于地震资料处理过程中,但在地震数据显示及绘图中可以使用。

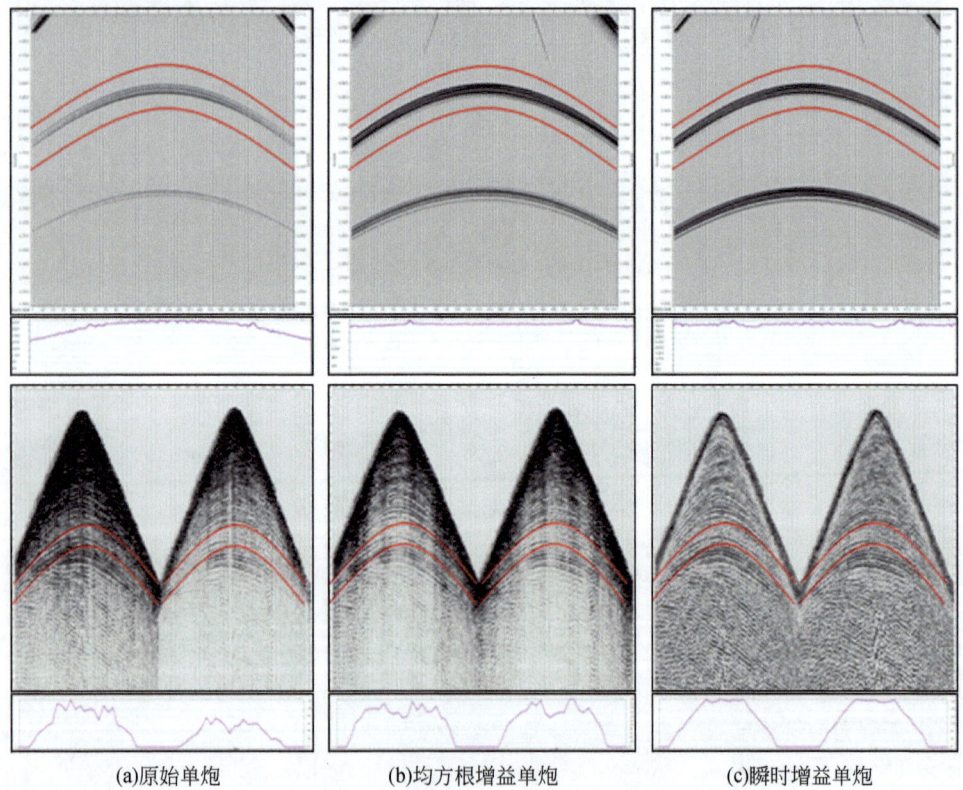

(a)原始单炮　　　　　(b)均方根增益单炮　　　　　(c)瞬时增益单炮

图4-4　增益前后单炮对比

| 第 4 章 | 现有关键处理技术的保幅性研究

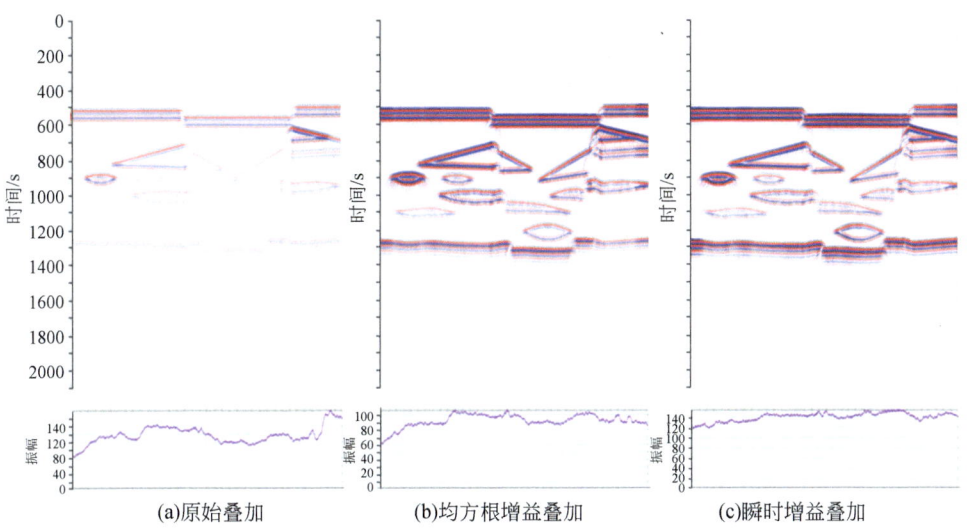

(a)原始叠加　　　　　　(b)均方根增益叠加　　　　　　(c)瞬时增益叠加

图 4-5　增益前后叠加对比

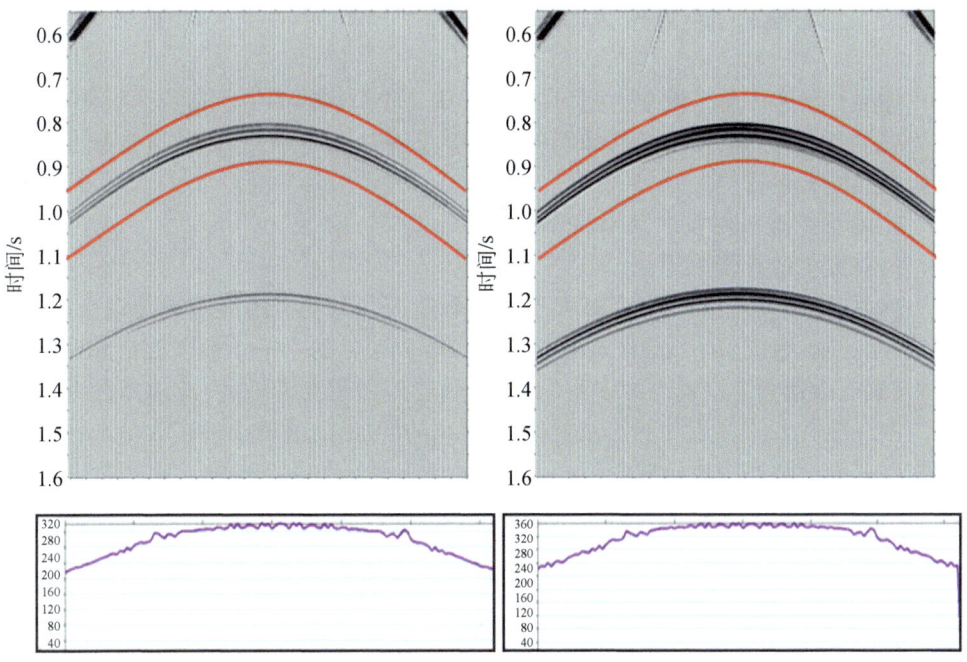

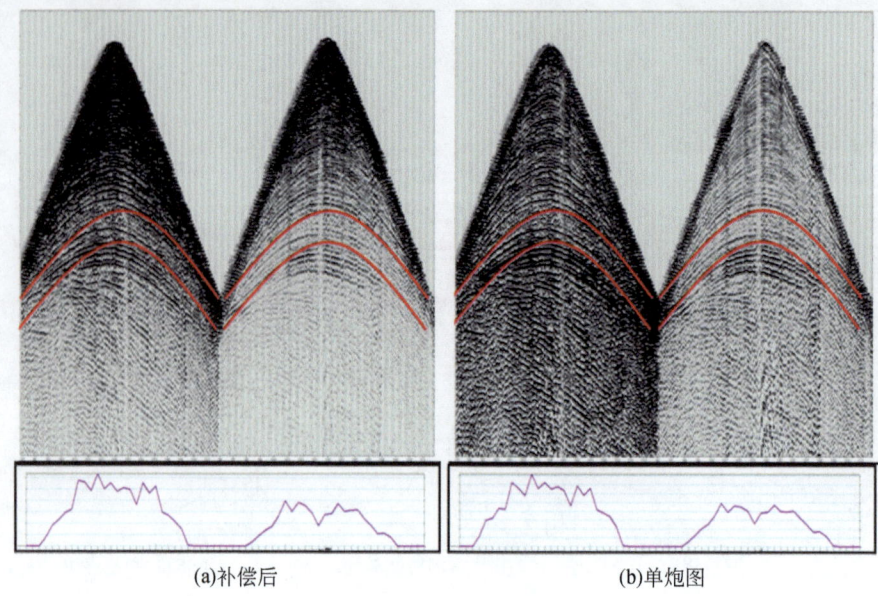

(a)补偿后　　　　　　　　　　　　(b)单炮图

图 4-6　球面扩散补偿前

4.1.3　振幅补偿类技术保幅性分析

振幅补偿的作用是恢复由几何扩散、介质吸收和透射损失所造成的振幅衰减,在处理生产中常用的技术包括球面扩散补偿、地表一致性振幅补偿,以及新发展的时频空间域振幅补偿。

1. 球面扩散补偿技术保幅性分析

1)球面扩散补偿原理

球面扩散补偿主要是对受球面扩散因素造成的纵向上的能量差异进行补偿,使接收到的单炮记录中浅、中、深层的能量恢复到正常的水平。地震波在介质中传播时,波前面是一个以震源为中心的球面,随着传播距离的增大,波前球面不断扩张。由震源发出的总能量不变,随着传播距离的增加,波前球面的扩大分布在单位面积上的能量密度将逐渐减少。

连续介质波前发散对反射波振幅的衰减因子(D)为

$$D = \frac{V_0}{V_R^2 t} \tag{4-3}$$

式中,V_0 为初始速度;V_R 为各介质均方根速度;t 为反射波垂直反射时间。

补偿因子 $\left(\dfrac{1}{D}\right)$ 为

$$\frac{1}{D} = \frac{V_R^2}{V_0}t \tag{4-4}$$

由球面扩散补偿前后的单炮、叠加剖面及对应的振幅曲线和炮点振幅平面图来看,球面扩散补偿技术能够较好补偿地震波振幅沿时间方向的衰减,并且能够较好地保持资料横向振幅的相对变化(图4-7~图4-9)。

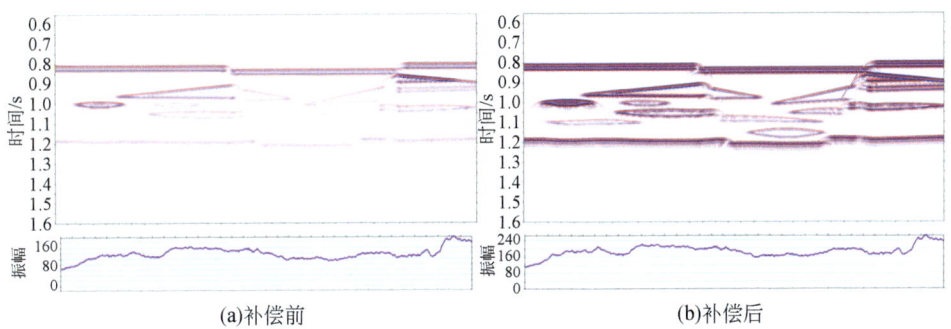

图 4-7 球面扩散补偿前后正演剖面

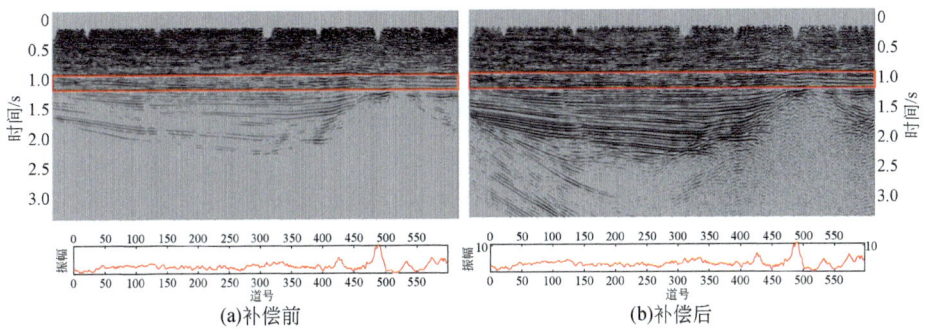

图 4-8 球面扩散补偿前后实际地震剖面

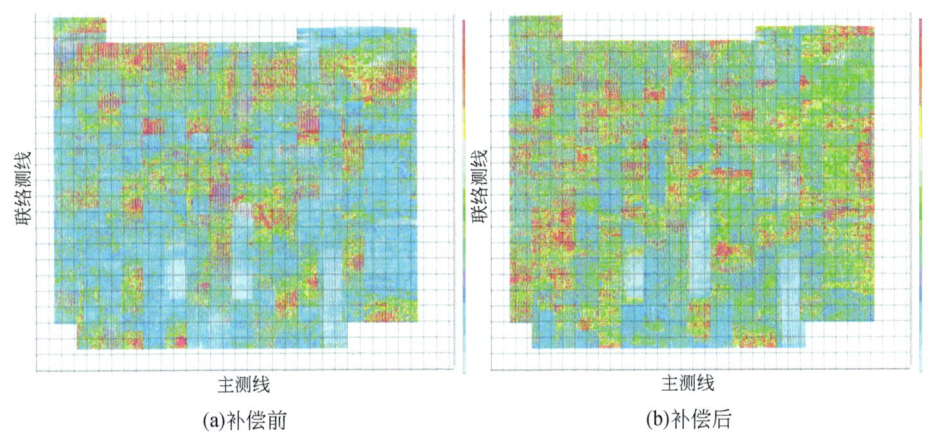

图 4-9 球面扩散补偿前、后炮点振幅平面图

2)速度对球面扩散补偿的影响

由式(4-4)知,对球面扩散补偿影响最大的参数是速度,不合适的速度容易形成振幅异常,直接影响补偿效果,为此在进行球面扩散补偿时需要较准确的全区速度场。

由图4-10~图4-12来看,应用全区速度场进行球面扩散补偿较应用单点速度进行球面扩散补偿,资料在纵向能量变化更加合理,横向分布更加均匀。

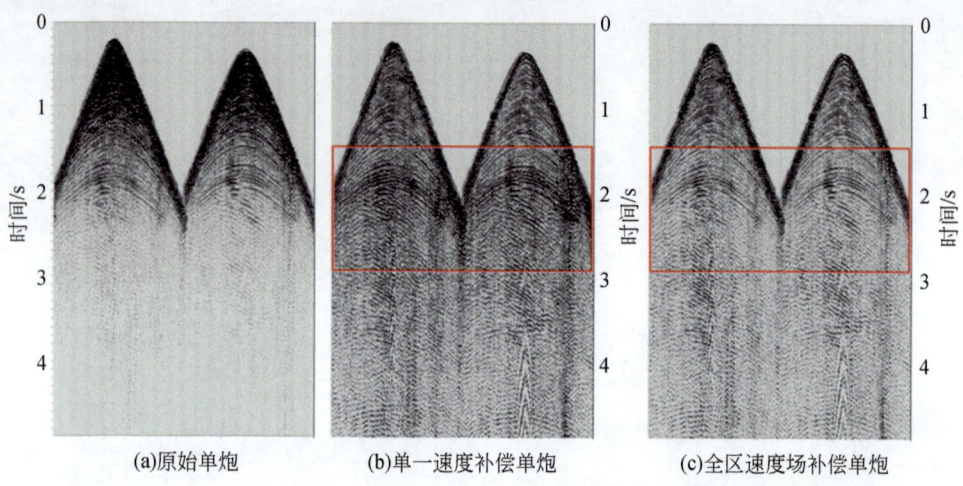

图 4-10 不同补偿效果对比

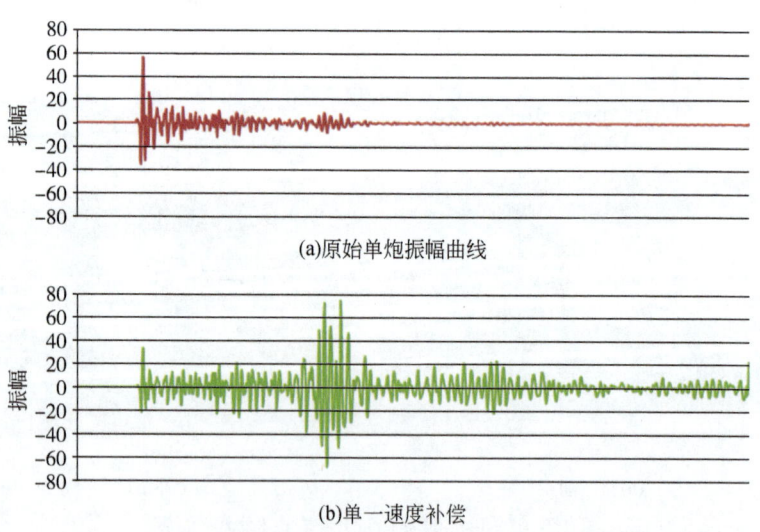

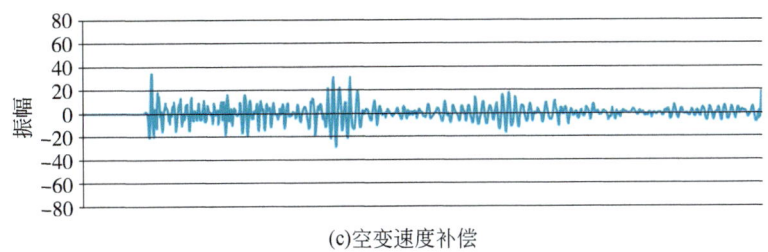

(c)空变速度补偿

图 4-11 不同补偿方式振幅曲线对比

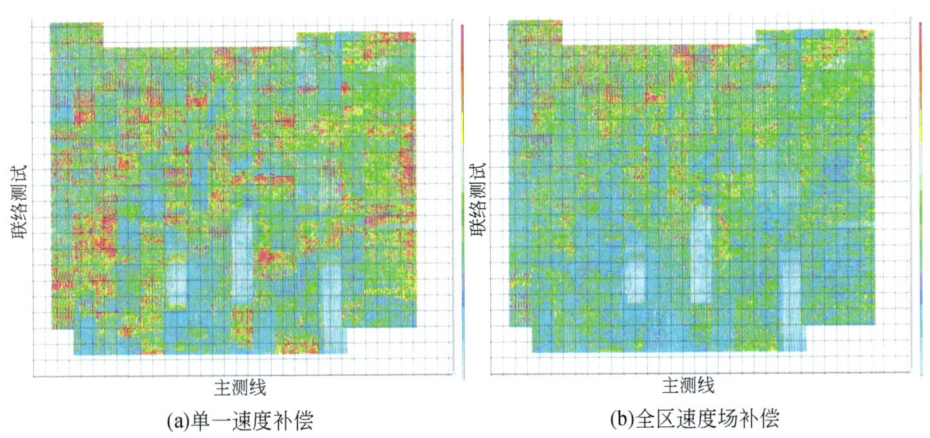

(a)单一速度补偿　　　　　　　　　(b)全区速度场补偿

图 4-12 不同速度球面扩散补偿振幅平面图

2. 地表一致性振幅补偿

1）地表一致性补偿技术保幅性分析

地表条件的变化使炮间和道间能量发生变化。地表一致性振幅补偿的目的主要是为了消除由地表激发、接收条件的不一致而引起的地震波振幅变化。以地表一致性方式对共炮点、共检波点、共偏移距道集的振幅进行补偿，有效地消除各炮、道之间的非正常能量差异，使振幅达到相对均衡、保真。

其基本原理采用了与地表一致性反褶积相同的数学模型，同样是通过对统计时窗进行均方根振幅统计，然后加上地表一致性的约束，求得不同域的均方根振幅值。

数学模型为

$$x_{ij}(t) = s_j(t) \times g_i(t) \times m_{(i+j)/2}(t) \times p_{(i-j)/2}(t) \tag{4-5}$$

式中，$x_{(ij)}(t)$为第j炮激发时该炮中第i道记录；$s_j(t)$为与第j炮炮点位置（在一个工区中是唯一的）上激发因素有关的成分；$g_i(t)$为与第j炮记录中第i道位置上接收因素有关的成分；$m_{(i+j)/2}(t)$为与第j炮中第i道记录的炮-检中心点位置有关的成分；$p_{(i-j)/2}(t)$为与第j炮中第i道记录的炮检距大小有关的成分。

基本思路：首先计算每个炮点、检波点、偏移距和共中心点的均方根振幅，计算各自的平均振幅，然后计算使其达到平均振幅能量所需的补偿量，重复这个过程，不断迭代运算，直至计算精度达到要求。经过地表一致性振幅补偿，能够基本消除地表条件、激发接收条件的空间变化对地震波振幅的影响，使地震波振幅的空间变化能够真实反映地下岩性的空间变化情况。

从炮域地表一致性振幅补偿看，其能够较好地解决由激发和接收因素不同造成的空间能量不一致现象，图4-13～图4-15是实际资料的补偿效果，由图可知资料的空间能量不一致现象得到了较好的消除，并且相对振幅关系得到了较好保持。

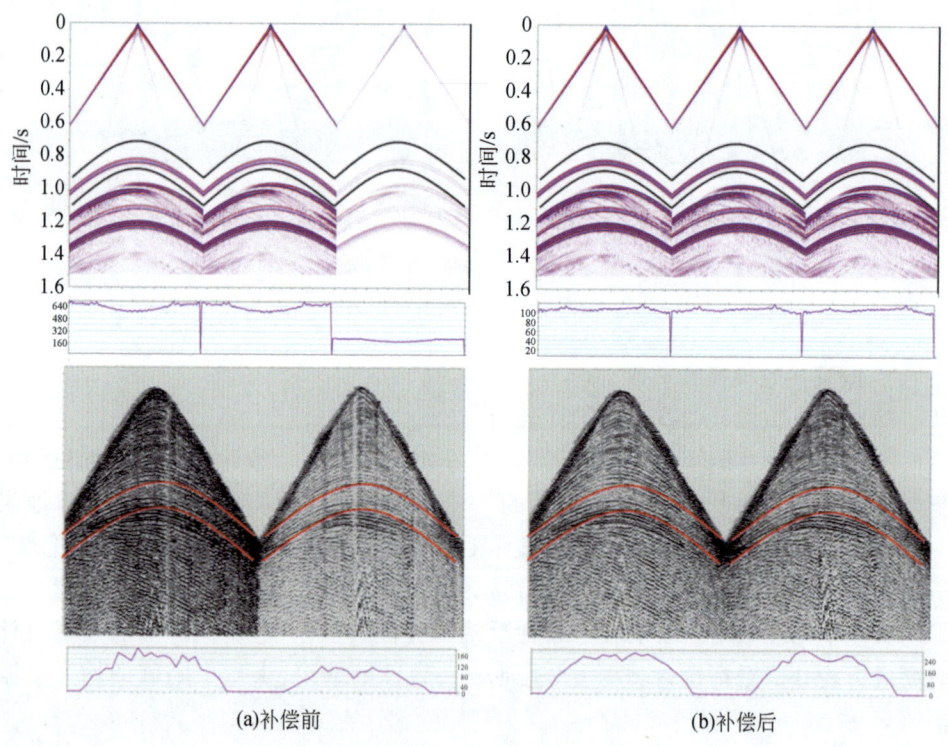

(a)补偿前　　　　　　　　　　　(b)补偿后

图4-13　地表一致性补偿单炮

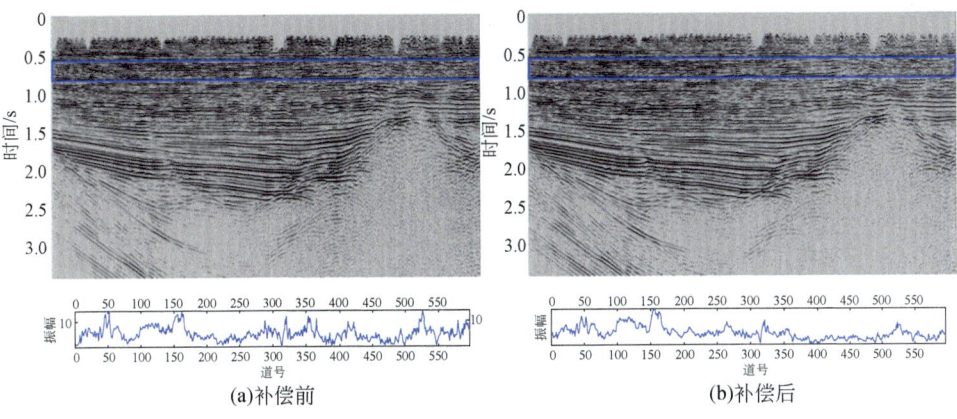

(a) 补偿前　　　　　　　　　　　　(b) 补偿后

图 4-14　地表一致性补偿叠加

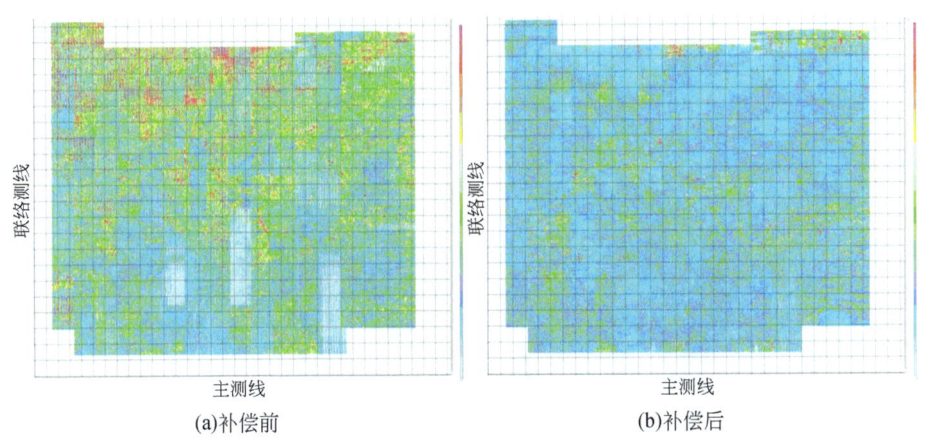

(a) 补偿前　　　　　　　　　　　　(b) 补偿后

图 4-15　地表一致性补偿炮点振幅平面图
颜色表示振幅强弱

2) 影响地表一致性补偿的因素

(1) 噪声对补偿的影响。野外施工因素造成的炮间能量差异不能通过球面扩散补偿来解决。需要进行地表一致性振幅补偿来解决。但是,当资料存在严重的噪声时,如果不消除噪声,进行地表一致性补偿时,会使单炮能量产生畸变。图 4-16 是带有面波进行补偿的实例,从图中可以看到,采取地表一致性振幅补偿后,解决了地表一致性的问题,但由于强面波的存在,炮内不同接收段出现能量差异。图 4-17 是在通过属性提取与算子计算去除了面波后,再进行振幅补偿波的数据,取得了较好的效果。

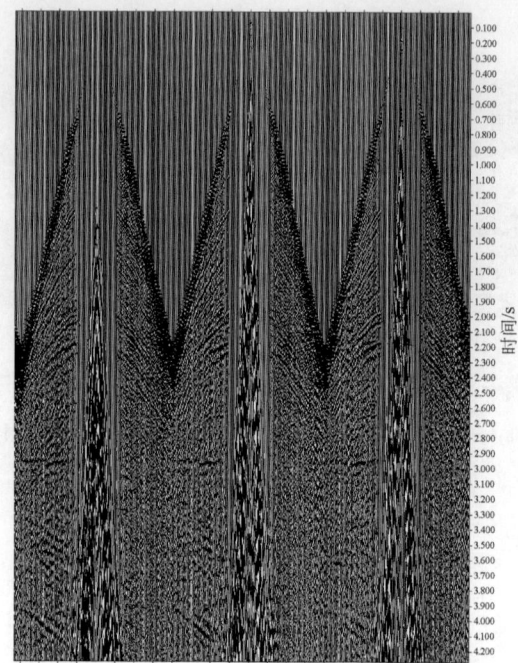

图 4-16　带有面波进行振幅补偿效果

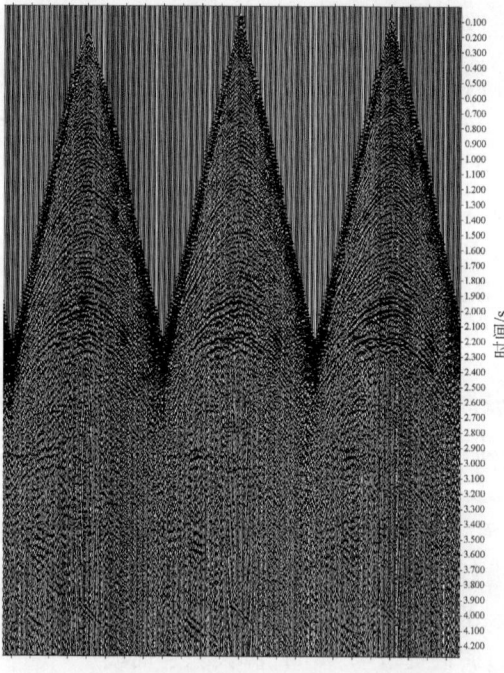

图 4-17　去除面波的振幅补偿效果

(2)时窗设计不正确对地表一致性振幅补偿的影响。在进行地表一致性振幅补偿过程中,补偿算子的窗口选择是很关键的因素。图4-18是窗口选择包括初至的补偿试验分析,图4-18(a)是原始单炮,图4-18(b)是补偿后的效果。由图4-18(b)明显看出,除了近道能量得到恢复外,中偏移距、远偏移距的能量均匀度遭到了破坏,补偿不但没有达到应有的效果,与原始单炮相比甚至还破坏了炮间及道间的能量均衡,对振幅的影响是显而易见的。

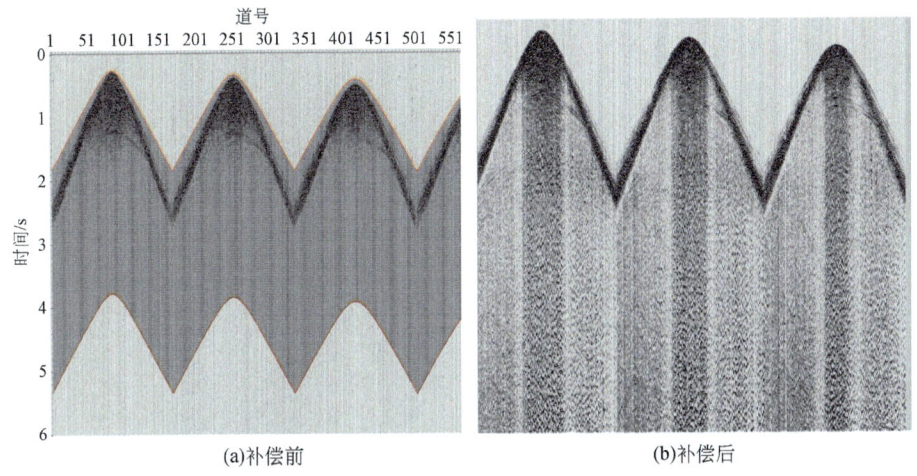

图4-18 地表一致性振幅补偿效果

图4-19是窗口选择避开了初至只包括有效反射信息,图4-19(a)是原始单炮,图4-19(b)是补偿后的效果,从补偿后的效果看,炮间及道间的能量得到有效的补偿及均衡。补偿的结果为后续子波的压缩处理奠定了很好的基础。

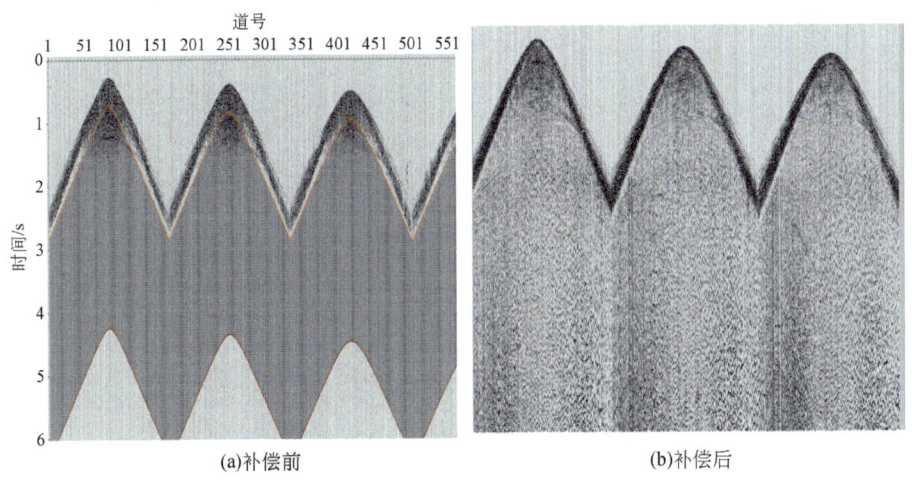

图4-19 地表一致性振幅补偿效果

3. 时频空间域振幅补偿

时频空间域振幅补偿的主要目的是消除地震波球面发散和大地吸收引起的能量衰减和频率衰减。根据地震波不同频率成分吸收衰减特性不同的特点,通过时频域分频补偿方法,实现了随频率变化的球面发散与吸收补偿。

图 4-20 ~ 图 4-22 为时频空间域振幅补偿的单炮、叠加及炮点振幅平面图,可以看出,时频空间域振幅补偿技术不仅弥补了地震波振幅在时间空间域的衰减,同时弥补了地层吸收衰减造成的影响,取得了较好的应用效果。

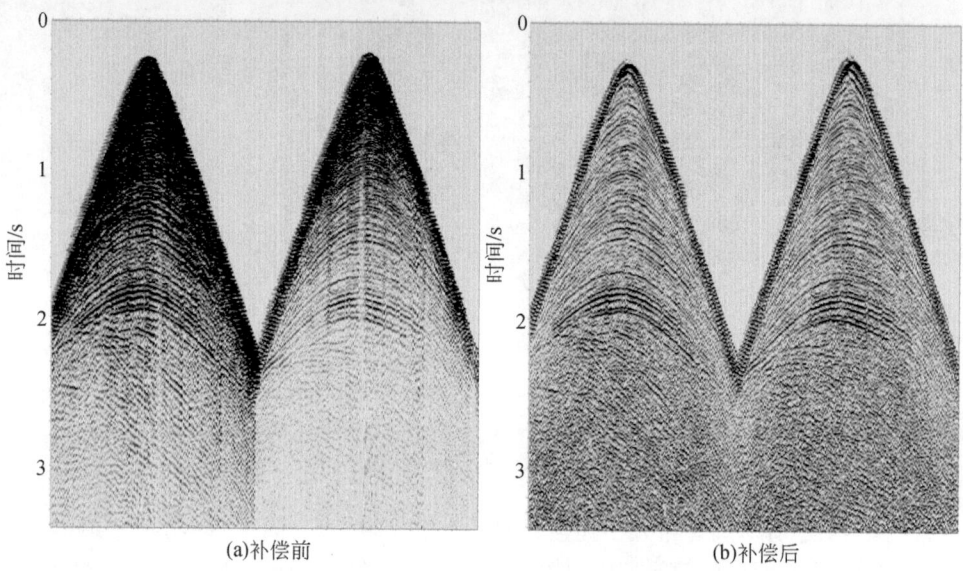

(a)补偿前   (b)补偿后

图 4-20   时频空间域振幅补偿单炮效果

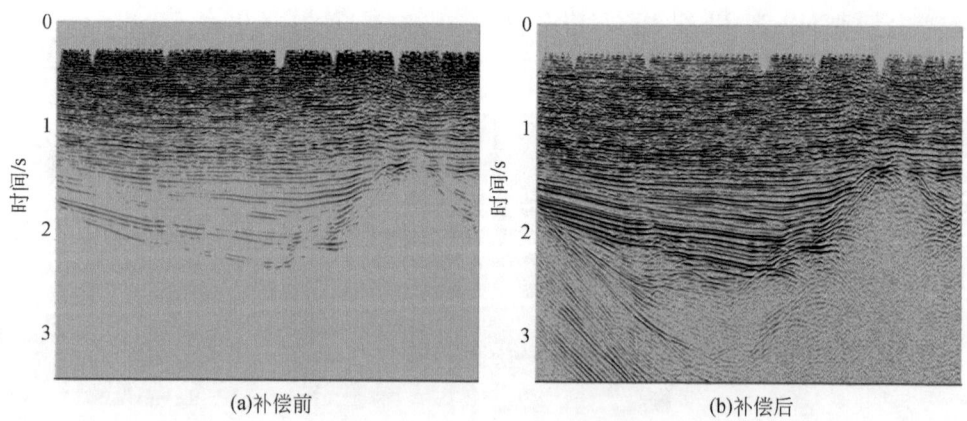

(a)补偿前   (b)补偿后

图 4-21   时频空间域振幅补偿剖面效果

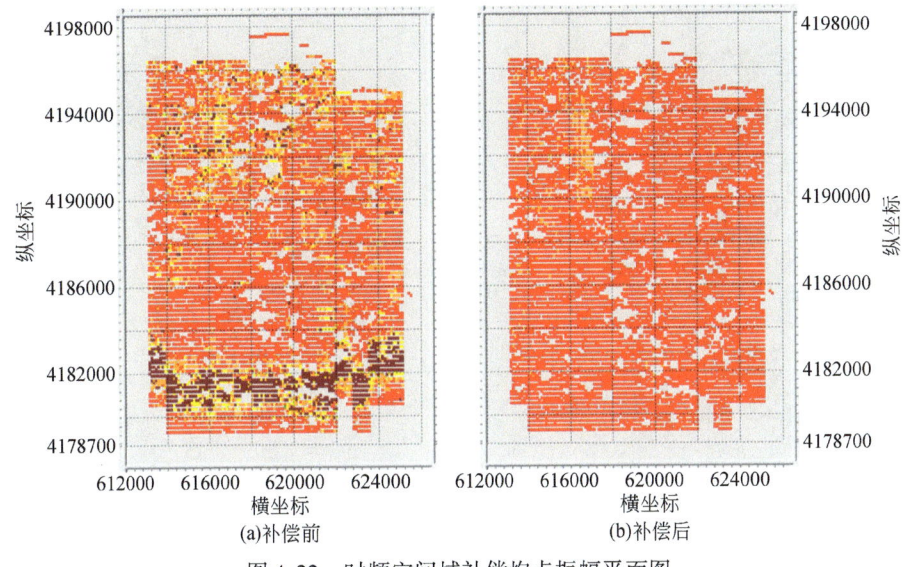

(a) 补偿前　　　　　　　　　(b) 补偿后

图 4-22　时频空间域补偿炮点振幅平面图

在处理中通常应用球面扩散补偿和地表一致性振幅补偿来弥补球面扩散及地表条件不一致造成的地震波振幅衰减,但这种方法仅仅补偿了地震波振幅的损失,由地层吸收衰减造成的频率损失是补偿不了的。时频空间域振幅补偿技术则能实现随频率变化的球面发散与吸收补偿,是补偿技术发展的趋势。

图 4-23 和图 4-24 是常规补偿技术与时频空间域振幅补偿对比的单炮与剖面,

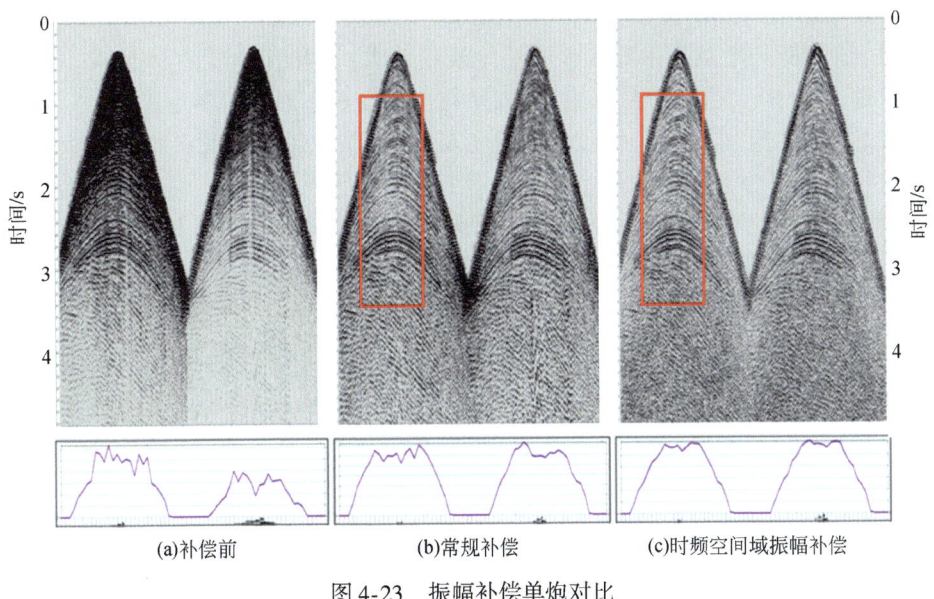

(a) 补偿前　　　　　　　(b) 常规补偿　　　　　　(c) 时频空间域振幅补偿

图 4-23　振幅补偿单炮对比

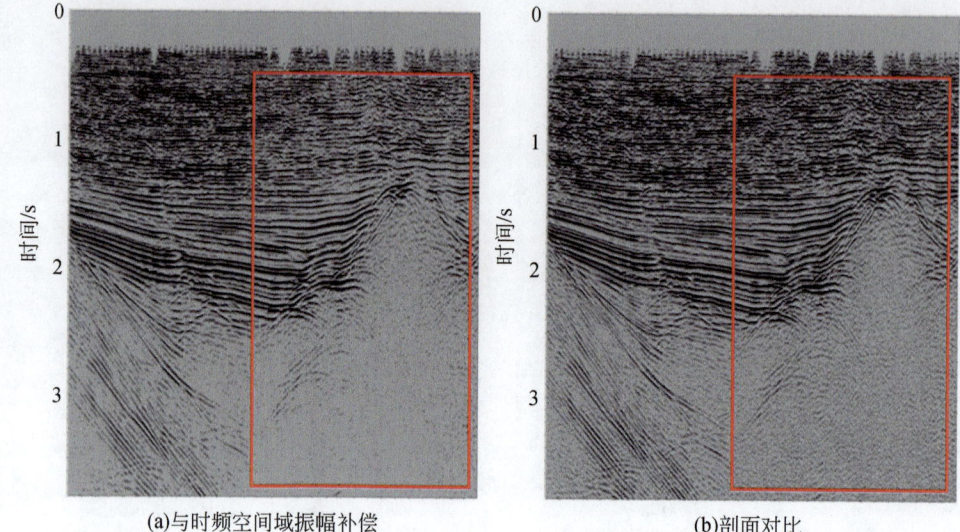

(a)与时频空间域振幅补偿　　　　　　(b)剖面对比

图 4-24　常规补偿技术

由效果图可以看到,时频空间域振幅补偿对深层能量的恢复、高频信号的补偿较常规技术均有较大改进。

4.1.4　小结

通过对目前应用的振幅补偿技术的分析与研究,取得如下结论和认识。

(1)道均衡与增益技术对地震振幅的改变较大,不具有保幅性,不宜将其用于保幅处理流程中。在数据显示、绘图、成果数据输出等方面有较多用途。

(2)常用的振幅补偿技术相对保幅性较好,目前常用的球面扩散和地表一致性振幅补偿的组合应用基本能够满足处理工作中对保幅的需求。时频域振幅补偿技术较以往补偿方法在深层能量补偿、能量均一性上都有提高,但其较低的运行效率影响了其大规模应用,需要进一步优化性能,提升运算效率。

(3)通过研究对常用振幅补偿技术进行了保幅性分析,从理论分析、模型验证、实际资料处理等方面进行了综合评价(表4-1),对以后的保幅处理工作有较好的指导意义。

表 4-1　常用振幅补偿技术保幅性评价

处理技术	原理保幅性分析	关键参数	保幅性评价	适用范围
道均衡	统计某一时窗振幅求取均衡算子,应用到全部数据,不保幅	统计时窗、期望输出	不保幅	数据显示、绘图

续表

处理技术	原理保幅性分析	关键参数	保幅性评价	适用范围
相对道均衡	统计某炮/道时窗内振幅求取均衡算子,应用到所在炮,不保幅	统计时窗、期望输出	不保幅	数据显示、绘图
均方根增益	由输入道给定时窗内均方根振幅求取增益函数,不保幅	统计时窗、期望输出	不保幅	数据显示、绘图
瞬时增益	沿时间方向滑动求取给定时窗的增益函数,不保幅	统计时窗、期望输出	不保幅	数据显示、绘图
指数增益	增益函数为随时间变化的指数值,不保幅性	指数值	不保幅	偶用于叠后偏移
球面扩散补偿	根据地下介质速度与地震波传播时间求取补偿算子,相对保幅	初始速度、均方根速度	相对保幅	叠前振幅补偿
地表一致性振幅补偿	在给定的时窗内计算全测线所有数据道的能量,采用迭代法或统计方法求出各个域补偿系数,相对保幅	分析时窗、均方根速度、分析域	相对保幅	叠前振幅补偿
时频域振幅补偿	根据地震波不同频率成分吸收衰减特性不同的特点,通过分频补偿的方法进行补偿	频带范围、偏移距范围、计算视窗	相对保幅	叠前振幅补偿

(4)沿层振幅分析、振幅平面属性分析是进行振幅补偿类技术保幅性能的有利工具,在以后的工作中还要继续深入的分析其他工具,如 AVO 分析等。

4.2 叠前去噪技术的保幅性评价

地震资料去噪是资料处理中十分重要的环节。随着岩性油藏勘探的不断深入,对去噪技术的保幅性提出了更高的要求。在利用去噪技术提高信噪比的同时,加强去噪技术保幅性的研究,尽量减少对有效信号的损害,是地球物理工作者追求的目标。

地震数据去噪方法很多,但由于针对去噪方法的保幅性的理论研究还缺乏系统性,因此去噪处理常带有不同程度的盲目性,不能预测到可能的振幅损伤,有时甚至会不顾地震信号的先天不足(偏离算法的信号模型假设前提),贸然实施去噪方法,最终会因去噪而破坏地震数据的保幅性,从而影响储层和油气预测结果的可靠性。对于各种地震去噪技术,保幅处理要求其尽量做到"不损伤有效波,而尽可能压制噪声"。为了认识去噪方法的保幅性,需要细致地分析去噪方法对有效信号和噪声的改造过程,以便清楚地了解哪些因素会影响信号的振幅信息。例如,去噪方法的理论算法、参数选择、信噪分离程度等都会直接影响最终资料的振幅特性,对这些问题都有必要展开具体的分析和讨论。

噪声可分为两大类:规则噪声和不规则噪声,主要是根据振幅、频率、空间传播规律(时距曲线形状)来区分规则和不规则。对于规则噪声,要借助于各种分析手段,来寻找其规律,然后针对其规律设计相应方法进行压制。因此,去噪方法必须具有很强的针对性,要杜绝盲目地滥用各种去噪方法。不规则噪声,通常是指随机噪声。空间上的随机性和时间上的随机性,无法对它进行预测,但是它仍具有确定的统计特性,如概率正态分布等。可以根据这种不可预测性来设计方法,也可以根据统计特性分布特征来设计方法,实现对随机噪声的压制。

本节针对地震资料中的几种常见噪声及其去噪技术,从理论方法、影响参数、模型数据及实际资料的处理效果等方面,进行了详细研究。

4.2.1 频率空间域压制面波(FXCNS)

面波是地震勘探中最常见的干扰波之一,由于面波表现出的低速、能量强的特性与有效反射波在频率、空间上的分布特征及能量等方面存在差异,故可以采用频率空间域相干噪声压制面波。

Omega 处理系统的 FXCNS 模块是常用的相干噪声压制模块。FXCNS 模块压制相干噪声是将地震记录 $d(t,x)$ 进行一维傅里叶变换,将信号从 t-x 域变换到 F-x 域,变换后地震信号可表示为

$$D(f,x) = S(f,x) + C(f,x) + R(f,x) \tag{4-6}$$

式中,$D(f,x)$ 为地震信号;$S(f,x)$ 为有效信号;$C(f,x)$ 为相干噪声;$R(f,x)$ 为随机噪声;f 为频率;x 为炮检距。

FX 预测相干噪声是在给定频率的数据上进行的,根据最小平方误差准则建立误差方程(见下式),分别估计每个频率 f_i 的相干噪声:

$$\varphi(f_i) = \sum_n \left[D(f_i, x_n) - b(f_i, x_n) a(f_i, x_n) \right]^2 \tag{4-7}$$

式中,$\varphi(f_i)$ 为目标函数;$b(f_i,x_n)a(f_i,x_n)$ 为相干噪声,其中 $b(f_i,x_n)$ 为时移算子,$a(f_i,x_n)$ 为加权函数。

在频率域中将面波干扰从数据中减去之后,通过对各道做逆傅氏变换,回到时间域中,既有效消除了面波干扰,还对低频有效信号损伤较小。FXCNS 模块的主要参数有频率范围、速度范围、方位角划分的个数、波数、迭代次数等。影响 FXCNS 处理效果的因素有线性干扰的相干程度、偏移距分布状况、道间距等。线性干扰的相干程度对处理效果有较大影响,偏移距分布均匀是有利于相干噪声的预测,道间距过大时容易产生空间假频,影响处理效果。

首先利用正演地震数据测试了 FXCNS 压制面波干扰的保幅性,并用区域高通滤波进行了对比试验。图 4-25 展示了正演单炮数据应用 FXCNS 和区域高通滤波压制面波干扰的处理效果,图中蓝色方框为频谱分析时窗。经过 FXCNS 压制噪声后的单炮剖面在近炮检距和剖面底部还残留一些噪声,去除的噪声记录上基本是面波,看不到有效信号,区域高通滤波将面波完全去除了。从频谱上看,FXCNS 压制噪声后与原始单炮数据的频谱非常接近,而区域高通滤波却损失了一些低频有效信号。图 4-26 是沿反射轴拾取了一个时窗(图中红色曲线即为时窗的顶和底),右图统计了拾取时窗内各道的振幅值。FXCNS 压制噪声后除了近炮检距的振幅极值改变稍大外,其他地方振幅值非常接近,经过高通滤波后的振幅极值曲线出现抖动,曲线没有原来光滑。图 4-27 是选取单个地震道进行的纵向振幅分析,两种方法压制噪声后振幅曲线与无噪声的振幅曲线基本一致,经过 FXCNS 滤波后的信号在采样终止时间附近误差稍大。FXCNS 在预测相干噪声时需要一定宽度(偏移距方向)和长度(时间方向)的时窗,所以在边界位置 FXCNS 会出现误差。

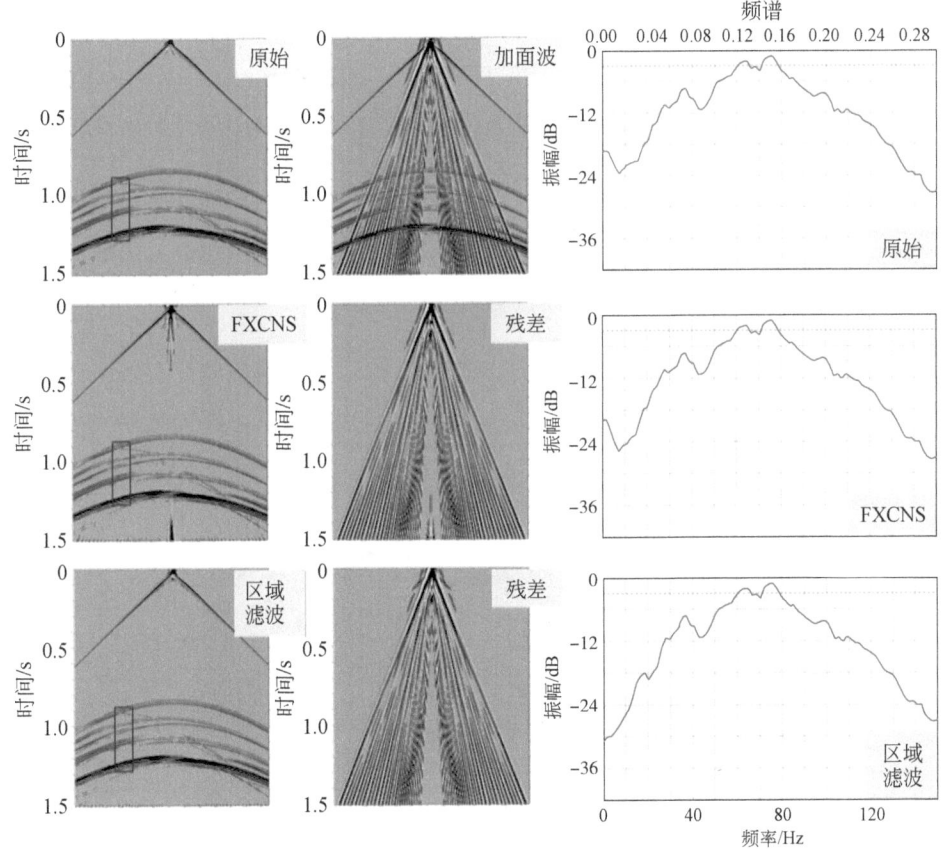

图 4-25　压制面波剖面及频谱

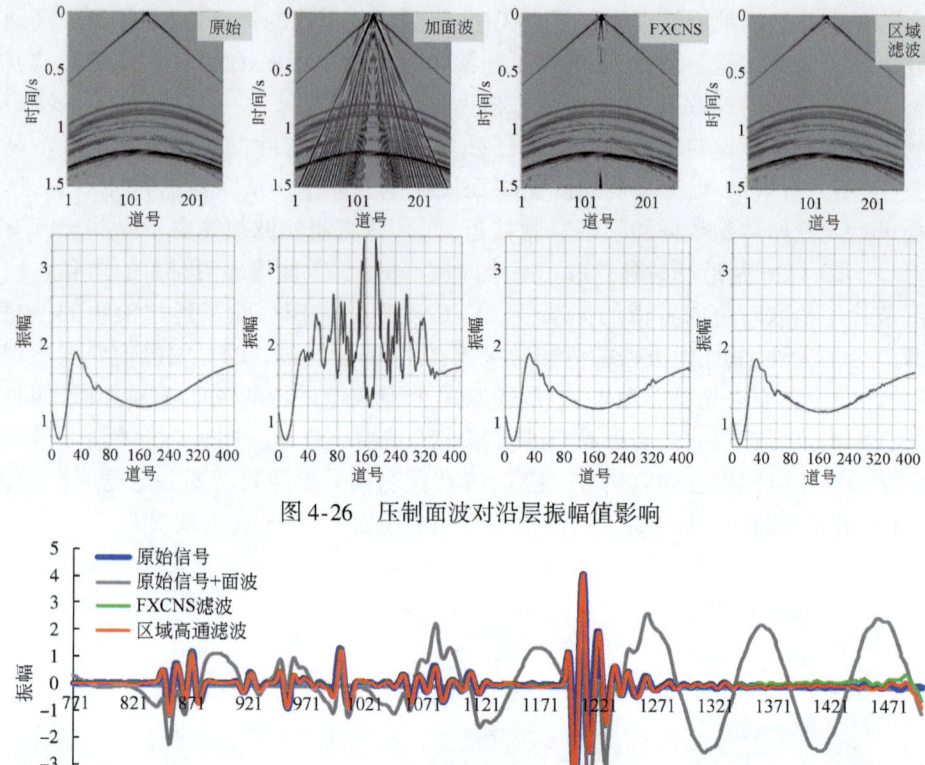

图 4-26 压制面波对沿层振幅值影响

图 4-27 压制面波对纵向振幅的影响

图 4-28 是压制面波的叠加效果图。FXCNS 和区域高通滤波都有效去除了面波干扰。对叠加数据进行横向的振幅极值分析如图 4-29 所示,图中蓝色方框为振幅分析的时窗。两种方法去噪后,振幅极值曲线基本上恢复至原始形态,但 FXCNS 更接近原始值,而区域滤波则比原始值偏小。

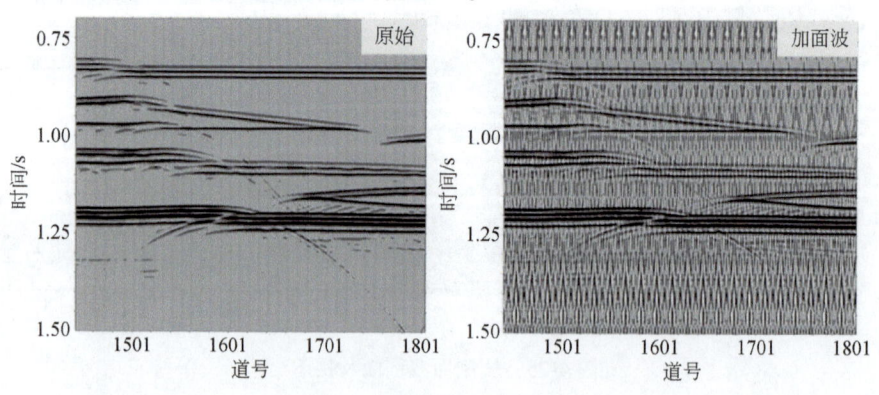

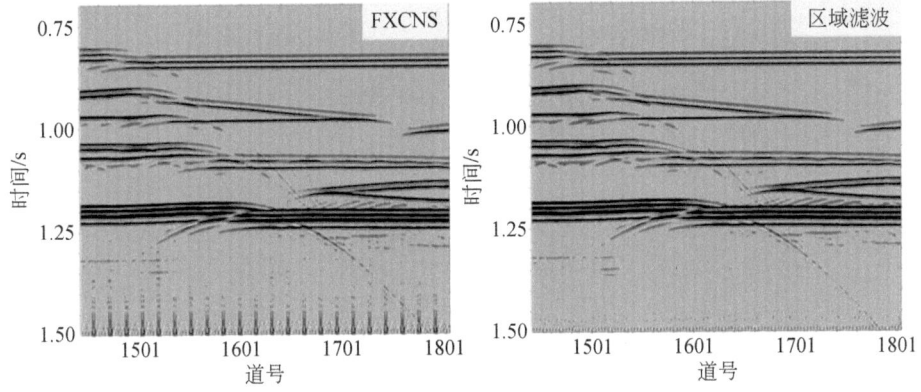

图 4-28　压制面波的叠加效果图

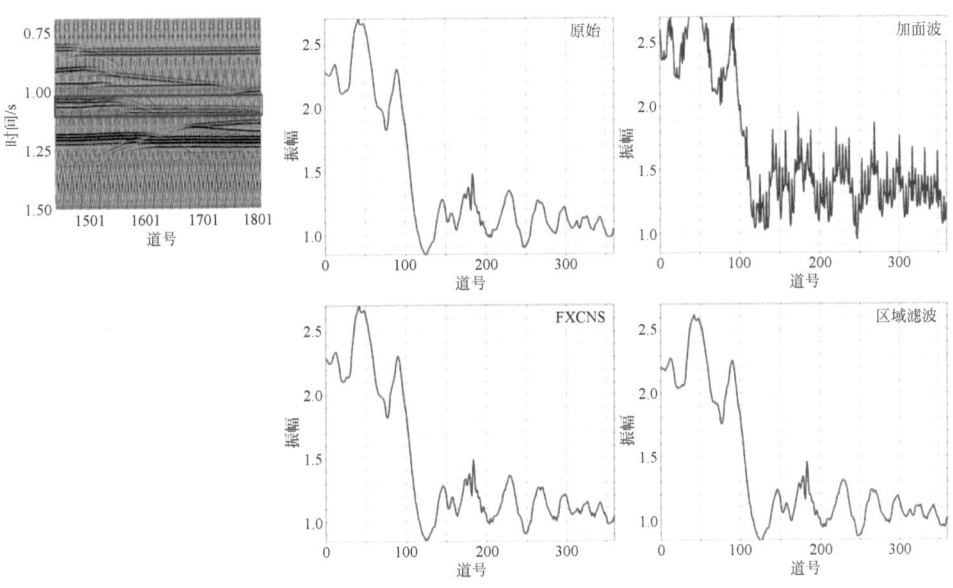

图 4-29　压制面波对横向振幅极值的影响

图 4-30 是垦东 1 区应用 FXCNS 和区域高通滤波压制面波干扰的实例。从图中可以看出,经过两种方法压制面波后大部分面波都被去除了,去除的噪声基本上都是面波,看不到有效信号。单纯的高通滤波不仅会滤掉低频的面波还会滤掉有效信号的低频部分。面波压制前后的频谱分析如图 4-31 所示,可以看出区域滤波损失了较多的低频成分,而 FXCNS 则能保留更多的低频成分。

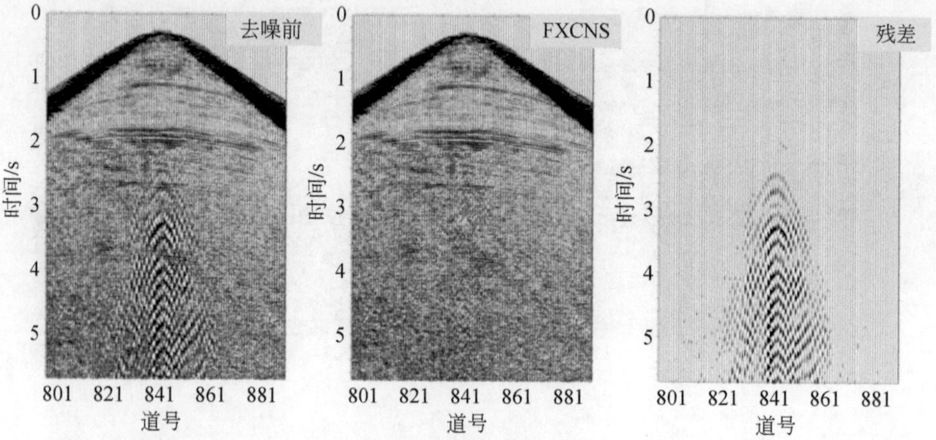

图 4-30 压制面波干扰

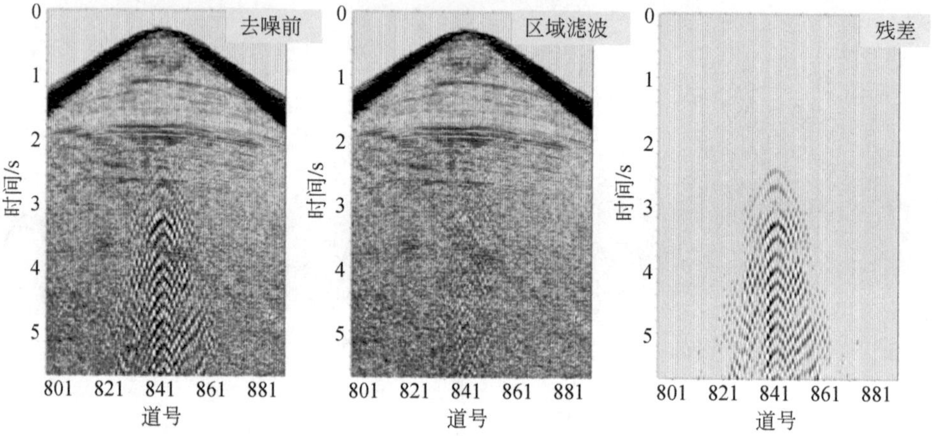

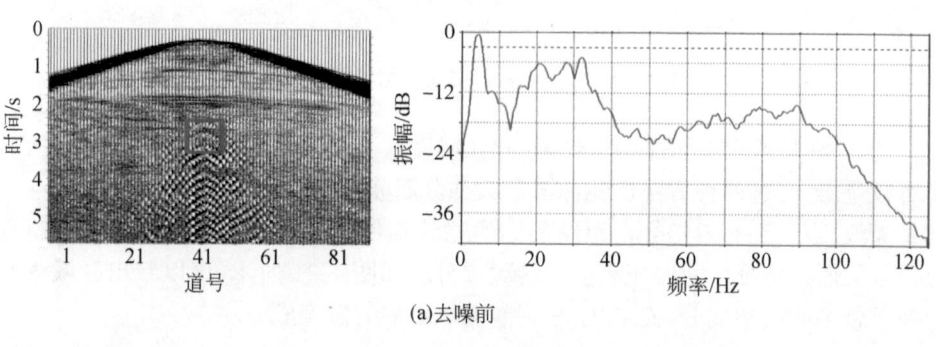

(a)去噪前

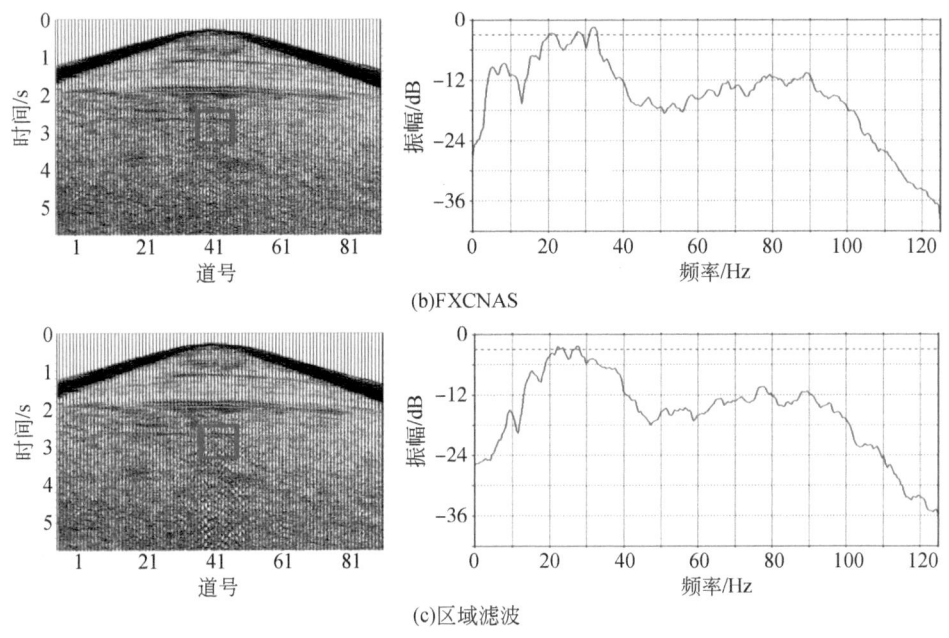

(b)FXCNAS

(c)区域滤波

图 4-31 面波压制前、后频谱分析

区域滤波只从频率上过滤信号,容易损失低频的有效信号。FXCNS 利用面波与有效波在频率与速度上的较大差异压制面波。因此,FXCNS 压制面波的效果较好,保幅性较好。

4.2.2 工业电去除、单频噪声压制、压制工业电干扰

工业电干扰可认为是一种稳定的周期信号,在地震记录中表现为周期信号附加在地震道中。大多数地区的工业电信号是非常稳定的,能够通过最小二乘的方法计算出来,从而拟合出工业电噪声,再从实际记录中减去工业电噪声就达到去噪的目的。

Omega 处理系统的工业电去除(LINEREMOVE)模块能够在一个比较宽的频率范围内检测噪声。LINEREMOVE 模块的主要参数有频率范围、测试时窗范围、反馈系数等。LINEREMOVE 模块拟合噪声的算法是最小二乘拟合(固定算法)或递归最小拟合。而单频噪声压制(MONO_NOISE_SUPPRESS)模块则采用递归最小拟合的算法去除单频噪声。

我们首先利用正演地震数据测试了 LINEREMOVE 和 MONO_NOISE_SUPPRESS 两个模块压制工业电干扰的保幅性。图 4-32 是在正演单炮上选取了

11道地震记录加上了不同相位的50Hz余弦信号做为工业干扰,然后应用LINEREMOVE和MONO_NOISE_SUPPRESS模块检验压制工业噪声的处理效果。从图4-32中看出经过LINEREMOVE和MONO_NOISE_SUPPRESS压制噪声后的单炮记录上已经看不到50Hz余弦信号干扰了,从LINEREMOVE去除的噪声记录上看到的都是50Hz余弦信号,而MONO_NOISE_SUPPRESS去除的噪声记录上可以看到在零偏移距的初至附近存在误差。选取一个噪声进行纵向振幅分析可以更清楚地看出LINEREMOVE模块的去噪效果更好(图4-33),从频谱分析的结果(图4-34,图中红线为频谱分析时窗),也可以看出MONO_NOISE_SUPPRESS去噪后比LINEREMOVE去噪后损失了更多的50Hz信号,LINEREMOVE去噪后的频谱与原始频谱基本一致,LINEREMOVE相对保幅性较好。

LINEREMOVE和MONO_NOISE_SUPPRESS模块都能较好地压制50Hz工业电干扰,但MONO_NOISE_SUPPRESS会损失更多的50Hz信号,并且在大振幅的地方容易存在误差,而LINEREMOVE预测工业电干扰信号更准确,并且不受大振幅信号的影响,保幅性更好。

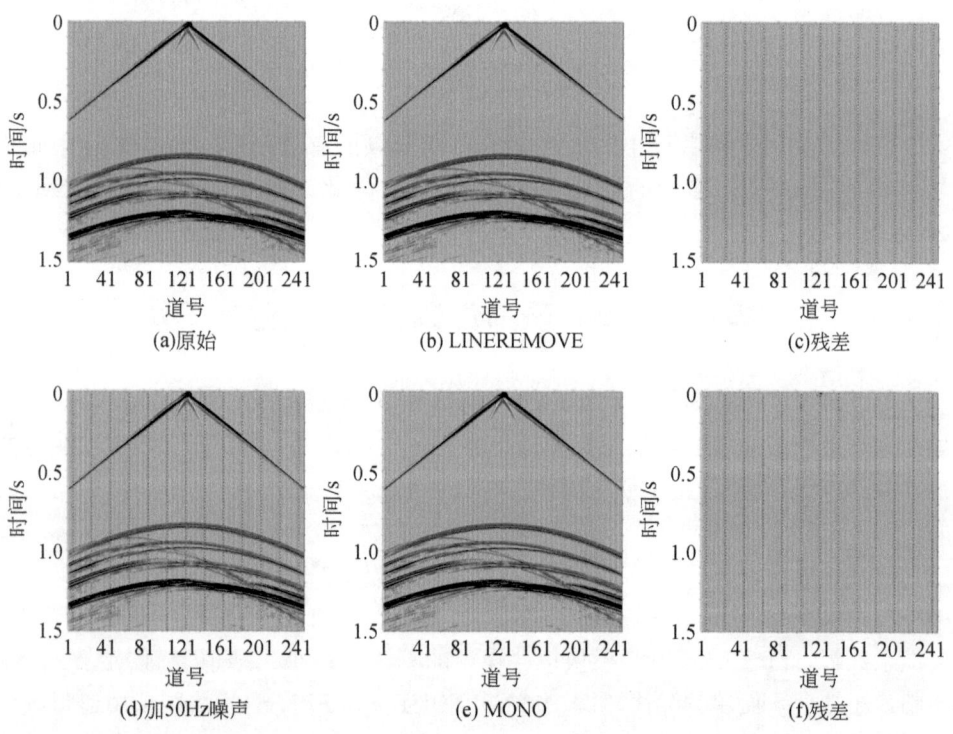

图4-32　LINEREMOVE和MONO_NOISE_SUPPRESS压制50Hz余弦信号

第4章 | 现有关键处理技术的保幅性研究

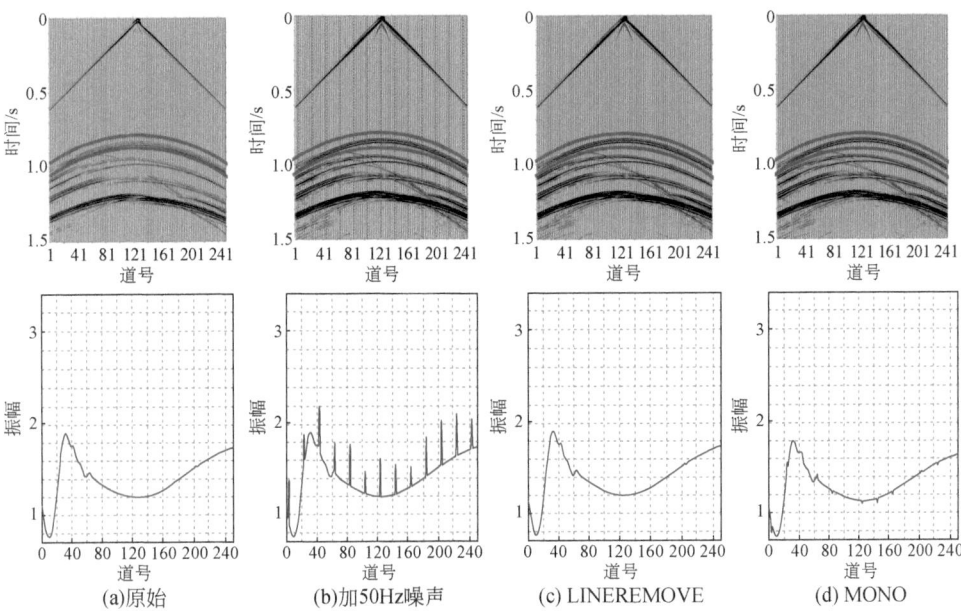

图4-33 压制50Hz余弦信号对沿层振幅极值的影响

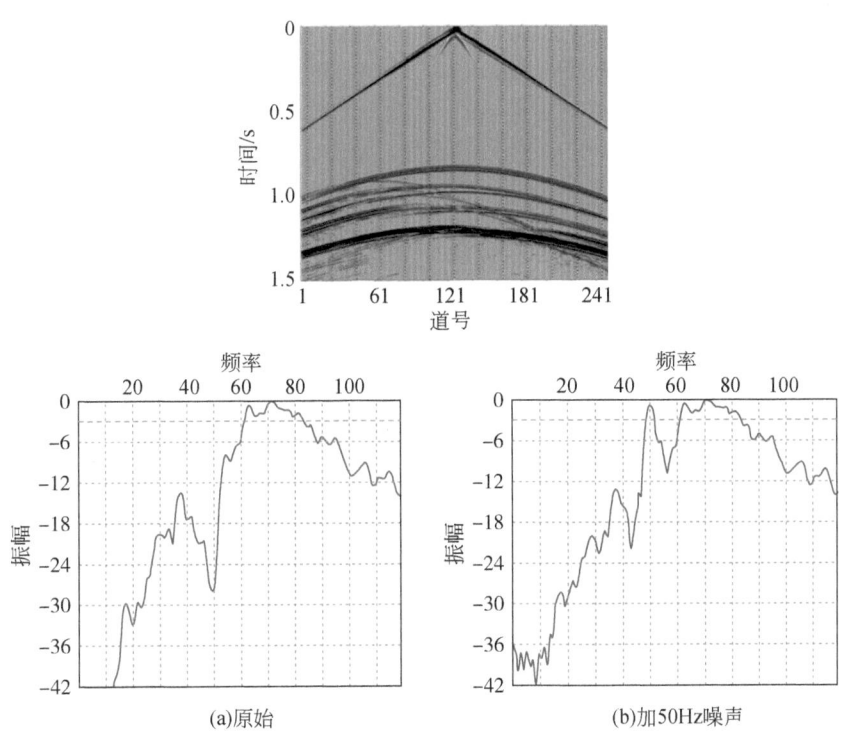

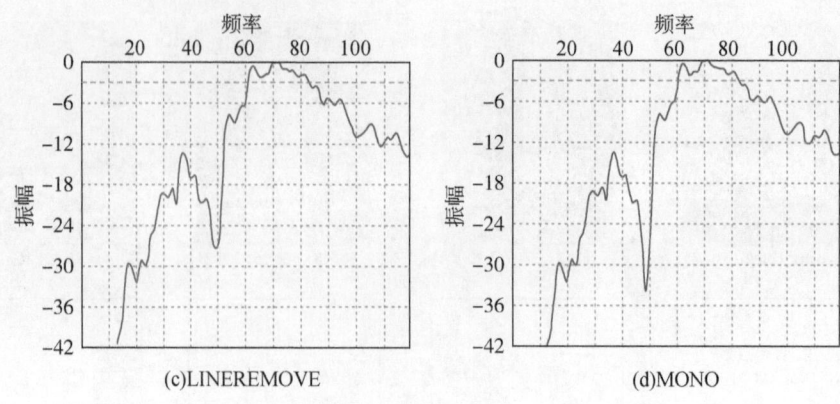

图 4-34　压制 50Hz 余弦信号前后频谱分析

图 4-35 和图 4-36 是压 50Hz 工业电干扰的实例。从图中可以看出两种方法都能有效地压制 50Hz 工业电干扰,但是在初至附近 MONO_NOISE_SUPPRESS 去除了一些大振幅信号。图 4-35(a)数据是没有经过能量补偿的,也没有加增益,50Hz 工业电干扰的能量应该在时间上基本保持不变,因此,MONO_NOISE_SUPPRESS 在初至附近去除的一些大振幅信号不仅包括 50Hz 工业电干扰,还包括一些其他信号。LINEREMOVE 去除的噪声能量是不随时间变化的,这符合 50Hz 工业电信号特征。经过 50Hz 工业电压制前后的频谱分析(图 4-37),可以看出 LINEREMOVE 和 MONO_NOISE_SUPPRESS 都能有效地衰减 50Hz 信号,而 LINEREMOVE 的保幅性相对更好。

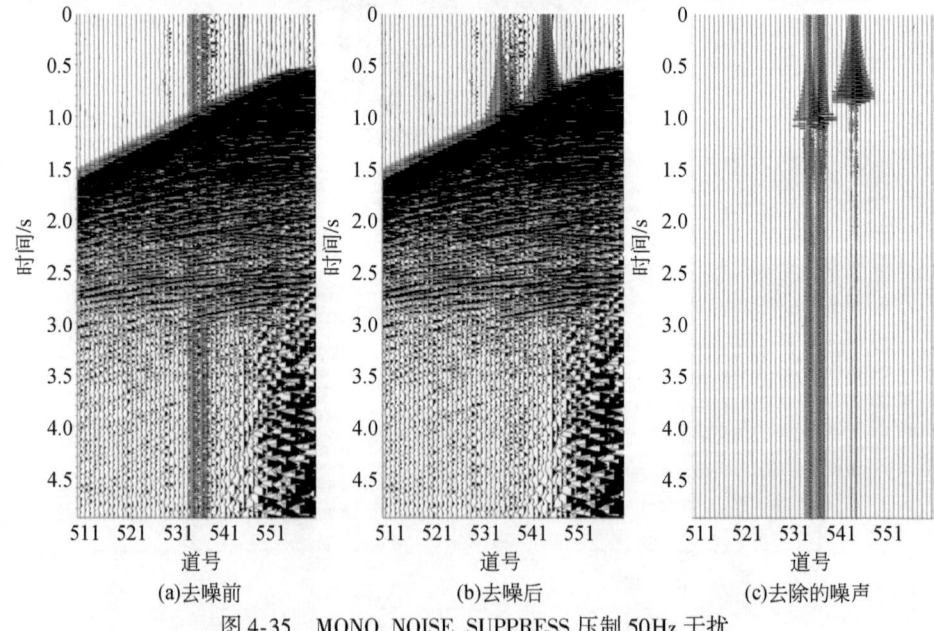

图 4-35　MONO_NOISE_SUPPRESS 压制 50Hz 干扰

第 4 章 | 现有关键处理技术的保幅性研究

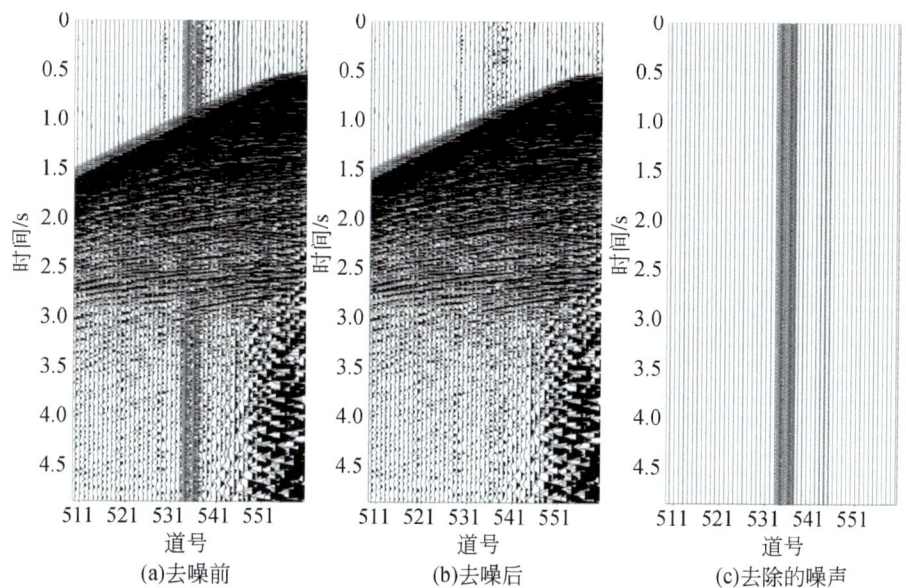

图 4-36　LINEREMOVE 压制 50Hz 干扰

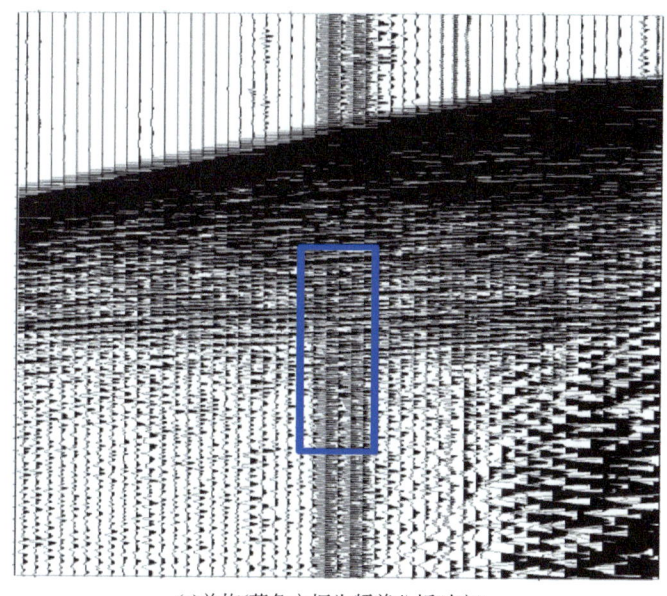

(a)单炮(蓝色方框为频谱分析时窗)

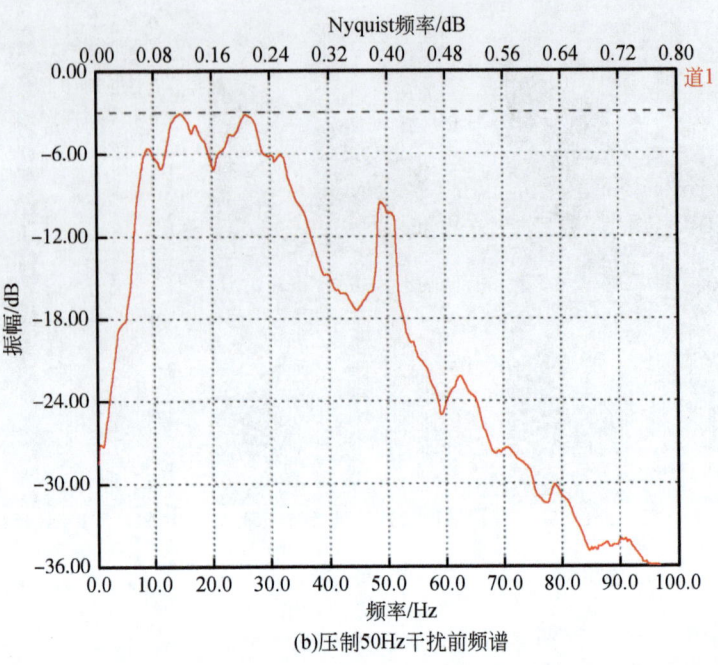

(b) 压制50Hz干扰前频谱

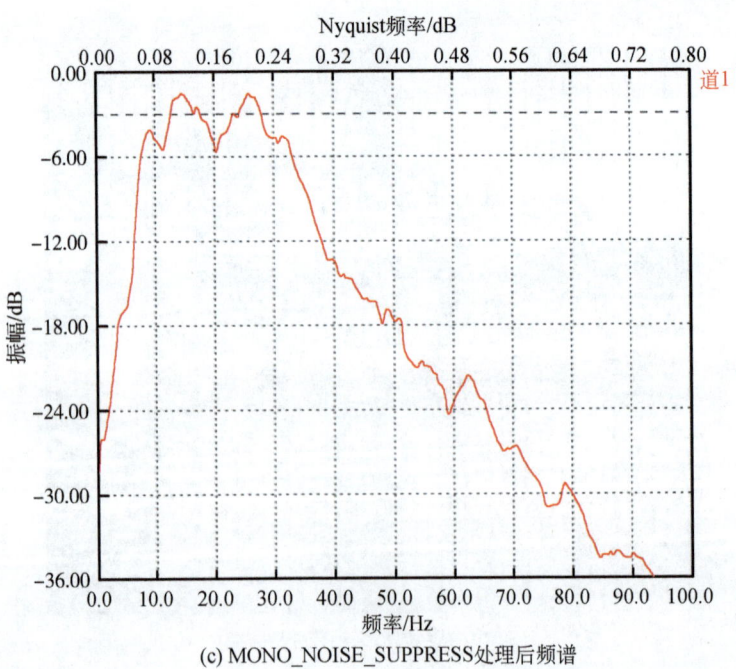

(c) MONO_NOISE_SUPPRESS处理后频谱

第 4 章 | 现有关键处理技术的保幅性研究

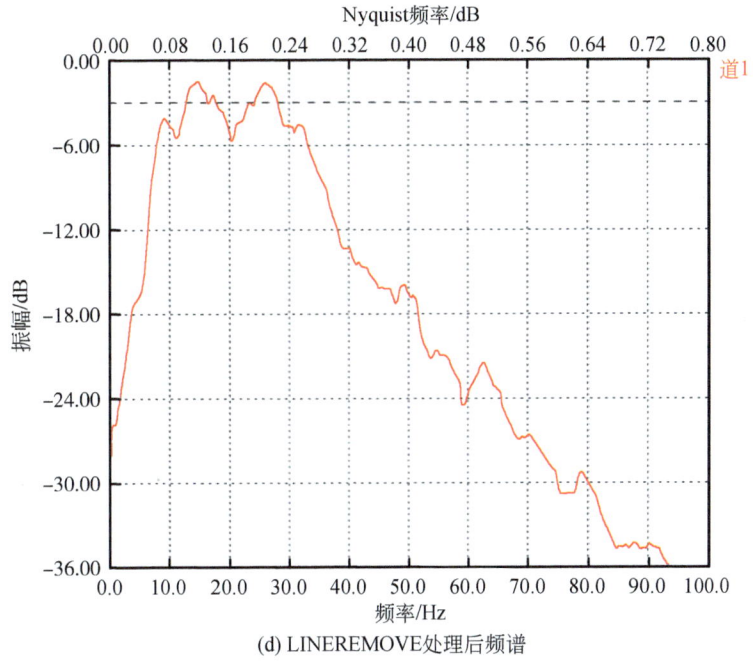

(d) LINEREMOVE处理后频谱

图 4-37　压制 50Hz 干扰前、后频谱

4.2.3　分频带振幅统计的自适应噪声衰减技术

对给定的地震信号,通过傅里叶变换进行分频处理,得到多个分频带数据,然后对每个数据分时窗进行能量统计[式(4-8)],根据时窗内的统计值与多道统计的均值进行比较来确定门槛值,压制异常噪声。

$$E_{ftk} = \frac{1}{N_{ftk}} \sum_{i=1}^{N_{ftk}} A_{iftk}^2 \qquad (4-8)$$

式中,E 为能量;A 为振幅;i 为样点号;k 为道号;f 为频带;t 为时窗;N 为样点总数。

对正演数据进行分频带显示,可以看出噪声集中在 10~40Hz 频带内(图 4-38)。采用基于振幅频率统计的自适应噪声衰减方法能够较好的压制异常振幅噪声,对有效信号的影响很小。图 4-39 为沿反射轴拾取了一个时窗(左图中红曲线即为时窗的顶和底),统计拾取时窗内各道的振幅极值,选取一个噪声道进行纵向振幅分析(图 4-40)。从各种振幅分析的结果都可以看出,加了噪声的剖面振幅曲线偏离原始振幅曲线较远,经过 AAA 去噪后,振幅曲线非常接近原始振幅曲线,AAA 去噪的保幅性好。

对数据进行分频带后发现噪声集中在 0~10Hz 频带内。针对 0~10Hz 数据进行振幅统计压制噪声,结果如图 4-41 所示,这种方法去除了道集中的大部分噪声,有效信号基本没有损失。这种分频带振幅统计的自适应噪声衰减技术能够在有噪声的频带数据内,通过比较多道的振幅值,用中值滤波压制异常振幅,对有效信号的影响很小。

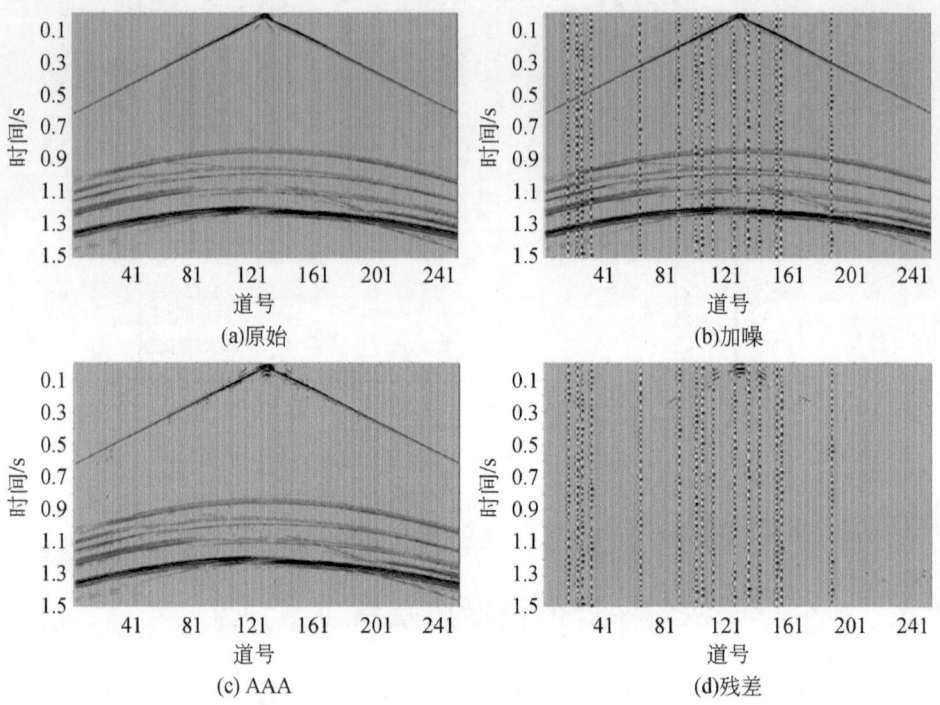

图 4-38　AAA 压制区域异常噪声效果

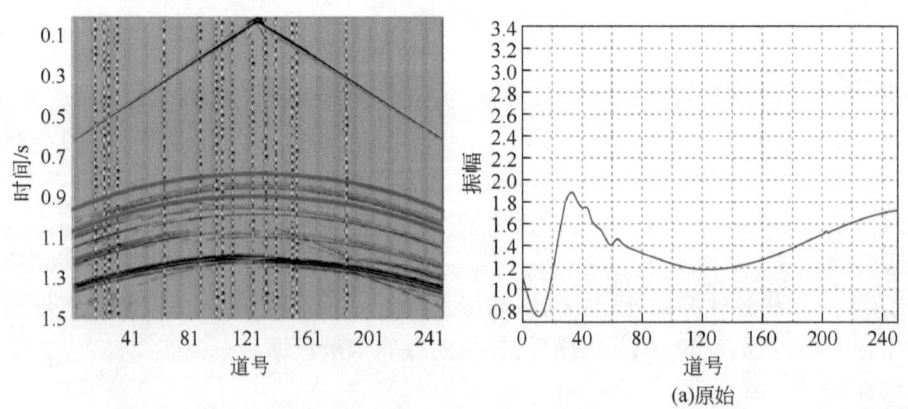

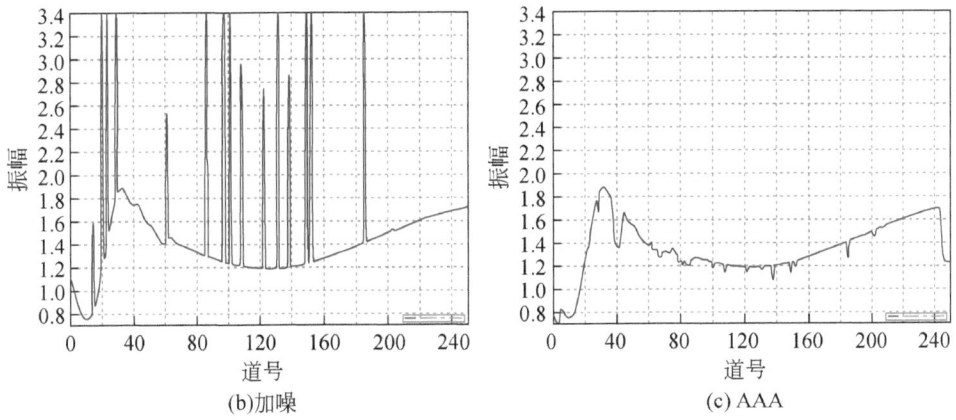

图 4-39　压制区域异常噪声前后沿层振幅极值曲线

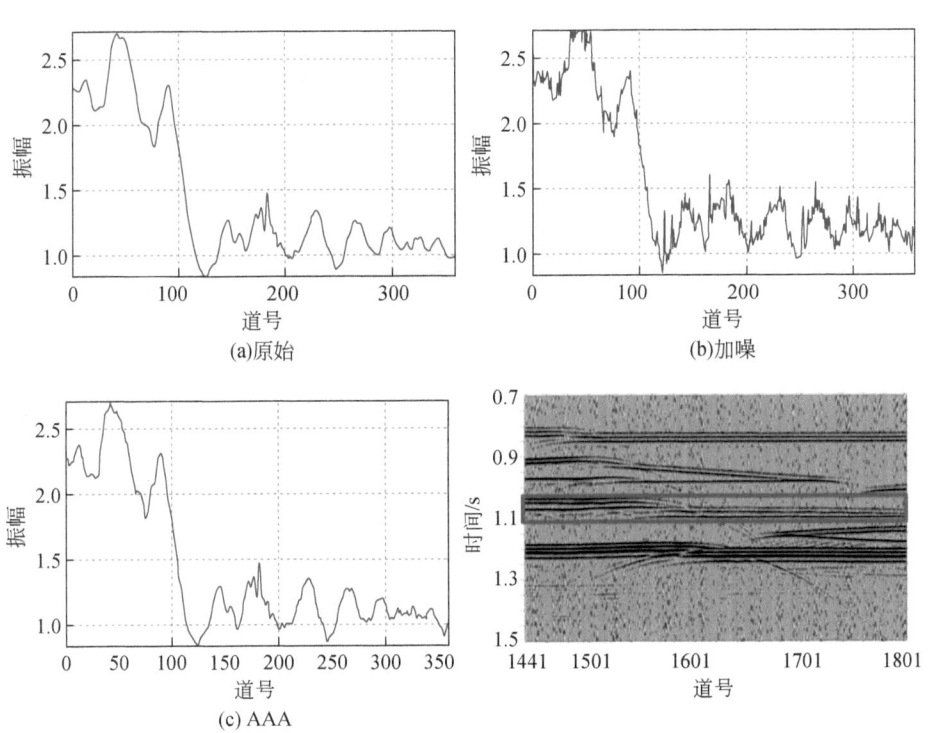

图 4-40　压制区域异常噪声对横向振幅极值的影响

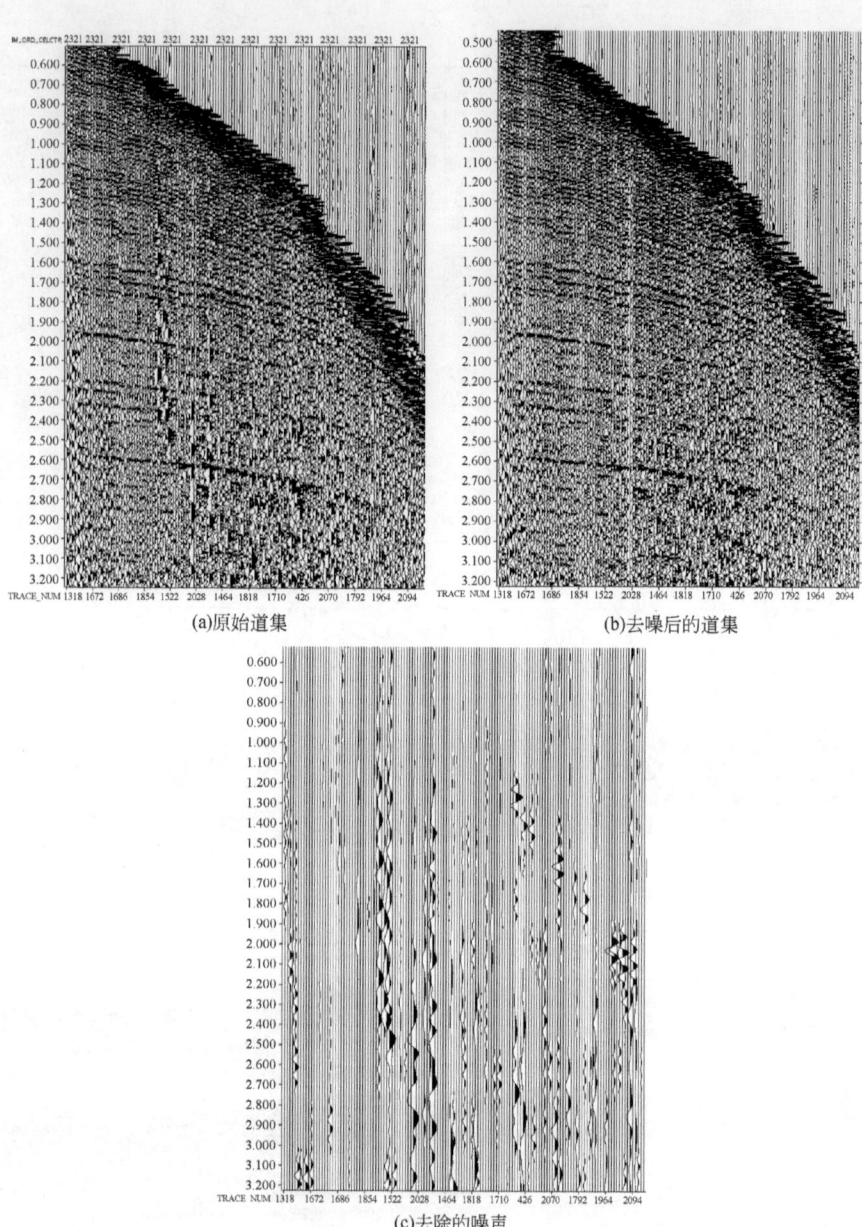

图 4-41 对道集中的噪声进行压制处理效果

4.2.4 Radon 变换压制多次波

国内学者在保幅处理方面做了许多有益的尝试,但一些常规处理方法的保幅性在理论上还缺少系统性分析。在国际上,Thorson 和 Claerbout(1985)提出了在时间域通过稀疏反演实现高分辨率 Radon 变换的方法。由于时间域方法存在计算量过大的问题,因此,Hampson(1986)提出了在频率域利用最小二乘法计算抛物线 Radon 变换进而消除多次波的方法。为了进一步克服有限孔径导致的分辨率问题,Sacchi 和 Ulrych(1995)在频率域中通过使用柯西范数概率密度函数的贝叶斯法则得到了稀疏化 Radon 变换,并被广泛运用于工业界。Cary(1998)指出,时间域算法具有同时增强时间方向和 Radon 参数方向的稀疏化程度等优越性。Foster(1992)和 Zhou 和 Hohn(2007)从反褶积的角度,在理论上分析了有限孔径等因素对 Radon 变换分辨率的影响,这为分析 Radon 变换去噪方法的保幅性问题提供了一个方向。Kabir 和 Verschuur(2007)基于数值试验分析了利用抛物线 Radon 变换压制多次波时存在的一些振幅失真现象。Nowak 和 Imhof(2006)证明了利用加权最小二乘抛物线 Radon 变换压制多次波在振幅保持方面的优势,并统计、分析了预白化因子对振幅的影响。

消除了采集、几何扩散、噪声和人工处理痕迹等非地质因素引起的地震波振幅变化的影响后,剩余的振幅信息可以被称为真振幅。在地震数据处理中要完全消除非地质影响因素是很困难的,绝对保真是做不到的,实际处理中也没有必要追求绝对的保真。更关心的是数据的相对保真,即处理就是要对信号进行改造,但这种改造的原则是:改造后的地震数据能够反映客观信息的纵、横向相对变化关系。只有这种纵、横向的相对变化才能提供地下介质性质的有关信息。对于处理方法的保幅性评价,通常可以从道间振幅或平面振幅的变化等方面进行分析。在不同的处理阶段保幅性评价的角度和标准一般不同。

1. Radon 变换和基于反演的 Radon 变换

广义上,Radon 变换表示对某一物理量沿任意曲线进行积分的过程。Radon 正变换可以用下面的公式表示:

$$m(p,\tau) = \int_{-\infty}^{\infty} d[x, t = \tau + \phi(p,x)] dx \tag{4-9}$$

式中,x,t 为输入变量;p,τ 为输出变量。Radon 反变换表示为

$$d(x,t) = \int_{-\infty}^{\infty} m[p,\tau = t - \phi(p,x)] dp \tag{4-10}$$

离散化得到:
$$m(p,\tau) = \sum_{x} d[x, t = \tau + \phi(p,x)] \tag{4-11}$$

$$d(x,t) = \sum_{p} m[p, \tau = t - \phi(p,x)] \tag{4-12}$$

对式(4-11)两边进行时间傅里叶变换,得到 Radon 正变换频率域表达形式为

$$\tilde{m}(p,\omega) = \sum_{x} \tilde{d}(x,\omega) e^{j\omega\phi(p,x)} \tag{4-13}$$

对于某一固定频率,上式表示成复矩阵形式有

$$\vec{m} = L\vec{d} \tag{4-14}$$

式中，L 为 Radon 变换正算子。

$$\vec{m} = [\tilde{m}(p_1,\omega), \tilde{m}(p_2,\omega), \cdots, \tilde{m}(p_n,\omega)]^T$$

$$\vec{d} = [\tilde{d}(x_1,\omega), \tilde{d}(x_2,\omega), \cdots, \tilde{d}(x_m,\omega)]^T$$

$$L = \begin{bmatrix} e^{j\omega\phi(p_1,x_1)} & e^{j\omega\phi(p_1,x_2)} & \cdots & e^{j\omega\phi(p_1,x_m)} \\ e^{j\omega\phi(p_2,x_1)} & e^{j\omega\phi(p_2,x_2)} & \cdots & e^{j\omega\phi(p_2,x_m)} \\ \vdots & \vdots & \ddots & \vdots \\ e^{j\omega\phi(p_n,x_1)} & e^{j\omega\phi(p_n,x_2)} & \cdots & e^{j\omega\phi(p_n,x_m)} \end{bmatrix}$$

同理可得 Radon 反变换的复矩阵形式：

$$\vec{d} = L^H \vec{m} \tag{4-15}$$

式中，L^H 为 L 的共轭转置，也被称为伴随算子。

下面，主要讨论在压制多次波方面应用较多的抛物 Radon 变换。

抛物 Radon 变换在 Radon 域分离反射波与多次波的基础是反射波与多次波在剩余时差上存在差异，即在 NMO 后，反射波被拉平，多次波剩余时差曲线为抛物线。

多次波剩余时差曲线满足关系：

$$t = t_0 + \frac{1}{2t_0}\left(\frac{1}{v_{\text{多}}^2} - \frac{1}{v_{\text{反}}^2}\right)x^2 = t_0 + qx^2 \tag{4-16}$$

Radon 域滤波的步骤如下：①输入 CMP 道集，并进行 NMO 校正；②对 NMO 校正后的数据进行抛物 Radon 正变换，得到抛物 Radon 谱；③在 Radon 域中切除多次波，并进行 Radon 反变换，重新得到 CMP 道集；④对 CMP 道集进行反 NMO 校正，最终获得去除多次波后的 CMP 道集。

常规的 Radon 变换存在最严重的问题是模型空间分辨率不高，从而影响信噪分离；常规 Radon 问题也存在算子的保幅性问题。基于反演的 Radon 变换算法，在目标函数中采用数据拟合，因此，对于由模型到数据产生的误差已经在正变换的反演过程中考虑了，并且反变换后误差一般很小。同时根据分辨率要求，对求取的模型采取相应的约束。

基于 Tikhonov 正则化思想，对一般的线性反问题，参数泛函可以写成如下形式：

$$\begin{aligned} J &= \|W_d(\overline{L}m - d)\|^2 + \lambda \|W_m m\|^2 \\ &= (W_d \overline{L}m - W_d d)^H (W_d \overline{L}m - W_d d) + \lambda (W_m m)^H (W_m m) \end{aligned} \tag{4-17}$$

式中，W_d、W_m 分别为数据和模型的协方差矩阵；λ 为正则化因子。

求目标泛函的最小值，有

$$(\lambda W_m^H W_m + \overline{L}^H W_d^H W_d \overline{L})m = \overline{L}^H W_d^H W_d d \tag{4-18}$$

通过给定数据和初始模型,选择合适的正则化参数,就可以得到不同精度的模型(即 Radon 谱)。选择 $W_d=I,W_m=I$,有

$$(\lambda_m I+\overline{L}^H\overline{L})m=\overline{L}^H d=\hat{m} \tag{4-19}$$

式中,$\hat{m}$ 为常规 Radon 低分辨率模型。得到的最小二乘解为

$$m=(\lambda_m I+\overline{L}^H\overline{L})^{-1}\hat{m} \tag{4-20}$$

对于抛物 Radon 变换,$R=(\lambda_m I+\overline{L}^H\overline{L})^{-1}$ 一定程度上起到了沿 q 方向对 $\hat{m}$ 进行反褶积处理的作用。在理想情况下,动校正后反射波和多次波在 Radon 域会被聚焦为两个相应的孤立子波。但实际中,反射波和多次波在 Radon 域中的聚焦会受到各种因素的影响,子波分辨率较低,从而影响信噪分离。对于 Radon 变换,Radon 域信噪分离情况的分析与信噪 Radon 谱的分辨率问题是等价的。

如图 4-42 所示,图 4-42(a)为 Radon 域,有两个孤立的子波存在,假定它们从上到下分别对应的是反射波和多次波;图 4-42(b)为对图 4-42(a)进行一般 Radon 反变换后的得到反射波和多次波对应的记录;图 4-42(c)为图 4-42(b)中数据在频率域中再进行 Radon 变换后得到的 Radon 域结果;图 4-42(d)为对图 4-42(b)的数据通过最小二乘反演的抛物 Radon 变换求取的 Radon 谱,可以发现分辨率有所提高。

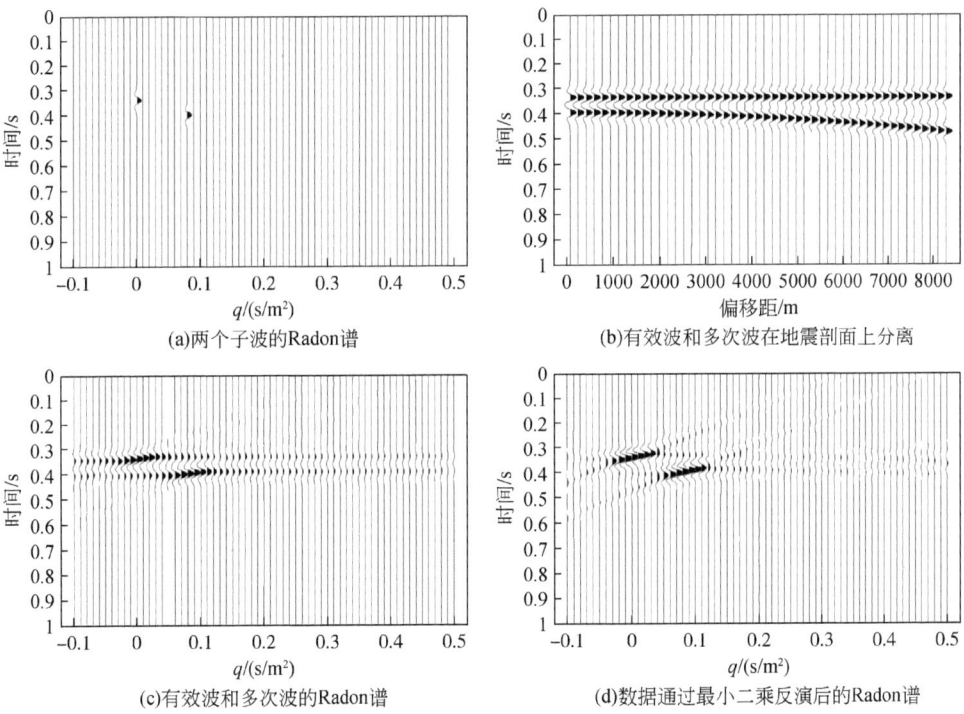

图 4-42 Radon 变换与高低分辨率 Radon 谱

反演稀疏化准则有很多,一般采取的思路是对数据用 L2 泛数约束,而对模型用 L1 泛数约束。考虑 Gauss-Cauchy 模型,将目标函数(4-17)变换为

$$J = \frac{1}{\sigma_n^2} \| \overline{L}m - d \|^2 + \alpha \sum_{i=1}^{M} \log\left(1 + \frac{|m_i|^2}{\beta}\right) \quad (4-21)$$

式中,σ_n 为数据方差;α、β 为相应分布参数。由目标泛函对模型的最小值可得

$$\begin{aligned} m &= [\overline{L}^H \overline{L} + Q(m)]^{-1} \overline{L}^H d \\ &= [\overline{L}^H \overline{L} + Q(m)]^{-1} \dot{m} \end{aligned} \quad (4-22)$$

比较式(4-20)与式(4-21),不同之处在于式(4-21)中的阻尼项与当前所求模型有关。对式(4-22)采用迭代再加权最小二乘方法(IRLS)+共轭梯度法(CG),就可以得到更高分辨率的 Radon 谱。外循环递推公式为

$$(m)_k = [\overline{L}^H \overline{L} + Q(m)_{k-1}]^{-1} \dot{m} \quad (4-23)$$

利用上述方法可获得具有较高分辨率的模型,相比最小二乘方法,它起到了类似反褶积处理的作用,效果更好。上述基于反演的 Radon 变换在模型分辨率和振幅保真上有一些折中,但整体上,振幅失真非常小,高分辨率 Radon 变换压制多次波的理论保幅性非常高。不考虑计算成本,高分辨率 Radon 变换在保幅处理中值得推荐。在极端情况下,如多次波与反射波剩余时差的差异很小时,高分辨率 Radon 变换也无法将它们完全分离,保幅性能自然会受损伤的。

2. 影响抛物 Radon 变换去噪效果的一些因素

由图 4-42 可以得出一个结论:对 Radon 域的一个孤立子波进行抛物 Radon 反变换生成的是一个抛物同相轴,理论上该抛物同相轴上每道子波相同,将这样的同相轴称为标准抛物同相轴。换句话说,要想由一个同相轴经抛物 Radon 正变换生成 Radon 域对应的一个孤立子波,需要该同相轴是一个标准抛物同相轴。这个结论是理解实际处理中抛物 Radon 变换表现的一个关键。

在实际资料中,同相轴不可能是标准抛物线同相轴,任何导致同相轴为非标准抛物线形同相轴或横向子波变化的因素,都可能影响抛物 Radon 变换的聚焦能力,包括高分辨率抛物 Radon 变换。这些可能存在的因素如下:①动校拉伸导致的子波变形,特别是对浅层低速反射波和多次波;②AVO 效应导致的子波随偏移距的变化,包括振幅和相位影响;③地下介质的复杂性导致的反射波和多次波旅行时曲线不是规则的双曲线。

这些因素导致标准抛物同相轴假设得不到满足,即使采用高精度 Radon 变换,同相轴能量还是无法在 Radon 域完全聚焦,会产生模糊效应,从而影响反射波和多次波的分离,影响去噪保幅性。

3. Radon 变换去噪试验

下面分析一些实际因素对 Radon 变换的影响。由于高分辨率抛物 Radon 变换

有很高的保幅性,因此,它在实际应用中的表现引人关注。以下分析主要针对高分辨率抛物 Radon 变换。图 4-43 为三个界面的水平层状模型,合成的单炮道集[图 4-44(a)]中只有三个一次反射波,其余同相轴均为多次波,图 4-44(b)为该道集对应的速度谱。图 4-45(a)是经过 NMO 校正并进行动校拉伸后切除的记录,图 4-45(b)是对应的高精度抛物 Radon 谱。可以看到,一次波与多次波的能量聚焦相对较好。图 4-46(a)是多次波切除后对应的抛物 Radon 谱,图 4-46(b)为 Radon 反变换得到的道集。

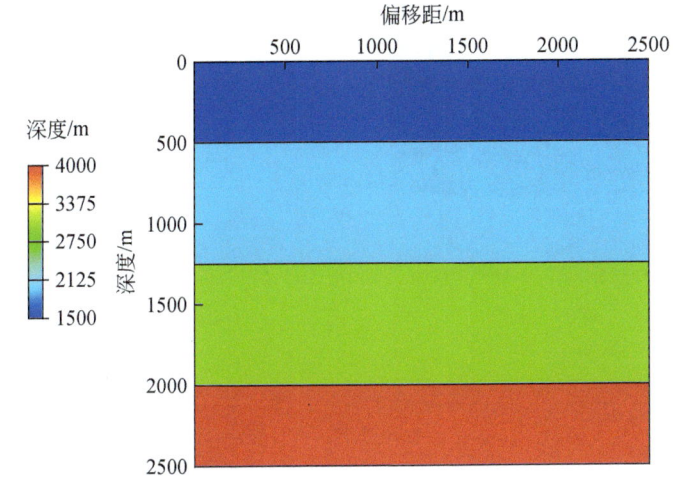

图 4-43 三个界面的水平层状模型

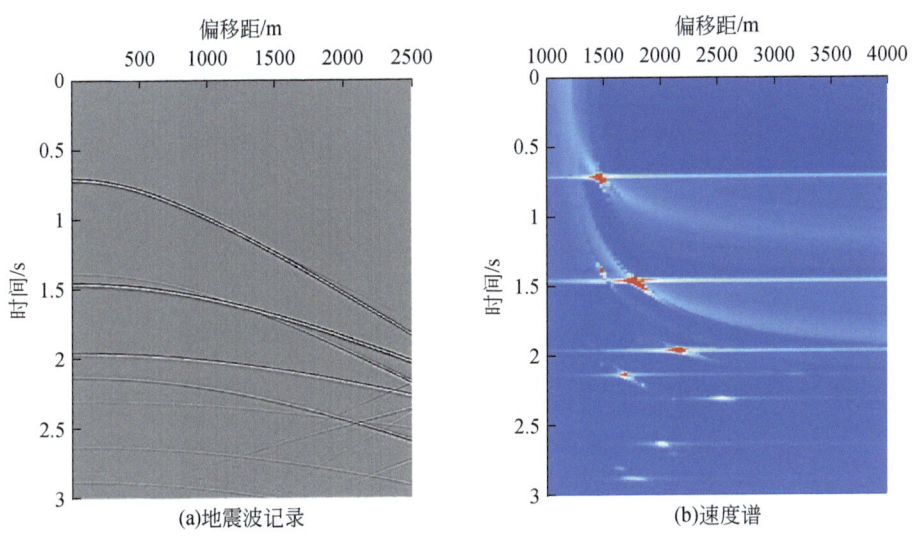

图 4-44 地震波记录(直达波已去)及速度谱

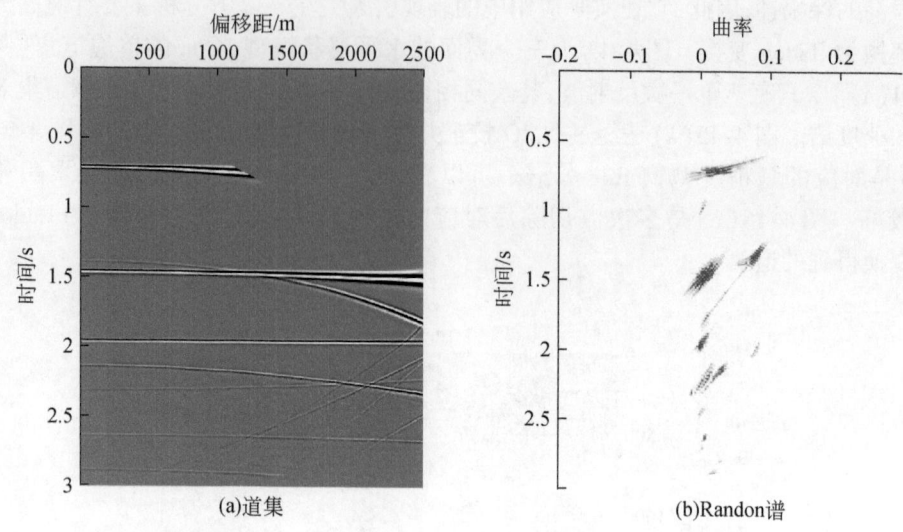

图 4-45　经过 NMO 并动校拉伸切除后的道集及高精度抛物 Radon 谱

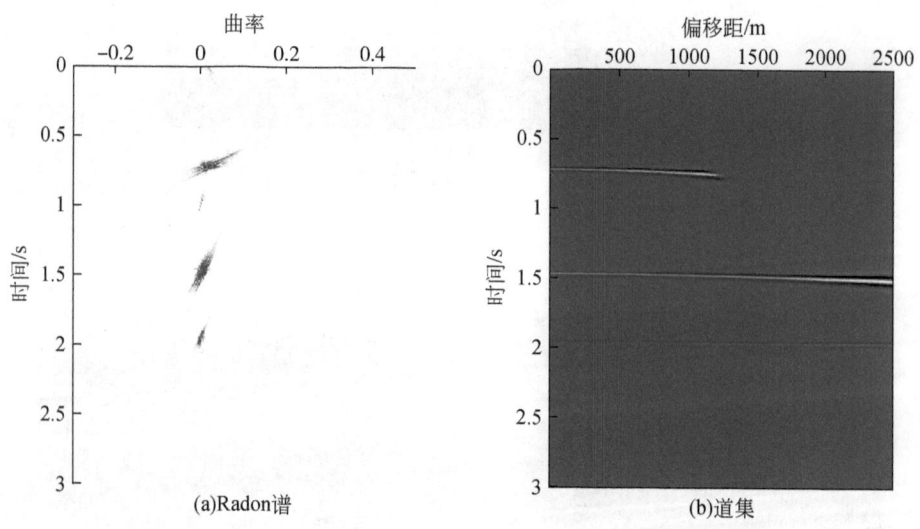

图 4-46　切除多次波后的 Radon 谱及反变换得到的道集

由于一次波和多次波均不是标准同相轴且存在动校拉伸等实际问题,这时的高精度抛物 Radon 变换去除多次波的处理已经不能保证绝对保真了。为了分析经过 Radon 变换消除多次波后数据的相对保幅性,对原始道集及经过 Radon 变换消除多次波后的道集中的三个一次反射波同相轴,分别提取振幅随偏移距的变化曲线,如图 4-47 所示。可以发现,尽管 Radon 变换去除多次波后绝对振幅已经不正确,但相对变换关系基本没有改变,说明高精度抛物 Radon 变换去除多次波的处理是相对保幅的。需要说明的是,原始道集的第二个反射波的振幅在偏移距为 1000~1500m 内震荡比较大[图 4-47(b)],这是由于在这个偏移距范围内,一次波与多次波相互干涉所致[图 4-44(a)]。Radon 变换去除多次波后的反射波的振幅随偏移距的变化不再震荡[图 4-47(b)中红线],这也说明 Radon 变换去除多次波具有较好的相对保幅性。

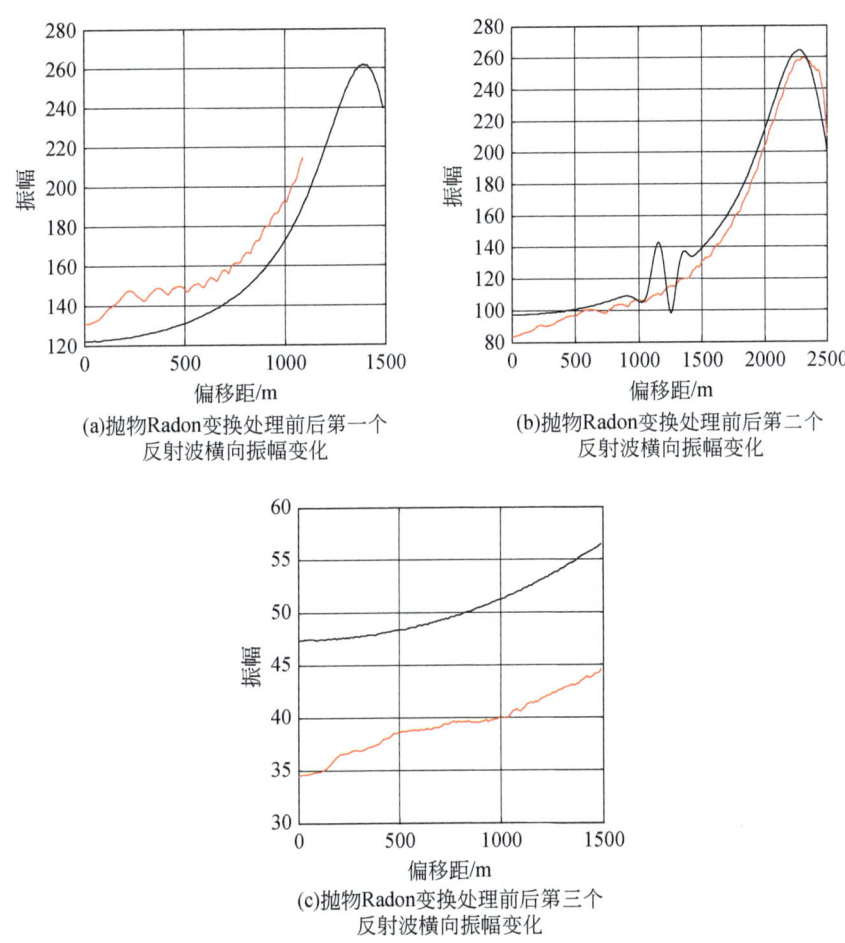

图 4-47　三个反射波的振幅随偏移距的变化

黑色为消除多次波前的原始数据;红色为 Radon 变换去多次波后拾取的数据

图 4-48 为实际数据使用高精度 Radon 变换压制多次波的效果。道集上[图 4-48(a)]只有未校平的多次波与一次波干涉在一起,特别是近炮检距两者难

以分清,从图 4-48(b)知,经过高精度 Radon 变换压制多次波后,有效波能量更加突出。

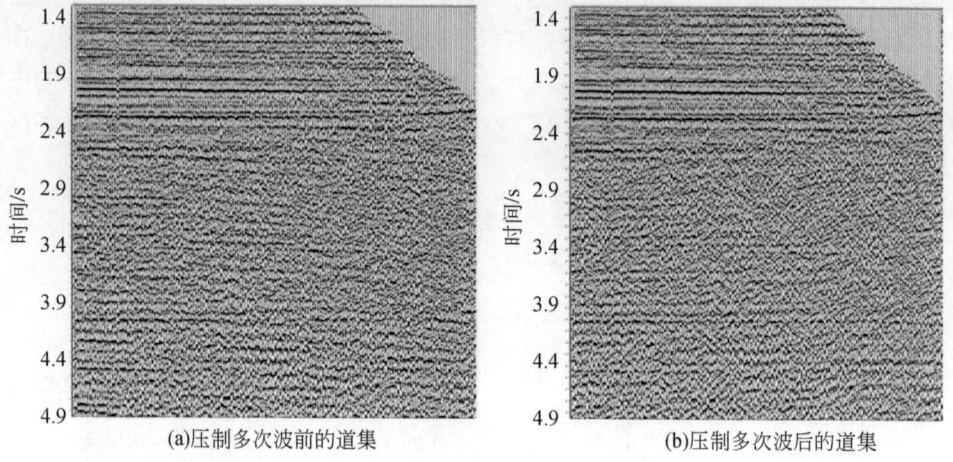

图 4-48　压制多次波前的道集和经过高精度 Radon 变换压制多次波后的道集

利用 Radon 变换压制多次波本质上是利用算法对信号和噪声在变换域的聚焦和分离性质,不同 Radon 变换算法决定了利用 Radon 变换去除多次波保幅性能的优劣。

4. 结论

(1)常规 Radon 变换对标准同相轴在 Radon 域的聚焦能力差,直接 Radon 变换处理后的数据是不保幅的,相对保幅也做不到。

(2)最小二乘 Radon 变换对标准同相轴在 Radon 域的聚焦能力有所提高,但仍不理想。因受变换中阻尼因子选择的影响很大,大偏移距数据的振幅受到一定程度的衰减,但小偏移距数据具有一定的相对保幅性。

(3)理论上,高精度 Radon 变换算法本身在可接受精度范围内被认为可以是可逆的,标准同相轴在 Radon 域有很高的聚焦能力,具有很好的保幅性。在满足标准同相轴假设的条件下,利用高分辨率 Radon 变换压制多次波方法是绝对保幅的。

(4)AVO 效应、动校拉伸、复杂介质等导致同相轴为非标准同相轴等各种实际因素的存在影响了算法对同相轴在 Radon 域的聚焦能力,虽然出现模糊效应,影响信噪分离,进而破坏了高分辨率 Radon 变换的绝对保幅性,但其具有很好的相对保幅性。

4.2.5 F-K 域压制相干噪声

1. 理论分析

对于 FK 变换去噪的保幅性分析,主要是 $F\text{-}K$ 域压制带切除对有效信号的影响。

FK 变换可通过分别在时间方向和偏移距方向进行一维傅里叶变换而实现。下面为一维 N 点序列 $x(n)$ 的 DFT 及其矩阵:

$$\begin{cases} \hat{x}(k) = \sum_{n=0}^{N-1} x(n) e^{-j\frac{2\pi}{N}nk} \\ x(n) = \frac{1}{N} \sum_{k=0}^{N-1} \hat{x}(k) e^{j\frac{2\pi}{N}nk} \end{cases} \quad (4\text{-}24)$$

式中,$\hat{x}(k)$ 为 $x(n)$ 的离散傅里叶变换。

正变换的矩阵表示为

$$\vec{\hat{x}} = \boldsymbol{F} \vec{x} \quad (4\text{-}25)$$

其中

$$\boldsymbol{F} = \begin{bmatrix} W^{0 \times 0} & W^{1 \times 0} & W^{2 \times 0} & \cdots & W^{(N-1) \times 0} \\ W^{0 \times 1} & W^{1 \times 1} & W^{2 \times 1} & \cdots & W^{(N-1) \times 1} \\ W^{0 \times 2} & W^{1 \times 2} & W^{2 \times 2} & \cdots & W^{(N-1) \times 2} \\ \vdots & \vdots & \vdots & \ddots & \vdots \\ W^{0 \times (N-1)} & W^{1 \times (N-1)} & W^{2 \times (N-1)} & \cdots & W^{(N-1) \times (N-1)} \end{bmatrix} \quad \left(W = e^{-j\frac{2\pi}{N}} \right)$$

$$\vec{x} = [x(0)\, x(1) \cdots x(N-1)]^T$$

$$\vec{\hat{x}} = [\hat{x}(0)\, \hat{x}(1) \cdots \hat{x}(N-1)]^T$$

同理,反变换的矩阵表示为

$$\vec{x} = \boldsymbol{F}^H \vec{\hat{x}} \quad (4\text{-}26)$$

式中,$\boldsymbol{F}^H$ 为傅里叶变换矩阵 $\boldsymbol{F}$ 的共轭转置。

对序列 $\vec{x}$ 进行傅里叶正反变换后,估计序列为 $\vec{\tilde{x}} = \boldsymbol{F}^H \boldsymbol{F} \vec{x}$,分析离散傅里叶变换的可逆性就是要分析 $\boldsymbol{R} = \boldsymbol{F}^H \boldsymbol{F}$ 是否为单位矩阵。

$$\begin{aligned} \boldsymbol{R}_{ij} &= \sum_{k=0}^{N-1} (\boldsymbol{F}^H)_{ik} \boldsymbol{F}_{kj} \\ &= \sum_{k=0}^{N-1} W^{-i \times k} W^{k \times j} \\ &= \sum_{k=0}^{N-1} e^{j\frac{2\pi}{N}(i-j)k} \end{aligned} \quad (4\text{-}27)$$

当 $i=j$ 时,$R_{ij}=1$;当 $i \neq j$ 时,$R_{ij}=0$,即 $R=F^H F$ 满足单位矩阵,因此,离散傅里叶变换是可逆的。FK 变换结果可以表示为 $U=FS^T F^T$,其中 S 为地震记录,T 表示转置。显然,可以利用傅里叶逆变换算子 F^H 得到 FK 逆变换结果 $S=F^H U^T (F^H)^T$。

由上面的分析得到以下结论:FK 变换为可逆变换,变换算子是保幅的,即 FK 变换从理论上是绝对保幅的。由于 FK 变换是可逆的(数据与模型一一对应),因此,信号与噪声在 FK 域的聚焦和分离与具体的数据有关,对它也很难做出解析分析,只能针对模型进行实验性的总结分析。理论上可以做出定性的分析,FK 域中类似 Radon 域的高分辨率模型,在偏移距域很难对应类似线型或抛物线形等规则的同相轴。

FK 变换去噪主要是利用了有效信号和噪声在频率波数域的不同分布来压制噪声,它在原理上与 Radon 变换相同。以面波、导波及侧面波形式存在的相干线性噪声通常在 F-K 域里都能够分开。对 CMP 道集进行 NMO 校正后,反射波和多次波同样可以被分离在 F-K 域不同象限内,因此,FK 变换也能用于去除多次波。

2. 数值试验分析

图 4-49 为合成反射波地震记录及加入线性干扰后的记录。图 4-50 为图 4-49 对应的 FK 谱。理论上反射波应该分布在图 4-50(a)红线圈闭的有限区域内,而线性干扰应该沿着图 4-49(b)中的倾斜直线分布,在图 4-50(b)FK 谱中,反射波和线性干扰得到了很好的分离。对图 4-50(b)中的地震记录利用上面的切除窗进行常规的 F-K 域滤波处理,原则是尽量消除线性干扰成分。图 4-51(b)为使用切除窗后切除的线性干扰成分。图 4-52(中)为去除线性干扰后的记录,可以看到线性干扰成分已经被很好地分离出去了,图 4-52(右)为分离出的线性干扰。

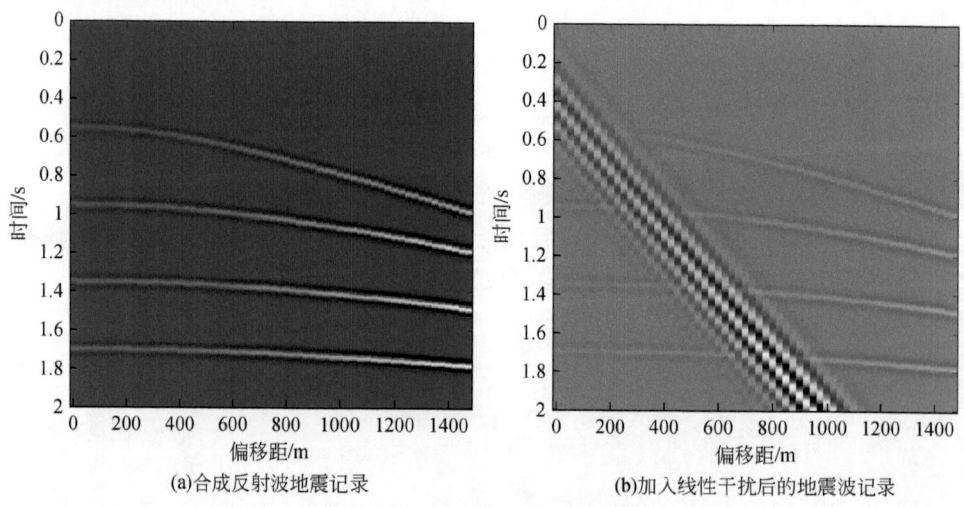

图 4-49 合成反射波地震记录及加入线性干扰后的记录

| 第 4 章 | 现有关键处理技术的保幅性研究

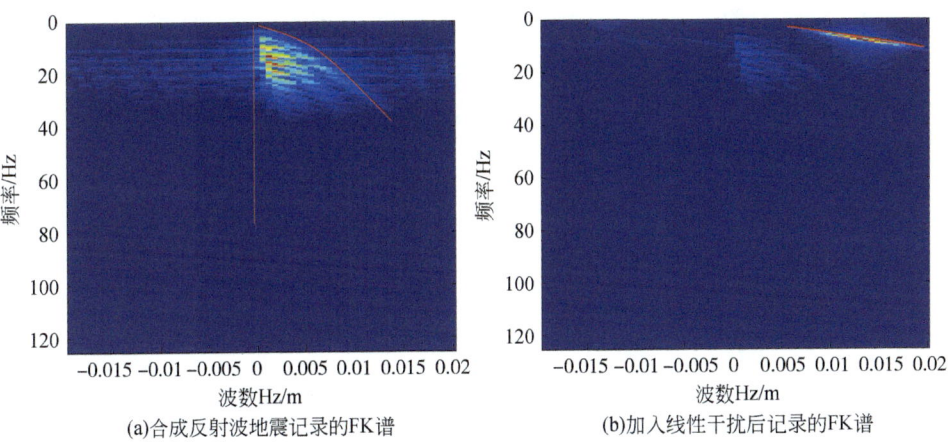

图 4-50　合成反射波地震记录的 FK 谱及加入线性干扰后的记录的 FK 谱

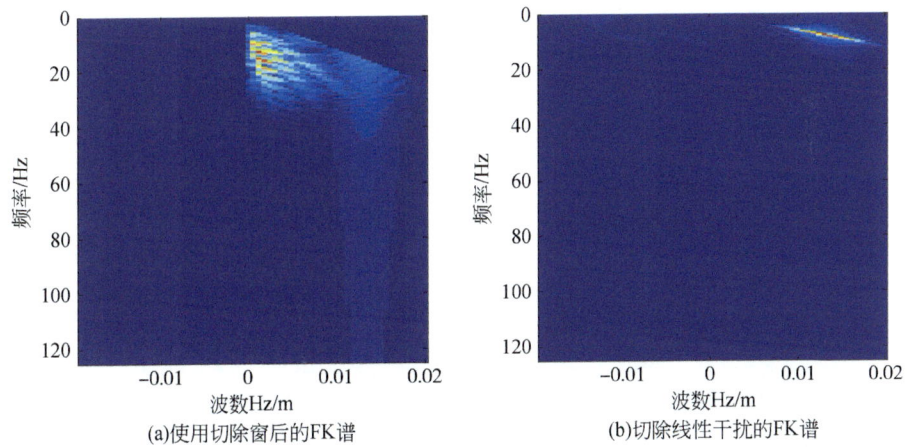

图 4-51　使用切除窗后的 FK 谱及切除线性干扰的 FK 谱

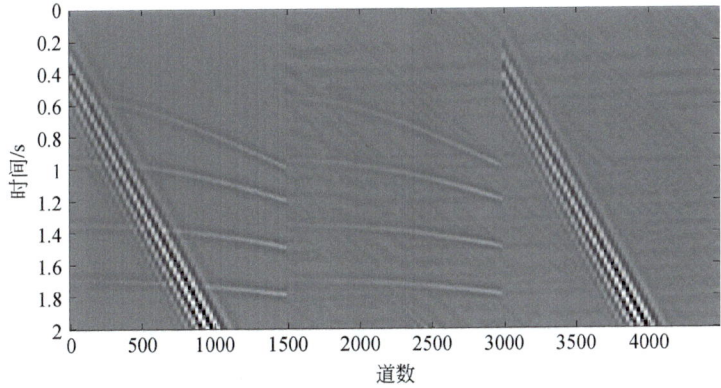

图 4-52　原始记录(左)、FK 滤波后的记录(中)、切除的线性干扰(右)

图 4-53 为去噪后同相轴横向振幅关系的变化,从图 4-53 中可以看出各同相轴在远偏移距处振幅损失很大,近偏移距处振幅有一些波动或损失,但在其他部分相对较好地反映了横向振幅变化关系,即可以将 FK 滤波去噪看成是保幅的。

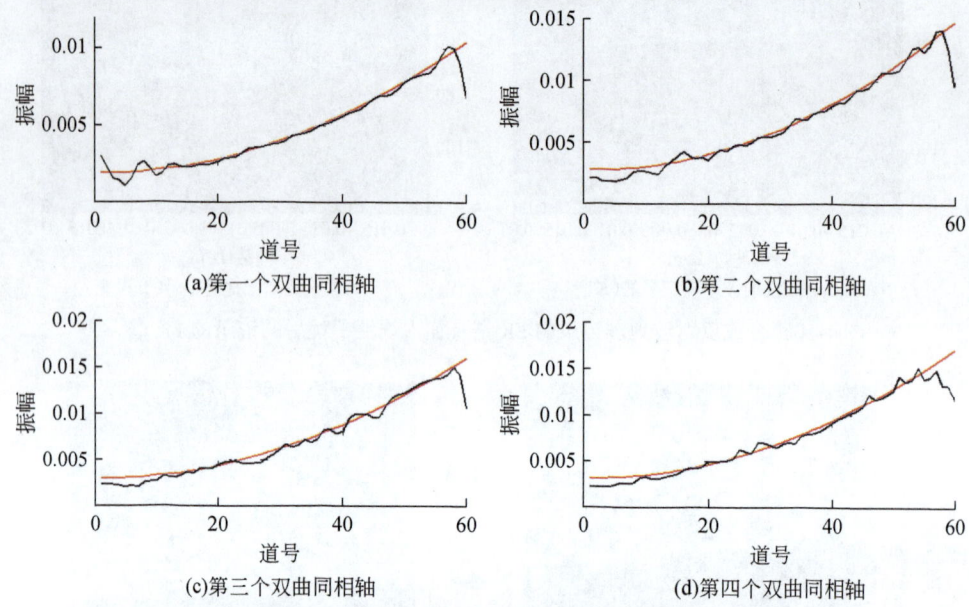

图 4-53　利用 FK 切除线性干扰后的反射波振幅随偏移距的变化
红线代表真实的相对振幅关系;黑线代表 FK 滤波后的相对振幅关系

图 4-54 为输入单纯反射波地震记录,经过 FK 滤波后的横向振幅关系。对比图 4-53 和图 4-54,可以发现横向振幅变化关系的波动主要是由切除过程中反射波损失造成的,因此,可以只讨论选择切除窗造成的反射波损失情况。当有效信号和噪声在 F-K 域可以充分分离时,利用 FK 滤波可以达到很好的去噪效果,有很好的保幅性。

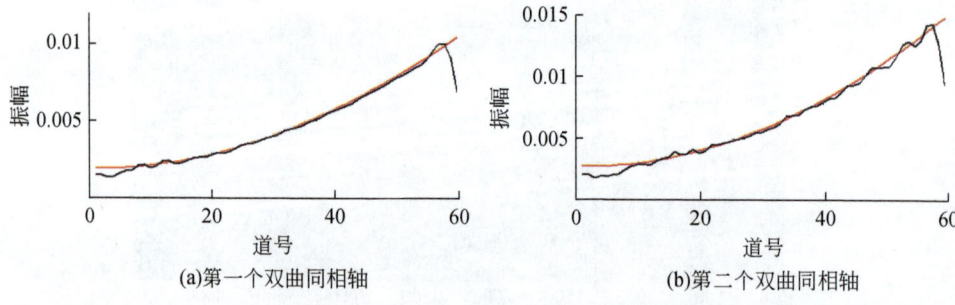

图 4-54　利用与图 4-53 相同的切除窗后的反射波振幅随偏移距的变化
输入数据中只有反射波,没有线性干扰;红线代表真实的相对振幅关系;黑线代表 FK 滤波后的相对振幅关系

图4-55(a)中,第一和第四条同相轴为反射波,第二和第三条同相轴为多次波。容易测试在图4-55(b)的FK谱中最右边的近似宽线轴对应多次波,向里的谱成分对应反射波,另外在负波数方向的高频成分还出现了多次波的空间假频。在图4-56中,尽量选择合适的切除窗以切除多次波成分。图4-57为FK滤波前后的地震记录,从图4-57(中)可以看到中远偏移距处多次波大部分已被滤除,近偏移距却仍有大量多次波低频成分存在。加大切除窗的效果如图4-58和图4-59所示。

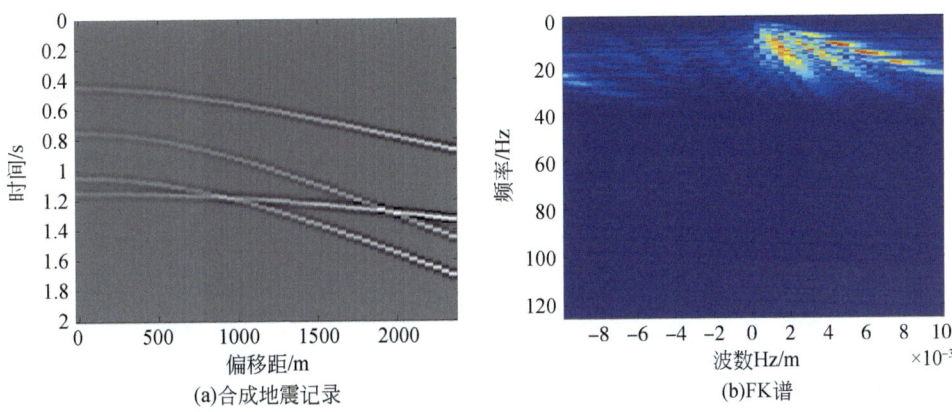

图4-55 含多次波的合成地震记录及对应的FK谱

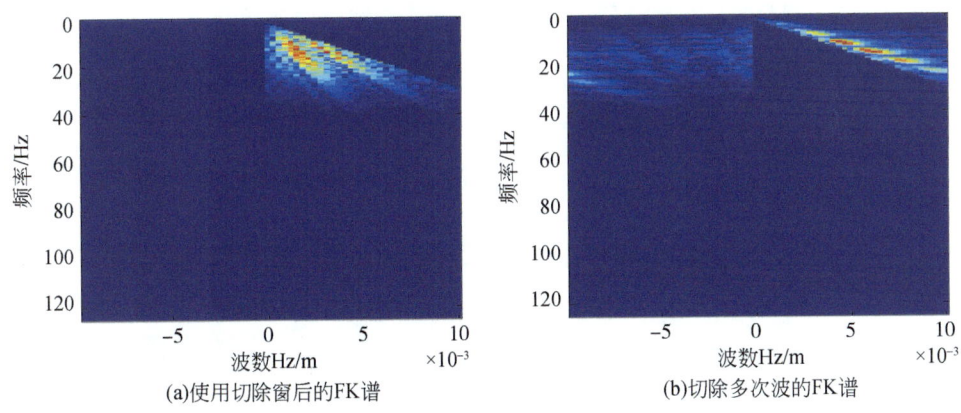

图4-56 使用切除窗后的FK谱及切除多次波的FK谱

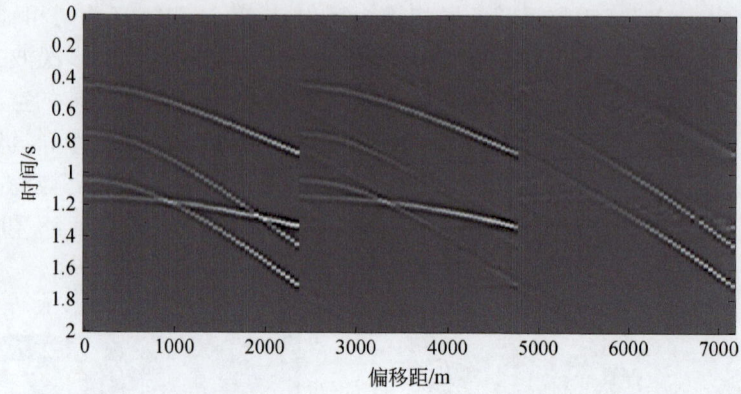

图4-57 原始记录(左)、FK滤波后的记录(中)、切除的多次波记录(右)

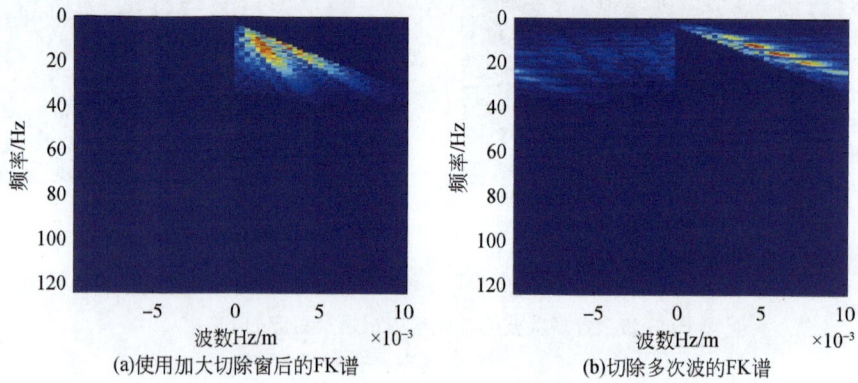

(a)使用加大切除窗后的FK谱　　(b)切除多次波的FK谱

图4-58 使用了加大切除窗后的FK谱及切除多次波的FK谱

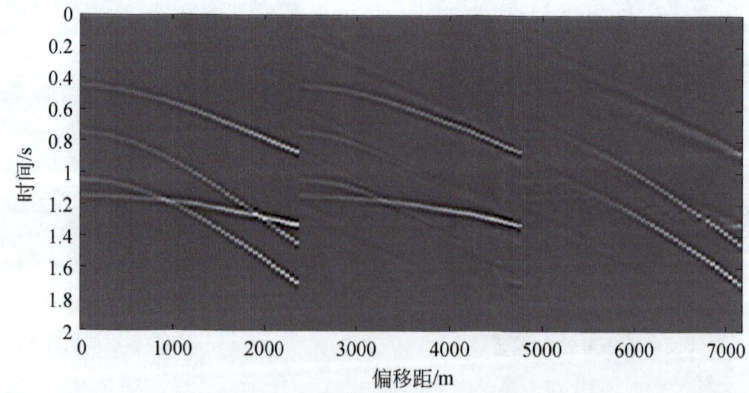

图4-59 原始记录(左)、加大FK切除窗滤波后的记录(中)、切除的多次波记录(右)

分析第一个反射波的横向振幅变换,见图4-60(a),除了远偏移距,大部分同相轴保幅性良好。为了尽量消除多次波,将切除窗范围加大,特别是在低频低波数处。切除窗改变并不大,同时从图 4-59、图 4-61 的 FK 滤波结果可以看出,稍微加大切除窗后滤波效果的改善并不明显,但图 4-60(a)、图 4-62(b)的横向振幅关系变化且很明显,因此,低频部分的切除对反射波有很大影响。

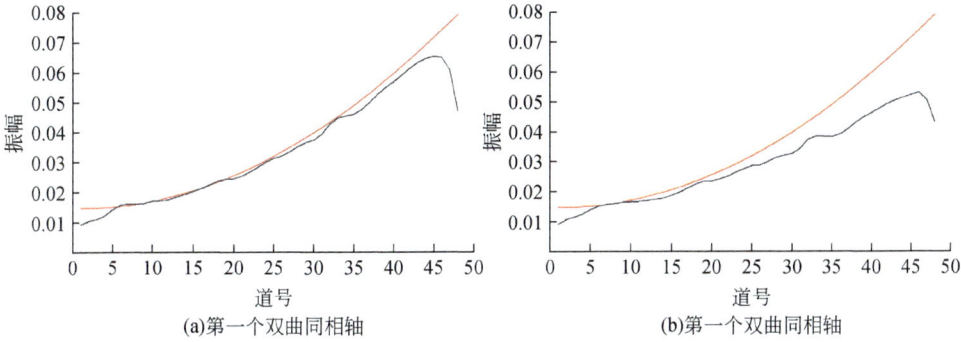

图 4-60 不同 FK 切除窗第一个反射波振幅随偏移距变化

(a)对应图 4-56 切除情况;(b)对应图 4-58 加大切除情况;红线代表真实振幅关系;黑线代表 FK 滤波后振幅关系

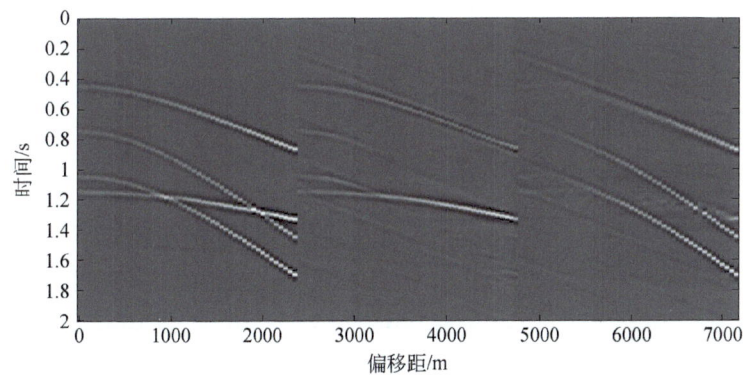

图 4-61 原始记录(左)、进一步加大 FK 切除窗滤波后的记录(中)、切除的多次波记录(右)

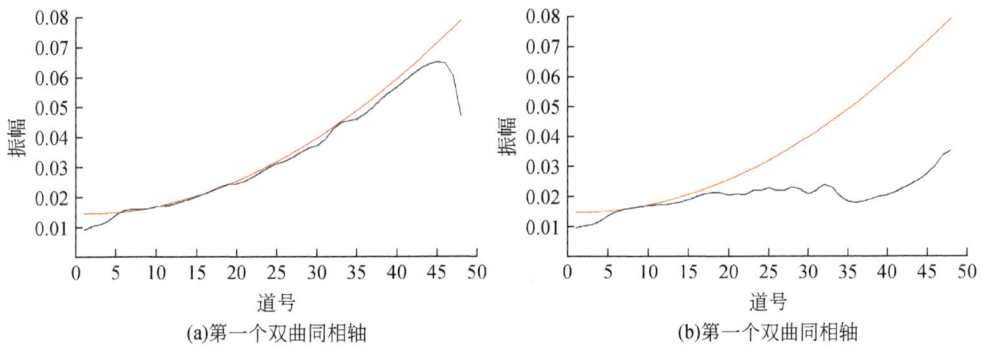

图 4-62 不同 FK 切除窗第一个反射波振幅随偏移距变化

(a)对应图 4-60 切除情况;(b)对应图 4-61 情况;红线代表真实振幅关系;黑线代表 FK 后振幅关系

另外,在负波数方向出现了高频的空间假频,如果反射波也存在空间假频,空间假频会使切除变得困难,保幅处理变难;如果原始记录为双边放炮,多次波空间假频也会与反射波负波数成分混叠在一起,同样难以做到保幅处理。

结论:由理论分析与数据试验结果可以发现,FK 变换为可逆变换,变换算子是保幅的,即 FK 变换从理论上是绝对保幅的。但是,$F\text{-}K$ 域信号与噪声的聚焦和分离程度与具体的数据有关,一般情况下信号和干扰在 $F\text{-}K$ 域中很难完全分离,给实际滤波窗的设置带来了困难。滤波窗设置不合理,会严重损伤有效波。这样经 FK 滤波后的信号很难做到振幅的相对保持。

4.2.6 保幅去噪模块小结

噪声的特征不同,相应的去噪方法也不同。对于规则噪声,如果具有简单的空间特征,如面波可通过 FX 滤波去除,50Hz 工业电干扰可通过余弦函数拟合的方法去除。对于不规则噪声,在时间域很难直接去除,但若其频谱具有较明显的特征,如低频噪声、高频噪声,则可通过频率域滤波去除。实际地震资料往往同时包含有效波和噪声,它们不能做到"泾渭分明",需要在信噪比和保幅性之间做权衡,合理的去除噪声影响的同时又不破坏储层的各种振幅属性。通过对比较常用的几种噪声的去噪模块进行实验与分析,总结了 OMEGA 和 CGG 两大处理系统的常用去噪模块的保幅性如表 4-2 所示。

表 4-2 常用去噪模块的保幅性

主要针对噪声	去噪模块	保幅性
线性干扰、面波	FXCNS(OMEGA)	相对保幅
	SIEVE(CGG)	相对保幅
面波	TDNFK(CGG)	相对保幅
工业电干扰单频噪声	LINEREMOVE(OMEGA)	相对保幅
	MONO_NOISE_SUPPRESS(OMEGA)	相对保幅 保幅程度比 LINEREMOVE 稍差
	MFNAT(CGG)	不保幅
多次波	RADON(OMEGA)	不保幅
	WEIGHTED_LS_RADON (高精度 Radon)(OMEGA)	相对保幅
	RAMUR (高精度 Radon)(CGG)	相对保幅
相干噪声多次波	MULTICHAN_DIP_FILTER (FK 滤波)(OMEGA)	噪声与有效波在频率-波数域的分离程度决定保幅程度
	FKFIL(FK 滤波)(CGG)	

续表

主要针对噪声	去噪模块	保幅性
区域异常振幅	AAA(OMEGA)	相对保幅
	ZAP(OMEGA)	相对保幅
	FDNAT(CGG)	相对保幅
	HARMO(CGG)	相对保幅
随机干扰	RNA(OMEGA)	相对保幅(参数影响大)
	RNA_3D(OMEGA)	相对保幅(参数影响大)

4.3 不同反褶积技术的保幅性评价

地震勘探中得到的地震记录可模拟为地层脉冲响应反射系数序列与地震子波的褶积，即褶积模型。通常褶积模型的假设条件如下：①地层是由具有常速的水平层组成的，震源产生一个垂直入射的平面压缩波；②震源波形已知，在地下传播过程中保持不变，即时间平稳的；③噪声成分为零。褶积是一种平滑运算，它是在每一非零反射位置上叠合一个子波，其数值大小由该位置上的反射系数决定。观测的地震记录振幅是上述各反射位置上若干叠合子波之和。

反褶积是一种试图消除褶积效应的信号处理方法。其目的是要根据记录值本身确定地震子波和反射系数序列。如果将大地滤波器描述成一个线性系统，那么反褶积既要估计该系统，又要估计该系统的输入。为了解决这一欠定问题，必须要对输入或系统的某些性质给出三个主要假设：①水平层状均匀介质；②自激自收；③子波时不变。理想的反褶积应该能压缩地震子波，在地震道内只留下地层反射系数。

在地震数据处理中最常用的反褶积有地表一致性反褶积、脉冲反褶积、预测反褶积和两步法反褶积。地表一致性反褶积是比较稳健的方法，在叠前反褶积处理中发挥了重要作用。预测反褶积是一种通过选择预测步长，有针对性地压制和消除在预测步长度上的重复振动(多次波或鸣震)。一般用来消除地震记录中的鸣震混响和多次反射波。在极限情况下，预测反褶积与脉冲反褶积等价，可使地震记录变成尖脉冲，得到反射系数序列的估计。两步法反褶积是一种多道反褶积方法，即多道用同一个算子进行反褶积，增强横向连续性。但实际上各道的子波并不完全一致，它受到炮点和检波器附近地表条件的影响，因此，采取共炮点和共检波点多道统计求取反褶积算子是一种比较好的方法。

随着勘探精度的提高，对高分辨率地震数据处理提出了新的要求，新的反褶积方法也不断出现。例如，同态反褶积、最小熵反褶积等方法是不对地震子波的相位进行任何假设的反褶积方法,在实际地震数据处理应用中具有比较好的效果,但却由于自身的某些限制条件不能像地表一致性反褶积、预测反褶积和两步法反褶积那样在地震数据处理流程中占有绝对的统治地位。

目前对反褶积方法及应用效果的研究较多,说明目前使用的反褶积效果不够满意,也说明反褶积方法还有许多不完善的地方。地震勘探数据固有的特点,使得反褶积成为一个欠定问题。有效改善反褶积的效果并使之稳健实用,使反褶积后地震资料能够相对保幅是一个值得研究的问题。

反褶积的相对保幅处理的最终目的是要尽可能保持地震数据的峰值振幅并与地下地层的反射系数成正比。理想的反褶积应该能压缩地震子波,在地震道内只留下地层反射系数。保幅处理应首先明确保的是哪个"幅"。就《面向储层预测的地震保幅处理技术》这本书来讲,这个"幅"应该是反映储层与其相邻地层(如盖层)之间界面上的反射波的"振幅"。针对不同反褶积技术的保幅性分析,首先制定了保幅评价标准,然后通过模型及实际资料进行了评价。本书主要从正演方法、不同子波正演、反褶积类型、反褶积参数、正演子波主频对振幅的影响及实际资料几个方面进行了保幅性的评价,同时也对谱白化、反 Q 滤波等一些提高分辨率的技术进行了技术评价,系统总结了各种提高分辨率方法的保幅性。

4.3.1 反褶积保幅性评价方法

反褶积处理的相对保幅性指的是反褶积处理前后数据体上的两个不变:一是同一反射层(标志层)相邻道间的振幅相对关系保持不变;二是同一地震道上下地层(标志层)的相对振幅关系基本保持不变。因此,在叠前 CMP 道集上,应检测振幅随炮检距的关系(AVO)是否发生了相对改变;在叠加剖面上,应检测不同道上同一反射层的振幅关系是否发生了改变;在目标区域,应检测目的层和标志层的振幅关系是否发生了相对改变。

无论是模型数据还是实际资料,都可以通过如下步骤检测反褶积方法的保幅性:①将目的层反射的均方根振幅曲线提取出来,记为曲线 1;同时将另一个标准层反射作为对比,将其均方振幅曲线也提取出来,记为曲线 2。②对输入数据进行反褶积处理,得到输出结果。③将目的层和标准层的层位解释线分别加载到输出结果中,若发现很多地方不对应,则需要对解释层位进行微小的调整。④按照调整后的层位将目的层反射和标准层的均方振幅曲线分别提取出来,并记为曲线 3 和曲线 4。⑤将曲线 1 和曲线 3 进行归一化后画到一起,比较反褶积前后道间振幅的保幅性。还可以计算归一化后曲线 1 和曲线 3 的相似系数,对反褶积处理的保幅性给出定量表述。⑥将曲线 1 和曲线 2 相比(对应的值相除),得到曲线 5;将曲线 3 和曲线 4 相比,得到曲线6。⑦将曲线5和曲线6进行归一化,比较反褶积前后不同时刻反射振幅的保幅性。还可以计算它们的相似系数,对反褶积处理的保幅性给出定量表述。

4.3.2 反褶积保幅性分析评价

1. 正演模型建立

由于反褶积方法基于褶积模型,是射线理论的产物,因此,利用射线理论进行简单模型的正演来分析反褶积效果(图4-63)。正演模型分6层,中间夹一斜层,最底层的横向速度发生变化,即反射系数横向存在变化,具体参数见表4-3。

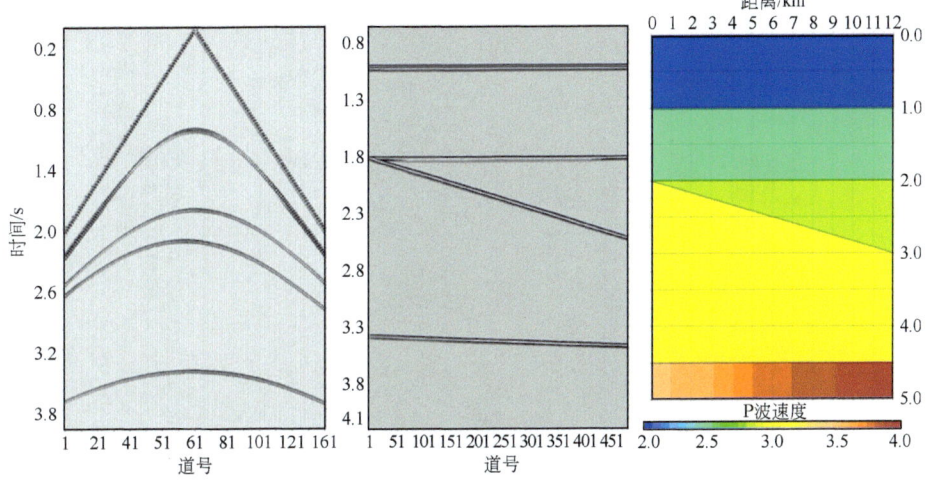

图4-63 基于射线理论的正演模型

表4-3 正演模型参数

地层	P波速度/(m/s)	S波速度/(m/s)	P波密度/(g/cm³)
P_1	2000	1155	2.01
P_2	2200	1270	2.086
P_3	2500	1443	2.124
P_4	2800	1617	2.2
P_5	3200	1847	2.3
P_6	3500~4000	2021~2309	2.3

从反褶积前后单炮对比效果来看(图4-64),反褶积后单炮没有出现明显的高频拖尾现象,表明基于射线理论的正演模型基本可以用于反褶积保幅评价。但是当模型变得复杂时,射线方法很难得到较好的模型数据,这时可考虑使用波动方程方法建立模型,但隐藏在数据中的高频噪声会影响反褶积的效果,使保幅的评价变得困难。

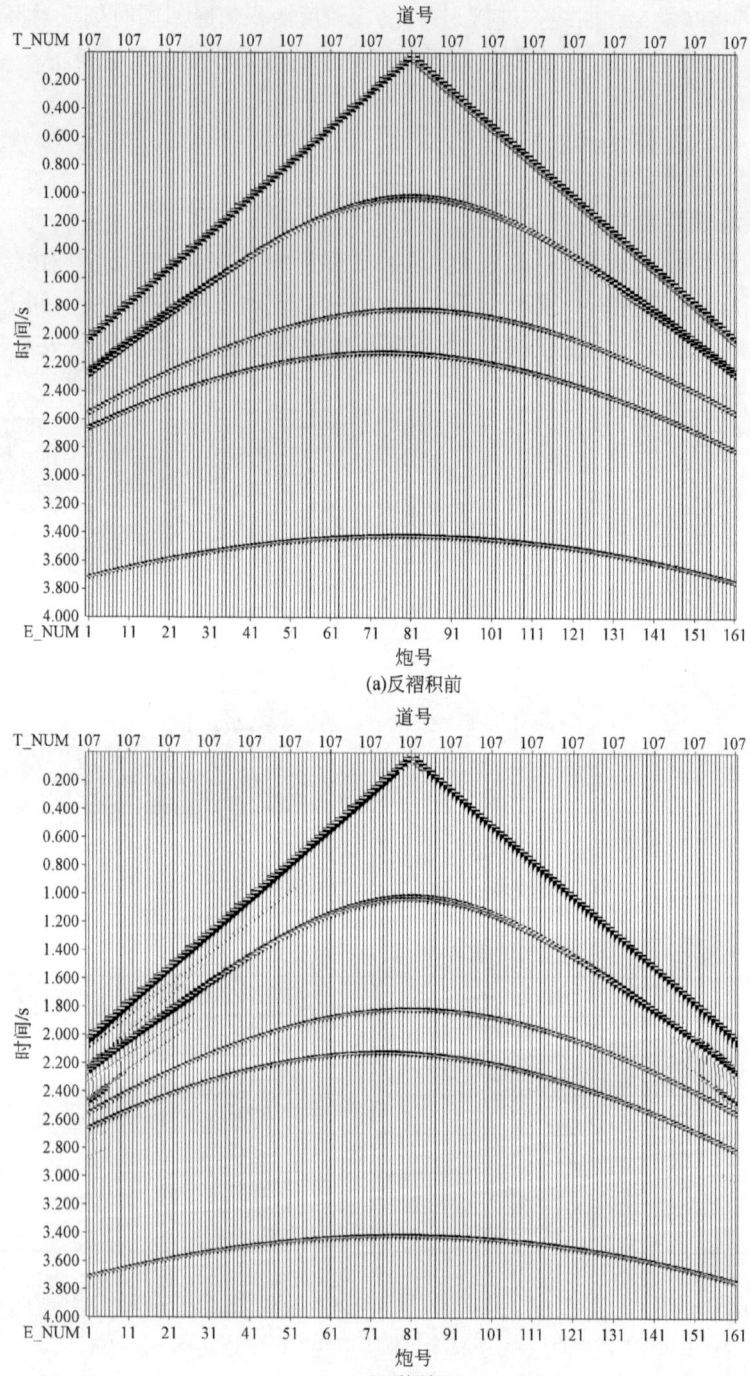

图 4-64 反褶积前后单炮对比

2. 不同子波正演模拟研究

地震子波有最小相位子波、零相位子波和混合相位子波，为更好地得到反褶积效果，研究中分别利用三种子波进行模型正演来研究子波的相位对反褶积效果的影响。利用主频为30Hz的最小相位子波、零相位子波和混合相位子波分别合成地震记录，进行反褶积研究（图4-65和图4-66）。

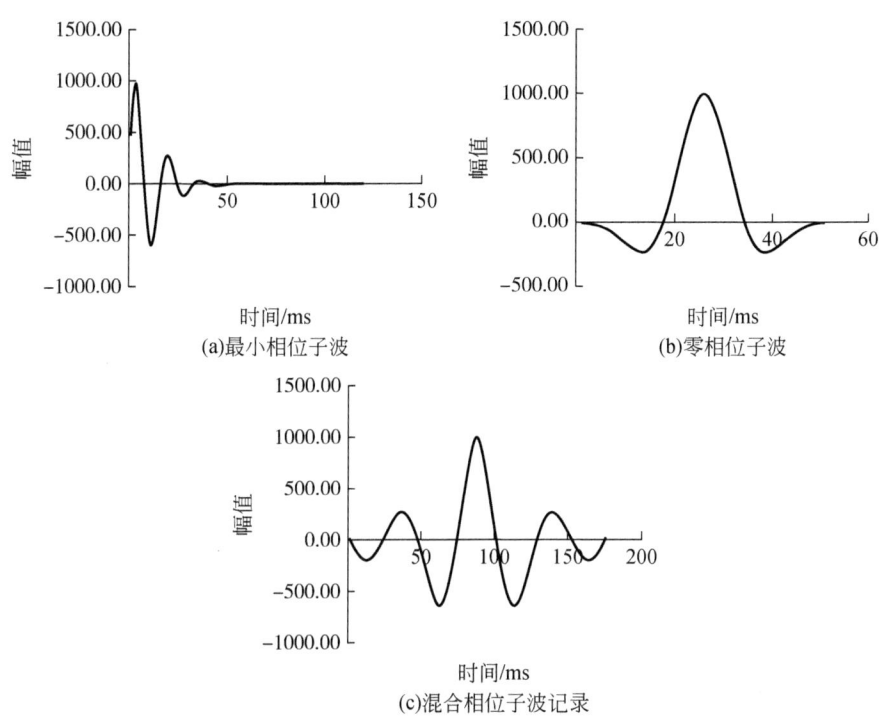

图4-65　最小相位子波、零相位子波、混合相位子波记录

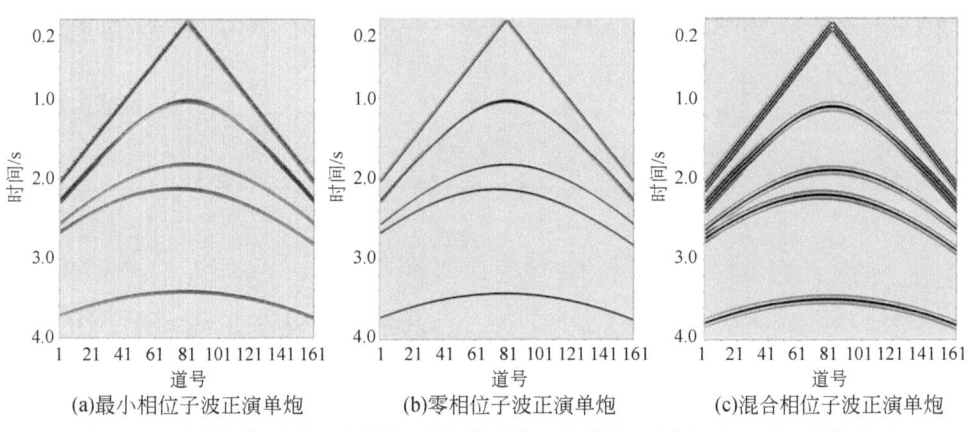

图4-66　最小相位子波正演单炮、零相位子波正演单炮、混合相位子波正演单炮图

从图4-67不同相位子波合成的地震记录反褶积单炮效果来看,最小相位子波正演单炮反褶积后子波得到较好的压缩,没有出现高频拖尾现象,零相位子波正演单炮反褶积后出现一定的拖尾现象,而混合相位子波正演单炮反褶积后出现严重的拖尾现象。为更清楚地对比分析不同子波正演模型反褶积后对振幅的影响,本书将模型转化到CMP域进行分析道间振幅的变化,由于模型中深层横向速度变化,因此反射系数也存在横向变化,在衡量中选择黑框中的标志层进行对比分析(图4-68)。

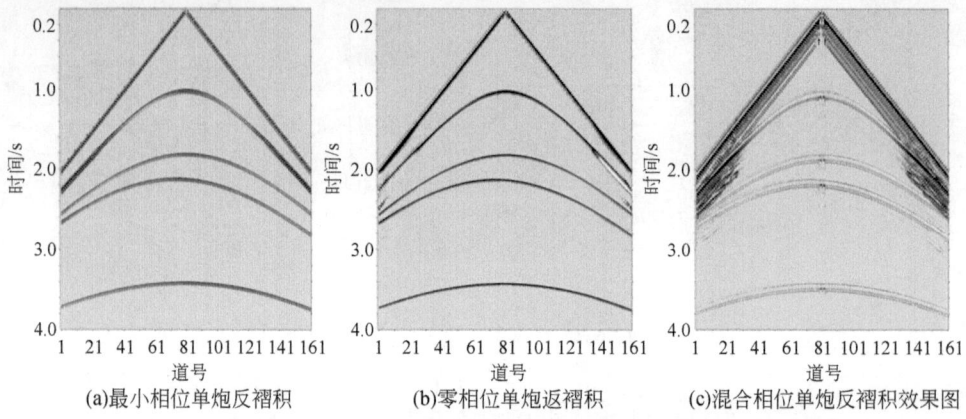

图4-67 最小相位单炮反褶识、零相位单炮反褶识、混合相位单炮反褶识效果图

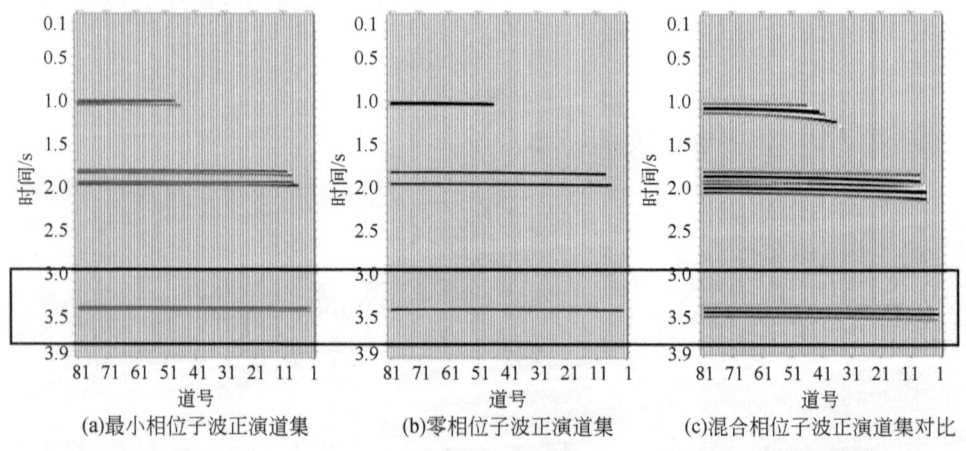

图4-68 最小相位子波正演道集、零相位子波正演道集、混合相位子波正演道集对比

从图4-69最小相位正演模型图4-68道集的放大显示,从反褶积前后道集对比来看,地震子波得到较好压缩,没有出现拖尾现象。

第 4 章 | 现有关键处理技术的保幅性研究

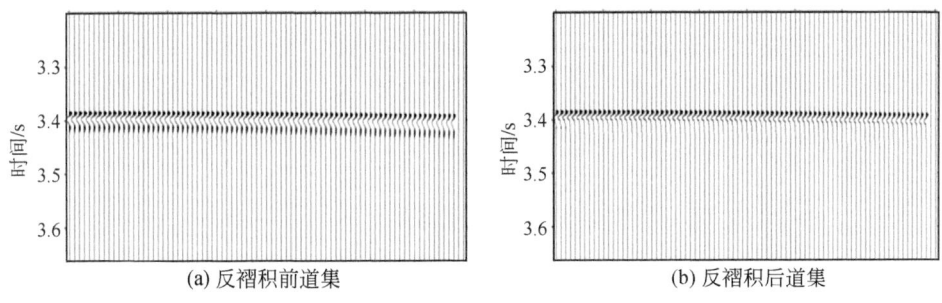

图 4-69　最小相位子波正演反褶积前后道集

从图 4-70 零相位子波正演模型反褶积前后道集对比可以看出，地震子波得到压缩，能量得到加强，但也出现一定程度的拖尾现象，影响了反褶积的效果。从图 4-71 混合相位子波正演模型反褶积前后道集可以看出，地震子波虽然得到压缩，但是出现严重的拖尾现象，破坏了道间的振幅关系，严重影响了反褶积的效果。

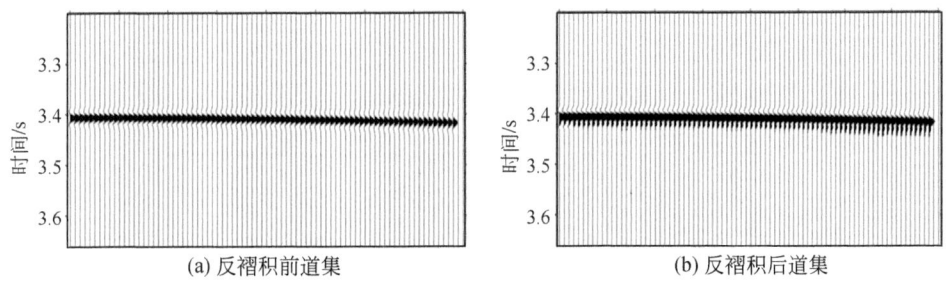

图 4-70　零相位子波正演反褶积前后道集

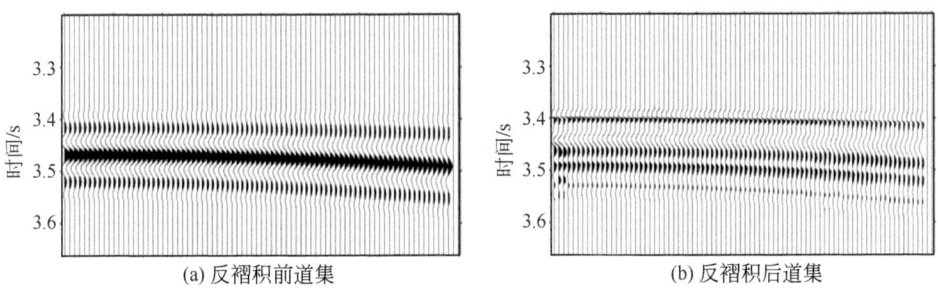

图 4-71　混合相位子波正演反褶积前后道集

对以上反褶积效果分析认为，反褶积具有两个最基本的假设条件即地震子波为最小相位和反射系数序列为随机过程(白噪)。利用零相位和混合相位的正演模型不符合反褶积的基本假设(即实际地震记录地震子波为最小相位这一条件),反褶积后的地震道有许多虚假的小振幅脉冲尾随,从而破坏了反褶积效果。可以认为在符合反褶积的两个基本假设条件下,反褶积是相对保幅的。

4.3.3 不同反褶积类型保幅性分析

目前生产中常用的反褶积类型是以预测反褶积为代表的反褶积,包括地表一致性反褶积、预测反褶积。本书仅分析研究这两种反褶积。根据反褶积处理保幅性的两个不变原则(图4-63),检测振幅的方式为在叠前CMP道集上,检测振幅随炮检距的关系(AVO)是否发生了相对改变;在叠加剖面上,检测不同道上同一反射层的振幅关系是否发生了相对改变;在目标区域,检测目的层和标志层的振幅关系是否发生了相对改变。利用最小相位正演的单炮分别进行地表一致性反褶积和预测反褶积,然后将单炮抽到CMP域中,进行横向道间振幅对比分析。

从图4-72~图4-74反褶积效果及振幅曲线上看,反褶积后地震子波都能得到较好的压缩,分辨率得到提高,地表一致性反褶积后振幅曲线的变化比较平稳,一致性较好,而单道预测反褶积后振幅曲线存在一定的扭曲现象,个别点变化较大。

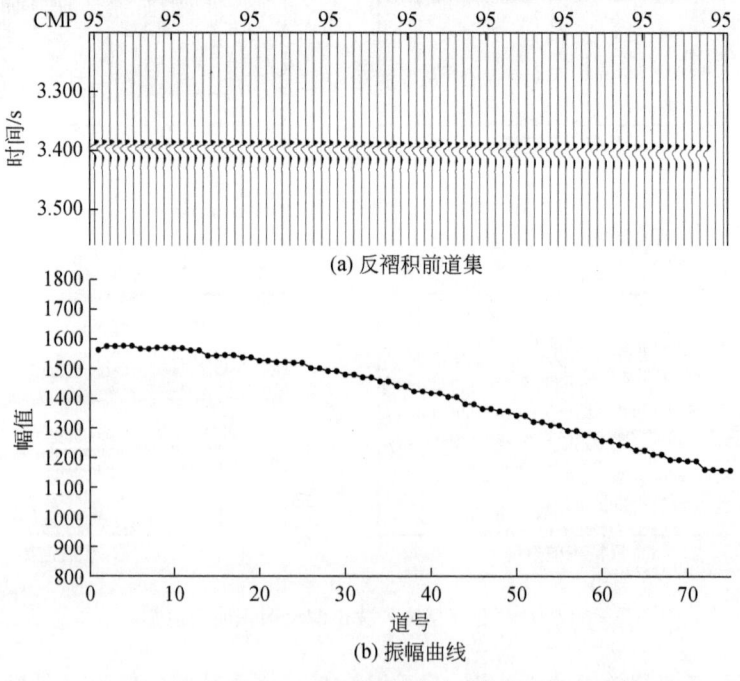

图4-72 反褶积前道集与振幅曲线

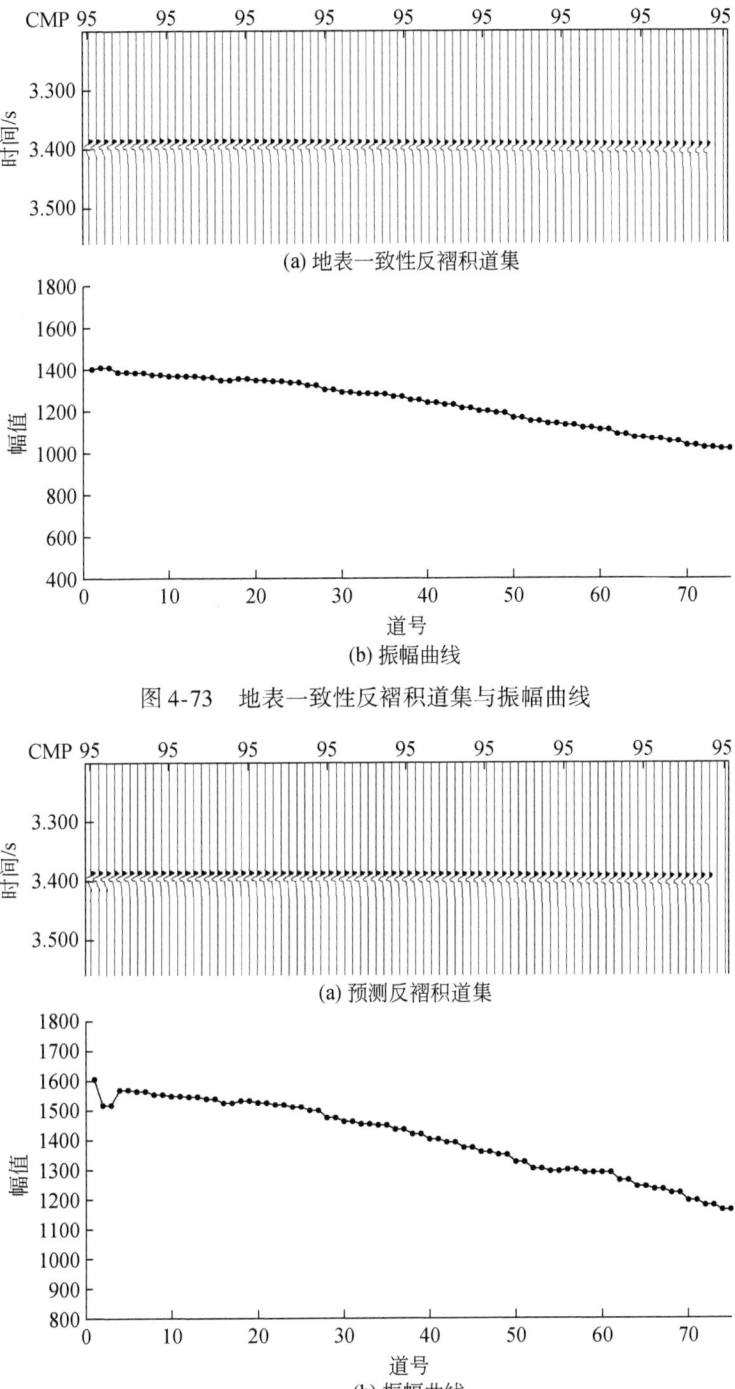

(a) 地表一致性反褶积道集

(b) 振幅曲线

图 4-73　地表一致性反褶积道集与振幅曲线

(a) 预测反褶积道集

(b) 振幅曲线

图 4-74　预测反褶积道集与振幅曲线

根据评价方法,为了衡量反褶积前后浅层标志层与深层标志层振幅相对关系的变化,将浅层标志层的振幅与深层标志层的振幅相比来研究反褶积后对振幅的改变,从比值曲线上看二者均保持着较好的一致性,与反褶积前振幅比值成等比例变化。从图4-75反褶积后浅层标志层与深层标志层振幅曲线比值与反褶积前的对比来看,地表一致性反褶积对振幅的保持关系要稍好于预测反褶积。从以上分析来看,地表一致性反褶积具有统计效应,反褶积后对振幅的改变相对单道预测反褶积较小,地表一致性反褶积和预测反褶积具有相对较好的保幅性。

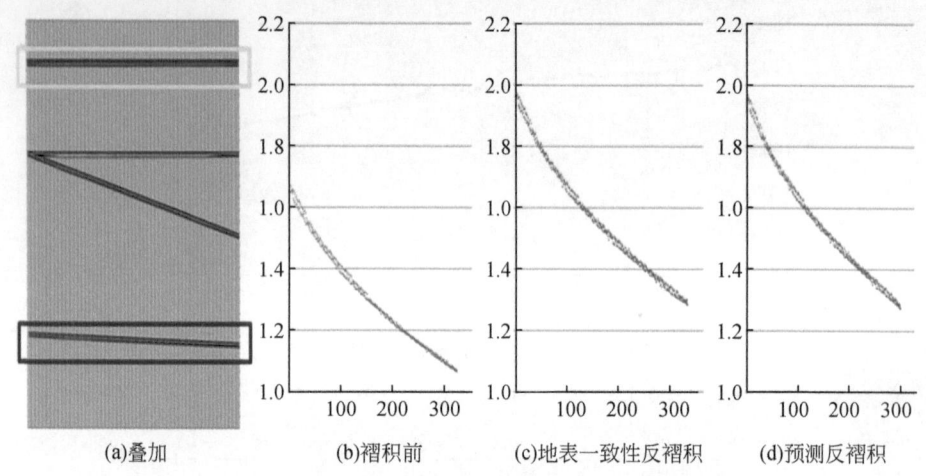

图4-75 叠加及浅层与深层振幅比值曲线

4.3.4 反褶积参数的保幅性分析

在反褶积处理过程中,影响反褶积效果的主要因素有预测步长、算子长度、白噪系数。对上述三个影响因素通过试验进行分析研究。

1. 预测步长试验

地表一致性反褶积具有多道统计效应,在保幅性上要好于单道预测反褶积,在衡量反褶积步长时,选取地表一致性反褶积进行研究。首先从CMP道集上对比分析预测步长的变化对振幅的影响。从图4-76~图4-85标志层道集反褶积数据及均方根振幅曲线可以看出,反褶积以后地震资料的分辨率得到不同程度的提高,振幅曲线也得到相应的变化,步长越小分辨率越高,子波压缩程度越大,振幅曲线相对变化也越大。步长为4时的信噪比较低,均方根振幅曲线扭曲程度较大,步长大于12时反褶积较早稳定的振幅曲线平稳过渡,与反褶积前成等比例变化,可保持较好的一致性。

| 第 4 章 | 现有关键处理技术的保幅性研究

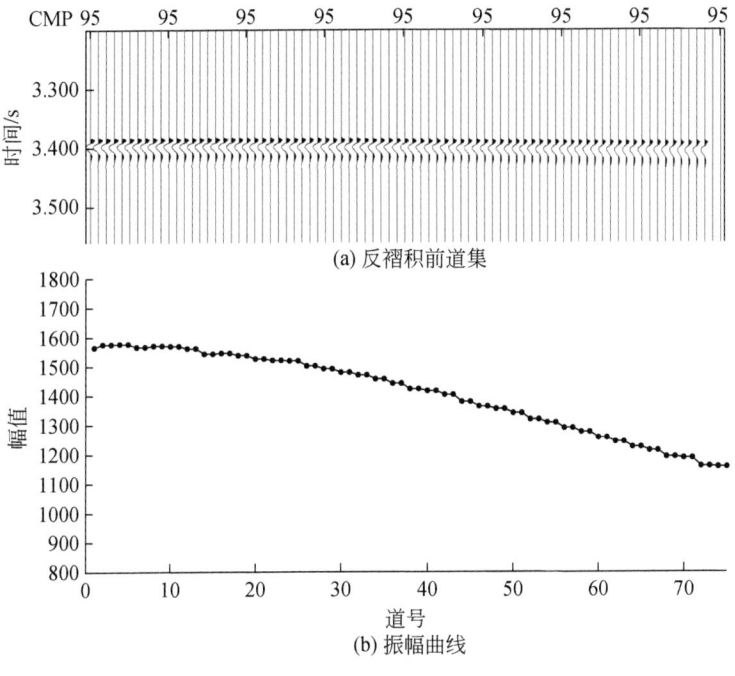

图 4-76 反褶积前道集及振幅曲线

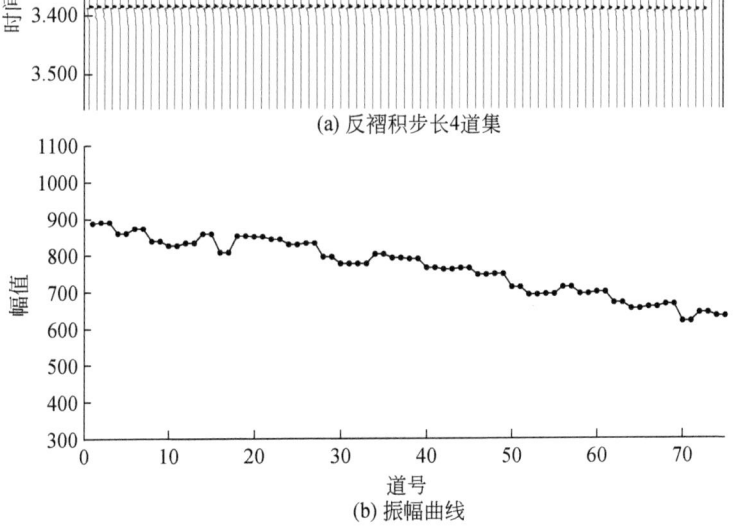

图 4-77 反褶积步长 4 道集及振幅曲线

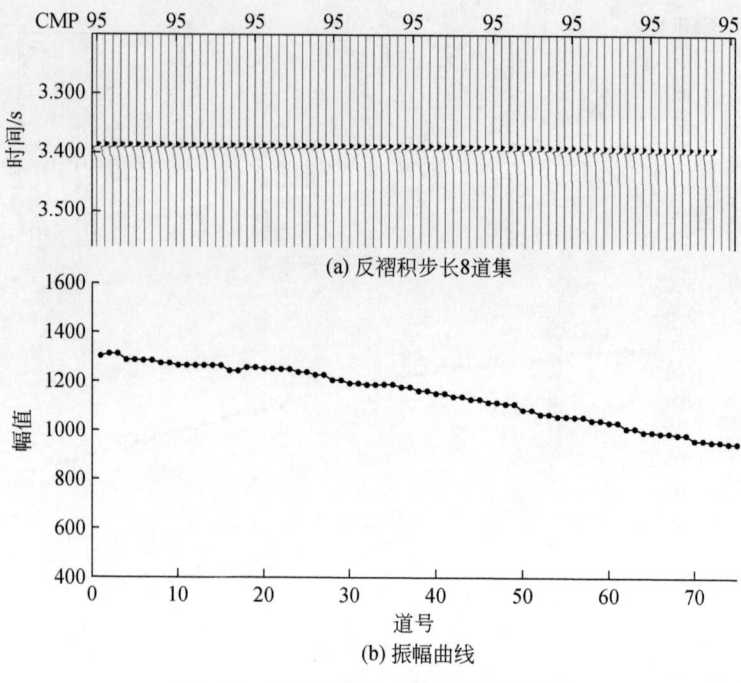

图 4-78 反褶积步长 8 道集及振幅曲线

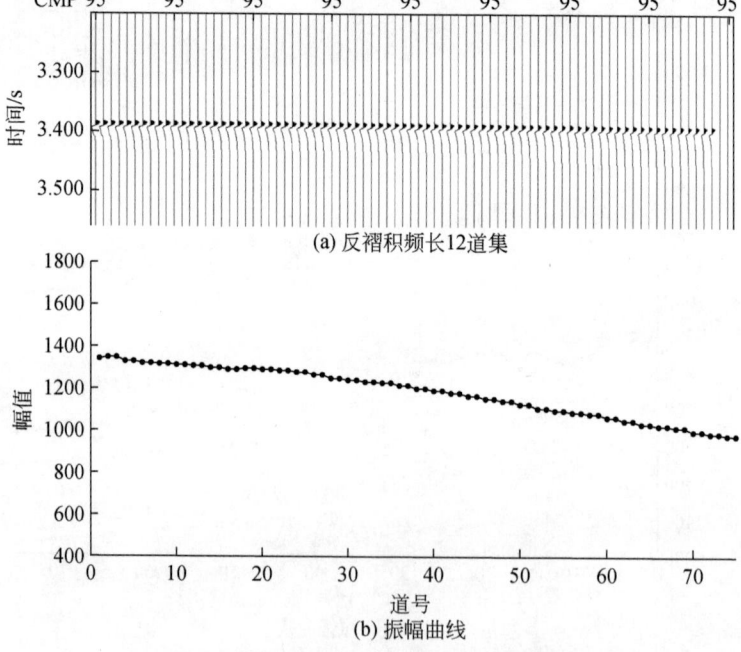

图 4-79 反褶积步长 12 道集及振幅曲线

| 第 4 章 | 现有关键处理技术的保幅性研究

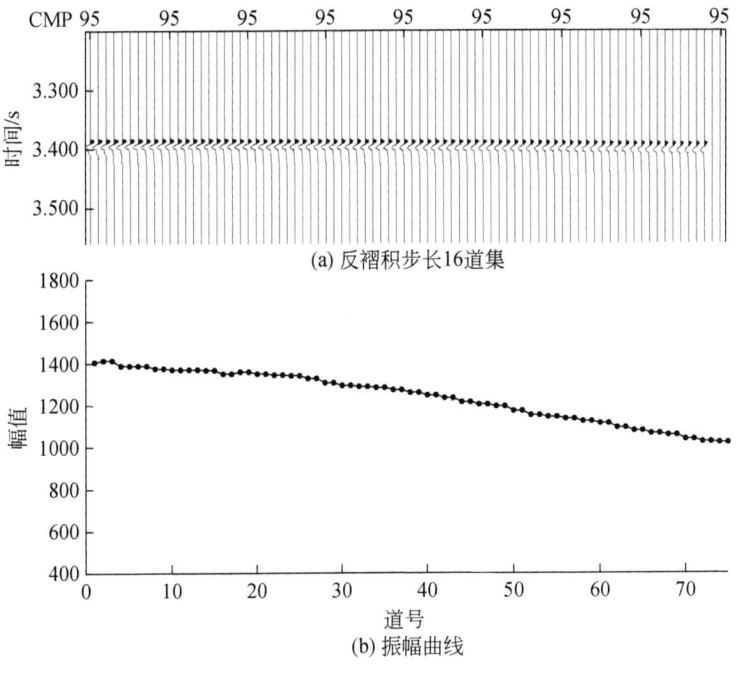

图 4-80　反褶积步长 16 道集及振幅曲线

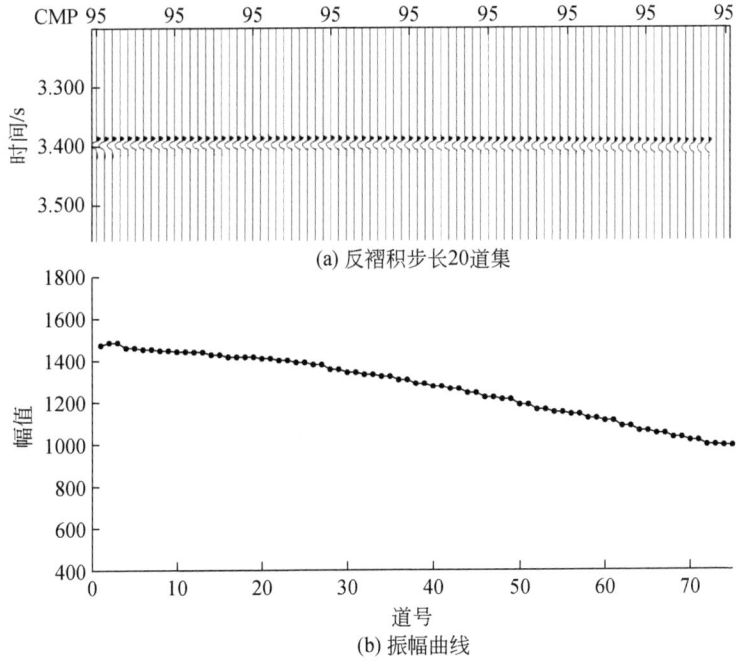

图 4-81　反褶积步长 20 道集及振幅曲线

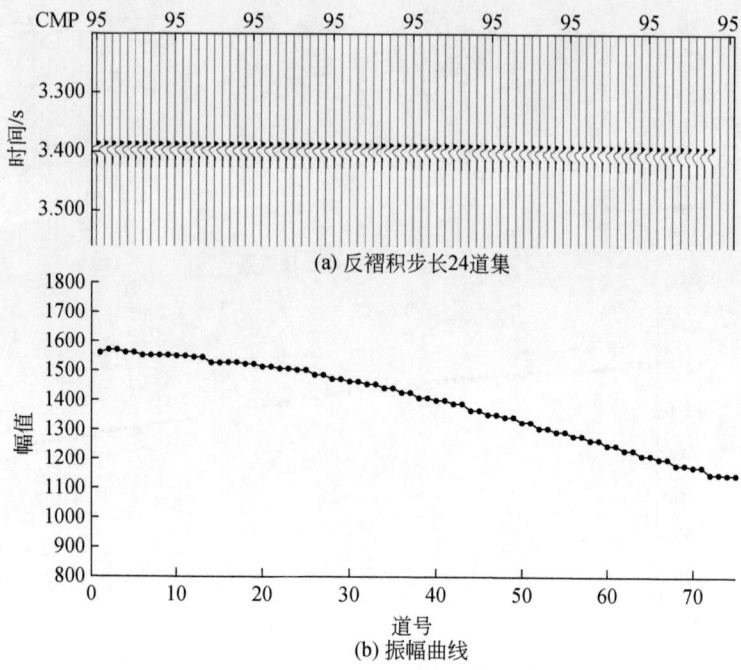

图 4-82 反褶积步长 24 道集及振幅曲线

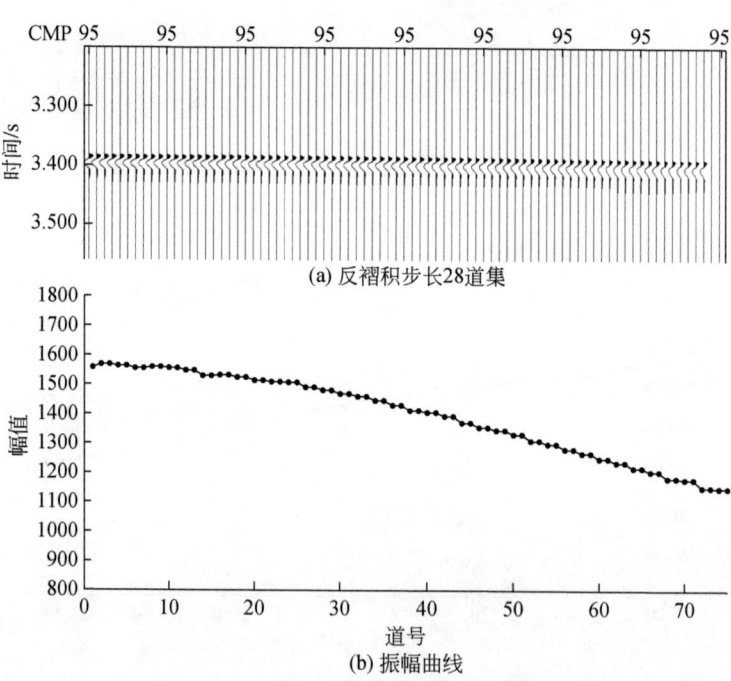

图 4-83 反褶积步长 28 道集及振幅曲线

第 4 章 | 现有关键处理技术的保幅性研究

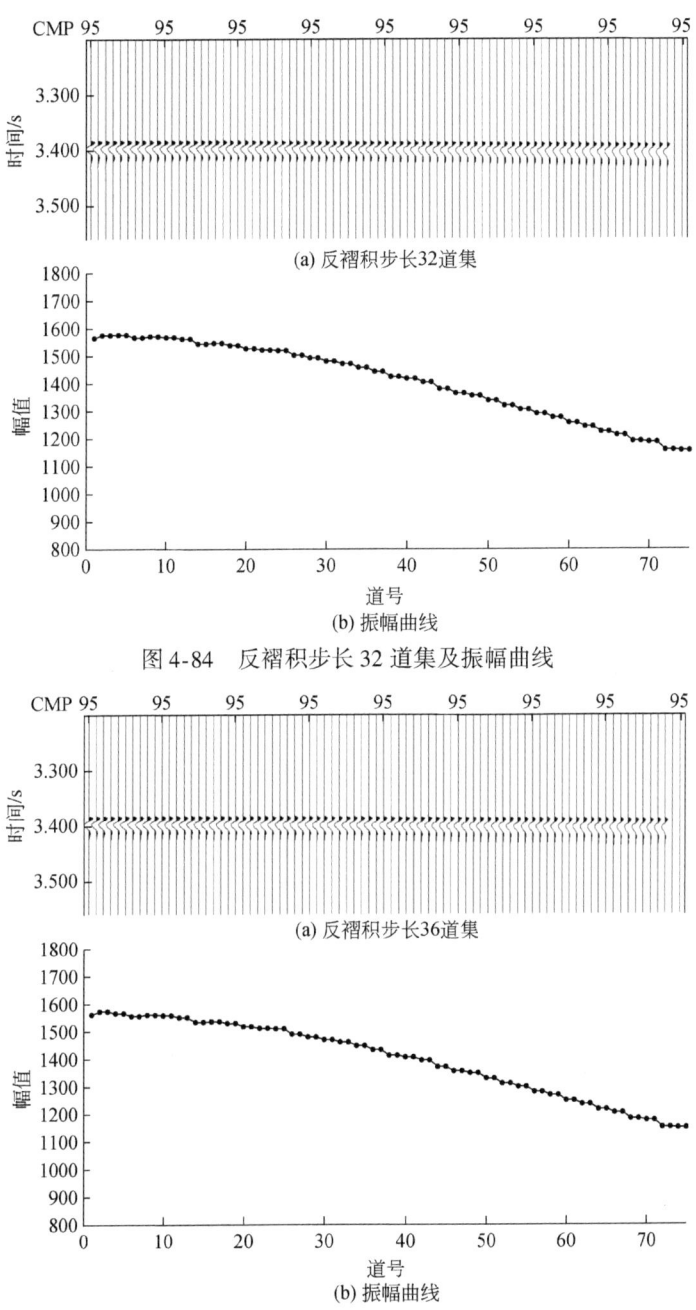

图 4-84 反褶积步长 32 道集及振幅曲线

图 4-85 反褶积步长 36 道集及振幅曲线

由图 4-86 反褶积前后道集上浅层与深层标志层振幅比值可知,与反褶积前相比,步长为 4 和 8 时比值变化较大,步长大于 12 以后比值比较稳定,随着步长的增大,比值越接近于反褶积前浅层和深层振幅的比值曲线。从反褶积前后,叠加剖面上浅层与深层标志层振幅比值上看,步长为4、8时比值曲线变化相对较大,随着步长的增大,比值曲线越接近于反褶积前浅层和深层振幅的比值曲线。通过以上分析,可知反褶积步长对振幅的影响较大,步长越小对振幅的改变越大,随着步长的增加,振幅改变越小,反褶积的保幅性相对较高。

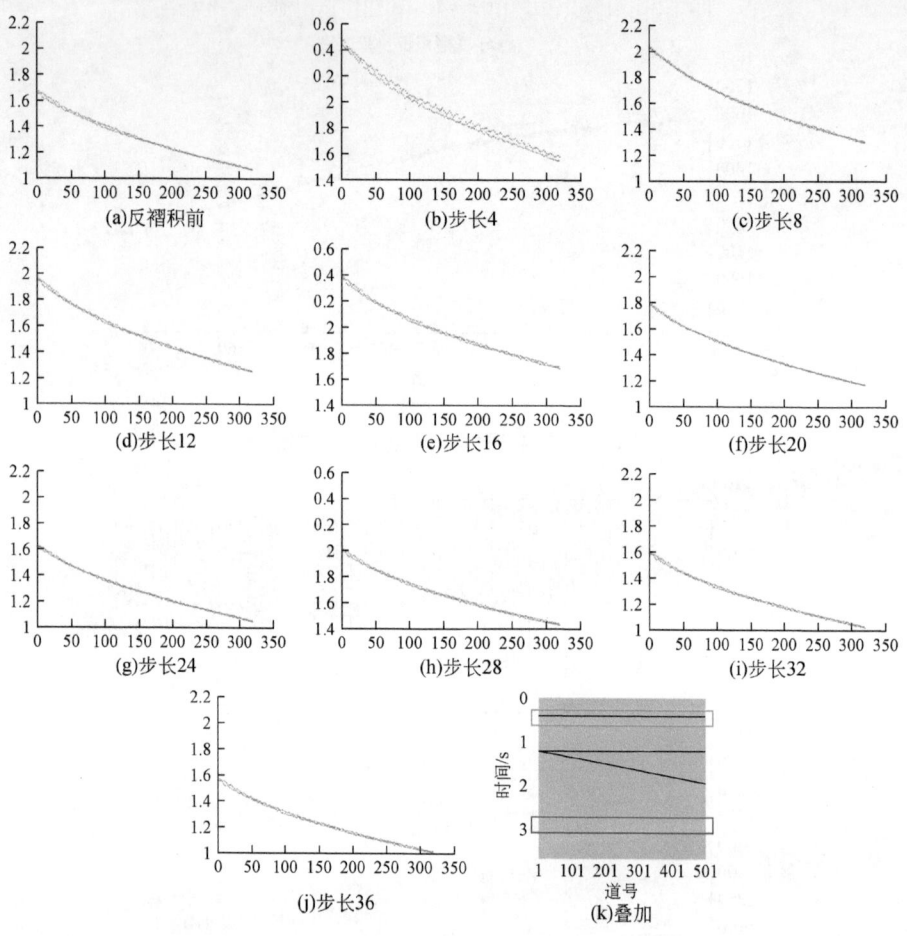

图 4-86 不同反褶积步长叠加浅层和深层的振幅比值曲线

2. 算子长度试验

在实际资料处理中反褶积算子通常采用缺省值,并不修改,那么算子长度对反褶积效果是否有影响呢?我们利用最小相位子波正演地质模型(子波长度为60ms)来研究反褶积算子长度的变化与子波长度的影响关系。

分别利用算子长度为 20ms、50ms、80ms、110ms、160ms、280ms 进行反褶积试验,将反褶积效果转化到 CMP 域,对标志层提取均方根振幅曲线,对比分析。

从图4-87～图4-92不同反褶积算子道集及均方根振幅曲线对比分析可以看出,当反褶积算子为20ms、小于地震子波长度时,地震子波发生较大变化,出现子波截断效应,振幅曲线也发生一定的变化。随着反褶积算子长度的增加,地震道及振幅曲线基本没有变化,但是反褶积算子增加到一定程度时会出现轻微的拖尾现象。

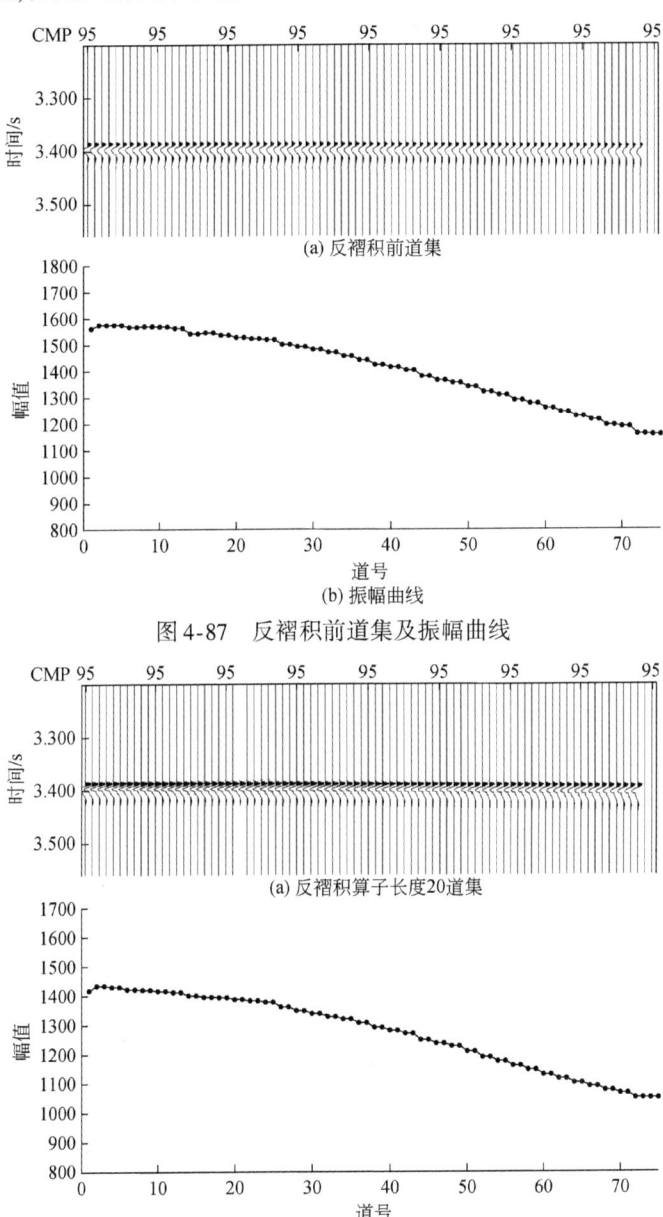

图4-87 反褶积前道集及振幅曲线

图4-88 反褶积算子长度20道集及振幅曲线

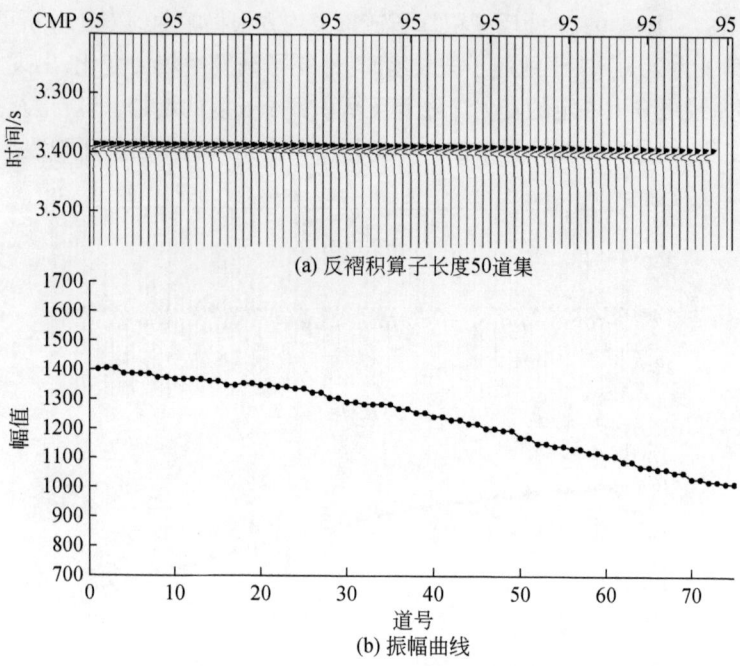

图 4-89　反褶积算子长度 50 道集及振幅曲线

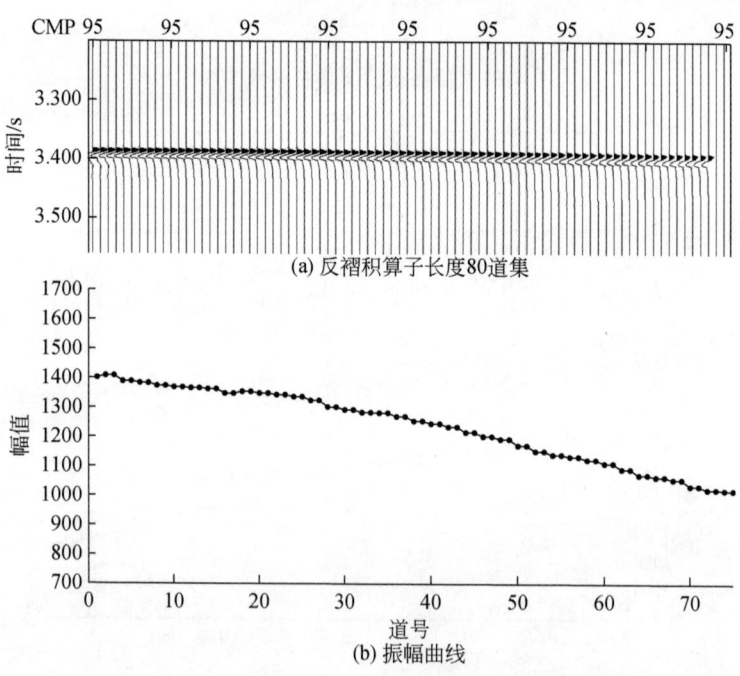

图 4-90　反褶积算子长度 80 道集及振幅曲线

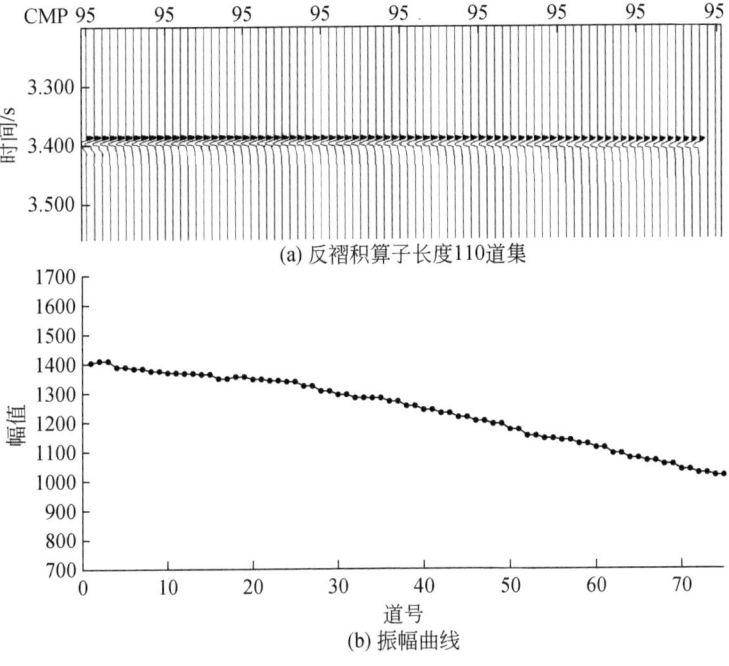

图 4-91 反褶积算子长度 110 道集及振幅曲线

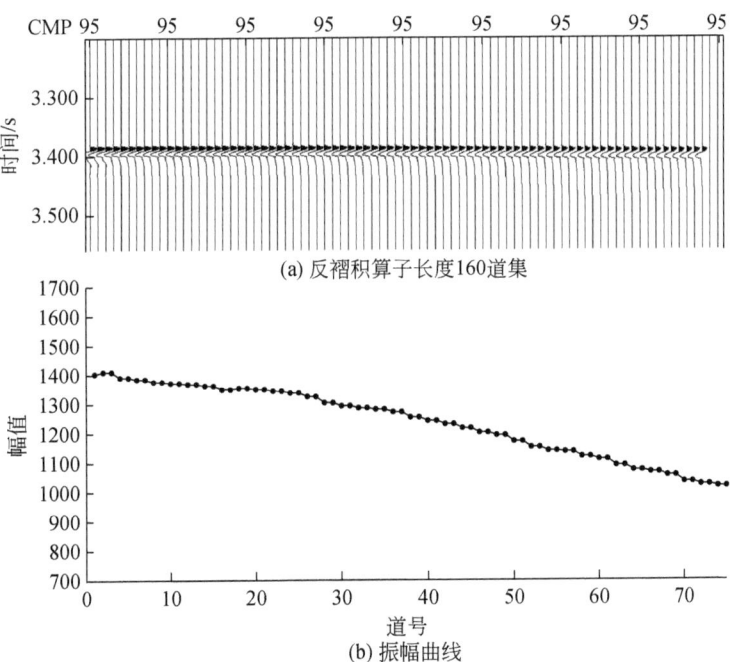

图 4-92 反褶积算子长度 160 道集及振幅曲线

从图4-93叠加浅层和深层的振幅比值曲线可以看出,当反褶积算子长度为20ms时,振幅比值变化相对较大,随着反褶积算子长度的增加,比值基本保持一致。

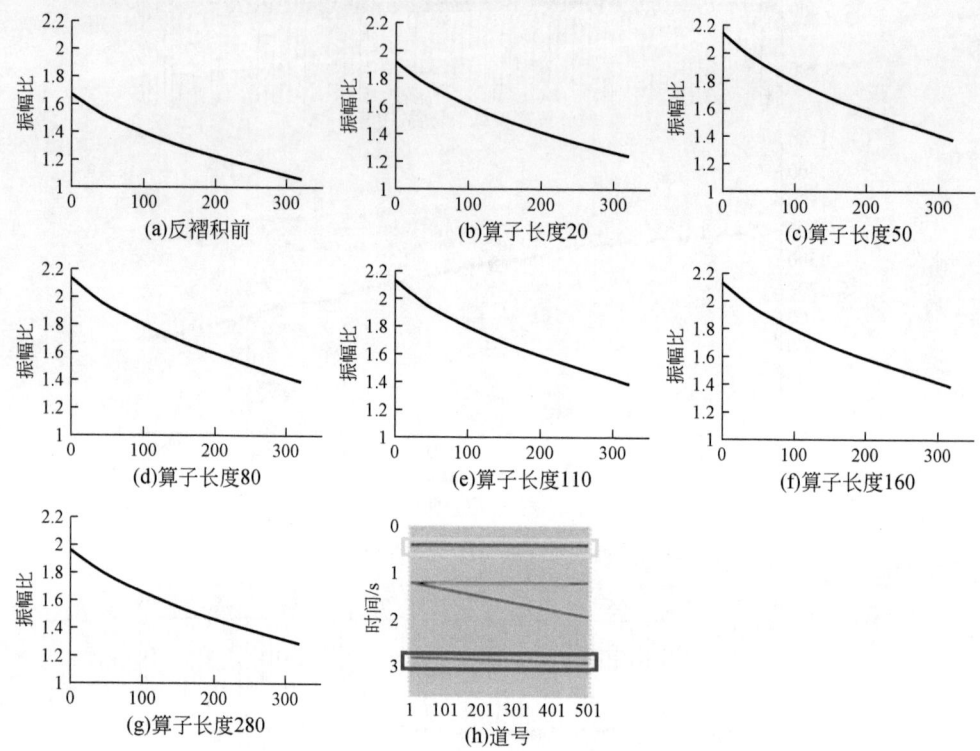

图4-93 不同反褶积算子叠加浅层和深层的振幅比值曲线

3. 白噪系数试验

反褶积中白噪系数主要用来展宽资料频谱,为了研究白噪系数对反褶积振幅的影响,本书测试了不同的白噪系数,分析其对振幅曲线的改变。通过对反褶积不同白噪系数道集及振幅曲线对比可以看出,不同白噪系数对振幅的影响基本没有差别。

通过图4-94道集浅层标志层和深层标志层,从振幅比值曲线关系上可以看出,不同白噪系数的变化振幅比值曲线基本一致,说明白噪系数的变化对振幅的改变较小,保幅性相对较好。从叠加浅层标志层和深层标志层、振幅比值曲线关系上也可以看出,白噪系数的变化对道间振幅的影响基本一致,白噪系数的变化对振幅的改变较小。

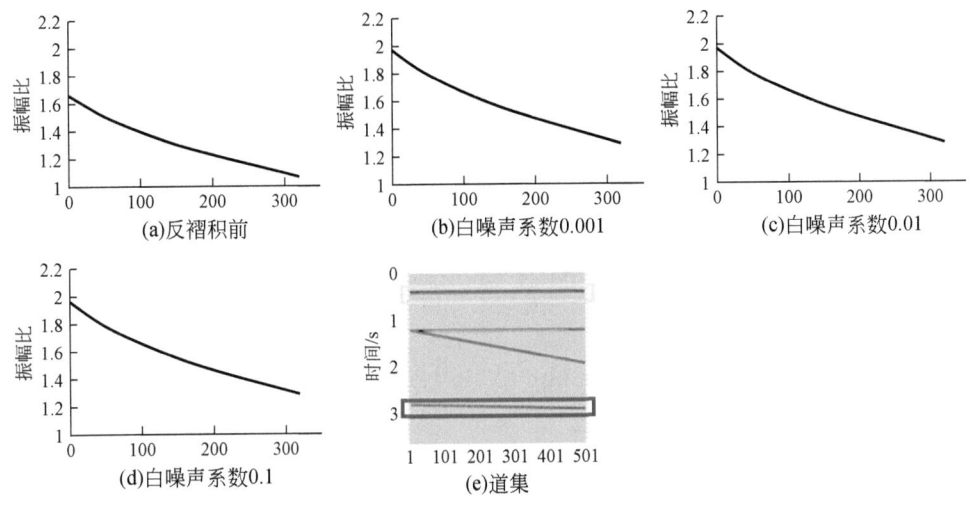

图 4-94 反褶积不同白噪系数叠加浅层与深层振幅曲线

4.3.5 反 Q 滤波技术保幅性评价分析

由于大地的滤波作用,地震波在地层中传播时会产生高频衰减、子波相位畸变等现象,这种与介质有关的性质通常用介质品质因子 Q 表示。反 Q 滤波高频补偿技术是针对地层的吸收衰减而进行高频补偿的技术。在该项技术中,对求取的品质因子进行反 Q 补偿,对波损失的高频成分能够有效补偿。

从图 4-95 ~ 图 4-96 中可以看出,正演过程中经过品质因子 $Q=65$ 吸收衰减以后,正演记录的振幅能量有较大的吸收衰减。从图 4-97 ~ 图 4-98 中可以看出,对用 $Q=65$ 衰减后的记录用品质因子 $Q=65$ 进行反 Q 高频补偿,可以看出地震记录得到较好的恢复。而用品质因子 $Q=125$ 进行反 Q 高频补偿,地震记录出现轻微的高频尾巴,说明补偿过头,所以在反 Q 补偿过程中,应选取适当的 Q 值进行高频吸收衰减补偿。

从图 4-99 ~ 图 4-102 振幅曲线分析可以看出,用品质因子 $Q=65$ 吸收衰减以后,振幅发生较大变化,曲线发生扭曲;利用品质因子 $Q=65$ 进行反 Q 补偿以后,振幅曲线得以恢复;用品质因子 $Q=125$ 进行反 Q 补偿以后,振幅曲线发生一定扭曲现象,出现补偿过头现象。

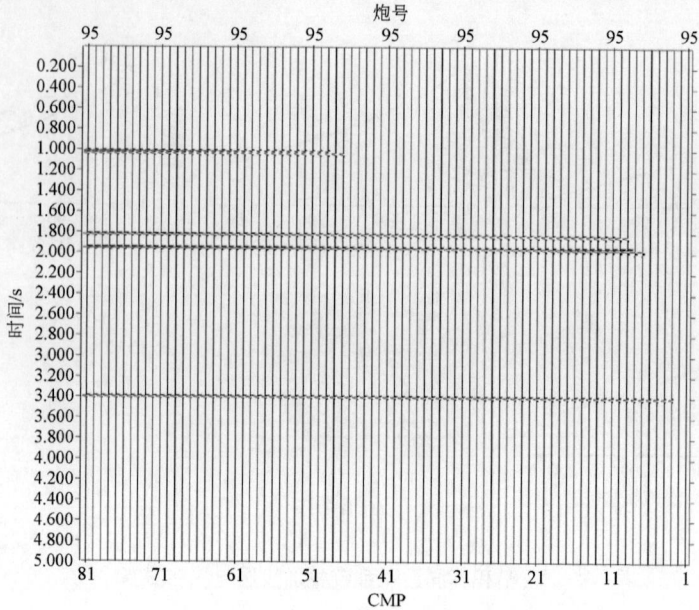

图 4-95　正演模型道集

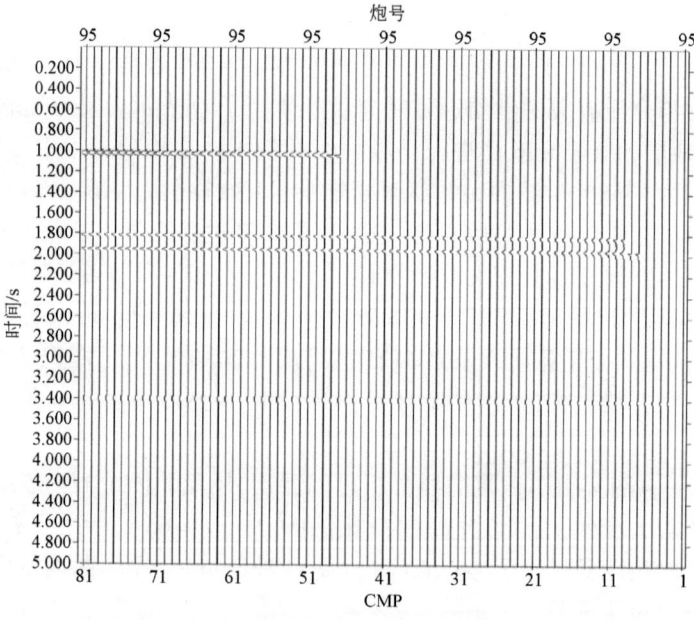

图 4-96　用 $Q=65$ 衰减后道集

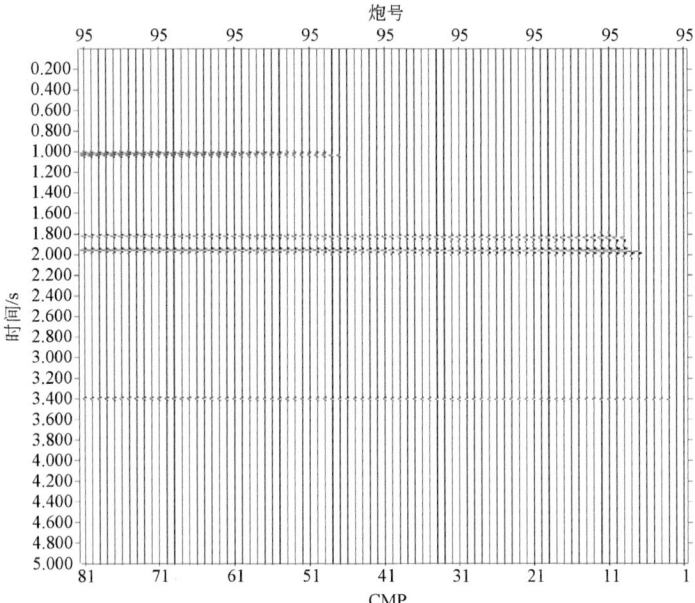

图 4-97　用 $Q=65$ 反 Q 补偿后道集

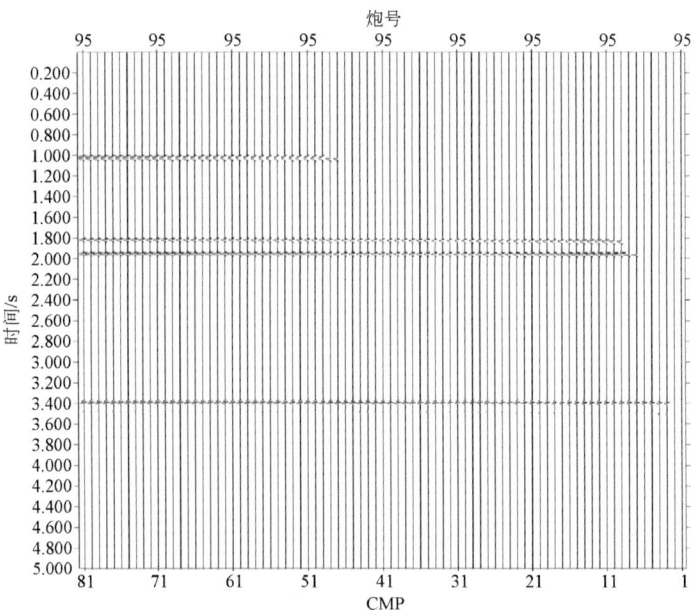

图 4-98　用 $Q=125$ 反 Q 补偿后道集

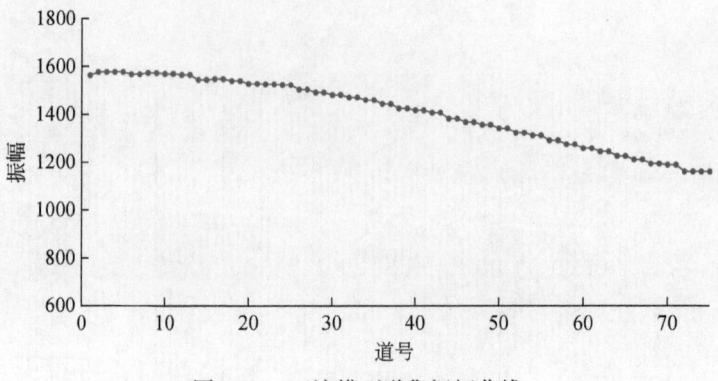

图 4-99　正演模型道集振幅曲线

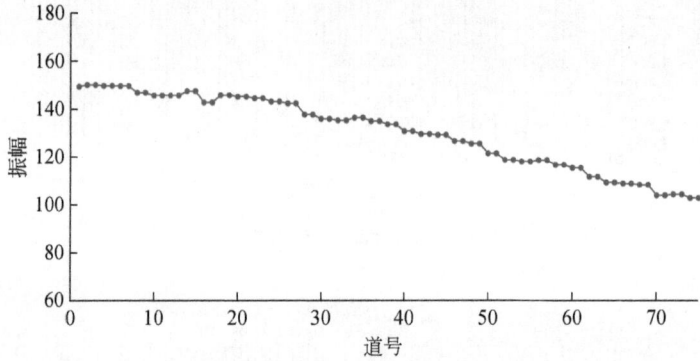

图 4-100　用 $Q=65$ 衰减后道集振幅曲线

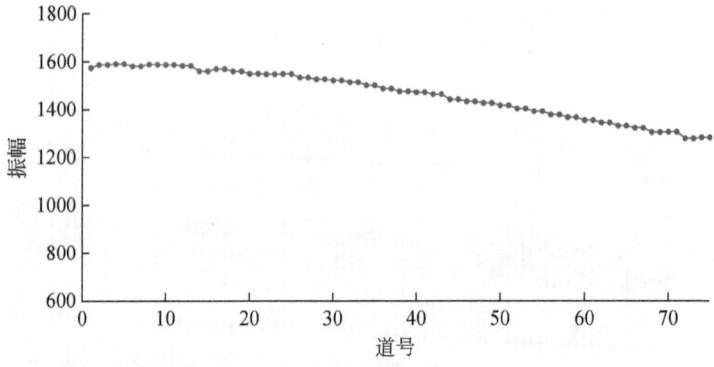

图 4-101　用 $Q=65$ 反 Q 补偿以后道集振幅曲线

通过以上分析可知，在反 Q 补偿中，准确求取品质因子时，反 Q 补偿后损失的频率成分及振幅信息能够得到较好的恢复，而当品质因子过大或者过小时，地震资料信息都不能得到较好地恢复，保幅性变差。

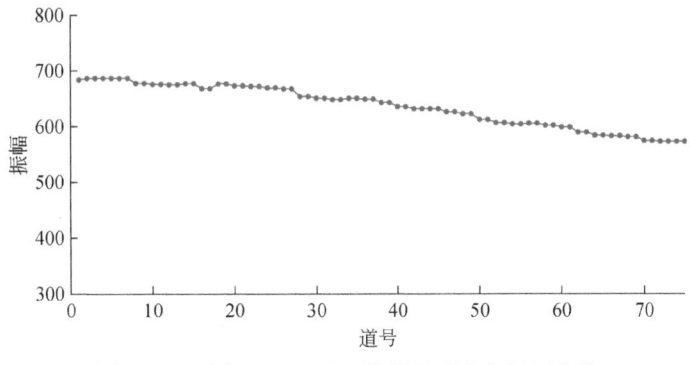

图 4-102　用 $Q=125$ 反 Q 补偿以后道集振幅曲线

4.3.6　谱白化技术保幅性评价分析

谱白化的特点是对信号的振幅谱进行处理,而不改变信号的相位谱,因而也称为"零相位反褶积"。谱白化是通过展平信号的振幅谱来达到补偿频率衰减的目的,虽然它没有说明反射系数为白噪的假设,但在反射系数为非白噪时,无疑会破坏反射系数的关系。另外,谱白化频率分解后的重构是非正交变换,所以经过谱白化处理后的地震数据,其振幅相对关系难以描述。从图 4-103 和图 4-104 中看出,谱白化以后道集的频率得到明显提高,频宽得到展宽。

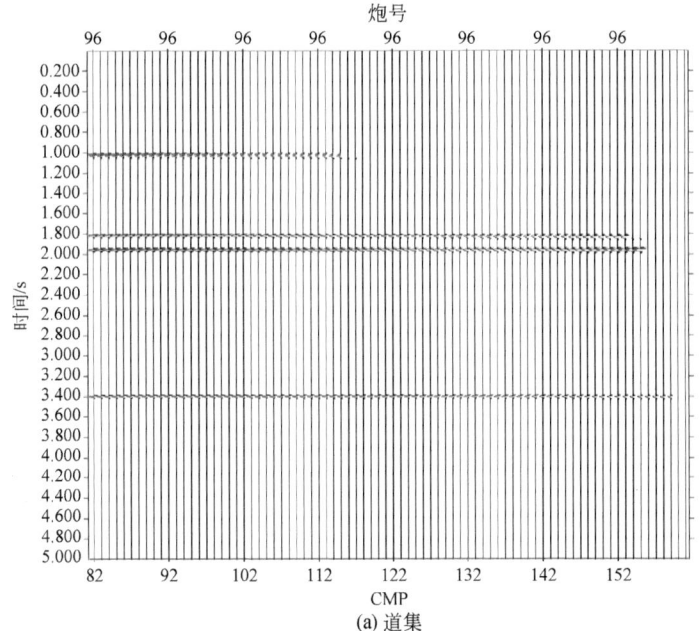

(a) 道集

(b) 频谱分析

图 4-103　正演模型道集及频谱分析

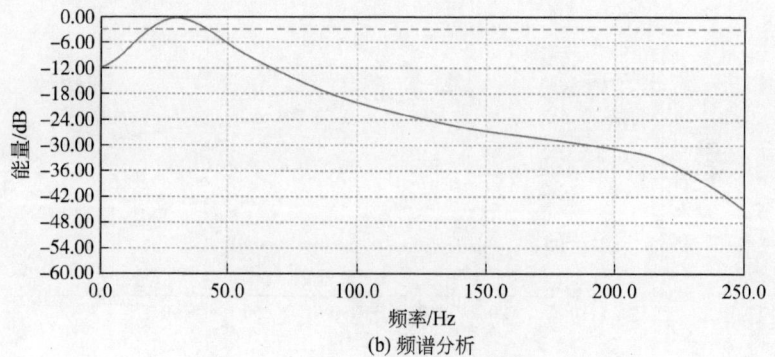

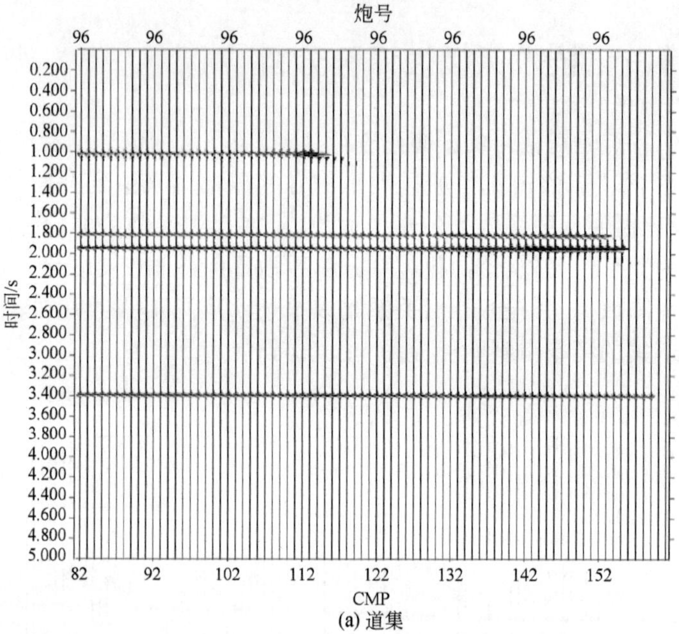

(a) 道集

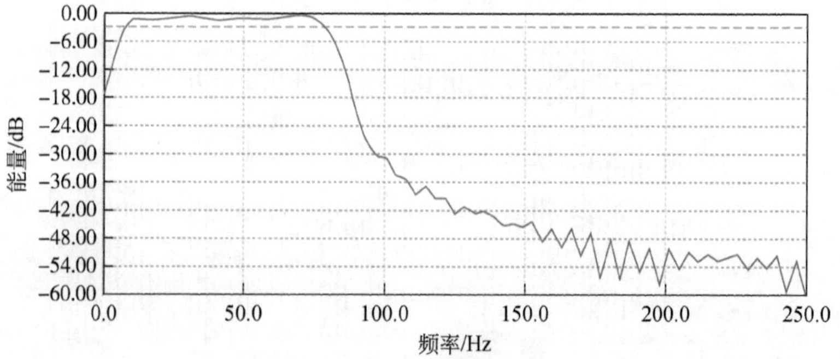

(b) 频谱分析

图 4-104　谱白化后道集及频谱分析

从图 4-105 和图 4-106 振幅曲线可以看出,谱白化以后,振幅曲线扭曲较大,谱白化对振幅改变较大。从以上分析可以看出,谱白化虽然展宽了频谱,但对振幅改变较大,保幅性相对较差。

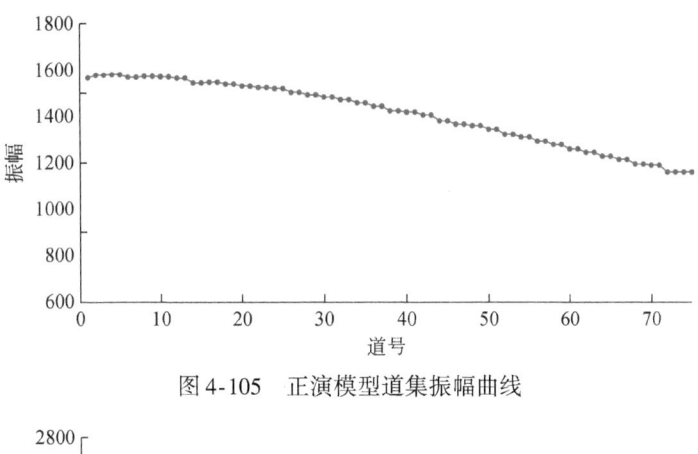

图 4-105　正演模型道集振幅曲线

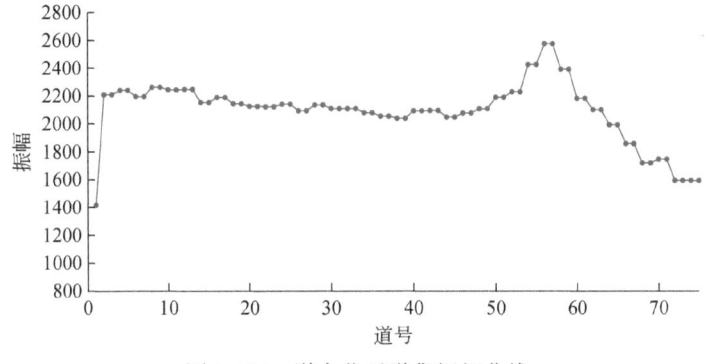

图 4-106　谱白化后道集振幅曲线

4.3.7　实际资料保幅性分析

在实际地震资料处理中,很难满足反褶积要求的两个基本假设条件,即地震子波为最小相位、反射系数为白噪。这就使得反褶积效果很难避免受到影响。反褶积过程的保幅性可以通过合成记录标定的方式进行判定。

利用合成记录对反褶积数据鉴别:测井合成记录能够反映地下地层特征,利用测井数据制作合成记录,与井附近的地震资料进行对比分析,分析是否存在差别。利用这一鉴别方法来检验反褶积的保幅性相对较为严谨。

试验靶区选择垦东 1 区资料,在靶区内选择一口井资料来分析反褶积效果。选取 k104 井利用测井数据选用 20Hz 雷克子波制作合成记录,与反褶积前资料进行对比。从对比结果上看仅有个别层位能对上,说明不进行反褶积处理的地震资料不能真实反映地下地质结构(图4-107)。

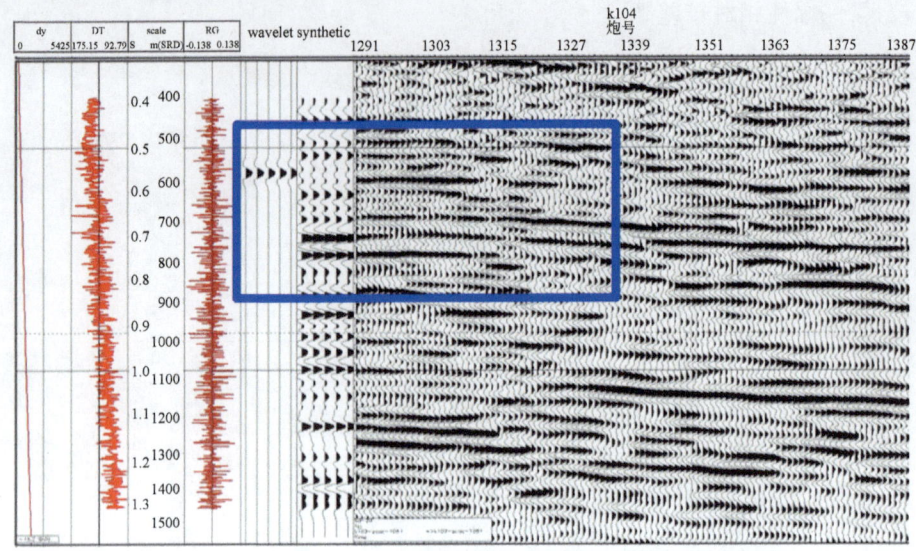

图4-107　k104井选用20Hz雷克子波对反褶积前数据体井位标定

选取k104井利用测井数据选用30Hz雷克子波制作合成记录,与反褶积资料进行对比。合成记录的形态与实际反褶积数据标准层的标志吻合非常好,能够真实反映地下地质构造(图4-108)。

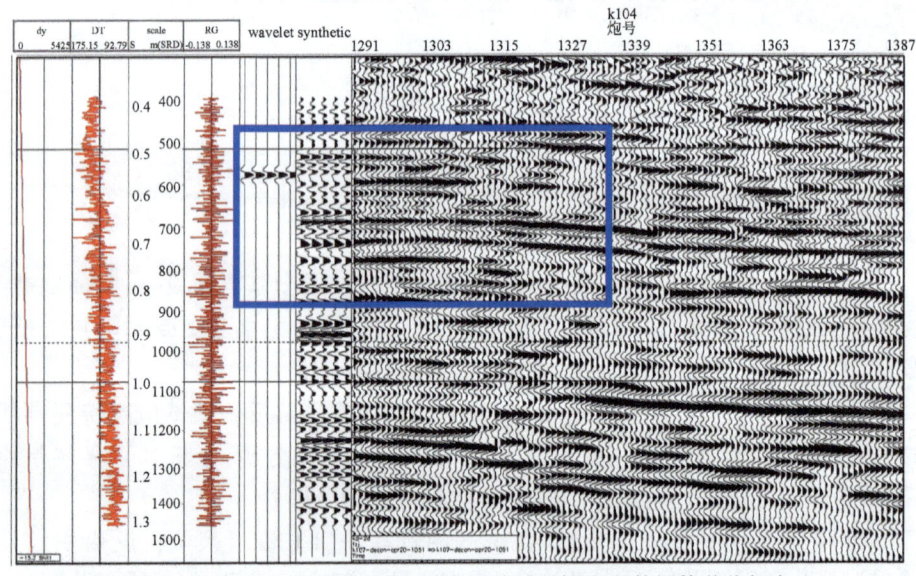

图4-108　k104井选用30Hz雷克子波对反褶积后数据体井位标定

选取 k104 井利用测井数据选用 40Hz 雷克子波制作合成记录,与反褶积资料进行对比。从对比结果上看,实际资料的分辨率较高,标准层连续性变差,标准层与合成记录吻合变差,说明出现了地质假象(图 4-109)。

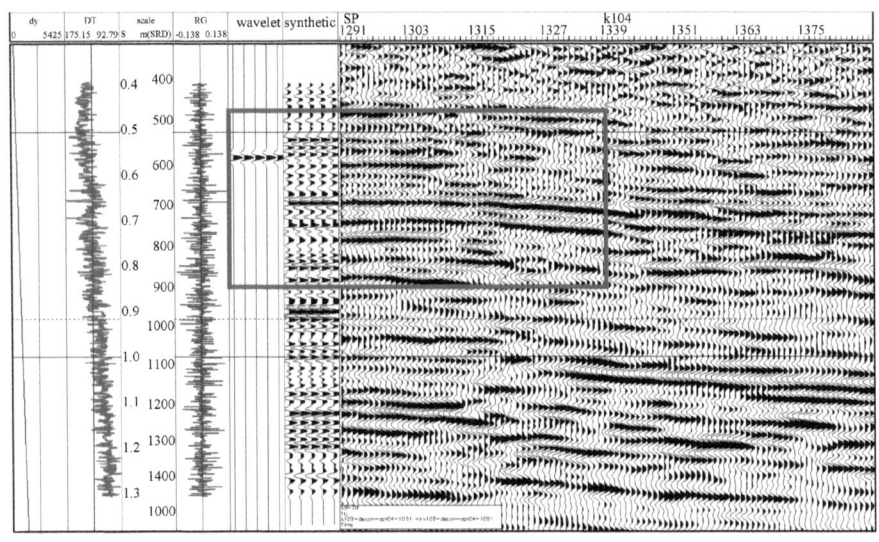

图 4-109　k104 井选用 40Hz 雷克子波对反褶积数据体井位标定

不同反褶积方法对比:选取 k104 井利用测井数据选用 30Hz 雷克子波制作合成记录,与预测反褶积资料进行对比。合成记录的形态与实际反褶积数据标准层的标志吻合较好,虽然在细微构造上有些差异,但也能够真实反映地下地质构造(图 4-110)。

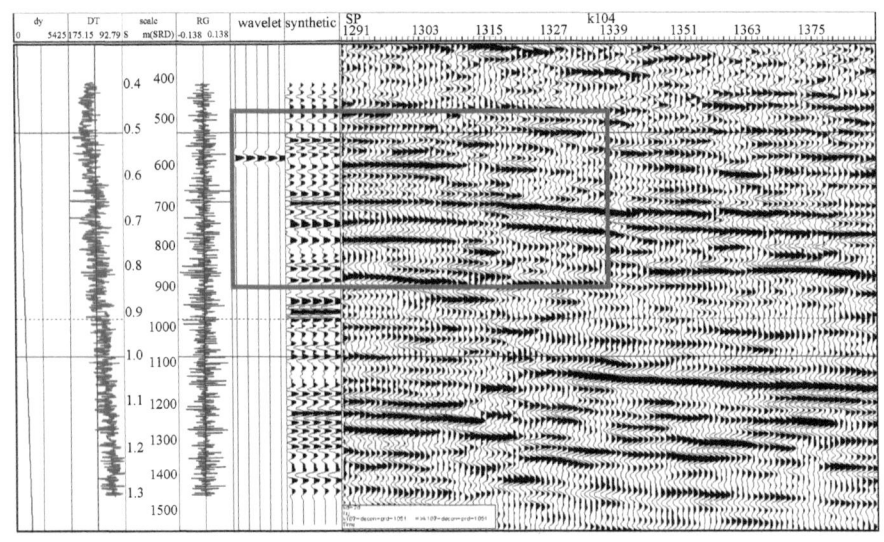

图 4-110　k104 井选用 30Hz 雷克子波对地表一致性反褶积数据体井位标定

选取 k104 井利用测井数据选用 30Hz 雷克子波制作合成记录,与预测反褶积资料进行对比。合成记录的形态与实际反褶积数据标准层的标志吻合较好,虽然在细微构造上有差异,但也能够真实反映地下地质构造(图 4-111)。

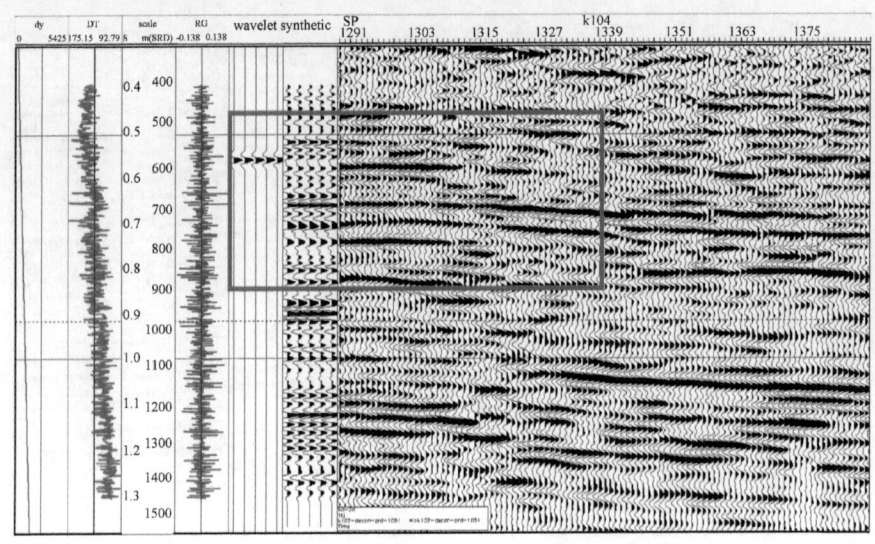

图 4-111　k104 井选用 30Hz 雷克子波对预测反褶积数据体井位标定

选取 k104 井利用测井数据选用 30Hz 雷克子波制作合成记录,与统计子波反褶积资料进行对比。从对比结果上看与井资料吻合较好,说明反褶积后能够真实反映地下地质结构(图 4-112)。

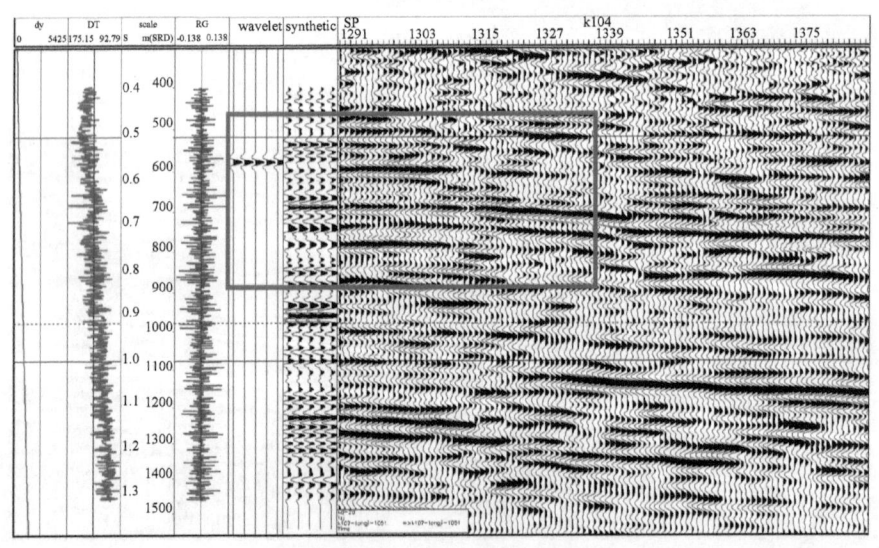

图 4-112　k104 井选用 30Hz 雷克子波对统计子波反褶积数据体井位标定

在实际资料处理中,根据地质任务要求及井资料的标定结果,进行均方根振幅属性分析,从图 4-113 反褶积前后均方根振幅属性分析可以看出,反褶积后对储层刻画的更加清楚、合理,对储层的形状没有破坏,认为处理中反褶积参数的选取相对合理,保幅性相对较好。

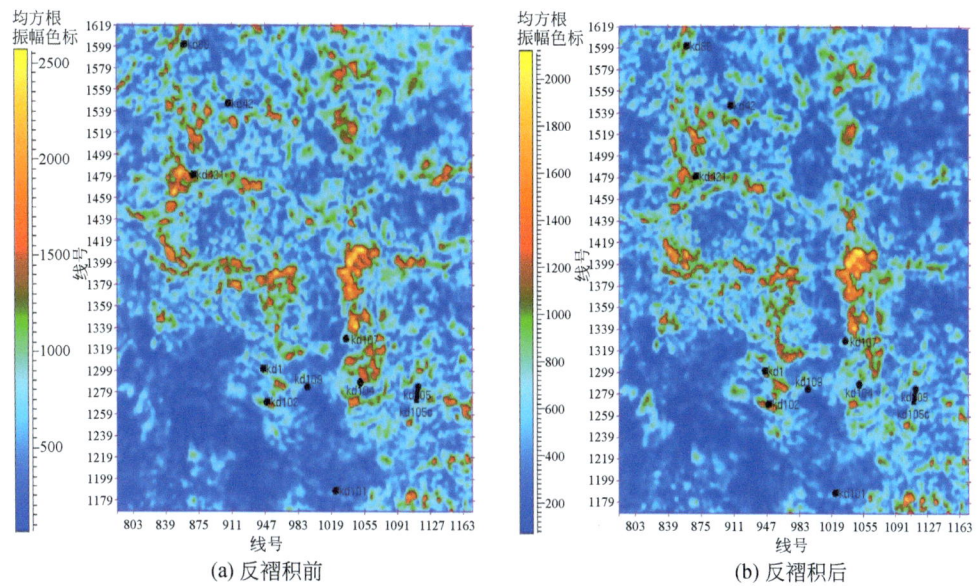

(a) 反褶积前　　　　　　　　　　　(b) 反褶积后

图 4-113　反褶积前后均方根振幅属性

4.3.8　小结

(1) 反褶积方法具有两个最基本的假设条件,即地震子波是最小相位、反射系数序列是随机过程。理想的随机噪声的自相关在零延迟时以外都是零,而对于反射地震数据,反射系数序列为随机白噪声的假设经常是违背的。因此,在实际资料处理过程中,反褶积不能做到真正的保幅处理。

(2) 影响反褶积振幅变化的因素有多个,但对振幅曲线改变较大的为预测步长,预测步长越小对振幅的改变越大。

(3) 反褶积对振幅具有改造作用,只能相对保幅,地表一致性反褶积具有统计效应,考虑道间的相互关系,比单道预测反褶积相对保幅。

(4) 在准确求取地层吸收衰减品质因子 Q 时,反 Q 滤波可以有效补偿地层对地震波的吸收衰减,认为是相对保幅的,但实际资料很难准确求取品质因子 Q,所以很难做到真正保幅。

(5) 谱白化是通过展平信号的振幅谱来达到补偿频率衰减的目的,虽然其没有说明反射系数为白噪的假设,但在反射系数为非白噪时,会破坏反射系数的关系,所以经过谱白化处理后的地震数据不保幅。

(6) 谱模拟反褶积技术是在假设地震子波振幅光滑的前提下,采用数学手段将地震子波振幅谱从地震记录振幅谱中估计出来。该方法在反射系数是非白噪序列时具有很好的包容性,能够有效降低反射系数非白噪成分对子波振幅谱估计的影响,提高子波振幅谱估计质量以及反褶积处理效果。提高分辨率类处理模块及参数相对保幅性结论见表4-4。

表4-4 提高分辨率类处理模块及参数相对保幅性

处理技术	关键参数	保幅性分析
地表一致性反褶积	白噪系数	相对保幅
	算子长度	相对保幅
	预测步长	相对保幅
预测反褶积	白噪系数	相对保幅
	算子长度	相对保幅
	预测步长	相对保幅
脉冲反褶积	算子长度、白噪系数	保幅程度低
单道预测反褶积	预测步长	保幅程度较低
反 Q 滤波	品质因子 Q、速度 V	准确求取 Q,相对保幅
谱白化	频率	不保幅

4.4　地震波成像处理技术的保幅性评价

地震资料处理的保幅性涉及资料处理的每一个环节,但保幅性的优劣最终主要体现在成像效果上,成像的保幅程度直接影响 AVO 等属性分析及岩性振幅解释的精度。因此,保幅成像研究是地震保幅处理技术研究的关键环节。

成像算法方面,关于波场的微分方程未能明确反映许多射线运动学方面的现象;波场的积分方程能够给出动力学和运动学的完整描述,但由于在简化过程中丢失了许多振幅信息,加之射线追踪和频散特性等方面的问题,催生了算法的不断改良,从经典的绕射叠加到基于运动学特性的偏移型算法,再到基于动力学特性的反演型算法,成像算法不断展现出真振幅特性。近年来,有关学者对保幅偏移理论做了综合论述,分别提出了单程波、双平方根、逆时偏移的保振幅公式,有力地推动了保幅成像理论的发展。

王华忠教授于 2011 年在《地震波保幅处理与成像的本质问题》一文中指出,保幅成像并非仅靠偏移算法就可以实现,保幅成像的重点既包括波传播的物理过程,又包括广义的"成像条件"。由此可见,成像方法、偏移算子、数据的规则性、数据的信噪比、成像速度与成像参数是影响地震波偏移成像保幅性的主要因素。因此,本书对现有的成像类技术(重点是叠前时间偏移与深度偏移)从成像算法、广义成像条件、成像效果评价方法三个方面进行研究。

4.4.1 成像处理技术的理论保幅性研究

1. 叠前时间偏移的保幅性分析

叠后偏移基于叠加数据,能够实现倾斜反射层的正确归位和绕射波的完全收敛,但不能解决成像点与地下绕射点位置不重合问题,且保幅性能较差。叠前时间偏移在理论上取消了输入数据为零炮检距的假设,避免了 NMO 校正叠加所产生的畸变,较叠后时间偏移保存了更多的叠前地震信息。因此,叠前时间偏移技术得到了迅猛发展且已成为常规处理技术。

1) 对称走时 Kirchhoff 积分法叠前时间偏移保幅性分析

对称走时 Kirchhoff 积分法叠前时间偏移的核心是计算地下散射点的旅行时曲面。根据 Kirchhoff 绕射求和理论,时距曲面上的所有样点相加就得到该绕射点的偏移结果。与叠后偏移相比,其可以更好地实现真正的共成像点叠加。对称走时 Kirchhoff 积分法叠前时间偏移的计算效率较高,能够适应不同的观测系统。因此,在近十多年其被石油工业界广泛应用于地震波偏移成像之中。在地质构造比较简单的地区,取得了较大成功。其固有的理论缺陷如下:存在假频、深层分辨率降低、振幅关系保持不好等问题。其中,保幅性是 Kirchhoff 积分法最大的问题。

从 20 世纪 80 年代开始,Bortfeld(1989) 和 Hubral 等(1996)进行了一系列的真振幅叠前时间偏移理论的研究工作,Schleicher 等(1993)给出了 Kirchhoff 型真振幅偏移权函数的一般公式,Winbow 和 Shneider(1999)推出了三维保幅型叠前时间偏移的权函数的显式公式,并且利用真振幅权函数估计了振幅补偿。对于水平层或近似水平层反射,简单的权函数就很好了。而对于陡倾角地层的反射若不使用保幅型权函数则 AVO 的误差就很大。另外,走时计算可以使用射线追踪或求解程函方程。在复杂的 $V(z)$ 和 VTI 介质中,为提高走时计算的精度,采用了弯曲射线法。当前,保幅型叠前时间偏移在实际生产中已被广泛应用。

2) 非对称走时 Kirchhoff 积分法叠前时间偏移保幅性分析

非对称走时 Kirchhoff 积分叠前时间偏移,需要反复使用两点之间的射线走时,其中一点在地表,另一点是地下成像点。一般走时数据量非常庞大,因而通常采用抽稀地表和地下成像点的方法存储走时，实际成像时先利用插值方法计算密网格点走时，再利用射线追踪或程函方程计算走时。这种算法在横向变速介质中存在计算误差。对于横向非均匀介质，走时是不对称的(图4-114)。基于 Dix 公式的常规弯曲射线法叠前时间偏移在计算炮点走时或成像点走时时，假设炮点或成像点两侧的走时是对称的，因此，在横向非均匀介质中的应用存在一定隐患。

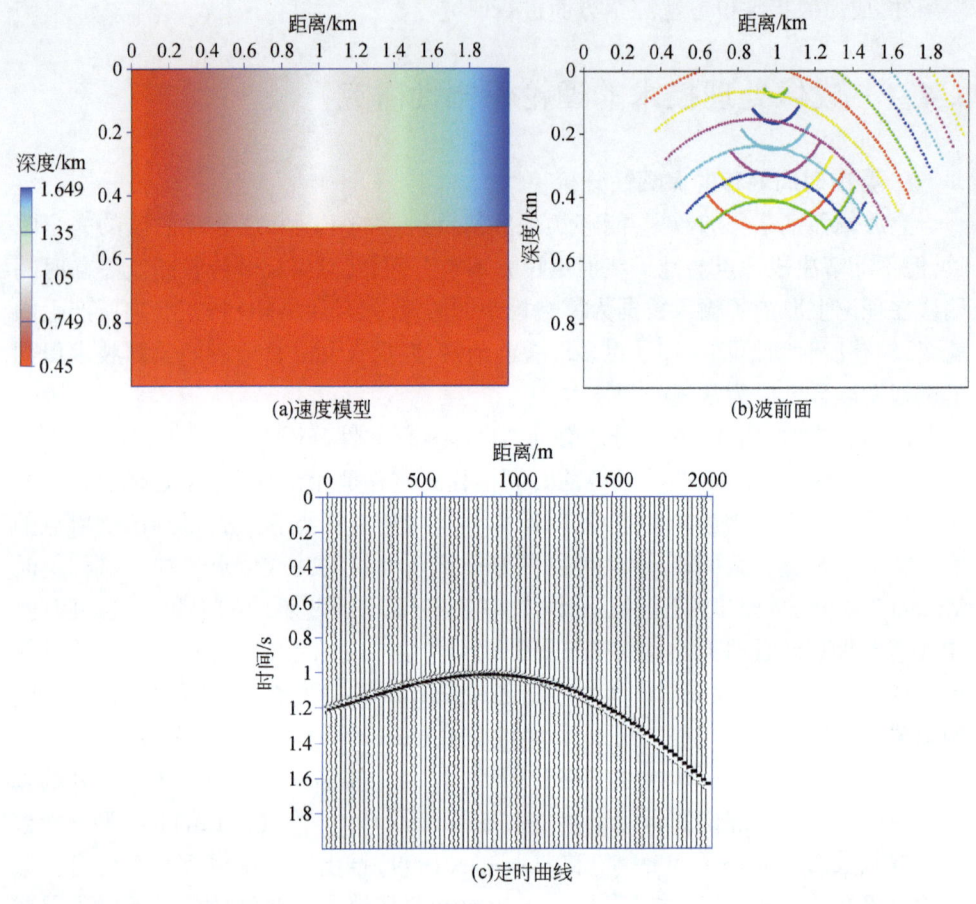

图 4-114　地层速度横向变化的影响

保幅成像的目标就是要取得更好的聚焦效果以及计算更为准确的加权系数，而这两点都可通过走时计算精度的提高而得以改善。该方法在横向变速介质的走时公式中，引入横向导数，以适应横向非均匀介质的三维保幅叠前时间偏移。

非对称走时计算方法给出了计算单程波算子，将走时表示成空间变量(地面点到地下成像点的水平距离)的多项式，将频率-波数域单平方根算子表示成波数的多项式，在进行 Kirchhoff 积分叠前时间偏移时，运用 Lie 代数积分、指数映射和鞍

点法将走时多项式的系数与单平方根算子的系数联系起来,得到一个拟 Dix 公式,其最终走时的表达式如下:

$$T^2 = T_0^2 + c_2 h^2 + c_3 h^3 + c_4 h^4 + c_5 h^5 + c_6 h^6 \tag{4-28}$$

非对称走时计算方法可以依次给出 Lie 代数积分和相位的表达式,相位表达式用交换算子计算得到,其基础运算含有速度的横向导数,利用鞍点法可以得到走时和偏移距的水平慢度(射线参数)表达式,它是一个多值走时公式,消去水平慢度可以得到拟 Dix 公式。拟 Dix 公式的非对称项含有横向导数,二阶以上的对称项也含有横向导数,因此,在速度横向线性变化情况下,拟 Dix 公式比传统的 Dix 公式精度高。因为振幅加权因子是走时的函数,走时计算能使球面扩散更加准确,因此,非对称走时计算方法加强了非对称走时方法的保幅性。

2. 叠前深度偏移的保幅性分析

当地下地层倾角较大,或者上覆地层横向速度变化剧烈时,成像点与地下真正的绕射点至少在水平方向有一个偏离。当速度存在剧烈横向变化时,只有叠前深度偏移能够同时实现共反射点的叠加和绕射点的归位。深度偏移的技术发展,起初重在解决构造成像问题。近年来,随着计算机运算能力的飞速发展与高精度勘探的需求,保幅型深度偏移理论发展较快。

1) Kirchhoff 积分法叠前深度偏移保幅性分析

Kirchhoff 积分法叠前深度偏移已在实际生产中应用了多年,并解决了不少复杂构造的成像问题。为适应复杂地质构造和岩性成像实现保幅处理,近年来在 Kirchhoff 积分法叠前深度偏移中,不同程度地考虑了几何扩散、振幅随入射角的变化、透射损失、地层吸收衰减、散射损失、焦散效应、各向异性影响和薄互层效应等。

2) 双平方根方程炮域波动方程叠前深度偏移保幅性分析

基于双平方根方程的共炮集波动方程叠前深度偏移的基本思路是,首先对每一炮进行单炮偏移成像,然后再把各炮成像结果在对应地下位置上叠加,从而得到整个成像剖面。对于每一炮,标准的波动方程叠前深度偏移可以分为三步:震源波场的正向延拓、炮集记录波场的反向延拓和应用成像条件求取成像值(Clearbout,1971)。

为了分析保幅型双平方根方程炮域波动方程深度偏移与常规双平方根方程炮域波动方程深度偏移的差异,对两种方法的波场延拓算子及边界条件进行了分析,从分析结果看,保幅型双平方根方程炮域波动方程的深度偏移比常规方法的保幅性能要好(图 4-115)。

3) 叠前逆时偏移(RTM)保幅性分析

随着勘探对象的日趋复杂和对成像精度要求的不断提高,传统偏移方法的不足日益明显,地震成像领域迫切地需要一种适用于任意复杂介质成像的精确偏移方法。而叠前逆时偏移方法(reverse time migration,RTM)的出现给地球物理学家

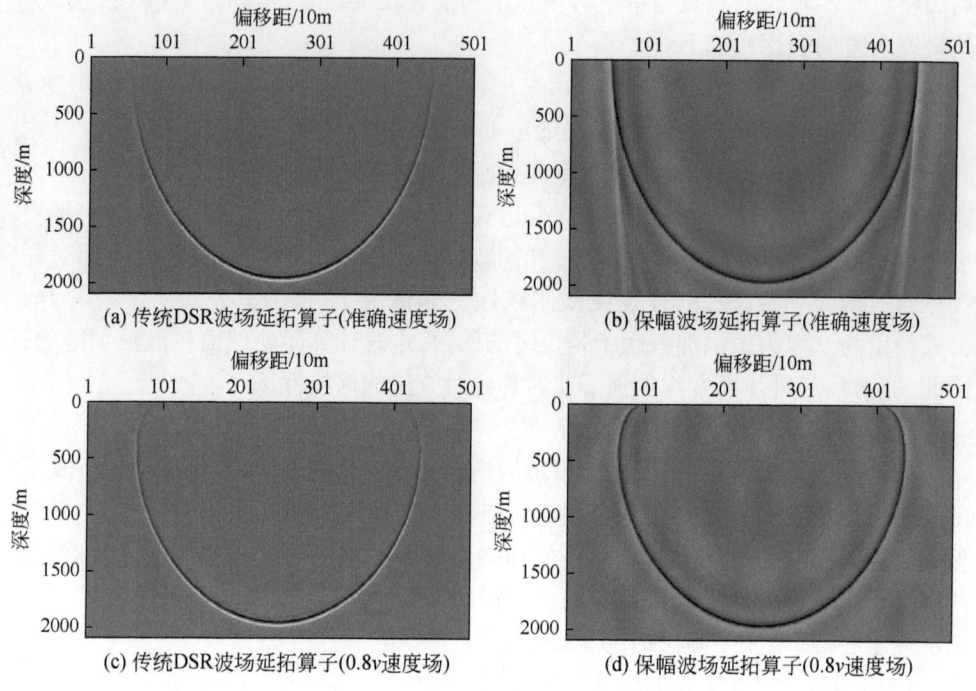

图 4-115 地层速度横向变化的影响

带来了希望。基于双程波动方程的逆时偏移方法,利用时间逆时外推对波场进行重构,理论上无倾角限制,可以实现对回转波、棱镜波及多次波的正确成像,获得精确的动力学信息,具有良好的保幅性。

叠前逆时偏移一般分为三步:首先选用合适的数值解法求解双程波动方程,对震源波场依时间进行正向延拓,并将波场值记录在磁盘上;然后对接收波场进行逆时延拓并保存波场值;最后在每个时间步长上对震源波场和接收波场进行互相关,从而得到该时刻的成像点,将所有时刻的成像结果叠加即得到最终的成像剖面。这种成像原理的优势在于更好地保持了振幅信息,并具有更高的分辨率。

RTM 是目前理论最完整、理论成像精度与保幅性最高的叠前偏移成像方法。叠前逆时偏移解决振幅问题:无振幅加权和相位近似,通过精确的照明补偿和振幅成像,更有利于复杂构造与岩性预测。遗憾的是,RTM 对成像条件(速度、资料信噪比)具有较高的敏感度与依赖性,速度偏低、资料信噪比偏低易致多波干涉严重,难以取得理想效果。本书建立了复杂模型 SLGRI 用来验证叠前逆时偏移的成像能力,从正演记录与波场快照看,波场异常复杂,逆时偏移仍能够较好的解决成像问题,但多波至现象比较严重(图 4-116 和图 4-117)。另外,运算效率低也在一定程度上影响了该技术的广泛应用。

| 第 4 章 | 现有关键处理技术的保幅性研究

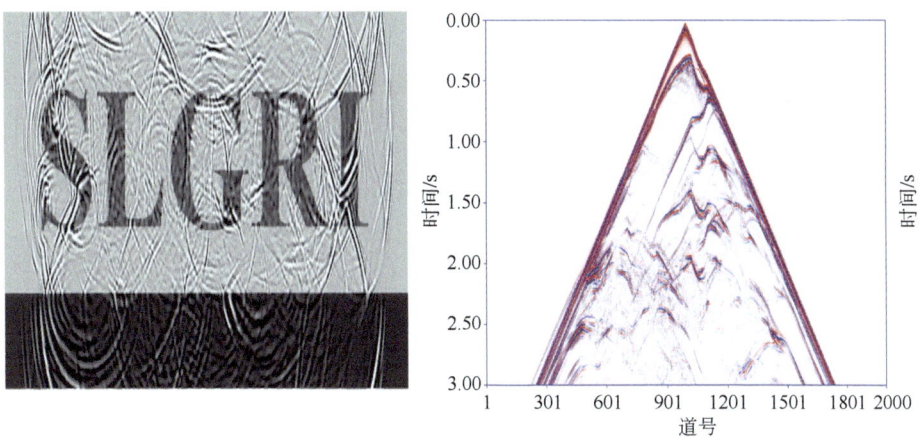

图 4-116　SLGRI 模型与正演结果

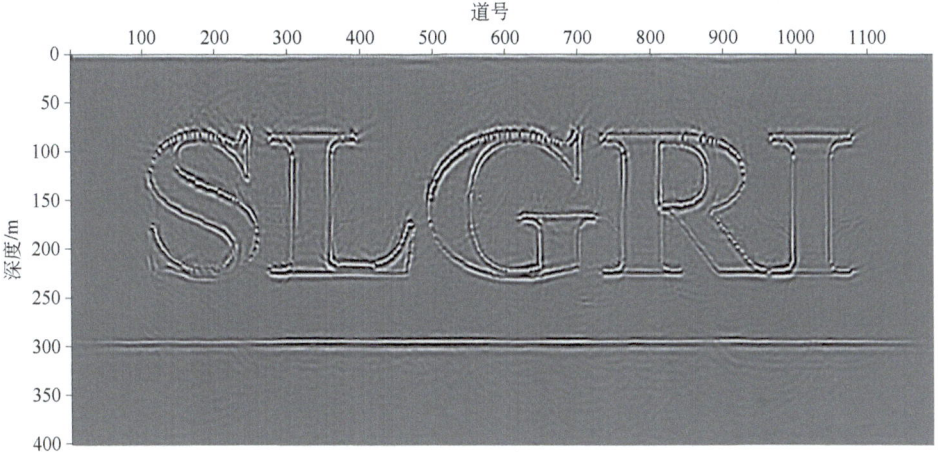

图 4-117　神通系统叠前逆时偏移成果

3. 不同成像方法的保幅性实例分析

为了更加深入分析不同成像方法的保幅性,本书利用模型速度(准确成像速度)对复杂断块模型完成了多种成像处理,并对选取的不同成像数据的相邻 5 道(油层顶界位置)进行了频谱分析与相位分析。分析结果表明:成像方法整体评价为振幅相对保持,叠加、叠后偏移、叠前时间偏移具备频率、相位相对保持特性,积分法深度偏移具有低通效应,叠前深度偏移对相位具有一定的改造作用(图 4-118 和图 4-119)。

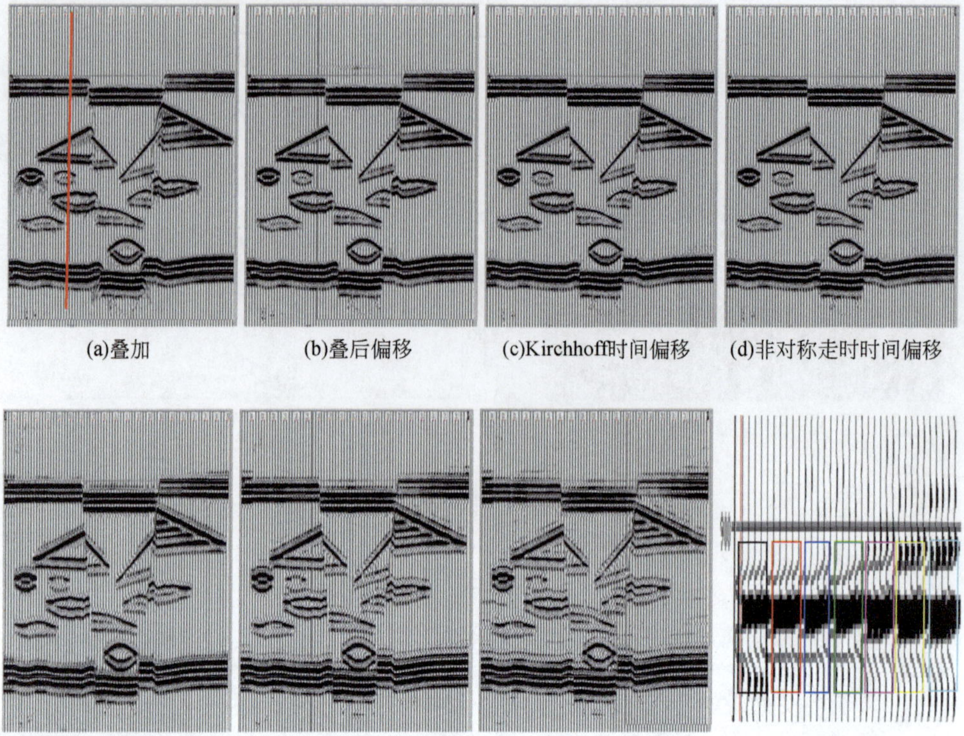

(a)叠加　　(b)叠后偏移　　(c)Kirchhoff时间偏移　　(d)非对称走时时间偏移

(e)Kirchhoff深度偏移　　(f)炮域波动方程深度偏移　　(g)RTM深度偏移　　(h)不同成像方法的地震道

图4-118　不同成像方法的成像结果

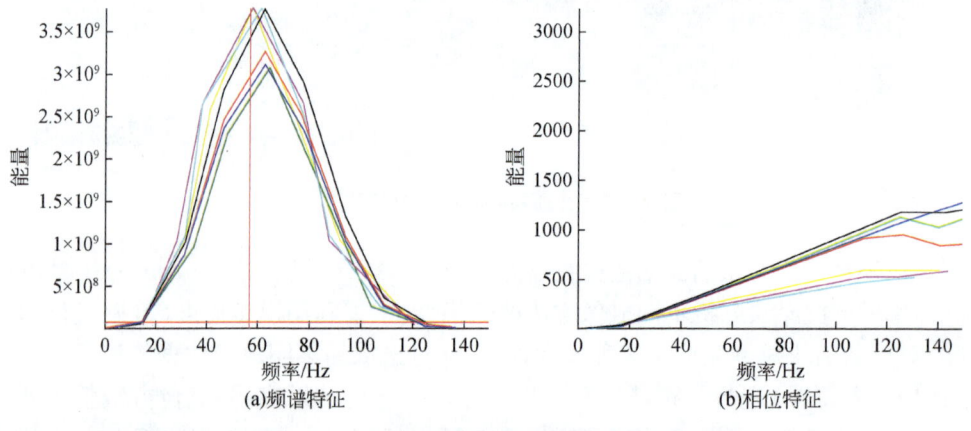

(a)频谱特征　　　　　　　　　　(b)相位特征

图4-119　不同成像方法的频谱特征与相位特征

利用罗家-2009高精度三维实际资料，对不同成像方法进行分析对比后认为：对于沙四段储层，由于资料信噪比较高、构造简单且地层倾角小、速度横向变化不大,不同成像方法都具有比较好的相对保幅性;但从成像角度分析,非对称走时对时间偏移断点刻画较清晰;炮域波动方程深度偏移表现出更好的深层成像能力与高频保持特性(图4-120)。

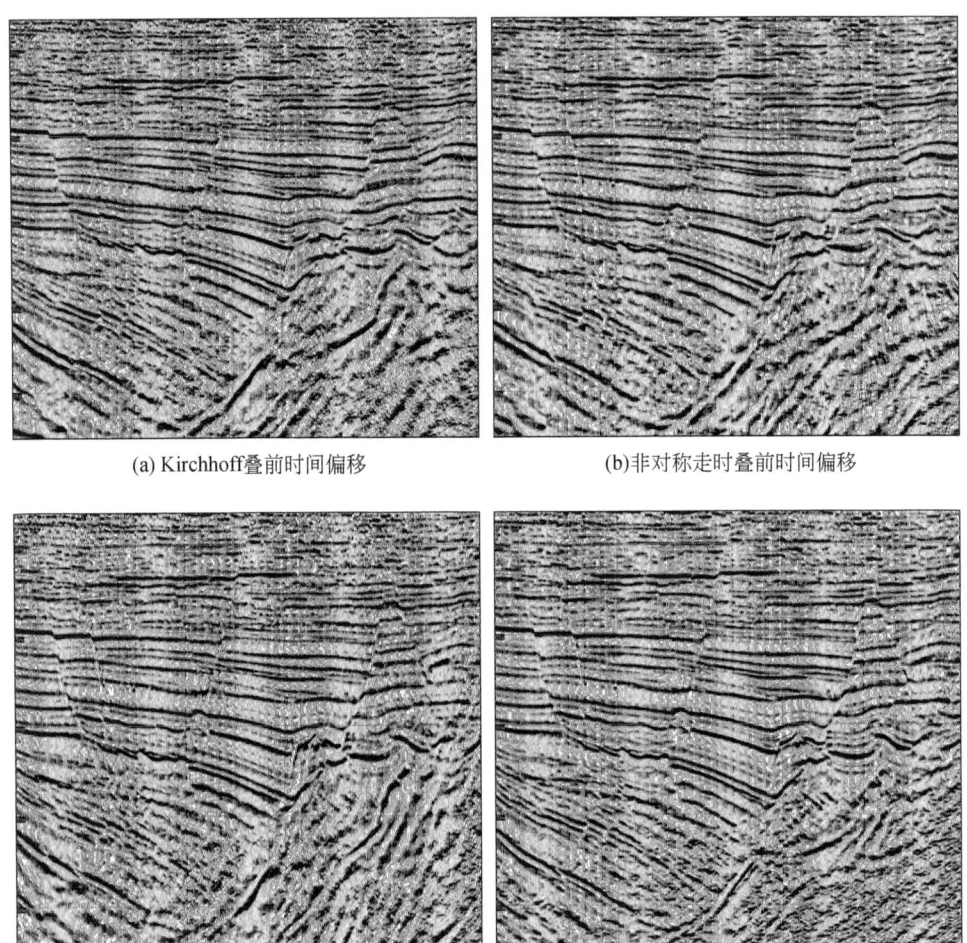

图4-120 不同成像方法的成像结果

4.4.2 采集因素对成像保幅性的影响研究

1. 数据规则性对保幅成像的影响

不规则地震数据会对地震多道处理技术的正确运行产生不良影响,降低地震资料处理保幅质量。当相同属性的立体观测角均匀分布于三维反射界面上任意一点时,则说明观测数据较理想,以此数据为基础可以进行最佳保振幅成像。多年的实践表明,规则数据是地震波保幅成像的基础,地震数据的空间非规则性会导致成像振幅的破坏。遗憾的是,受野外采集成本及地表条件等因素限制,虽然近年来地震勘探向小面元、高覆盖、宽方位发展,但高密度采集的资料非常少。叠前偏移成像对空间采样有很高的要求,炮、道密度和均匀对称性直接影响偏移效果和偏移噪声的产生。数据的不规则导致成像道集及剖面出现"偏移噪声",对有效储层的成像影响很大。为此,必须开展数据规则化技术研究,以弥补原始数据先天不足的缺陷。

1) 数据缺失引起的不规则问题及保幅性应对措施

针对CMP域部分偏移距缺失问题,为提高成像结果的保幅程度,有必要通过加密空间采样,防止偏移时频散的出现,提高成像的保幅性,使其地球物理信息更加真实地反映地下地质体的地球物理特征。保幅三维傅里叶变换规则化新技术开发后,利用该技术对罗家CMP道集完成了规则化,从规则化前后CMP道集及偏移距属性分布图可见(图4-121),偏移距属性分布更加均匀。叠前时间偏移处理后发现,规则化后再偏移对沙四段储层不再存在偏移画弧现象,具有更好的保真度(图4-122)。

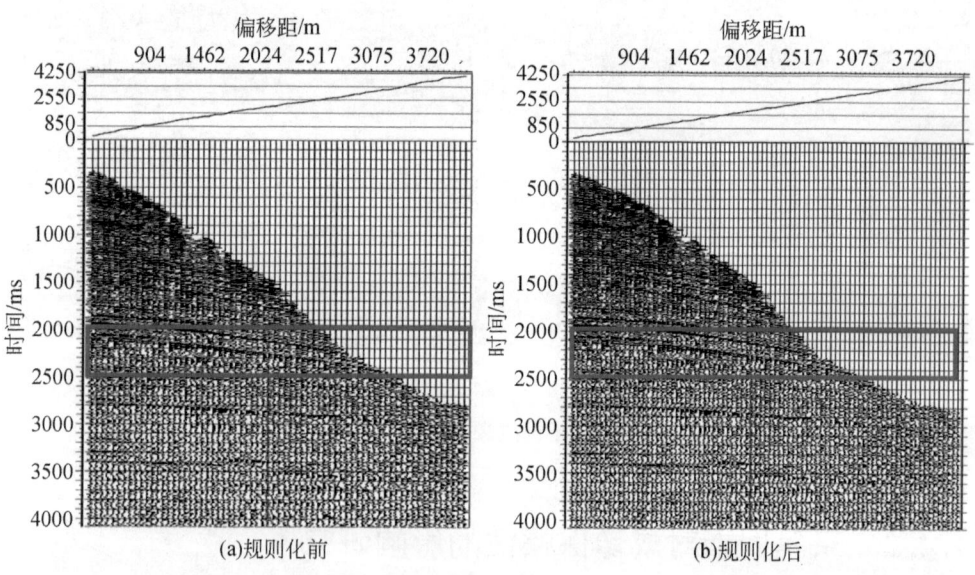

图4-121　CMP道集规则化前后图像

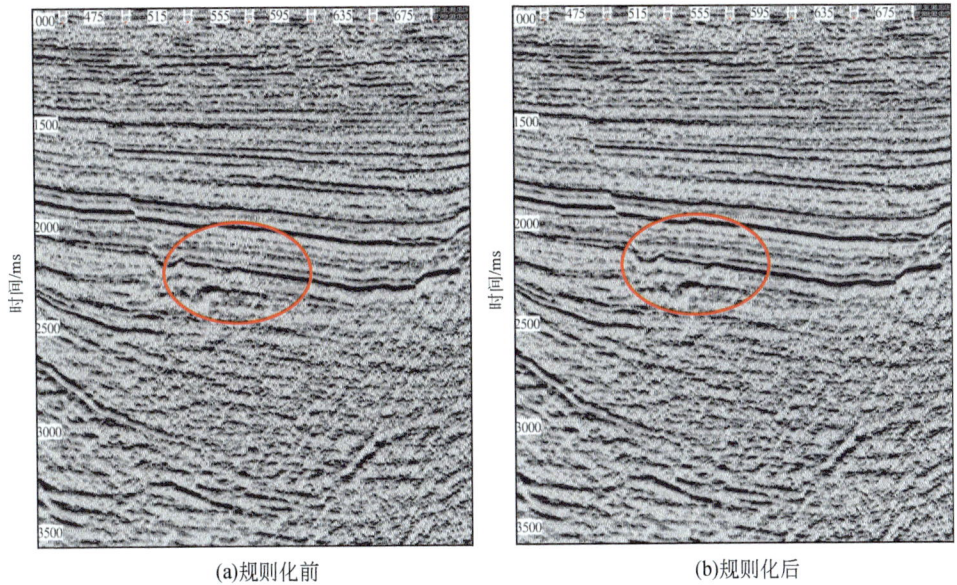

图 4-122　CMP 道集规则化前后时间偏移效果

2）覆盖次数差异问题及保幅性应对措施

目前济阳坳陷有利区域基本上被地震所覆盖，随着三维，物探技术的发展使野外采集工作向着高精度、高密度方向发展，覆盖次数等属性大大提高，这使得在与早期采集的地震资料（低覆盖次数）连片处理时存在明显的差异，即由于覆盖次数差异造成偏移画弧严重，影响了成像的保幅性。

罗家-2009 高精度三维周边拼接了以往施工的三维数据（图 4-123），新三维覆盖次数达到了 160 次，而以往施工的老三维覆盖次数一般在 24 次左右，这致使在偏移过程中存在由高覆盖次数向低覆盖次数区域划弧的现象，为此，我们研究了基于覆盖次数的叠前振幅归一化处理方法，该处理方法不改变（拼接）连片各个工区原始覆盖次数和地震道坐标，在叠加纯波数叠加剖面上求取比例因子，并将求取的比例因子应用到 CMP 数据，再进行叠前时间偏移处理，从而达到纯波成像数据体能量的一致性（图 4-124）。其基本思想如下。

假设地震数据的覆盖次数为 N，当覆盖次数为 0 或者 1 时，地震波的均方根振幅为 A_0，那么，覆盖次数 N 与均方根振幅 A 的关系，可以用下列公式表示：

$$A = A_0 + kN \qquad (4\text{-}29)$$

不难看出，上式中覆盖次数与均方根振幅的关系是线性的，k 为斜率。通过基于覆盖次数的归一化处理，期望输出的均方根振幅级别基本一致，它基本不依赖于覆盖次数的变化，致使在一个固定的振幅级别中上下波动，有效地清除了不同区块间的能量差异。

基于覆盖次数的振幅处理技术，在罗家-2009高精度资料处理中得到了应用并取得了明显效果，有效消除了不同区块间由覆盖次数差异引起的偏移画弧问题。

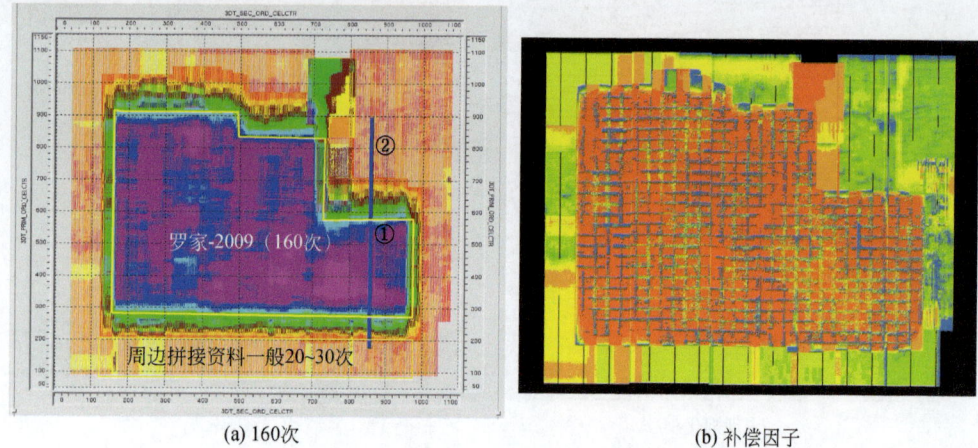

(a) 160次　　　　　　　　　　　(b) 补偿因子

图4-123　罗家-2009高精度三维覆盖次数与覆盖次数补偿因子

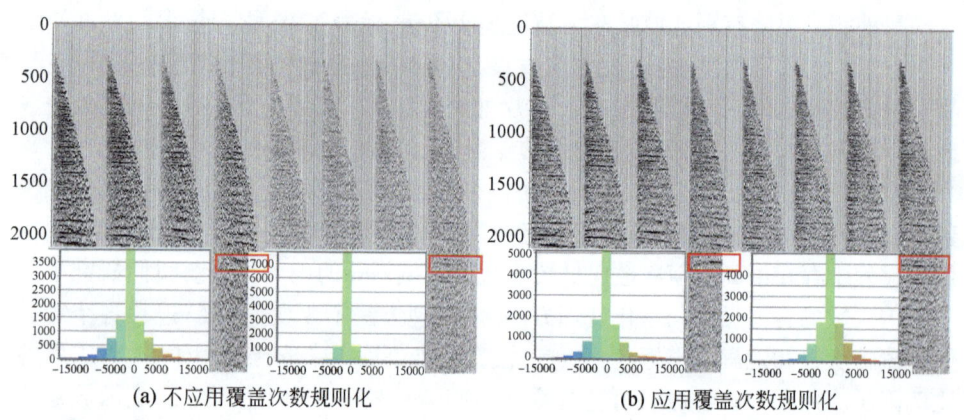

(a) 不应用覆盖次数规则化　　　　(b) 应用覆盖次数规则化

图4-124　不应用、应用覆盖次数规则化偏移道集与能量

2. 信噪比对保幅成像的影响

要想取得保幅性好的成像结果，成像方法、精确的偏移速度固然重要，但高信噪比的CMP道集是基础。叠前成像理论上要求地震记录的信噪比要高（通常认为信噪比应大于1），从实际资料情况看，胜利油田东部探区地处我国的东部平原，激发、接受条件相对较好，因而野外采集的资料信噪比大部分较高，信噪比一般都大于2，罗家-2009高精度三维原始资料信噪比高达2.6。大量区块的处理实践表明，

胜利油田东部探区采集的高精度三维资料,经过叠前噪声压制处理后,在信噪比方面,完全满足保幅成像的需要。

实际资料信噪比量化分析存在一定难度。研究中,对复杂断块模型的正演原始记录,分别加入不同程度的随机噪声,并完成非对称走时 Kirchhoff 积分法叠前时间偏移处理(图4-125),将含油层段(CMP 为 1800～2100,长度为 300m,厚度为 20m)偏移处理后的油层顶界振幅和理想情况下(不含噪声)的振幅进行对比,并计算两者的相似系数(图4-126)。研究表明,信噪比为 0.8 时,保幅性是 77%;信噪比为 1 时,保幅性是 80%;信噪比为 1.5 时,保幅性是 83%;信噪比为 2 时,保幅性是 87%;信噪比为 4 时,保幅性是 92%;信噪比为 8 时,保幅性是 95%。

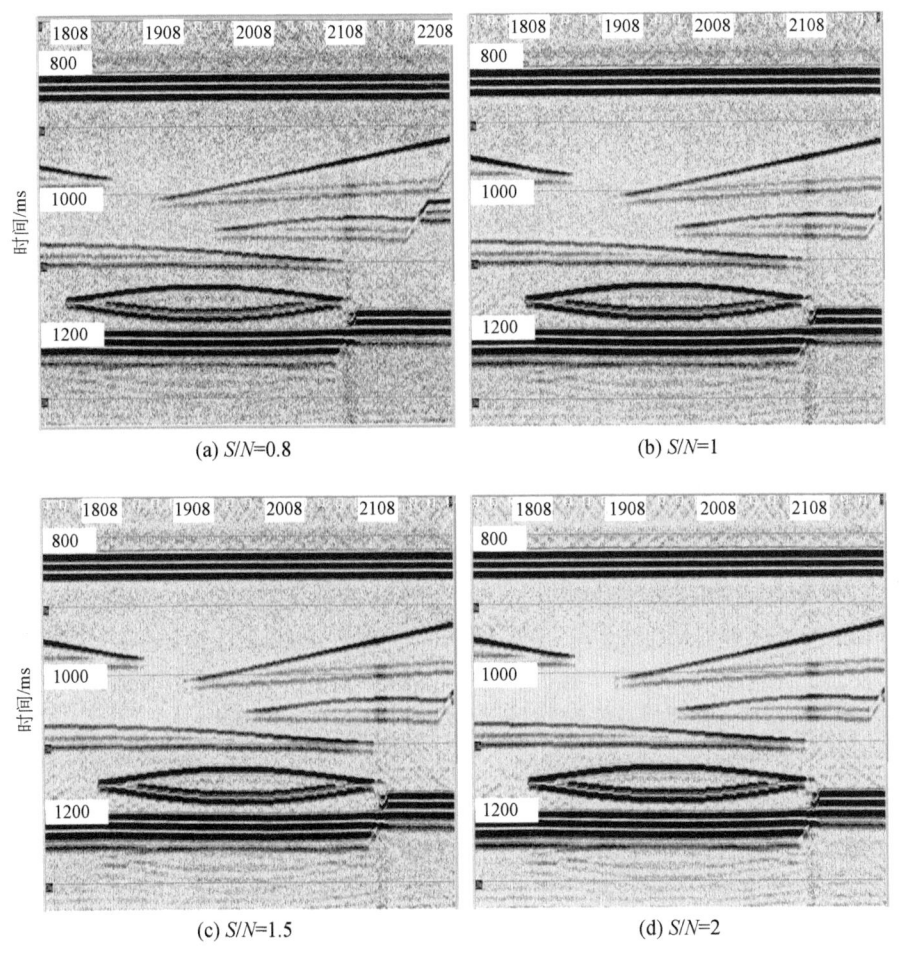

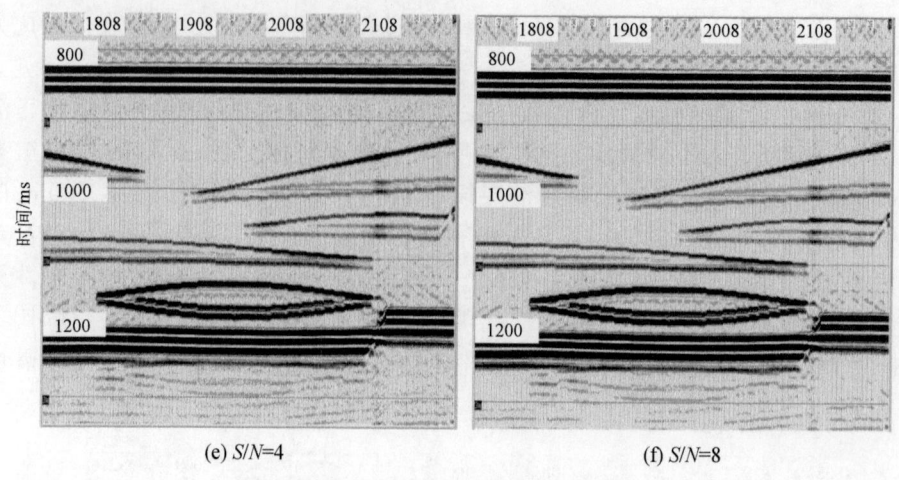

图 4-125　不同信噪比叠前时间偏移成果

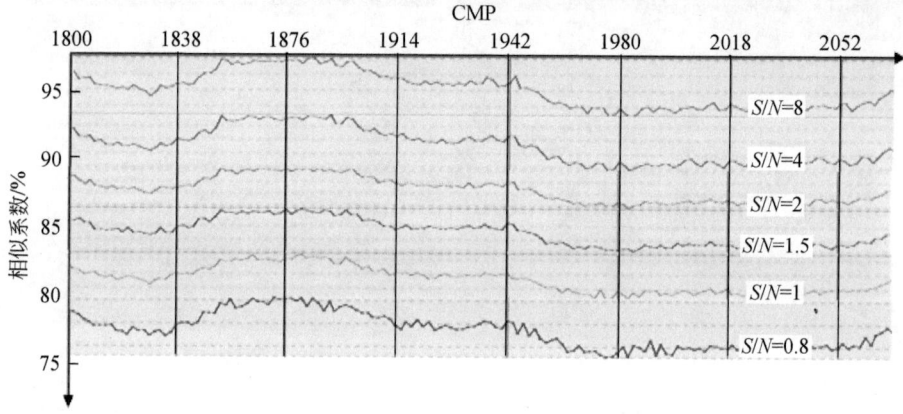

图 4-126　不同信噪比叠前时间偏移油层顶界振幅相似系数对比

3. 速度精度对保幅成像的影响

偏移速度模型的精度是影响偏移结果保幅性的决定性因素,这也是地球物理学家多年来一直探索研究的重点与热点。一般认为,速度误差的大小与偏移误差的大小是相当的。本书通过对时间偏移和深度偏移不同影响的对比分析,较深入地进行了速度误差和偏移成像保幅性的量化分析研究。我们对复杂断块模型的真实均方根速度分别乘以 97%、98%、99%、101%、102%、103%,利用模型数据进行了不同方法的叠前时间偏移和深度偏移成像处理,以非对称走时叠前时间偏移为例,分析了成像速度的聚焦程度(图4-127),分析结果表明,较高的成像速度有利于能量聚焦,更有利于保幅。将不同偏移成像方法处理后的含油层段(CMP 1150～1600,油层厚度60m)的油层顶界振幅和真实速度的振幅值进行了对比(图4-128),从而计算出了各自的相似系数,定量分析了速度变化偏离真实值的程度对处理结果保幅程度的影响。分析结果见表4-5。研究结果表明,随着成像算法越先进、越完善,对速度的精度要求越高,相同的速度偏差,算法越先进,保幅性能越低。

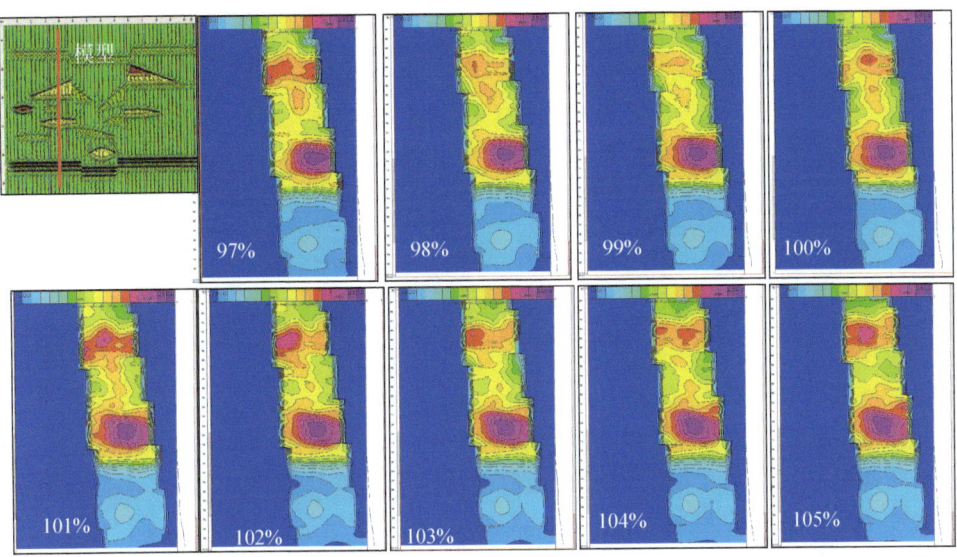

图4-127 非对称走时叠前时间偏移不同速度比能量聚焦分析

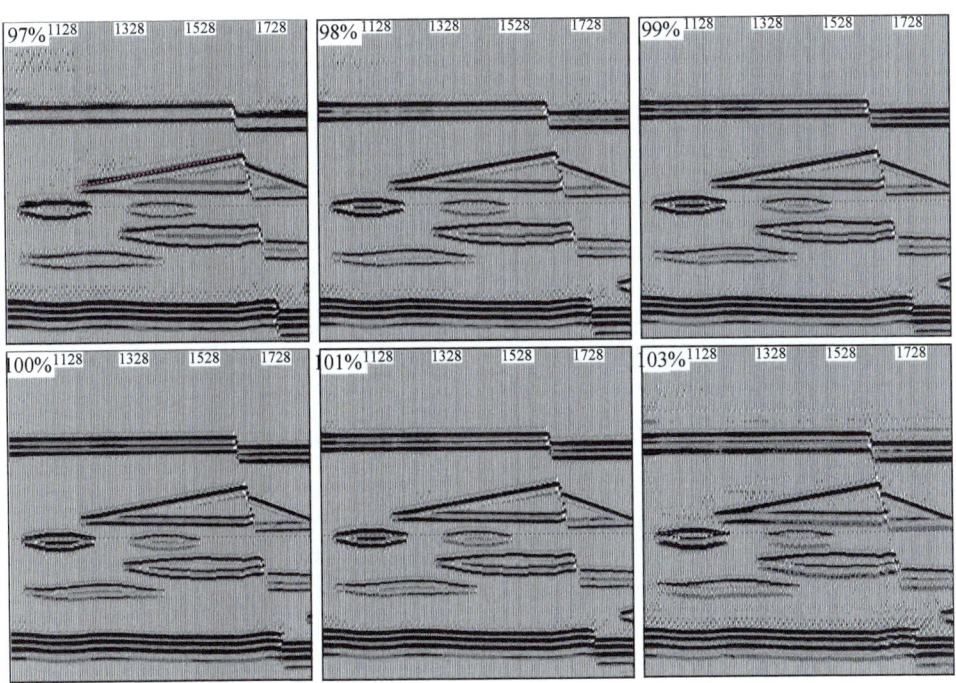

图4-128 非对称走时叠前时间偏移不同速度比偏移结果

表 4-5　速度精度对不同成像方法的保幅性　　　　　　（单位:%）

速度 偏移方法	速度偏差-3% 保幅性	速度偏差-2% 保幅性	速度偏差-1% 保幅性	速度偏差1% 保幅性	速度偏差2% 保幅性	速度偏差3% 保幅性
对称走时 Kirchhoff 时间偏移	81.4	90.0	94.0	96.3	92.4	83.7
非对称走时时间偏移	80.9	90.0	93.8	96.1	92.0	83.2
Kirchhoff 叠前深度偏移	79.3	85.0	89.3	94.8	91.9	81.3
炮域波动方程深度偏移	79.3	84.8	88.7	94.5	90.8	82.2
逆时偏移	75.7	82.8	85.6	90.4	90.5	80.2

对于模型数据,很容易界定速度偏差,但是对于实际地震数据如何判定成像速度的精度呢?研究表明,可以借助剩余曲率最小化准则来确定成像速度的精度。剩余曲率最小化准则是目前理论基础最强的成像速度精度判别方法,也是实际资料处理中比较有效的判别方法。在罗家-2009高精度三维资料保幅处理中,通过三维速度迭代与分析,从偏移后的 CRP 道集剩余曲率及分析剩余曲率剖面叠合属性图(图4-129)可知,剩余曲率值非常小,基本达到剩余曲率最小化准则,从而说明最终偏移速度具有相当高的精度。

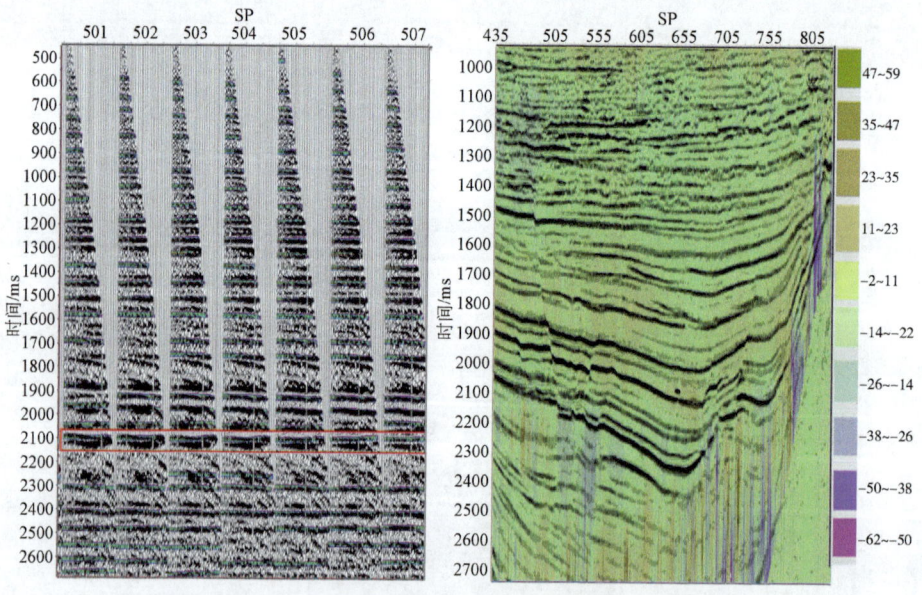

图 4-129　罗家-2009 高精度三维 CRP 道集剩余曲率分析

4. 成像参数对保幅成像的影响

影响叠前偏移成像效果保幅性的因素除了速度场精度和地震资料的品质外，还包括偏移成像过程中的参数，如偏移距组合、偏移孔径、偏移频率、反假频因子。为确保成像效果的保幅性，参数选取必须坚持如下原则。

(1)输出偏移距：偏移距组合是叠前时间偏移的重点。组合的原则是起始点大于最小偏移距，组合增量是偏移距增量的倍数，终点小于最大偏移距量，避免出现空道，组合距增量尽可能的小。

(2)偏移孔径：偏移孔径是指用于绕射点偏移成像所涉及的地震资料空间分布范围，是影响叠前时间偏移效果的重要参数。过大的偏移孔径不仅使偏移计算量增加，而且还引进了偏移噪声，使假频严重，降低了信噪比，影响偏移结果的质量；若偏移孔径过小，则陡倾角地层反射得不到充分成像。通常，为保证偏移成像的质量，要求偏移孔径必须含有来自地下反射点的主体能量部分，主体能量满足几何光学的 Snell 定律(入射角等于反射角)。为提高成像质量，在成像过程中，应选取以主体能量为中心的相干带(绕射带，菲涅耳半径)的地震资料，这样既可保证成像结果中的构造准确性，同时也可改善地震剖面的信噪比。

(3)偏移频率：偏移频率是影响偏移效果的重要参数之一，频率过高会产生高频噪声和假频现象，过低会造成高频成分损失，影响成像保幅的质量。该参数的选取应该在对 CMP 道集频率扫描的基础上，选取最高主频作为最佳偏移频率。

(4)反假频距离：若参数取值过大，去假频能力强，但会影响资料的分辨率和剖面整体的波组特征；取值过小，去假频能力小，同时又会降低剖面的整体信噪比，从而影响成像质量。该参数相对于其他成像参数，对资料保幅性的影响最小。

4.4.3　偏移成果的保幅性评价实例

如何对成像成果进行保幅性量化分析，一直以来争议较大。本书通过对复杂断块模型及罗家-2009高精度三维资料的叠前成像处理，认为在生产实践中对偏移成果从以下三个主要方面开展保幅性评价，更具有现实意义。

1. 利用成像效果与时间切片分析成像的保幅性

构造成像是保幅成像的前提，构造成像不合理，就无从谈论保幅问题。对于构造成像的合理性，可结合不同成像剖面的构造合理性定性判别。从罗家-2009高精度三维叠前时间偏移、叠后偏移成像剖面和时间切片的对比分析看，叠前时间偏移与叠后偏移相比，成像效果与成像精度有了明显提高，足以说明叠前时间偏移比叠后偏移具有明显的保幅性(图4-130)。

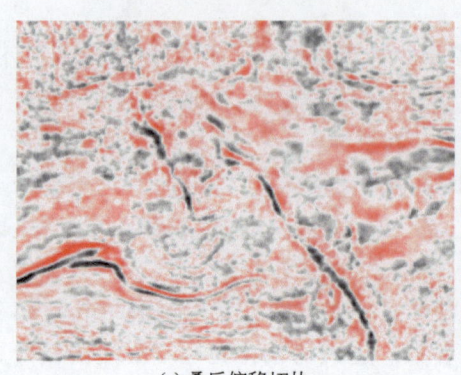
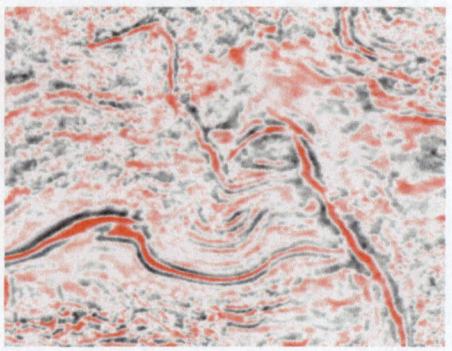

(a) 叠后偏移切片　　　　　　　　(b) 叠前偏移切片

图 4-130　罗家-2009 高精度三维时间偏移 2852ms 切片

2. 与已钻井的对比判定成像的保幅性

通过搜集本区钻进资料,在陈家庄北坡钻探了 3 口井,邵 61、罗 55 井因碳酸盐岩储层变差或缺失而失利,说明碳酸盐岩储层分布规律复杂。从河口–陈家庄三维叠前时间偏移资料来看,邵 61 井灰岩反射为连续强反射,解释为碳酸盐岩发育,这与实钻存在差异。罗家-2009 高精度三维地震资料保幅处理后,邵 61 井为不连续较弱反射,与钻井吻合,说明保幅处理成果的可靠性。对罗家-2009 高精度三维地震资料中已钻井的岩相速度进行了研究,构建了该区灰礁、灰滩微相、砂砾岩层速度交汇图,并完成了部分井的正演记录。利用合成记录分析储层的振幅变化关系与成像成果的振幅变化关系(图 4-131),可以更好地判别成像的保幅性。

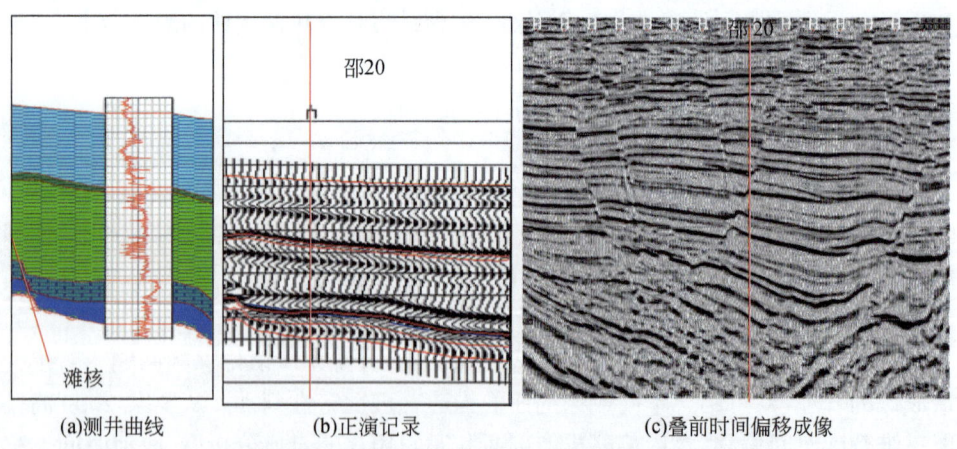

(a)测井曲线　　　　(b)正演记录　　　　　　(c)叠前时间偏移成像

图 4-131　邵 20 井测井曲线、正演记录与叠前时间偏移成像成果

3. 利用 AVO 等典型属性判别成像的保幅性

处理后的道集 AVO 关系没有被破坏,保持了相应的振幅响应特征。研究中,对复杂断块模型的含气储层进行了分析,从分析结果看,无论是时间偏移还是深度偏移,均已具备相对保幅特征(图 4-132)。

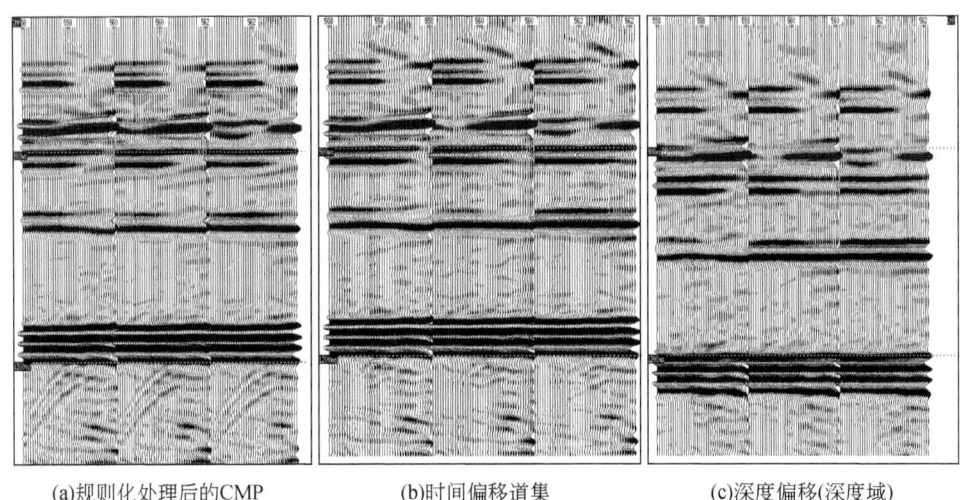

(a)规则化处理后的CMP　　　(b)时间偏移道集　　　(c)深度偏移(深度域)

图 4-132　AVO 相应分析

4.4.4　小结

通过本节的专题研究,取得了以下 5 点结论与认识。

(1)成像算法越复杂、越完善,理论保幅性越强,其对成像因素(信噪比、数据规则性、成像速度)要求越高,相应的运算效率越低。推荐的保幅性成像方法有非对称走时叠前时间偏移、炮域波动方程叠前深度偏移。

(2)不同成像方法的整体评价为振幅相对保持,叠加、叠后偏移、叠前时间偏移具备频率、相位相对保持特性,积分法深度偏移具有低通效应,叠前深度偏移对相位有一定的改造作用。

(3)地震波场的复杂性影响成像的保幅程度,地震波场越复杂,不同成像方法的保幅性差异越大。

(4)实际生产中实现保幅成像的重点应更多地关注保幅成像因素。

(5)成像速度的准确性是保幅成像的技术瓶颈,对成像速度的判别可采用定性与定量结合及利用多属性质量控制辅助完成。

第 5 章　保幅新技术开发及模块研制

保持振幅处理在烃类的直接检测、储层研究和波阻抗反演等方面都具有重要的意义。通过对前期地震保幅处理评价准则及保幅分析评价方法研究，形成了一套科学的地震资料处理过程及成果资料的保幅分析评价方法。运用该准则及保幅分析方法对噪声去除、振幅补偿、不同反褶积技术、叠前成像处理技术的保幅性进行了系统的分析与评价，开发出了一系列相对保幅处理新技术及最佳保幅处理参数，对相对保幅处理流程建立及处理起到了重要作用。但在一些关键处理环节，原有处理系统中固有的一些技术缺陷制约了相对保幅性处理流程的建立。因此，需要对保幅能力相对较低的振幅吸收衰减补偿技术、保幅反褶积处理技术及叠前保幅道内插处理技术进行针对性的技术研究，对现有此类处理技术进行进一步的补充与完善，最终形成一套面向岩性储层精细预测的保幅处理技术系列。

5.1　时频空间域波形一致性校正技术研究

目前，岩性油气藏已成为各大油田勘探、开发的重点油气藏之一，对储层岩性，特别是砂体或薄互层的地震属性研究受到广泛重视。对基于储层岩性研究的地震资料保幅处理不断提出精细要求，在目前的地震资料处理中，常规的球面发散与吸收补偿、地表一致性振幅补偿和地表一致性反褶积技术在某种程度上可以消除一定的近地表因素影响，但它们难以在时间、频率和空间三个域内有效消除近地表因素的影响。在振幅补偿(保幅)方法上都存在一定的局限性，处理成果不能准确反映真实的储层岩性信息的变化和薄储层的构造变化。这就势必给储层的识别带来困难，从而使解释精度及储层描述受到相应的制约。

针对传统大地吸收及衰减补偿技术存在的不足和缺陷，通过对小波变换，选取符合实际地震数据频带特点的时频分解方法。在时间、频率、空间域拟合各频段地震数据的吸收衰减函数，进行大地吸收、衰减补偿及子波一致性校正技术研究，消除近地表因素造成的波形非一致性影响，提高岩性油气藏储层信息的精细分辨能力。

5.1.1 广义 S 变换时频分析技术

时频分析是非平稳信号分析的有力工具,在信号处理中起着非常重要的作用。近年来,时频分析技术随着计算机技术的发展有了新的飞跃,在实际非平稳信号处理中已获得十分广泛的应用。

Stockwell 等(1996)提出的 S 变换是以 Morlet 小波为基本小波的连续小波变换的延伸。在 S 变换中,基本小波是由简谐波与 Gaussian 函数的乘积构成的,基本小波中的简谐波在时间域仅作伸缩变换,而 Gaussian 函数则进行伸缩和平移。这一点与连续小波变换不同,在连续小波变换中,简谐波与 Gaussian 函数进行同样的伸缩和平移。S 变换是一种可逆的分频方法,与连续小波变换、短时傅里叶变换等时间-频率域分析方法相比,S 变换有其独特的优点:信号 S 变换的时间-频谱的分辨率与频率(即尺度)有关,它克服了短时窗傅里叶变换不能调节分析窗口频率的问题,同时引入了小波变换的多分辨率分析,且与傅里叶谱保持直接的联系,基本小波不必满足容许性条件等。

信号的时间-频率域分布特性既与信号本身有关,也与所选用的基本小波有关。因此,根据对信号做时间-频率域分析的目的,恰当地选择或构造基本小波是十分重要的。在 S 变换的定义中,基本小波是固定的,窗口函数的标准差等于一个频率波长,这使得 S 变换中的基本变换函数形态固定,在应用中受到限制。例如,在地震资料处理中,准确地确定反射界面的位置(即确定反射系数的位置)是十分重要的,用 S 变换进行薄层分析,效果不能令人满意。因此,许多学者对基本 S 变换进行了发展,提出了广义 S 变换(GST),如 Mansinha 等(1997)用 $\frac{f}{\gamma}$ 代替 f,得到:

$$g_f(t) = \frac{|f|}{\sqrt{2\pi}\gamma} e^{-\frac{t^2 f^2}{2\gamma^2}} \tag{5-1}$$

在同相轴起始时刻用较窄的窗口,能提高 S 变换的分辨率,即对 γ 取较小的值。但此时频率域的分辨率会变差,且在 S 变换域整个同相轴的识别分辨率也不会得到改善。解决这一问题的方法是采用非对称窗口函数,可以提高 S 变换的分辨率。McFadden(1999)等给出了非对称窗口的广义 S 变换;Pinnegar 和 Mansinha(2003)提出了既可调节窗口宽窄又非对称的广义 S 变换:

$$w_{HY} = \frac{2|f|}{\sqrt{2\pi}(\gamma^F + \gamma^B)} \exp\left(\frac{-f^2 \{X[\tau-t,(\gamma^B,\gamma^F,\lambda^2)]\}^2}{2} \right) \tag{5-2}$$

得到广义 S 变换公式:

$$S(\tau,f) = \int_{-\infty}^{+\infty} h(t) w_{HY} e^{-i2\pi ft} \mathrm{d}t \tag{5-3}$$

其中，

$$X[\tau-t,(\gamma^B,\gamma^F,\lambda^2)] = \left(\frac{\gamma^B+\gamma^F}{2\gamma^B\gamma^F}\right)(\tau-t-\zeta) + \left(\frac{\gamma^B+\gamma^F}{2\gamma^B\gamma^F}\right)\sqrt{(\tau-t-\zeta)^2+\lambda^2} \quad (5-4)$$

X 为关于 $(\tau-t)$ 的双曲线，依赖于后倾斜参数 γ^B，前倾斜参数 γ^F（假设 $0<\gamma^F<\gamma^B$）和含有时间单位的正曲率参数 λ，通过 ζ 的转换来确定 w 的峰值出现在 $(\tau-t)=0$，ζ 定义为

$$\zeta = \sqrt{\frac{(\gamma^B-\gamma^F)^2\lambda^2}{4\gamma^B\gamma^F}} \quad (5-5)$$

式中，根号为正的平方根。

尽管双曲线窗口 S 变换比高斯窗口的 S 变换在数学表达式上更为复杂，如图 5-1 所示，但其实不难实现。

图 5-1(a) 双曲线窗口 w_{HY} 在（实线），$f=1.0$（虚线），$f=2.0$（点线）的显示，$\gamma^B=1.5$，$\gamma^F=0.5$，$\lambda^2=1.0$。图 5-1(b) 经垂向拉伸到最大值 1，横向不变，三条曲线显示了随频率的变化。

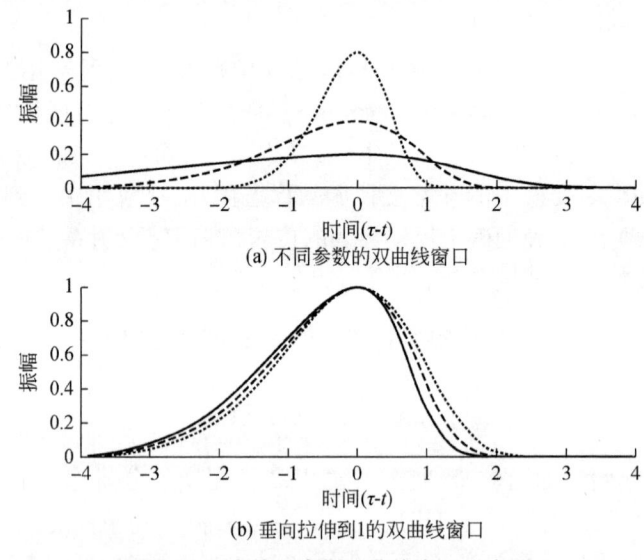

图 5-1　S 变换及高斯双曲线窗口示意图

5.1.2　基于广义 S 变换的频率补偿基本原理

地震勘探的主要目的是寻找地下含油气构造，在一般地震剖面中，由于受大地滤波的影响，油、气、水分界面的地震反射响应较弱，在地震剖面中一般是模糊不清的。因此，对剖面进行准确解释评价是很困难的。解决这一问题的关键是正确补

偿地震信号中损失的高频信号成分的能量。

对此,早期人们所采取的处理方法大致可分为两种:一种是采用简单的频谱抬升,将高频部分按一定的比例进行人为抬升,然后再利用傅里叶反变换,得到时间域信号;另一种是认为高频信号完全是噪声,没有利用价值,应该丢弃。上述两种处理高频段微弱地震信号的方法都存在严重的缺陷,究其根源在于无法针对不同频段的信号损失进行不同的能量补偿,广义的 S 变换具有小波变换的分频特性,又与傅里叶谱保持直接联系,可将地震信号进行分频分解,然后对各频段信号按其频率的高低进行不同的能量补偿,尤其对高频段信号成分,进行较强的能量补偿。

一个信号既可以用时间来描述表达,也可以用相位和振幅谱来表达。地震道的谱成分是随穿过地层的旅行时而变化的,最典型的就是高频成分首先被损耗。通常用多个小时窗内估算的傅里叶谱分量(而不是用全道长的谱或者用时变反褶积和其他的时变谱变换算法)来补偿谱成分随时间的变化。

震源激发的子波经过大地滤波,分辨率会降低。实际上,大地滤波是一个低通时变滤波,即 Q 滤波(包含褶积效应)。设地层反射系数为 $r_k(k=0,1,\cdots,K)$,由于子波是时变的,每个反射系数会受不同的 Q 滤波,反射系数 r_k 对应的时间为 T_k,经 Q 滤波后的振幅响应为

$$A_k(f,T_k) = A_0(f,0) e^{\frac{-2\pi f T_k}{Q}} \tag{5-6}$$

式中,Q 为 T_k 处的等效 Q 值;$A_0(f,0)$ 为初始时刻的等效振幅。

假定散射、干涉、微屈多次反射或其他原因造成的振幅衰减都已得到了合理的补偿,只需考虑由地层吸收造成的振幅衰减,则反射率函数可写成如下形式:

$$r(t)\delta(t-T_k) = \begin{cases} r(T_k), & t=T_k \\ 0, & 其他 \end{cases} \tag{5-7}$$

其傅里叶变换为

$$\int_{-\infty}^{+\infty} r(t)\delta(t-T_k)\exp(-i2\pi ft)\mathrm{d}t = \sum_{k=0}^{K} r_k \exp(-i2\pi f T_k) \tag{5-8}$$

考虑到振幅衰减因素,反射率函数的傅里叶变换可以写成:

$$R(f,T_k) = \sum_{k=0}^{K} r_k A_k(f,T_k)\exp(-i2\pi f T_k) \tag{5-9}$$

设地震子波为 $w(t)$,其傅里叶变换为 $W(f)$,则地震反射记录为

$$x(t) = r(t)\delta(t-T_k) \times w(t) \tag{5-10}$$

频率域表示为

$$X(f,T_k) = R(f,T_k)W(f) \tag{5-11}$$

式中,T_k 处的反射波振幅谱为

$$|X(f,T_k)| = |A_k(f,T_k)W(f)r_k| \tag{5-12}$$

相位谱为

$$\varphi(f, T_k) = 2\pi f T_k \tag{5-13}$$

如果地层足够厚,相邻界面的反射波在地震记录上则互不干涉,根据式(5-12)和式(5-13),每个时刻各频率的反射波振幅相对初始时间(如前次反射时刻)振幅的衰减比率为

$$\alpha(f, T_k) = \frac{|X(f, T_k)|}{X(f, 0)} r_k e^{\frac{-2\pi f T_k}{Q}} \tag{5-14}$$

用 $\frac{1}{\alpha(f, T_k)}$ 加权 $X(f, T_k)$,使 T_k 时刻各个频率的频谱与初始时间的频谱只相差一个相同的比率因子 $\alpha(f, T_k)$(依赖于 f_0),从而消除了吸收衰减。依次对每个时刻都进行加权处理,然后重构地震记录,此时,地震记录不同时间的子波波形是一致的,仅相差一个比例因子,可以通过时域动平衡处理来消除。

根据广义 S 变换理论,可以将地震道高分辨率地变换为时频平面分布,由于不存在短时傅里叶变换的时窗宽度问题,也不存在小波变换的尺度宽度问题,因此,无需加平滑窗。具体做法是:①采用广义 S 变换,对高信噪比的叠加地震信号逐道进行时频分析;②在每个时间点,根据地层吸收特点提取各个频率的能量吸收衰减因子;③用加权方法补偿该时刻对应频率的广义 S 变换系数,使各个频率在不同时间的能量相同;④将所有时间每个频率的加权补偿结果重构回地震记录,完成对地层吸收的补偿。

5.1.3　STFT、小波变换和 S 变换分频方法对比

图 5-2 为胜利青东 5 探区叠后剖面,取地震记录的前两道分别用短时傅里叶变换、小波变换、S 变换做时频分析,比较三者之间的关系及技术方法的优缺点。

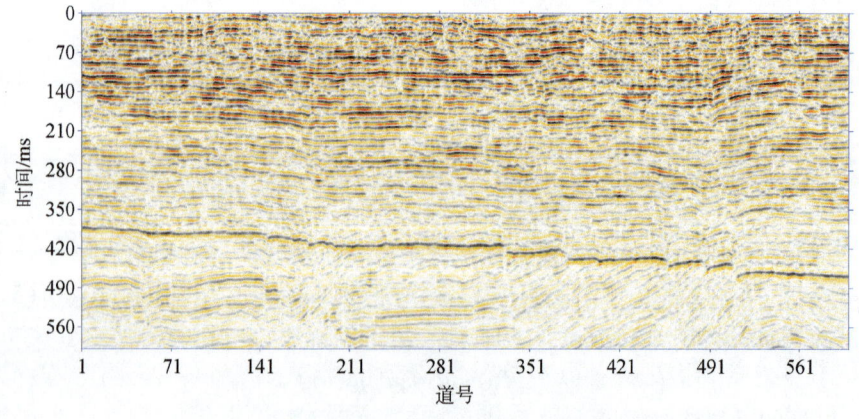

图 5-2　胜利青东 5 三维叠后地震记录剖面

图 5-3(a)为图 5-2 地震记录中的前两道记录的波形显示，图 5-3(b)和图 5-3(c)分别为用不同参数因子进行 S 变换得到的针对图 5-3(a)的时频分析剖面。图 5-4 中,图 5-4(a)为用小波变换对图 5-2 进行时频分析得到的剖面,图 5-4(b)、图 5-4(c)分别为时间域、频率域短时傅里叶变换的时频分析。图 5-5 是小波变换与 S 变换的时频分析,图 5-6 为对剖面图 5-2 进行时频分析的三维立体图。

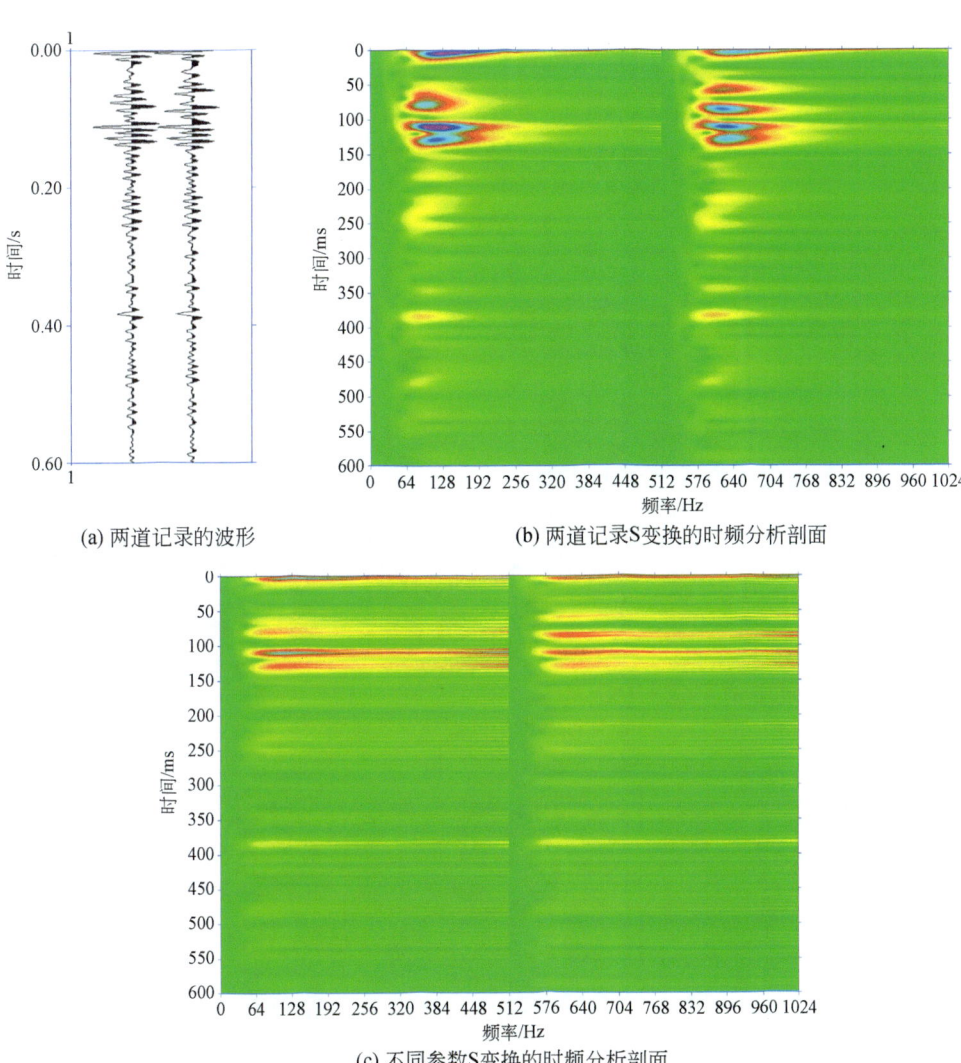

(a) 两道记录的波形　　　　(b) 两道记录S变换的时频分析剖面

(c) 不同参数S变换的时频分析剖面

图 5-3　用 S 变换对地震道进行时频分析

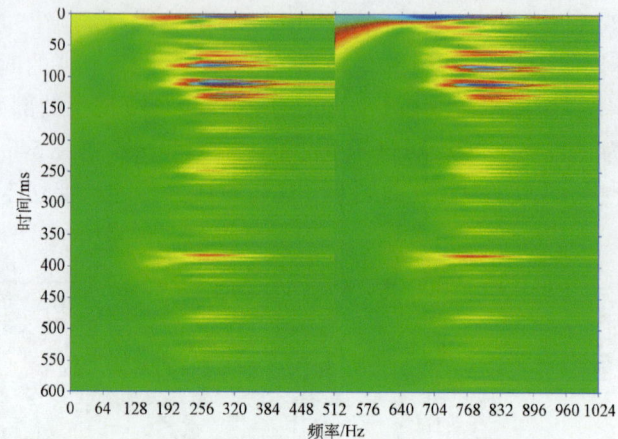

(a) 小波变换时频分析

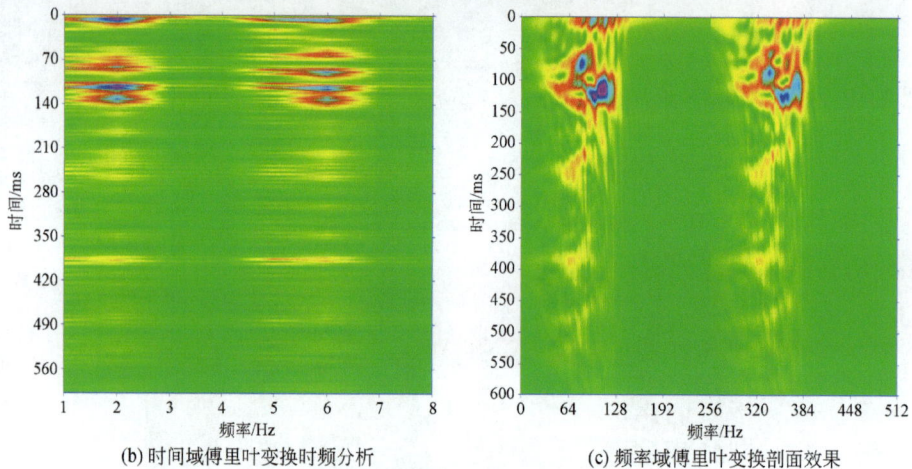

(b) 时间域傅里叶变换时频分析　　　　(c) 频率域傅里叶变换剖面效果

图 5-4　小波变换与傅里叶变换方法时频分析对比

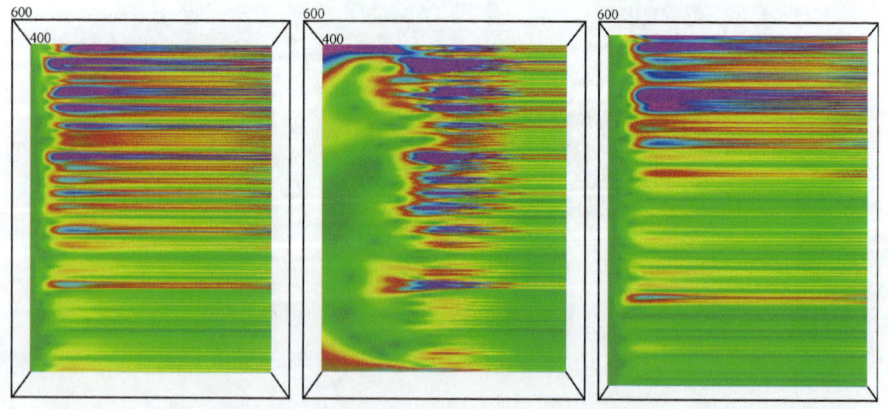

图 5-5　小波变换与 S 变换的时频分析比较

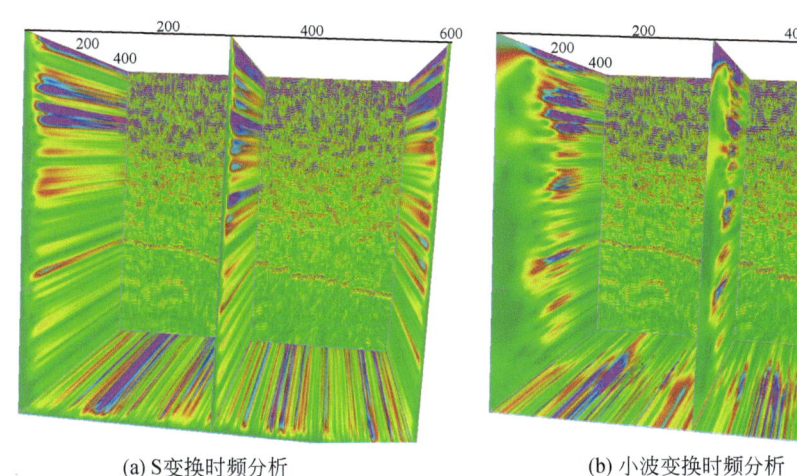

(a) S 变换时频分析　　　　　　　(b) 小波变换时频分析

图 5-6　S 变换时频分析和小波变换时频分析的对比

比较这三种方法的时频分析,可以看出:①短时傅里叶变换所做的时频分析,不论是在时间域还是在频率域中,其能量的连续性都不是很好,而且由于其时间窗函数是固定的、时频网格等宽,时间窗不能随频率需要变宽或变窄,不利于低频、高频信号的检测。但短时傅里叶变换的一个显著优点是频率意义明确,便于频率域内的补偿处理和反变换的频率合成。②小波变换(WT)针对高频、低频信号则分别采用窄时窗和宽时窗,是一种多分辨分析方法。由于小波变换是时间-尺度分析,而尺度和频率的关系并不直接,要根据具体的小波函数而定,其适用范围上受到了一定程度的影响。由图 5-4(a)中可以看出,小波变换在边界上的处理效果与 S 变换相比,存在一定的差距。③S 变换可以根据处理目标的重点选择恰当的参数,在时间域、频率域内的分辨率都会有所提高,而且由于不存在 STFT 的时窗宽度问题,也不存在 WT 的尺度宽度问题。因此,无需加平滑窗,引进小波变换的多分辨分析,与 Fourier 频谱保持直接联系。从上述对比中可以看出,S 变换的时频分析效果要优于 STFT 和小波变换的时频分析效果。

5.1.4　时频空间域波形一致性能量补偿方法实现思路

根据以上讨论可知,近地表因素和大地吸收衰减是影响陆上地震勘探的主要问题之一,要想补偿近地表影响和大地吸收衰减就必须考虑在时间域、频率域和空间域三个域内补偿由大地吸收和近地表引起的衰减。另外,在振幅补偿的同时还要满足叠前相对保持振幅的处理要求。为此通过多年的研究和实践,本书改进和完善了时频域球面发散与吸收补偿方法。该方法的计算步骤如下。

1. 采用符合实际地震数据频带特点的方法进行时频分解

理论上小波变换是比较理想的时频分解方法,但对有效频带只有 6～100Hz 的地震数据而言,应用小波变换方法是否能有效将地震数据变换到适当的频段上仍是一个值得研究的问题。因此,能在地震有效频带上将地震数据尽可能分成多个窄频数据,并满足一定重构精度是解决实际时频空间域补偿的重点。就时频分析的精度而言,广义 S 变换的分析效果明显好于其他两种方法,但就变换所得数据在频率域内的处理和数据合成而言,傅里叶变换具有明确的频率含义,且具有相对稳定和成熟的特点。综合傅里叶变换和小波变换两者的优点,根据实际地震数据的特点和变换精度要求,将余弦函数和复指数函数相结合,构成分频的基函数,既保留了广义 S 变换的部分优点,又使得在频率域分频后的数据便于补偿处理和合成,即在分频效果和物理频率的严格性方面取一折中。该分频函数可以有效地将在 10～100Hz 频带内的数据分为 12～18 个频段,同时具有较小的吉布斯效应和频带间的频率泄漏。因此,具有较高的重构精度,能满足实际地震数据处理的要求,其表达式为

$$X_{j,i}(f,T_k) = x_{j,i}(t) \times w(t,f_k) \tag{5-15}$$

式中,$x_{j,i}(t)$ 为输入数据;j 为炮集号;i 为检波点号;$w(t,f_k)$ 为余弦分频滤波函数;$X_{j,i}(t,f_k)$ 为分频后数据。

2. 拟合各频段模型炮集数据的吸收衰减函数

用于拟合大地吸收衰减的函数应能包含大地球面发散与吸收衰减特性,本书采用高阶 e 指数函数作为大地球面发散与吸收衰减的拟合函数。对每个频段而言,该函数的特点是零阶项和一阶项可以表示球面发散项,即

$$A = e^{\alpha_0(f_k)} e^{\alpha_1(f_k)t} = A_0 e^{\alpha_1(f_k)t} \tag{5-16}$$

高阶项可以用来描述更复杂的不同频段数据的球面发散函数。如果每个频段全能获得正确的球面发散补偿,则最终也就可以实现随时间和频率变化的球面发散和吸收衰减补偿。另外,如果假设大地吸收衰减在一个三维工区(除高陡复杂构造区)是宏观稳定的,其他空间高频变化的吸收衰减是由近地表变化引起的,则可以通过模型炮数据和每炮数据间的统计,补偿不同近地表因素引起的空间激发能量变化。用于拟合的模型炮数据是通过三维数据检测中找出的最好的激发和接收的炮集数据,即将激发能量正常、干扰小的炮集数据用于统计,其统计表达式为

$$\varepsilon = \sum_{t=1}^{t_N} \{\ln A[X_i^m(t,f_k)] - \alpha_m(t,f_k)\}^2 \tag{5-17}$$

式中，$A[X_i^m(t,f_k)]$为振幅；$X_i^m(t,f_k)$为分频的模型炮集数据（f_k为第k个频带，t_i为时间，m代表模型炮数据）。

$$\alpha_m(t,f_k) = \alpha_0(f_k) + \alpha_1(f_k)t + \cdots + \alpha_p(f_k)t^p \tag{5-18}$$

式中，p为阶数；α_p为拟合系数。

3. 拟合各个频段输入炮集数据的吸收衰减函数

其表达式为

$$\varepsilon = \sum_{t=1}^{t_N} \{\ln A[X_{ji}(t,f_k)] - \alpha_j(t,f_k)\}^2 \tag{5-19}$$

式中，$A[X_{ji}(t,f_k)]$为振幅；$X_{ji}(t,f_k)$为分频的模型炮集数据。

$$\alpha_j(t,f_k) = \alpha_0(f_k) + \alpha_1(f_k)t + \cdots + \alpha_p(f_k)t^p \tag{5-20}$$

式中，p为阶数；α_p为拟合系数。

4. 在时间、频率和空间补偿第j炮各频段的数据

其表达式为

$$X'_{ji}(t,f_k) = X_{ji}(t,f_k) e^{\alpha_m(t,f_k)} e^{-\alpha_j(t,f_k)} \tag{5-21}$$

式中，$X'_{ji}(t,f_k)$为补偿后分频炮集数据；$\alpha_m(t,f_k)$为模型炮吸收衰减系数；$\alpha_j(t,f_k)$为被处理的第j炮吸收衰减系数。

5. 重构数据

该过程可表达为

$$x'_{ji}(t) = \sum_{f_k=1}^{N} X'_{ji}(t,f_k) \tag{5-22}$$

式中，$X'_{ji}(t,f_k)$为补偿后分频炮集数据；$X'_{ji}(t)$为最终补偿输出的数据。

5.1.5 实际资料应用测试

图5-7是根据某一声波测井曲线所测得的地层速度而建立的速度模型，采样率为2m，记录长度为0.9s。

图5-8为40Hz正演记录，在正演过程中，虽然人为地改变了各炮的激发能量及炮与炮、道与道之间的接收能量相对值，但这也符合实际野外地震资料的采集的空间能量变化。针对这一实际情况，利用时频空间域补偿方法，分别在空间域、时间域、频率域内对其进行相应的补偿。图5-9为采用几何扩散补偿和地表一致性能量补偿之后的单炮记录。可以看到，在空间炮与炮之间的能量差异及单炮内道与道之间的能量差异都得到了较好恢复与补偿。

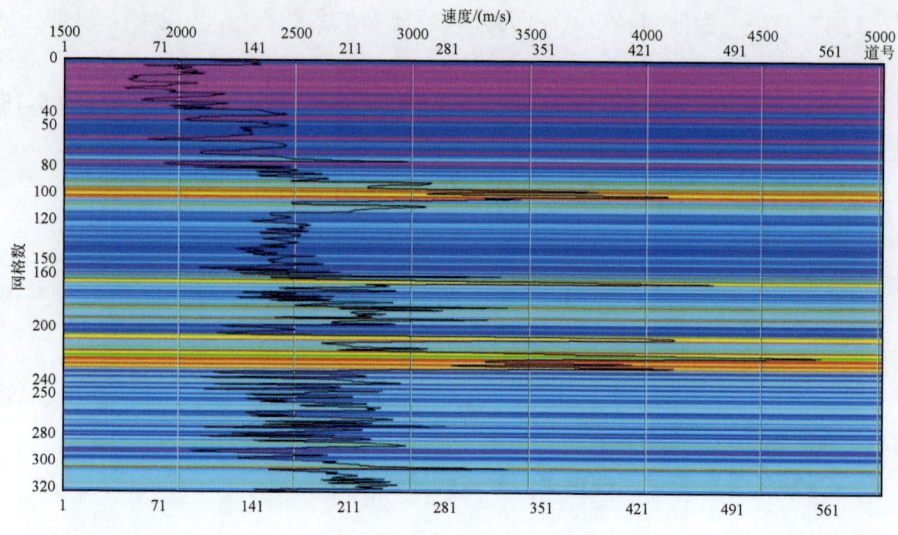

图 5-7 由声波测井速度建立的速度模型

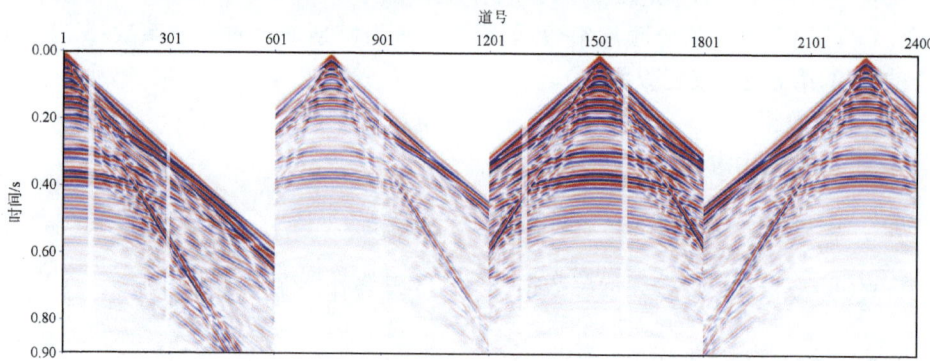

图 5-8 子波主频为 40Hz 时的正演记录

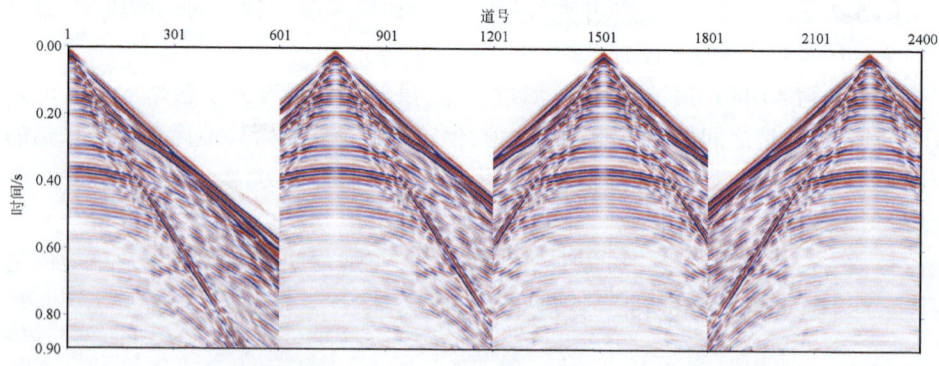

图 5-9 几何补偿和炮间能量补偿后

图 5-10 为在图 5-9 的基础上,变换到频率域内,对其进行频率域补偿后的地震记录。由图 5-10 可以看出,深层地震波的能量得到了较好的恢复补偿,从而也验证了该方法的有效性。

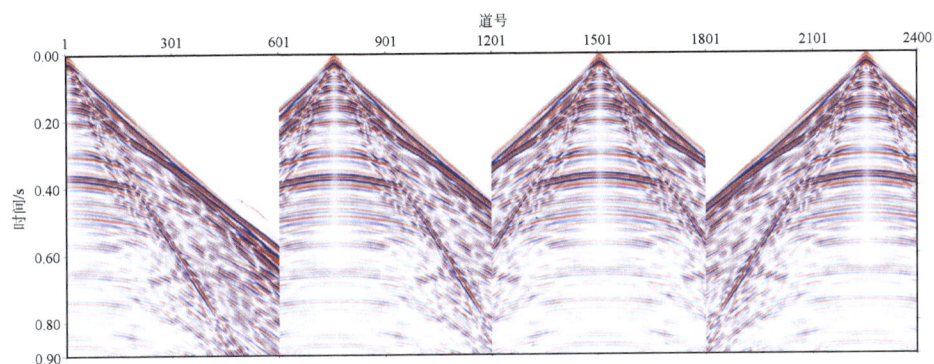

图 5-10　进行时频域补偿后的记录

图 5-11(a)为补偿前后正演记录的频谱图,从图中可以看出,补偿后主频有明显的提高;图 5-11(b)为补偿前后同一区块的正演记录的对比,从图中可以看出,补偿后的地震记录的分辨率有了一定程度的提高。为了进一步说明该问题,本书对补偿前后的记录抽道进行时频分析。从图 5-12 也可以看出,补偿后深层能量得到了较好的补偿,频带得到了拓宽,从图 5-12 第 20 道记录在不同处理过程中的时间能量关系对比也可以看出,正演记录得到了较好的恢复补偿。

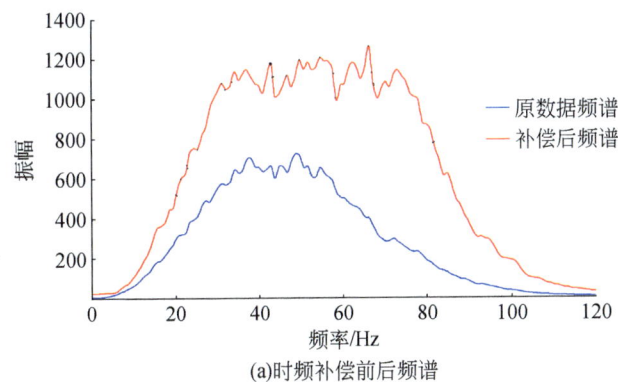

(a)时频补偿前后频谱

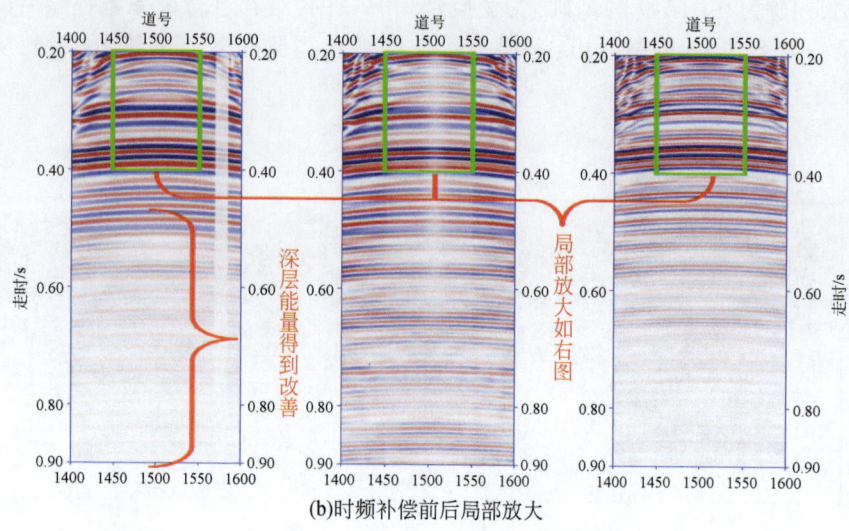

(b)时频补偿前后局部放大

图 5-11　补偿前后频谱及记录对比

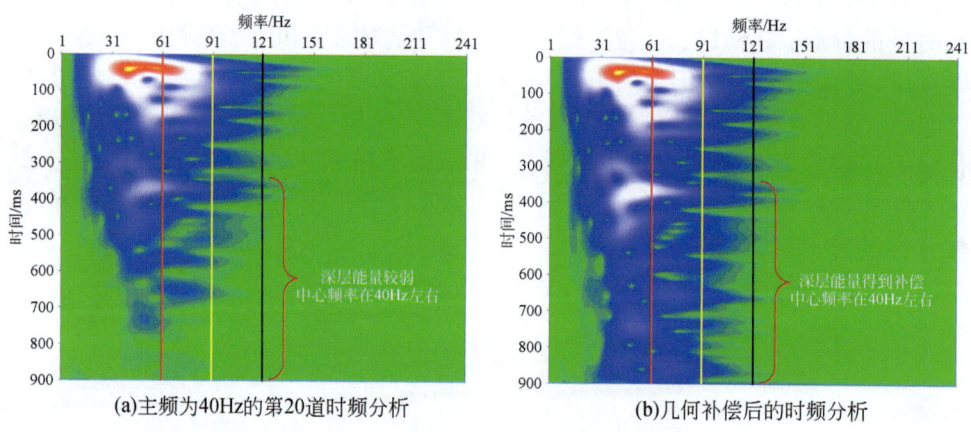

(a)主频为40Hz的第20道时频分析　　　　(b)几何补偿后的时频分析

图 5-12　补偿前后时频分析对比

由此可见，补偿后的结果与高频正演的记录基本保持一致。从而验证了该方法在拓宽地震资料的主频，提高地震资料的分辨率等方面具有较好的应用效果。为了进一步验证该方法的有效性和适用性，在胜利青东 5 地区进行了进一步测试，如图 5-13～图 5-17 所示。

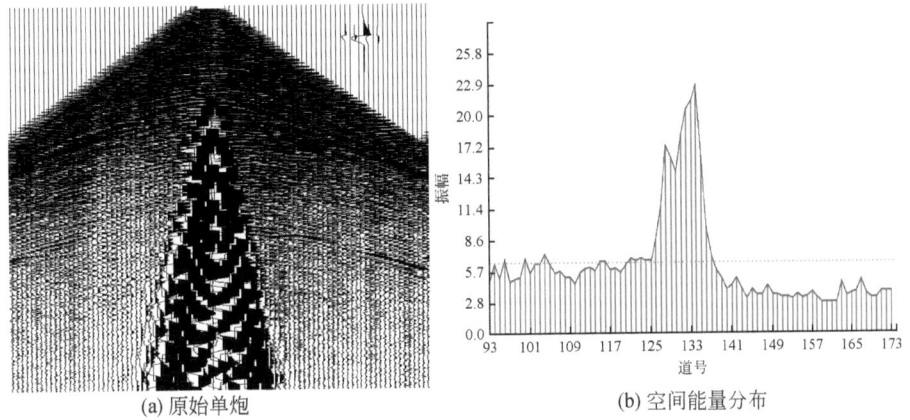

图 5-13 原始单炮及空间能量分布

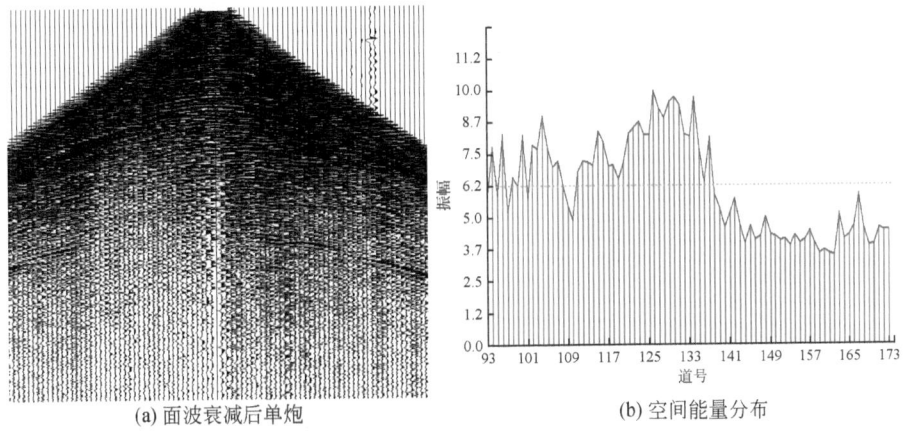

图 5-14 面波衰减后单炮及空间能量分布

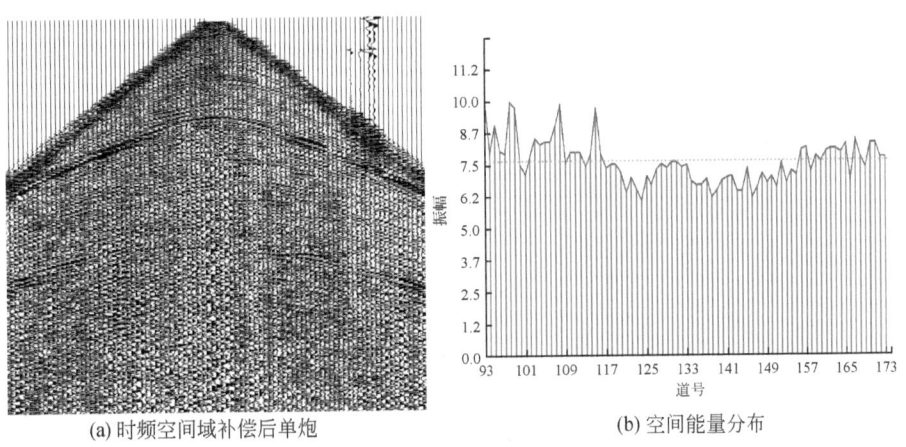

图 5-15 时频空间域补偿后单炮及空间能量分布

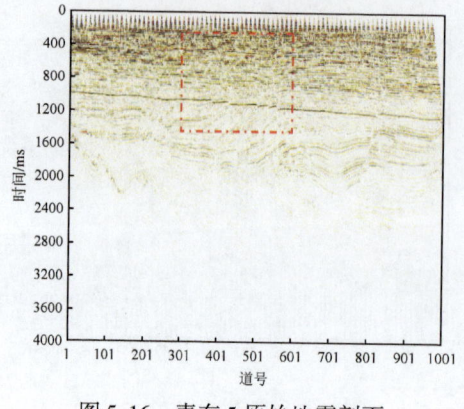

图 5-16　青东 5 原始地震剖面　　　　图 5-17　时频空间域补偿后的剖面

图 5-18 时频空间域补偿前后该地震记录的频谱图对比中可以看出，深层地震波的振幅、频率都得到了恢复，从图 5-19 不同地震道时频空间域补偿前后的时频分析也可以看出，深层能量得到了恢复，低频有效信息也得到了补偿，获得了较好的补偿效果。

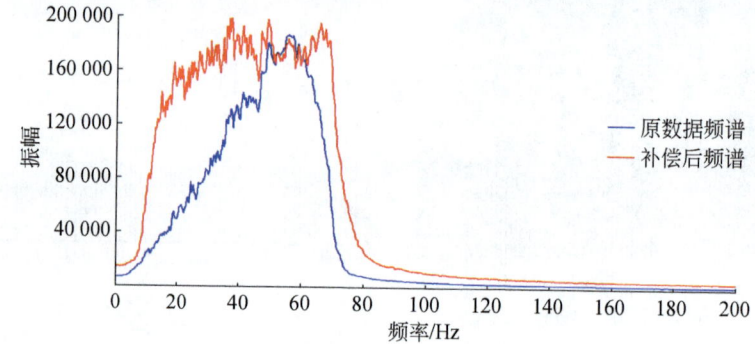

图 5-18　时频空间域补偿前后频谱比较

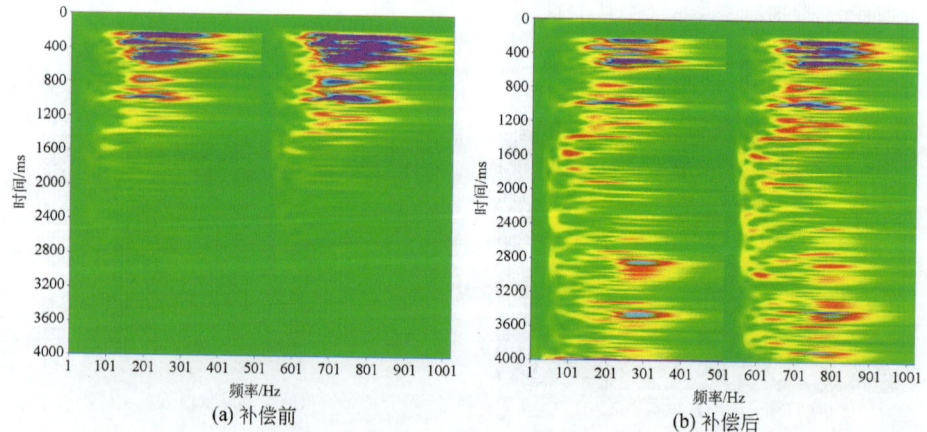

(a) 补偿前　　　　　　　　　　　　(b) 补偿后

图 5-19　时频空间域补偿前后两道地震记录的时频分析对比

图 5-20 为青东 5 地区时频空间域补偿前后的剖面对比。目的层分辨率得到明显提高。图 5-21 为抽取的青东 5 三维时间切片,在提高分辨率的同时,东北部的能量也得到一定的增强(图 5-22)。

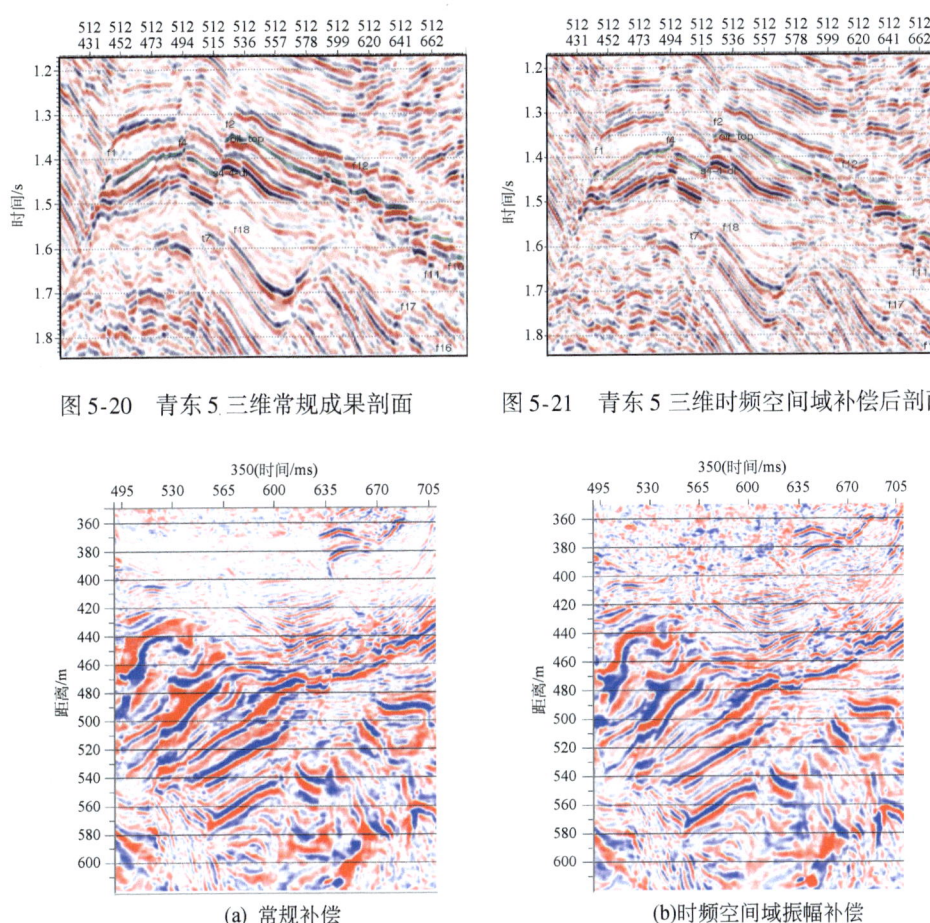

图 5-20　青东 5 三维常规成果剖面　　　图 5-21　青东 5 三维时频空间域补偿后剖面

(a) 常规补偿　　　　　　　　　　(b)时频空间域振幅补偿

图 5-22　青东 5 三维不同补偿方法获得的 350ms 时间切片

5.1.6　小结

(1)通过从理论上对比分析短时 Fourier 变换、小波变换、S 变换及广义 S 变换等不同分频技术的优缺点,并通过正演模拟及大量的实物测试得知,广义 S 变换克服了 STFT 不能调节分析窗口频率的缺点,同时引进小波变换的多分辨分析,又与 Fourier 频谱保持直接联系,对实际地震资料具有较好的适用性。

(2)研发的时频空间域补偿方法能使深层弱能量地层得到加强。同时可以在炮集内对激发能量进行均衡，消除不同单炮记录子波的差异，拓宽优势频带，提高主频，一定程度上提高了分辨率，较适用于主频较低、分辨率较差的地震资料。

(3)时频空间域补偿后的炮点、检波点能量在空间上的一致性得到改善，在不同空间位置上，由地表因素产生的子波畸变得到了合理的校正，同时，采集因素造成的空间频率差异得到有效消除。补偿后资料高频端有效能量加强的同时，信噪比得到较好的保持，高频成分及中、深层地震波反射波的能量得到了较好恢复。

5.2 自适应谱模拟反褶积技术研究

反褶积的最终目标是消除地震子波的影响，得到反射系数序列。但实际情况下，由于受地震信号频带的制约，只能得到剩余子波与反射系数序列褶积的波形。在地震信号平稳假设前提下，子波估计的质量及反褶积算子设计是否合理直接影响剩余子波的形态，复杂形态的剩余子波在一定程度上影响了振幅信息在后续储层精细预测处理中的应用质量。常规反褶积方法一般都假设反射系数序列是白噪序列，而实际情况下这一假设是相对苛刻的，一定程度上影响了子波估计质量，反褶积后在一定程度上改变了波形与真实反射系数的匹配关系，影响了反褶积处理的保幅性能。

通过对自适应谱模拟反褶积的研究，针对谱模拟反褶积存在的参数优选、子波模型公式局限性等问题，提高子波振幅谱估计的精度，进一步提高谱模拟反褶积方法的稳定性以及处理效果，降低反褶积处理对反射系数间相对关系的破坏程度，提高该方法的保幅性能。通过本技术的研发，进一步丰富不同反褶积方法类型，以适应不同岩性储层分辨能力的需要。

5.2.1 传统谱模拟反褶积技术基本原理

谱模拟技术是 Rosa 和 Ulrych(1991)在结合前人研究成果基础上，在假设地震子波振幅光滑、给定子波模型表达式的前提下，采用数学手段将地震子波振幅谱从地震记录振幅谱中估计出来。该子波振幅谱估计方法对反射系数是非白噪序列情况时具有很好的包容性，能够有效降低反射系数非白噪成分对子波振幅谱估计的影响，提高子波振幅谱估计质量以及反褶积处理效果。经过实验，选用如下数学表达式：

$$W(f) = f^{\alpha} e^{H(f)} \tag{5-23}$$

式中，f 为频率；α 为常数；$H(f)$ 为 f 的多项式，假设该多项式阶数为 β。

在给定参数 α 和 β 的前提下，利用最小二乘方法，用式(5-23)对地震记录振幅谱进行拟合,可以得到多项式 $H(f)$ 的系数,进行子波振幅谱的估计值 $W(f)$。

一般情况下,求出了子波振幅谱 $W(f)$ 后,反褶积算子 $V(f)$ 设计采用如下方式:

$$V(f)=\begin{cases}\dfrac{\max[W(f)]}{W(f)} & (f\text{在有效频带内})\\ \lambda\dfrac{\max[W(f)]}{W(f)}+1-\lambda & (f\text{在参考频带内})\\ 1 & (f\text{在其他频带内})\end{cases} \quad (5\text{-}24)$$

式中,$0<\lambda<1$,其取值随离开有效频带的距离 m 单调减小,λ 与 m 的关系可以是线性的,也可以是非线性的。在频域中将计算出的反褶积算子 $V(f)$ 与地震记录振幅谱相乘,保持相位谱不变,并反变换回时间域,就得到反褶积输出,这一过程相当于对地震数据进行了一次零相位滤波,是一种零相位反褶积方法。

5.2.2 谱模拟参数优选原则

通过大量的参数实验,谱模拟反褶积的效果严重依赖于谱模拟参数的选择,因而在反褶积处理过程中,针对实际资料要反复进行大量的参数实验,并通过对比不同参数反褶积后的效果,来确定处理人员所认为的最佳反褶积参数,这不仅耗费大量的时间,而且单纯依据处理剖面的结果判定参数的优劣有失妥当,并且参数的选择因人而异,处理的质量难以保证。下面基于模型数据研究不同谱模拟参数对子波估算的影响,并依据地震记录"一阶"统计特性研究谱模拟参数选取原则。

在一定范围内,与参数 α 相比,多项式拟合阶数 β 对子波谱拟合的质量影响更大。随着多项式阶数 β 不断增大,拟合出的子波谱的主频和形态逐渐向着真实子波谱的方向靠拢,拟合误差逐渐减小,当拟合阶数达到一定程度,拟合出的子波谱形态和主频基本上不再发生变化。β 值太小受拟合公式影响严重,子波谱与地震记录振幅谱的拟合残差太大,不能正确反映地震记录振幅谱的变化趋势,当 β 的取值大到一定程度,估计的质量相对稳定。

最优参数判定准则如下。

准则一:主频吻合度。计算不同参数拟合地震子波谱的主频,对地震记录振幅谱中相应主频的分贝绝对值进行多道统计加权求和,再求取所对应主频的误差值,其数值越小,该参数下谱模拟估计出的子波振幅谱越接近于真实值。

准则二:拟合残差。计算不同参数的拟合残差,残差越小越能反映地震记录振幅谱的趋势,也就越贴近实际子波振幅谱。

准则三:单峰值判定。对拟合出的子波振幅谱求导,判定峰值的个数,防止过拟合。

准则四：横向变化趋势的吻合度。针对高信噪比资料，对地震记录振幅谱取分贝值并进行纵（频域）横（空域）向平滑处理（考虑到反射系数、噪声等因素的影响）后，与不同参数拟合出的子波谱分贝值，在合理的频率上计算两者协方差。

为验证基于模型实验得出的参数优选准则的效果，进行实际资料分析验证。选取某区实际资料，按照上述优选准则，分别计算相应的拟合残差和主频吻合度（图5-23），由实际资料处理对比可知，将由参数选取原则所确定的最优参数进行反褶积具有较好的效果，能够在一定程度上降低人为因素的影响，并避免大量的繁琐参数实验，参数优选具有一定的精度（图5-24）。

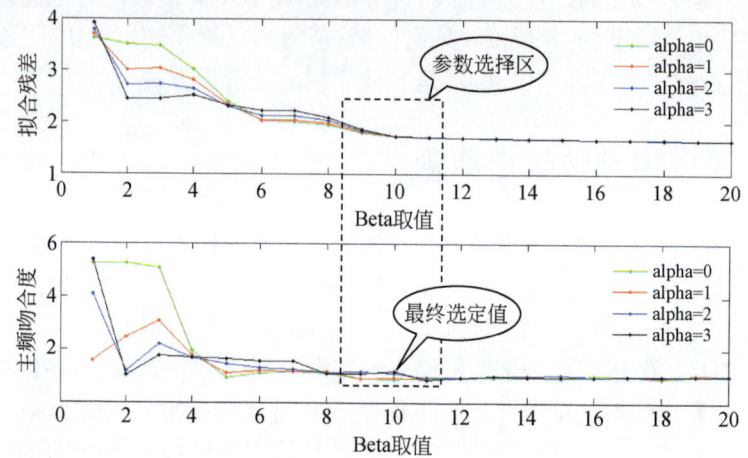

图5-23　不同参数谱模拟后拟合残差与主频吻合度

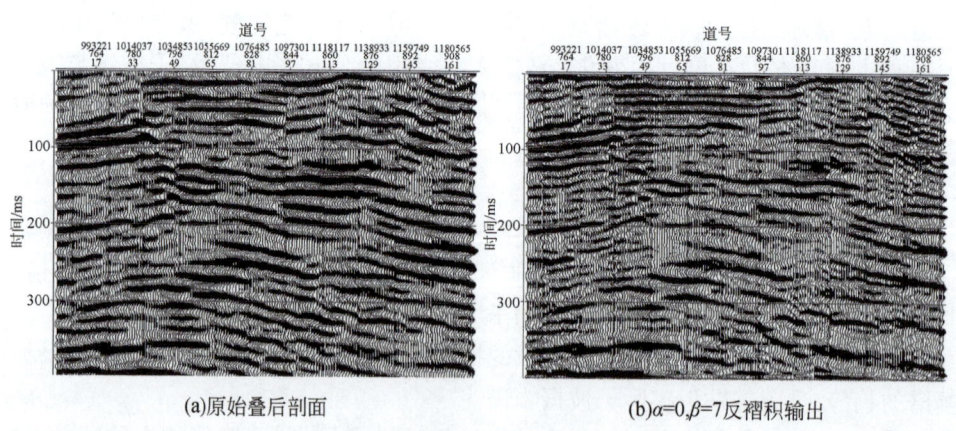

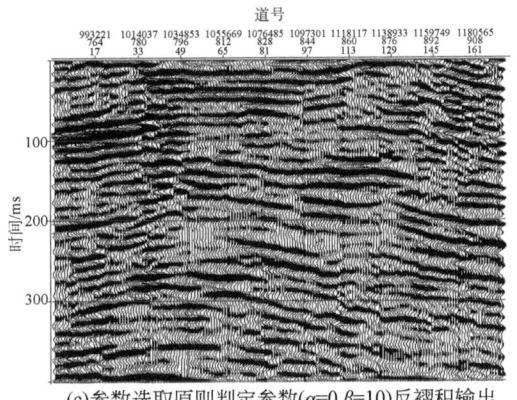

(c)参数选取原则判定参数($\alpha=0,\beta=10$)反褶积输出

图 5-24 不同谱模拟参数反褶积输出对比

5.2.3 传统谱模拟反褶积方法技术缺陷

式(5-23)描述的子波振幅谱,实际上是类似于雷克子波谱的单峰光滑曲线,因而常规的谱模拟方法事实上对子波振幅谱的形态有明确的限定,经分析常规的谱模拟方法主要存在以下几点缺陷:①子波谱的形态局限于数学表达式 $W(f)=f^{\alpha}e^{H(f)}$;②子波谱的估计采用全局最小二乘算法,造成局部子波谱估计的偏差;③实际地震记录经过前期能量补偿、叠加等各种处理后,地震记录振幅谱不再简单的满足设定的拟合数学公式。

5.2.4 谱模拟技术改进策略

针对上述传统谱模拟反褶积存在的问题,对谱模拟公式进行了进一步的修正[式(5-25)]。把地震道振幅谱中长周期分量(趋势项:地震道振幅谱的变化趋势)作为子波谱,而将剩下的扰动分量(扰动项,包含了波阻抗信息)作为反射系数特征。

$$W(f)=W_S(f)+W_C(f) \quad [W_S(f)=f^{\alpha}e^{H(f)}] \quad (5-25)$$

式中,$W(f)$为拟合出的子波振幅谱;$W_S(f)$为待拟合的子波数学表达式,其物理意义是描述地震子波由形成到接收复杂过程的响应函数;$W_C(f)$为校正项,其物理意义在于描述对地震数据进行各种处理所造成的子波振幅谱的改变量(子波频带拓宽等)。

在谱模拟反褶积的技术求取方面也进行了几个方面的改进。

1. 多道统计加权处理

地震记录各道间的噪声、能量等存在差异，导致提取出的子波或反褶积算子横向差异较大，如进行单道反褶积处理势必严重破坏数据道间的横向连续性，不利于后续的振幅分析利用。对地震子波振幅谱做多道统计加权处理，把各道间因非地质因素造成的局部性差异滤除的同时，保留地震子波振幅谱的横向变化趋势，相邻空间位置间动力学特征在一定程度上得到保持，使得反褶积后各道间能量均衡，连续性良好。可采取如下的加权方式对地震子波振幅谱进行加权。

设第 i 道单道模拟出的振幅谱为 $|W_j^{(0)}(f)|$，实际应用的振幅谱为 $|W_i(f)|$，则

$$|W_i(f)| = \sum_{j=i-n}^{i+n} \alpha_j |W_j^{(0)}(f)| \tag{5-26}$$

式中，n 值根据道间相干性而定，求取权系数的方法是首先以第 i 道模拟出的振幅谱作为一个标准道，然后利用该标准道进行加权系数的求取，即

$$\alpha_i = \frac{\text{记录道与标准道的互相关}}{\text{记录道本身的自相关}} = \frac{\text{cor}[p(f), p_i(f)]}{\text{selfcor}[p_i(f), p_i(f)]} \tag{5-27}$$

图 5-25 为实际资料处理中谱模拟方法估计出的子波振幅谱进行多道统计加权前后的对比，由图可以看出，经过多道统计加权后，各道间子波的连续性变好，并且保留了频带的渐变趋势。

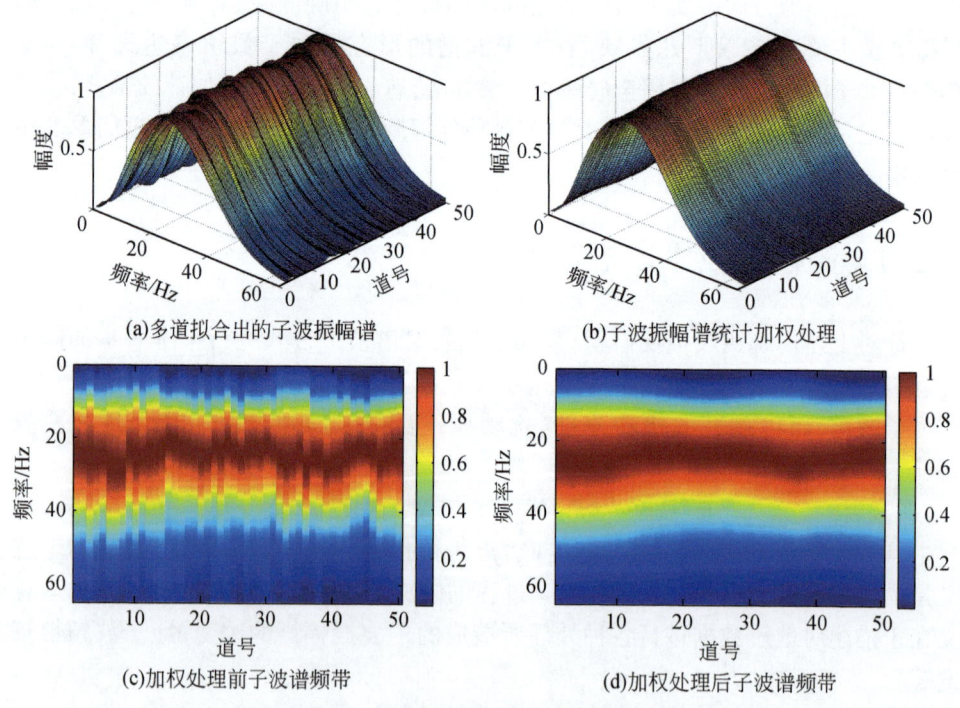

(a) 多道拟合出的子波振幅谱　　(b) 子波振幅谱统计加权处理

(c) 加权处理前子波谱频带　　(d) 加权处理后子波谱频带

图 5-25　子波振幅谱多道统计加权处理

2. 模态分解方法提取子波谱校正项

将待分解信号记为 $x(t)$，首先，识别出信号 $x(t)$ 的所有极值点，然后用所有极大值点和所有极小值点分别拟合出 $x(t)$ 的上包络线 $x_1(t)$ 和下包络线 $x_2(t)$，并要求拟合出的包络线满足如下公式：

$$x_2(t) \leq x(t) \leq x_1(t) \quad (5\text{-}28)$$

并求解上、下包络线 $x_1(t)$ 和 $x_1(t)$ 的平均值 $m(t)$，即

$$m(t) = \frac{x_1(t) + x_2(t)}{2} \quad (5\text{-}29)$$

用 $x(t)$ 减去 $m(t)$ 得到：

$$d(t) = x(t) - m(t) \quad (5\text{-}30)$$

将 $d(t)$ 视为新的待分解信号 $x(t)$，重复上述过程就可以筛选出原始信号中的第一阶本征模函数，记为 $d_1(t)$（由判别准则判定）。

根据定义，若 $d(t)$ 满足如下条件：整个时程内，极值点个数与穿过零点个数相等或最多相差 1；在任一点处，上下包络线的均值为零，则停止筛选，得到该阶所对应的本征模函数 $d_i(t) = d(t)$。换句话说，本征模态函数是满足上述两个条件的函数。

用同样的方法可以依次筛选出原信号中的其他阶次 IMF，$x(t)$ 可以表示为

$$x(t) = \sum_{i=1}^{n} d_i(t) + m_i(t) \quad (5\text{-}31)$$

式中，$m_i(t)$ 称为 $x(t)$ 的余项，代表信号的变化趋势。

地震记录振幅谱记为 $x(f)$，谱模拟法拟合出的子波振幅谱记为 $W_s(f)$，则拟合误差曲线为

$$s(f) = x(f) - W_s(f) \quad (5\text{-}32)$$

其中拟合误差曲线 $s(f)$ 中包含了全部的反射系数特征和因对地震记录做各种处理导致未能拟合出的残留的部分子波谱特征（趋势项）。

将 $s(f)$ 作为信号，进行经验模态分解，分解出的各阶本征模函数描述信号局部瞬变特征，因而其物理意义是表征了反射系数的全部特征。而分解后剩余项代表了信号全局变化趋势，其物理意义是表征子波谱校正项（残留子波振幅谱）。

经验模态分解方法谱模拟反褶积技术的实现步骤如下。

(1) 根据模型公式和参数选取原则对地震记录振幅谱进行最小二乘拟合，近似得到改造前地震子波的基本形态。

(2) 将拟合后振幅谱的拟合误差作为信号，提取其中包含的趋势项。这样不但能够校正由全局最小残差约束造成的局部估计误差，而且能够估计出对地震数据进行各种处理造成的子波振幅谱的改变量。

基于 EMD（经验模态分解）方法，对谱模拟拟合误差曲线（图 5-26）进行分解，

对拟合误差曲线进行 EMD(经验模态分解)分解出的各阶 IMF(固有本征模函数)(图 5-27)。一般来讲,用 EMD 方法对信号进行分解,需求的是各阶 IMF 分量中包含的瞬时信息(如对各分量进行希尔伯特变换,研究其瞬时振幅、瞬时频率、时频能量谱等),所以需在原信号中层层分解不同阶的 IMF。

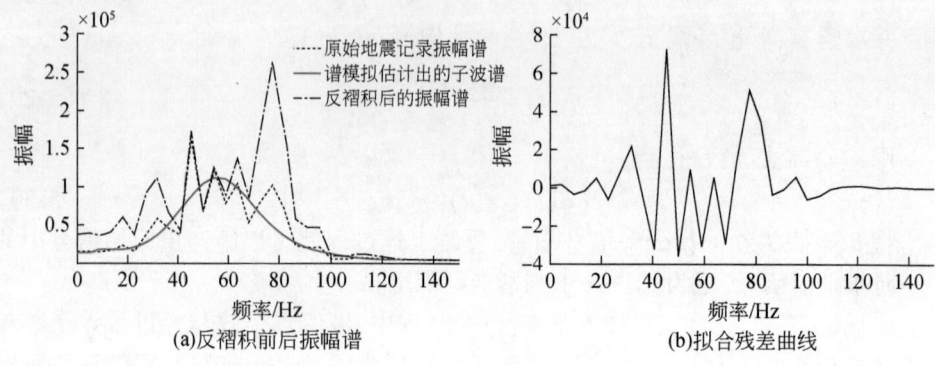

图 5-26　谱模拟及其拟合残差

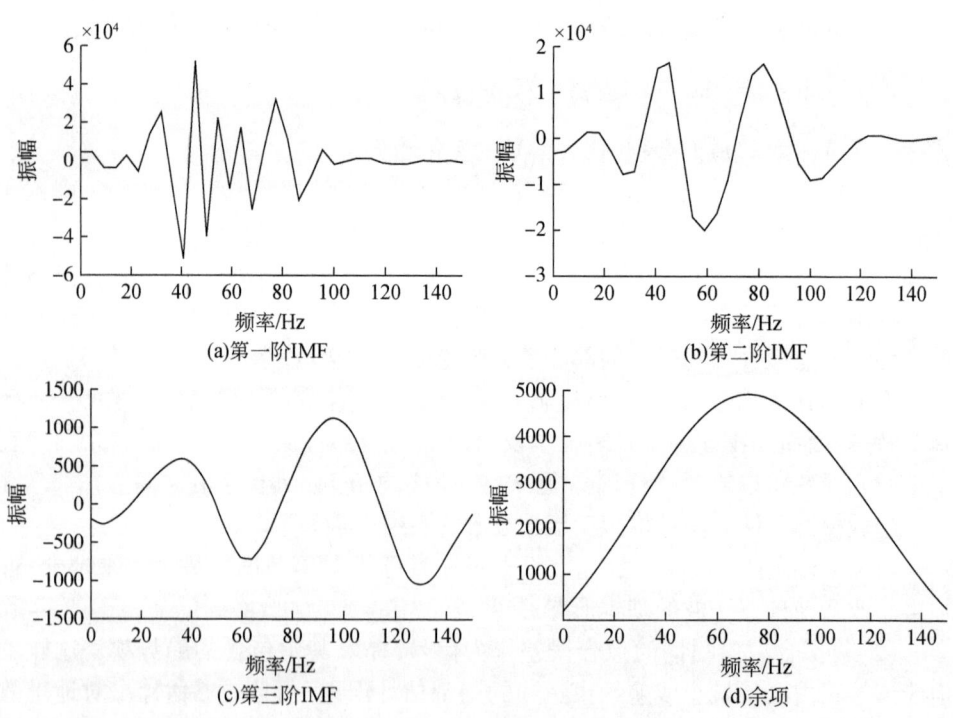

图 5-27　拟合残差 EMD 分解

在本书中,我们需要求的是信号分解后的趋势项,地震记录经过各种处理后造成谱模拟后残留子波谱的形态不一定是单调函数或常数,而 EMD 方法判定分解结束的条件是剩余项变成单调函数或常数,这就需要将残留子波谱作为反射系数特征进行分解,因此,需要判断表征反射系数特征的 IMF 的阶数或者修改 EMD 分解结束的条件,使其满足残留子波谱特征。

一般情况下,谱模拟拟合出的子波谱是单峰值的,前期处理造成子波频带的拓宽量是谱模拟技术残留子波谱(对地震记录改造后,造成现有谱模拟技术难以拟合出的那一部分地震子波的振幅谱,在此处称为残留子波谱)的主要来源。

如图 5-28 所示为改进谱模拟技术前后估计子波的对比图。图 5-28(a)为改进前谱模拟方法拟合出的子波振幅谱,从图中可看出,拟合出的子波频带窄,拟合出的子波振幅谱形态受模型公式影响较严重;图 5-28(d)为改进后谱模拟方法拟合出的子波振幅谱形态,从图 5-29 中可看出,改进后的方法拟合出的子波振幅谱的形态不拘泥于子波振幅谱光滑假设,在一定程度上降低了模型公式对子波振幅谱估计的影响。

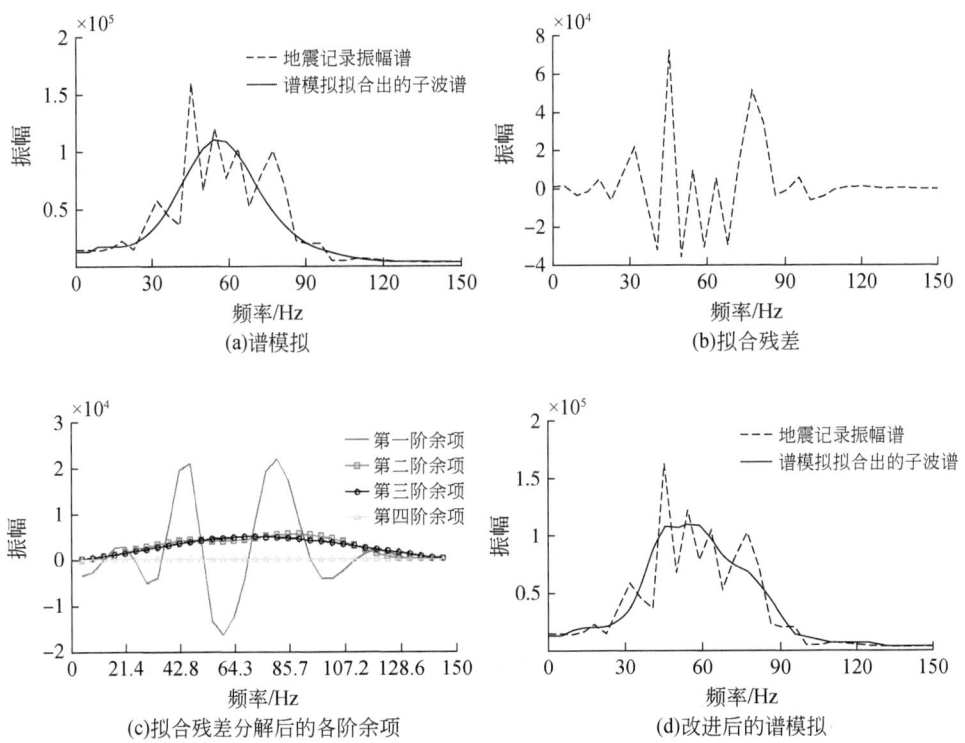

图 5-28 改进谱模拟前后拟合子波谱对比

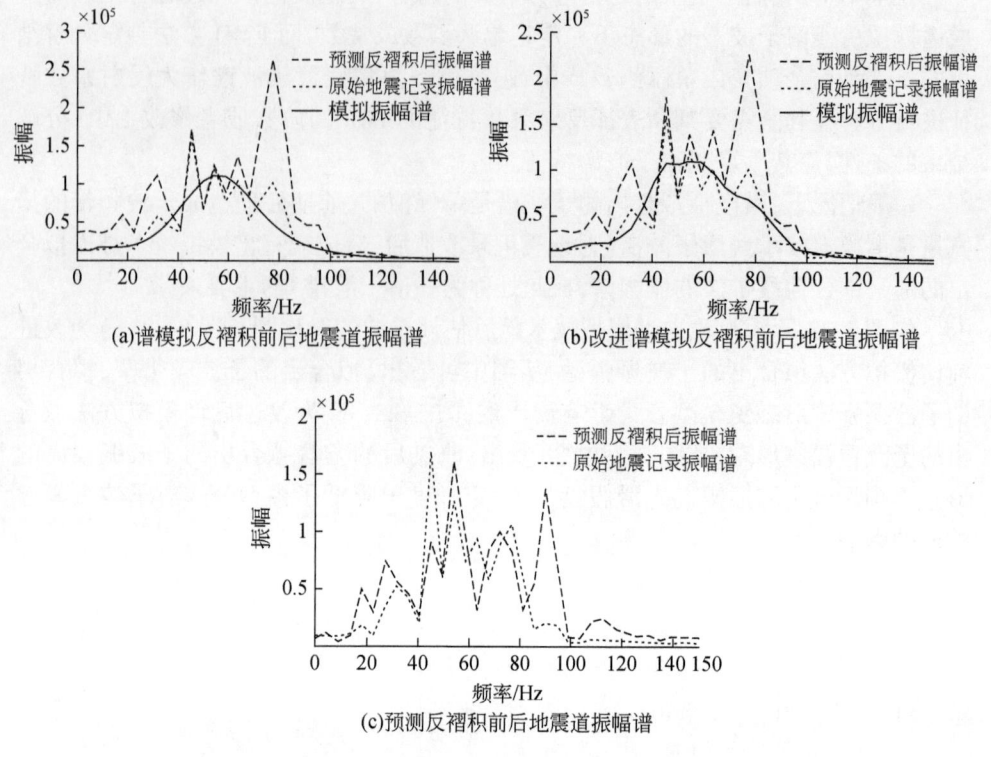

图 5-29 地震道反褶积前后振幅谱对比

5.2.5 自适应谱模拟反褶积技术

自适应谱模拟反褶积技术的优势在于可有效降低反射系数非白噪成分对子波估计的影响,估计出的子波能量迅速收敛,但谱模拟参数的选取影响了子波估计的质量,造成谱模拟方法的稳定性变差,谱模拟的质量依赖于参数的选取质量。谱模拟方法的参数设置带来的不稳定性主要表现为拟合公式中多项式阶数较低,拟合残差较大,拟合出来的曲线不能正确反映地震记录振幅谱的整体趋势(形态);多项式阶数较高,高低频处由于舍入误差的影响容易产生畸变。选取一系列参数进行谱模拟的结果如图 5-30 所示。其中图 5-30(a)中绿线为合成地震记录的振幅谱,光滑曲线为不同参数拟合出的子波振幅谱。图 5-30(b)是拟合出的子波振幅谱归一化后的形态,可以看出不同参数拟合出的振幅谱在主频及形态上都有差异。图 5-30(c)是不同参数拟合出的地震子波振幅谱在自相关域的形态,从图中可以看出随着延迟量的增加,拟合出的地震子波的自相关能量迅速衰减至零,这说明了谱模拟方法具有两方面的优势：①能够适应反射系数是非白噪序列的情况，可有效降低反射系数非白噪成分对子波振幅谱估计的影响；②对子波阶数的过估计具有良好的鲁棒性。

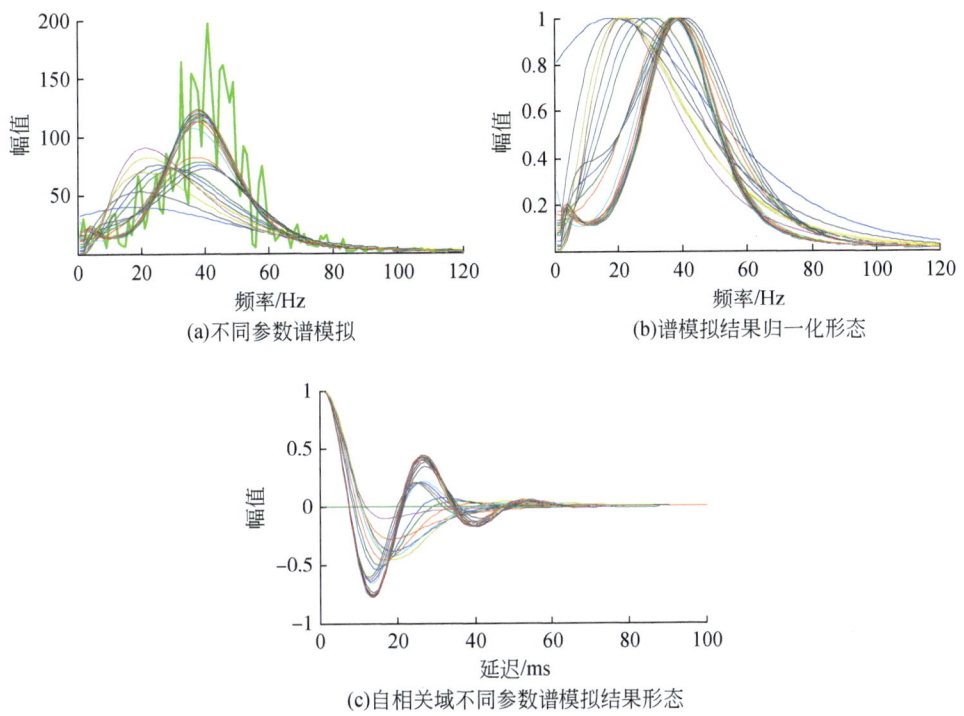

图 5-30　谱模拟参数对子波估计质量的影响（频域和相关域表现）

自相关法子波振幅谱估计的优越性：在时域子波自相关量对应于频域子波振幅谱的平方，要估计子波振幅谱可以首先估计子波的自相关。从褶积模型出发，经公式推导可得出，地震记录自相关等于地震子波自相关与反射系数自相关褶积，即

$$r_x(\tau) = r_w(\tau) \times r_r(\tau) \tag{5-33}$$

图 5-31(a)是地震子波自相关曲线，图 5-31(b)是反射系数系数自相关曲线，从图中可看出该反射系数序列近似于白噪序列，图 5-31(c)是地震记录自相关曲线，图中曲线进行了归一化处理。将图 5-31(c)与图 5-31(a)对比可看出，针对近似于白噪型的反射系数序列，用地震记录自相关代替子波自相关，在延迟量较小时有较精确的子波自相关估计值，当延迟量较大时，估计误差较大，主要受反射系数非白噪成分的影响，由图 5-31(c)可看出，较大延迟时出现较大的估计误差是由归一化所造成的。

由式(5-33)可知，地震记录自相关等于地震子波自相关与反射系数自相关的

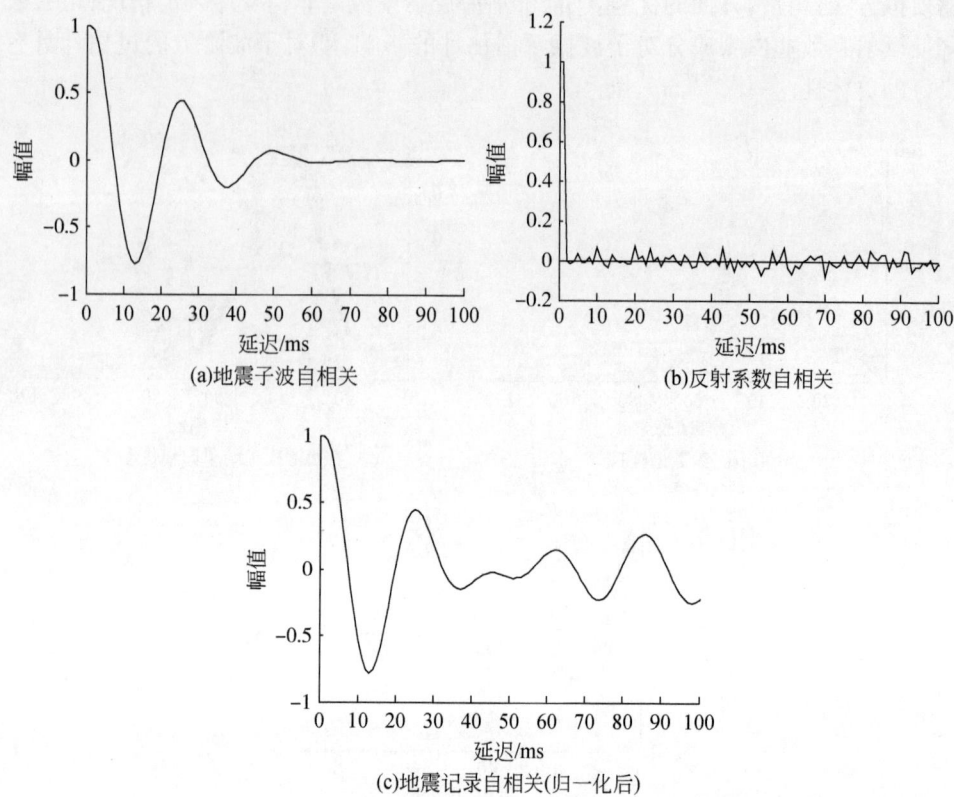

图 5-31 相关域子波与反射系数关系

褶积,可将反射系数的自相关量做如下分解。

(1) 反射系数自相关分解为白噪项和有色项：

$$r_r(\tau) = r_r(0) + r(\tau \neq 0) \xrightarrow{\text{记为}} r_{rw} + r_{rnw} \tag{5-34}$$

(2) 相应的地震记录自相关可分解为

$$r_x(\tau) = r_w(\tau) \times r_{rnw} + r_w(\tau) r_{rw} \xrightarrow{\text{记为}} r_{rnw}(\tau) + r_w(\tau) r_{rw} \tag{5-35}$$

对于自相关法子波振幅谱估计,假设反射系数是白噪序列,也就是假设 r_{rnw} 项为零,因此,这一估计的误差项为 $r_{xnw}(\tau)$。

(3) 归一化对子波自相关估计误差影响。

① 反射系数序列是严格的白噪序列时误差：

$$e_{\text{norm}}(\tau) = \frac{r_x(\tau)}{\max[\,|r_x(\tau)|\,]} - r_w(\tau) = 0 \tag{5-36}$$

②反射系数不属于严格的白噪序列时误差：

$$e_{\text{norm}}(\tau) = \frac{r_x(\tau)}{\max[\,|r_x(\tau)|\,]} - r_w(\tau) = \frac{r_{xnw}(\tau) + r_w(\tau)r_r(0)}{|r_{xnw}(0) + r_r(0)|} - r_w(\tau)$$

$$= \frac{r_{xnw}(\tau) - r_{xnw}(0)r_w(\tau)}{r_{xnw}(0) + r_r(0)} \xrightarrow{\text{记为}} \frac{E(\tau)}{a} \neq r_{xnw}(\tau)$$

(5-37)

从上述公式推导可看出，当反射系数属于非白噪序列时，自相关法子波振幅谱估计存在误差，其中误差项是由反射系数非白噪成分引起的。相应的在自相关域，误差项对应于反射系数非白噪成分对应的地震记录的自相关。在自相关域归一化改变了误差分布。而当反射系数序列是严格的白噪序列时，自相关法子波振幅谱估计误差为零，因而归一化后也不会改变误差分布。不同情况下的归一化前后误差对比如图 5-32～图 5-35 所示。从图中可看出，自相关法子波振幅谱估计在相关域中归一化后误差随着延迟时的增加逐渐增大，当延迟量增大到一定程度归一化后误差为原始误差的 a 倍。

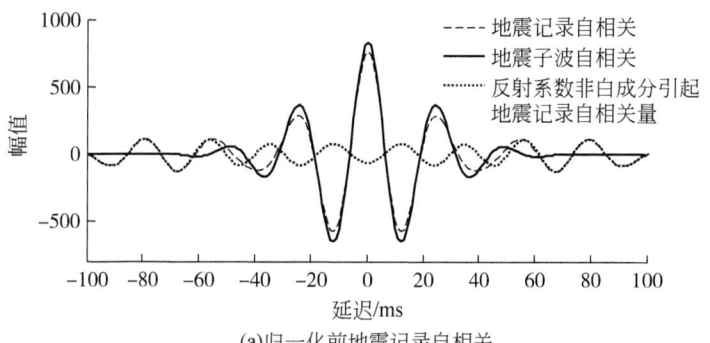

(a)归一化前地震记录自相关

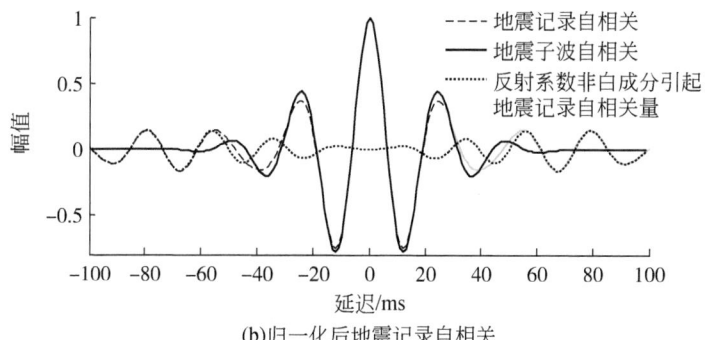

(b)归一化后地震记录自相关

图 5-32　归一化前、后地震记录自相关及相应误差

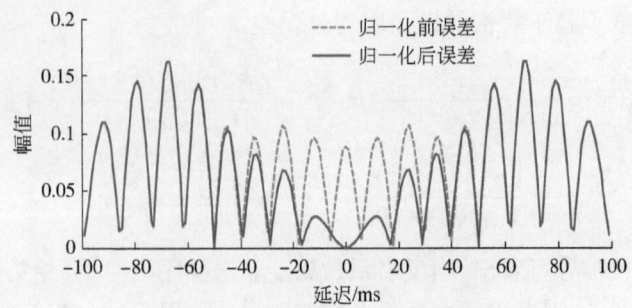

图 5-33　归一化前后相对误差对比

为便于对比实线放大 a 倍[$e(0)<0$]

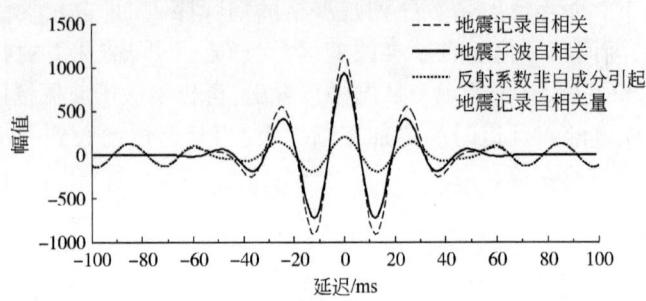

(a) 归一化前地震记录自相关

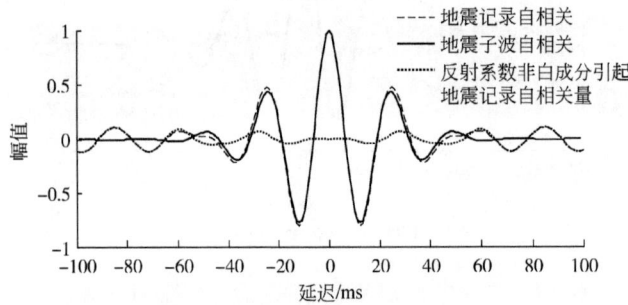

(b) 归一化后地震记录自相关

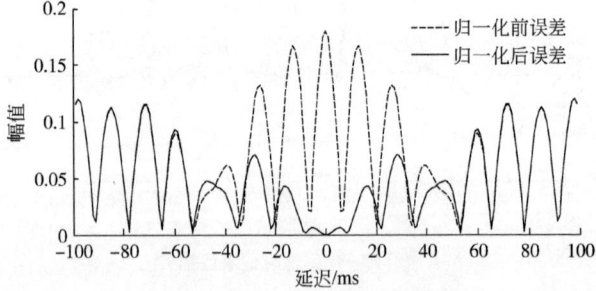

(c) 归一化前后相对误差对比

图 5-34　归一化对自相关法子波自相关误差的影响[$e(0)>0$]

为便于对比实线放大 a 倍

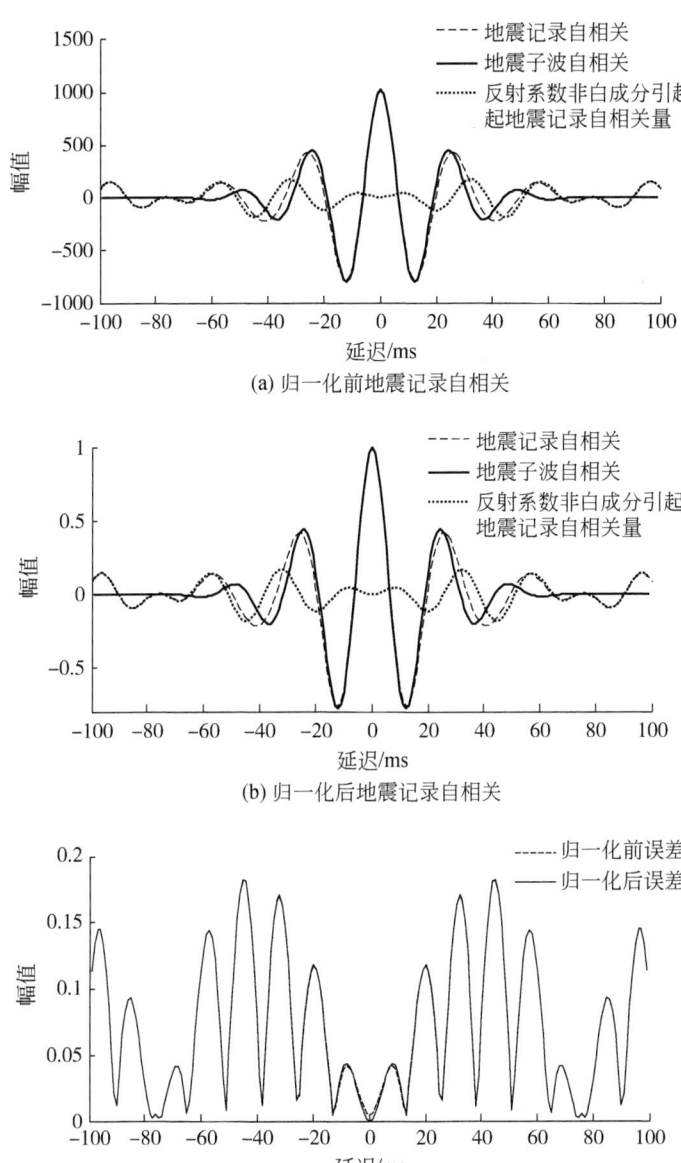

图 5-35　归一化对自相关法子波自相关误差的影响 $[e(0)\approx 0]$
为便于对比实线放大 a 倍

谱模拟方法的优点在于对非白噪类型的反射系数具有很好的适应性,并且估计出的子波在自相关域随延迟时的增加能量收敛;缺点是参数选取不准时导致小延迟时子波自相关估计误差较大。自相关法的优点是对白噪类型的反射系数能够得到准确的子波振幅谱估计值,也就是说,当自相关域延迟量较小时子波自相关估计误差较小。缺点在于随着延迟时的增大,在一定范围内误差逐渐增大,并且误差能量不收敛。从反射系数的类型来看,反射系数谱的整体趋势为白色或有色,而谱模拟法和自相关的优势能正好互补,因此基于这两种方法有可能实现针对白噪型和非白噪型的反射系数序列都够得到很好的子波自相关估计值。

1. 目标函数确立

自相关法子波振幅谱估计的特点与谱模拟方法的特点相反。若两者结合,可以形成优势互补。结合自相关法与谱模拟方法的优点,对谱模拟方法拟合出一簇地震子波振幅谱,计算地震子波自相关,并归一化处理,得到子波自相关簇,选取适当的 T_τ,对子波自相关簇与归一化后的地震记录自相关的误差加权求和,误差最小时所对应的子波振幅谱即为优选出的子波振幅谱。这样优选出的子波振幅谱,无论反射系数是白噪型还是非白噪型,都具有较高的准确度,故提高了谱模拟方法的适应性,实现了参数的自适应优选,避免了人为因素对处理质量的影响。

2. 权函数的选取

结合自相关法子波振幅谱估计的误差分布特点,采用递减型加权函数对地震记录自相关与谱模拟方法计算出的子波自相关簇间的误差进行加权求和。误差最小时所对应的子波振幅谱即为优选出的最优子波振幅谱。可选用如下形式的权函数:

①$\gamma(\tau)=\tau^\kappa$,其中,$\kappa<0, 0\leq\tau<T_\tau$;②$\gamma(\tau)=e^{\kappa\tau}$,其中,$\kappa<0, 1\leq\tau\leq T_\tau$;③$\gamma(\tau)=\kappa(\tau-T_\tau)$,其中,$\kappa<0, 1\leq\tau\leq T_\tau$

三种类型的权函数如图 5-36 所示。

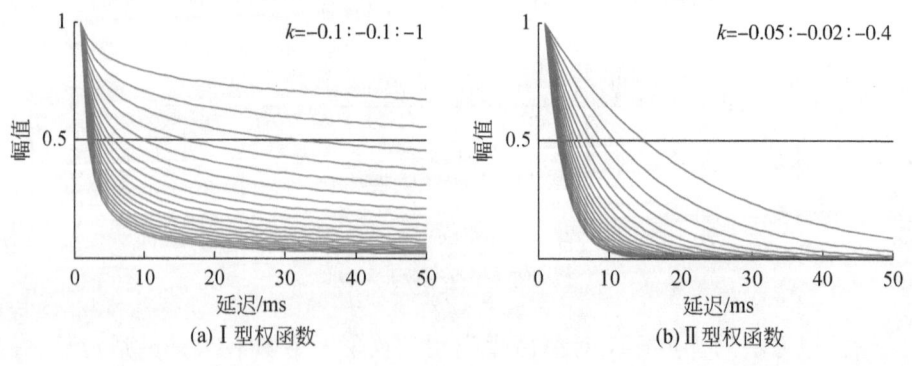

(a) I 型权函数　　　　(b) II 型权函数

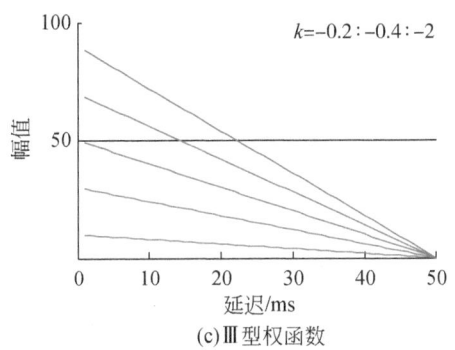

(c) Ⅲ型权函数

图 5-36　不同类型的加权函数曲线

3. 自适应谱模拟反褶积技术分析

根据反射系数振幅谱特征,可以将反射系数分为白色反射系数(理想型)和有色分布反射系数;①当反射系数属于严格的白色序列时,采用何种加权方式都会使得优选方向正确;②当反射系数是非白色序列时,根据子波自相关估计误差分布特点,采用递减型加权函数,使误差(相对于地震记录自相关)估计的能量最小,优选方向也是向着正确的方向。此外,谱模拟技术本身对非白反射系数的影响不敏感,能够得到很好的自相关估计值。

为验证自适应谱模拟技术性能,进行 100 次统计实验,反射系数序列选择随机反射系数序列(依然近似白噪序列)。从统计结果[图 5-37(c)]可看出,自适应谱模拟技术具有良好的稳定性,而且误差能量随着延迟时的增加迅速衰减,并且对子波阶数(长度)的过估计具有良好的稳定性,在保持常规谱模拟技术优势基础上,提高了稳定性以及子波估计质量。

4. 自适应谱模拟反褶积的实现步骤

(1) 不同谱模拟参数从地震记录振幅谱中拟合出一簇子波振幅谱。

(2) 由一簇子波振幅谱计算相应子波自相关簇。

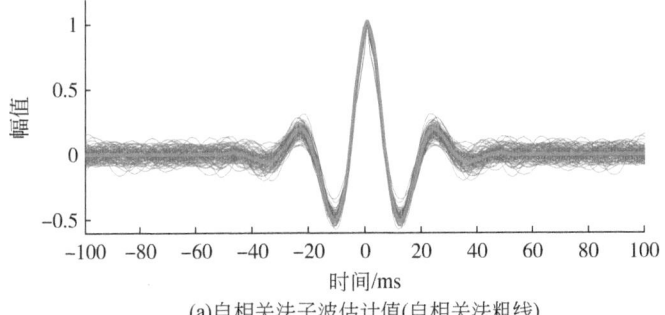

(a)自相关法子波估计值(自相关法粗线)

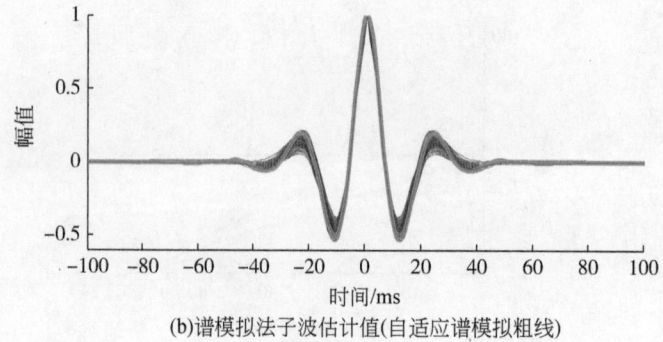
(b)谱模拟法子波估计值(自适应谱模拟粗线)

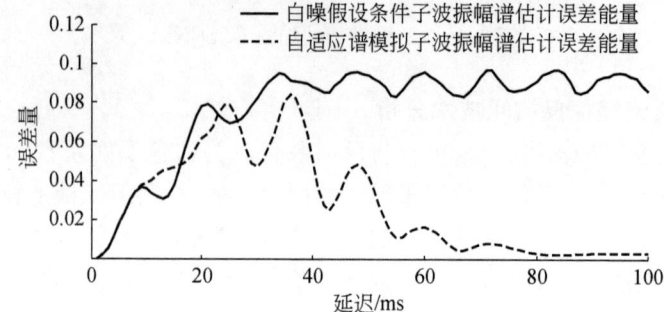
(c)100次统计自相关法(红色)与自适应谱模拟方法误差能量(蓝色)

图 5-37 统计实验验证自适应谱模拟技术性能

(3)归一化后计算子波自相关簇与地震记录自相关的误差。

(4)对该误差用选定的权函数公式进行加权求和,误差总能量最小值所对应的子波振幅谱即为所选出的最优子波振幅谱估计值。

其中,上述步骤(4)是非常关键的一步,权函数公式中 T_τ 和 κ 的取值影响谱模拟技术子波振幅谱估计优选的质量,改进拟合公式和谱模拟技术本身是提高自适应谱模拟技术质量的关键。在计算地震记录自相关时,对计算结果中子波加一斜坡能有效抑制反射系数成分的影响,从而提高优选的精度。针对实际资料处理,自适应谱模拟方法可以按图 5-38 所示流程进行。

5. 实际资料测试

图 5-39(a)是单炮记录,图 5-39(c)是对该单炮数据进行预测反褶积的结果,图 5-39(b)是对该单炮数据进行自适应谱模拟反褶积的结果。对比可看出,两种反褶积处理后地震数据的分辨率都能明显提高,与预测反褶积相比,自适应谱模拟反褶积处理前后能量一致性关系更能够得到较好的保持。图 5-39(d)、(e)为多道统计加权前后的频带。对地震子波振幅谱进行多道统计加权处理后,能够有效保持横向变化趋势,随着偏移距的增大,拟合出的子波主频有所降低,近偏移距处存在

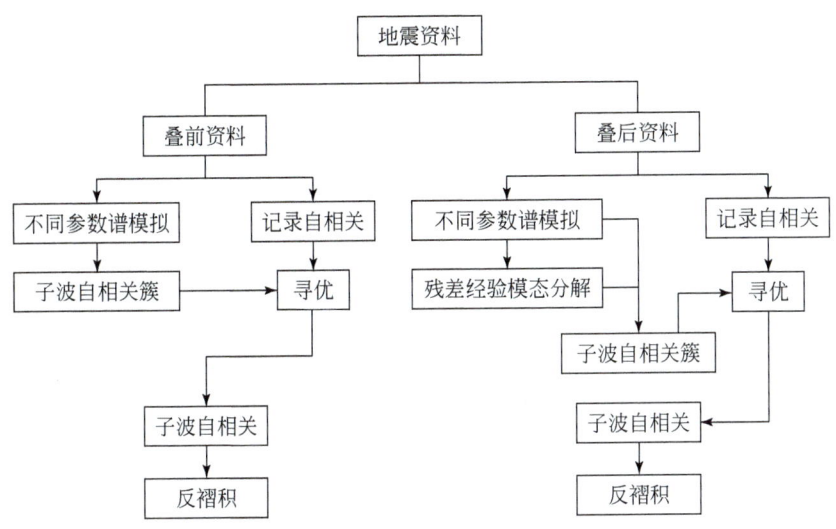

图 5-38 自适应谱模拟技术流程

低频缺失(面波切除造成的),因此,经多道统计加权处理后偏移距的影响仍然有效保留,但检波点等的影响基本上被平滑掉。因此,对叠前数据进行加权处理具有一定程度的保幅能力。保持道间连续性,消除偏移距的差异对地震数据横向各道间振幅相对保持关系的影响。图 5-39(f)是叠前数据经反褶积处理前后的频谱对比图,从处理前后的频谱对比可知,处理后地震数据的频带被拓宽,但自适应谱模拟反褶积处理前后各频率成分间反映反射系数特征的相对扰动关系能够有效保持。

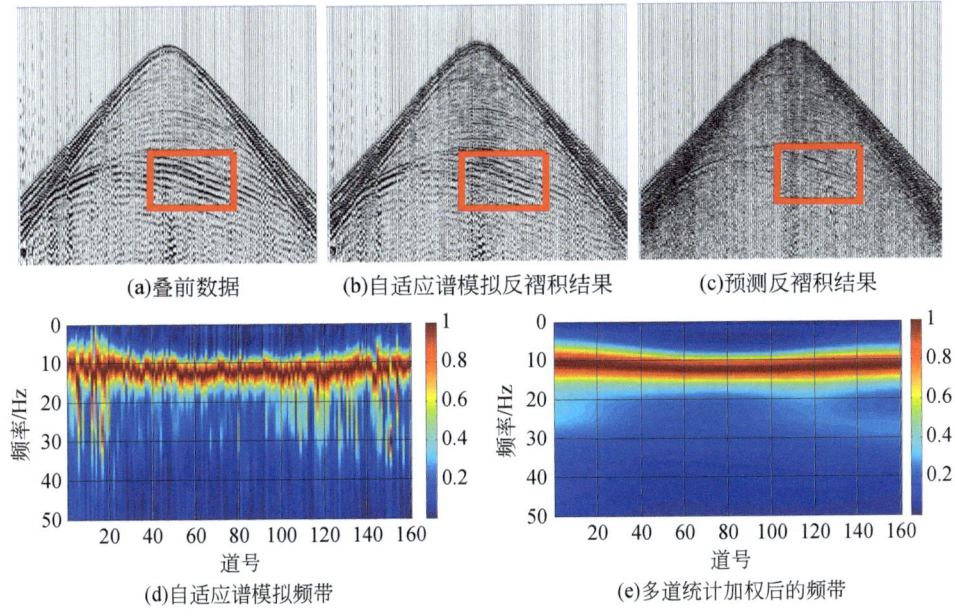

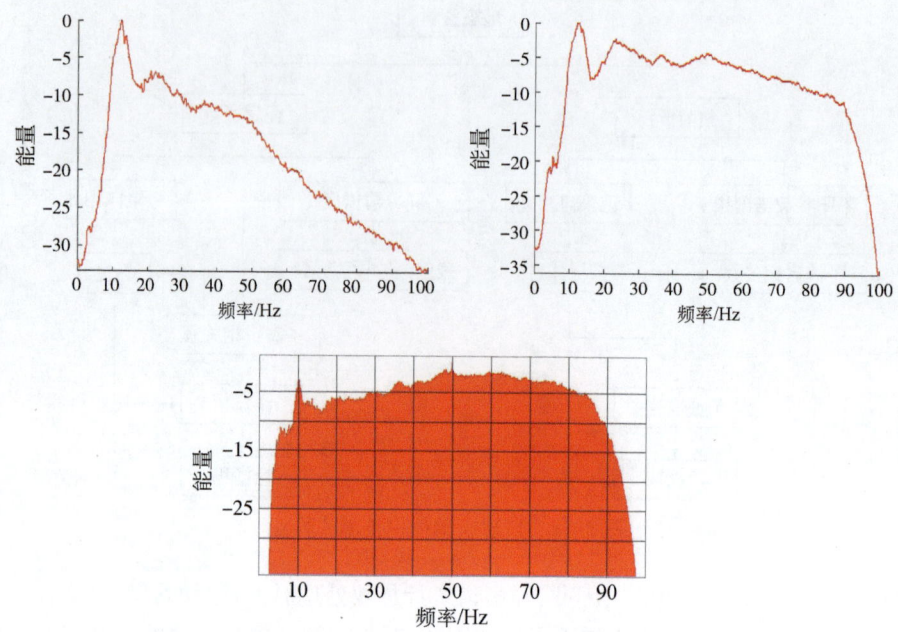

(f)反褶积处理前后频谱对比(上左：原始频谱；上右：自适应谱模拟频谱；下：预测反褶积频谱)

图 5-39　叠前反褶积处理对比

图 5-40(a)为叠后资料,1ms 采样,图 5-40(c)为采用自适应谱模拟方法进行反褶积处理的效果图,从图中可以看出大部分的断块已经清晰的分开,断点清晰；图 5-40(b)为采用脉冲反褶积方法对该资料处理并进行带通滤波处理后的结果,与自适应谱模拟反褶积的效果对比,子波自相关估计不精确,造成了反褶积失真；图 5-40(d)为反褶积处理前后的频谱,与原始资料的频谱相比,自适应谱模拟反褶积和脉冲反褶积后,记录的频带都有不同程度的展宽,从处理后的频谱上来看,与脉冲反褶积相比,自适应谱模拟反褶积能够更好地保持原始记录频谱间相对强弱关系。

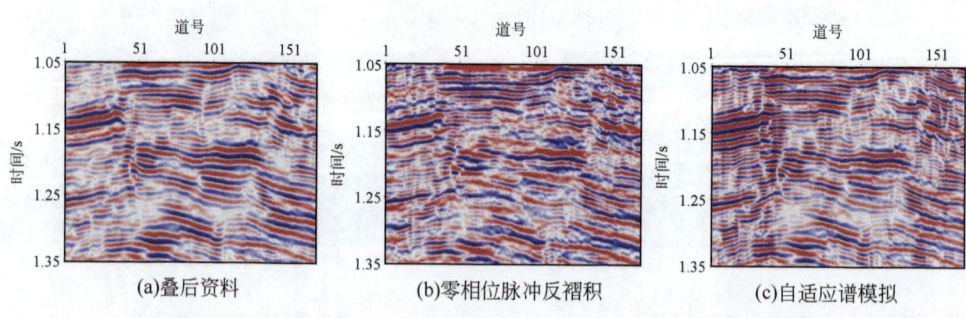

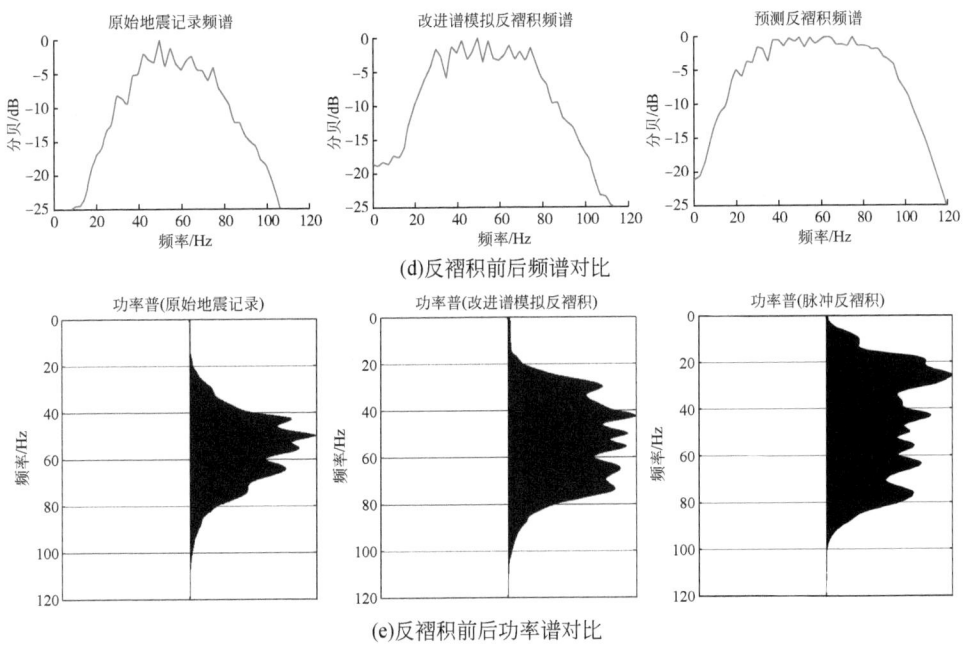

(e)反褶积前后功率谱对比

图 5-40 叠后资料反褶积处理对比

5.2.6 小结

反褶积技术的关键在于子波与反射系数的准确分离,谱模拟技术能够有效降低反射系数非白噪成分对子波振幅谱估计的影响,并且对子波阶数的过估计具有很好的鲁棒性。但谱模拟参数的选取严重影响了反褶积算子的精度,缺乏准确、严谨、有效的参数优选方法。在相关数据域该方法的不确定性表现在延迟量较低时,子波自相关估计的误差较大,随着延迟量的增加,子波自相关估计误差逐渐减小,而且能够很好收敛,这一特征与以反射系数白噪假设为前提的子波自相关估计方法正好相反,两者结合形成优势互补,形成自适应谱模拟技术。统计实验表明,自适应谱模拟技术具有很好的稳定性,谱模拟参数自适应优选,避免大量的参数实验,并且算子精度较高,对算子的长度不敏感。

由于地震记录中反射系数普遍不满足白噪假设,因此,无法确定反褶积方法对该数据的改造程度,自适应谱模拟反褶积兼顾了反射系数是白噪序列和有色序列两种情况下的各自特点,具有常规谱模拟技术对反射系数的非白噪成分稳定性的优势,并且结合了自相关法小延迟时的准确性,使得该技术稳定可靠,适应性更好,对反射系数序列是白噪序列和非白噪序列的情况都能够得到较准确的子波谱估计,提高了反褶积方法的质量。

5.3 三维FK保幅性叠前道内插技术研究

地震采集中,受野外施工条件等因素的制约,往往存在采集面元偏大、不同偏移距段偏移距分布不均匀甚至缺失等问题,造成叠前偏移存在画弧现象,降低了偏移后成果数据的成像精度,进一步影响到叠前、叠后反演技术性提取的精度。因此,在地震数据处理过程中,需要完成叠前道内插。但现有处理软件的道内插技术大多是基于叠后数据进行道内插,为了进行叠前道内插,需要把叠后数据改造为叠前数据。同时原处理系统中的内插技术普遍存在计算量大、计算效率低、相对保幅性差等问题。因此,通过对地震道进行保幅内插技术研究,完成缺失道的数据重建,克服CMP道集内偏移距分布不均匀现象,避免共成像点道集的画弧现象,为叠前偏移技术及叠前反演技术的开展提供优质的基础数据。

5.3.1 保幅性叠前道内插基本原理

恩格斯曾经把傅里叶的数学成就与他所推崇的哲学家黑格尔的辩证法相提并论。他写道"傅里叶是一首数学的诗,黑格尔是一首辩证法的诗"。傅里叶变换在地球物理领域的分析应用是相当广泛的。

二维、三维傅里叶变换是一维傅里叶变换的推广,其表达式为

$$F(\omega_1,\omega_2,\cdots\omega_n) = \int_{-\infty}^{\infty}\int_{-\infty}^{\infty}\cdots\int_{-\infty}^{\infty}f(t_1,t_2,\cdots,t_n)\mathrm{e}^{-j(\omega_1 t_1+\omega_2 t_2+\cdots+\omega_n t_n)}\mathrm{d}t_1\mathrm{d}t_2\cdots\mathrm{d}t_n$$

(5-38)

以二维傅里叶变换为例介绍多维傅里叶变换的性质。设地震信号为$y(t,x)$,t为时间变量,x为空间变量,$y(t,x)$可以理解为多道地震记录,或者说是一张地震剖面。对于这样的二维信号,它的正、反傅里叶变换分别为

$$Y(f,k) = \int_{-\infty}^{\infty}\int_{-\infty}^{\infty}y(t,x)\mathrm{e}^{-j2\pi(ft+kx)}\mathrm{d}t\mathrm{d}x \qquad (5\text{-}39)$$

$$y(t,x) = \int_{-\infty}^{\infty}\int_{-\infty}^{\infty}Y(f,k)\mathrm{e}^{j2\pi(ft+kx)}\mathrm{d}f\mathrm{d}k \qquad (5\text{-}40)$$

式中,f为频率;k为波数。若$y(t)$的周期为T,则它的频率$f=1/T$;若$y(x)$的波长为λ,则它的波数$k=1/\lambda$。对照$y(t,x)$和$Y(f,k)$的变换关系,显然二维傅里叶变换$Y(f,k)$中的k就是波数。因此,$Y(f,k)$又叫$y(f,k)$的频率-波数谱,简称频波谱,相应的变换也叫f-k变换。

1. 三维傅里叶变换

三维傅里叶变换优于二维傅里叶变换,主要表现在信号的保真度。由于信号

的空间相干性和噪声的随机性,三维数据体内插后的信号保真度要高于二维数据。因此,为了更大程度地保证振幅的相对关系,本书选用三维傅里叶变换作为道内插的基本方法。

三维傅里叶变换是在三维时空域中进行的傅里叶变换,与三维地震勘探的(x,y,t)三维时空相对应,形成其特有的k_x-k_y-f谱。三维傅里叶变换属正交变换,而正交变换在两个域内具有良好的保范性,使得信号变化前后的能量保持一致,且能实现(x,y,t)三维时空中能量的自然过渡,从而实现地震数据的"保幅"内插。此外,很多其他的地震道内插方法通常是只插"信号",不插"噪声",这破坏了原始数据的真实性,不能达到"保幅"效果。三维傅里叶变换方法在地震道内插时,既插入"信号",也会插入相应的"噪声",与原始地震数据保持一致。因此,将离散的三维傅里叶变换方法作为本书的主要方法。

对地震数据沿测线x方向、时间t方向做快速傅里叶变换(FFT)得到的是二维FK谱,若再沿测线y方向做傅里叶变换,就得到了三维FK谱:

$$S(f,k_x,k_y) = \int_{-\infty}^{+\infty}\int_{-\infty}^{+\infty}\int_{-\infty}^{+\infty} s(t,x,y)e^{-i2\pi(ft+k_x x+k_y y)}dtdxdy \quad (5\text{-}41)$$

三维FK谱中,y方向的低波数能量较强,并相对集中分布在一个较小的范围内,这有利于在三维空间内对地震数据进行插值。由上述分析可以得知,理论上三维傅里叶变换是可以实现保幅性的地震道内插的,本书用简单模型来验证一下。

对原始数据进行二维傅里叶变换后,F轴保持点数不变,在K方向依据共轭对称性质补零,将数据点数扩充为原长度2倍,反变换后,波形没有变化,只是在数值上缩小为原来的1/2。因此,可以利用傅里叶变换的尺度变换特性,对内插后时空域记录乘以一个能量因子,使能量守恒,以达到保幅的目的。实现该方法的主要步骤如下。

(1)对原始道集$B(t,x)$进行隔道抽取,得到$C(t,x)$。

(2)对$C(t,x)$进行二维FK变换得到$C(f,k)$。

(3)再对$C(f,k)$进行一次傅里叶变换,得到三维的FK谱$D(f,k)$,根据傅里叶变换的共轭对称性质,共轭对称充零,得到$E(f,k)$。

(4)对$E(f,k)$进行三维FK逆变换得到t-x域的数据$E(t,x)$,将$E(t,x)$乘以合适的增益因子,得到与原来波形与能量相匹配的t-x域数据。

(5)对连续缺失的道数进行隔道抽取,分级替换直至得到最佳$A(t,x)$。

2. 方法保幅性测试

建立一个简单的三层模型如图5-41所示,包含水平界面、倾斜界面和弯曲界面。用声波方程正演模拟得到图5-42(a),用保幅性道内插方法得到图5-42(b)。提取每一个界面上的振幅曲线,将内插前后的振幅曲线对比,如图5-43所示。将内插后记录的横坐标乘以0.5,与原始记录的横坐标一致,再进行对比(图5-44)。内插前后振幅基本重合，只有第一层后面稍有不同，因此，该方法具有很好的保幅性。

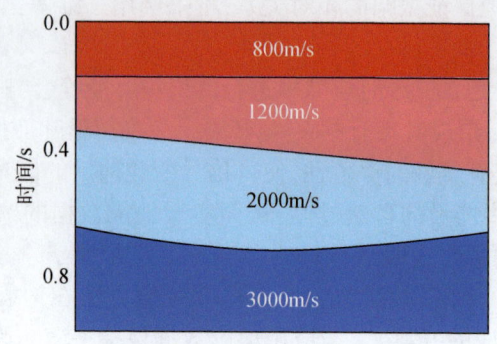

图 5-41　速度模型

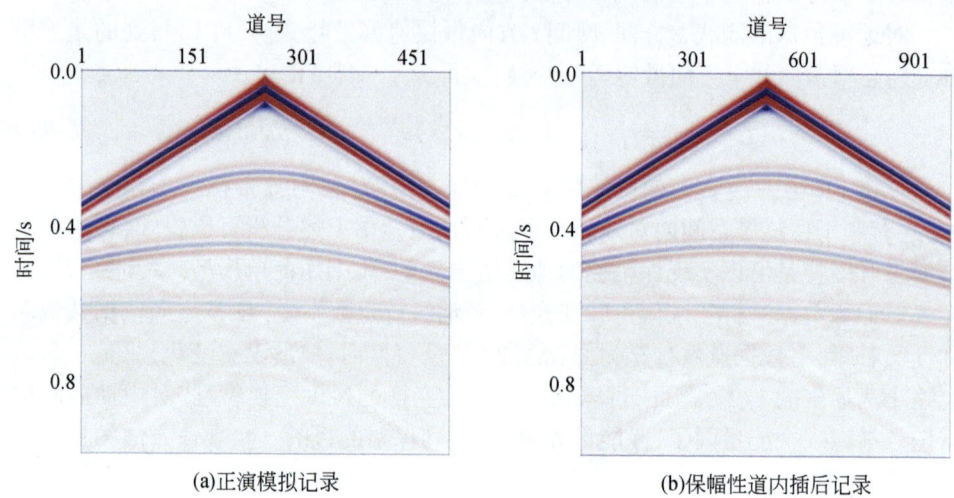

图 5-42　正演模拟记录与保幅性道内插后记录

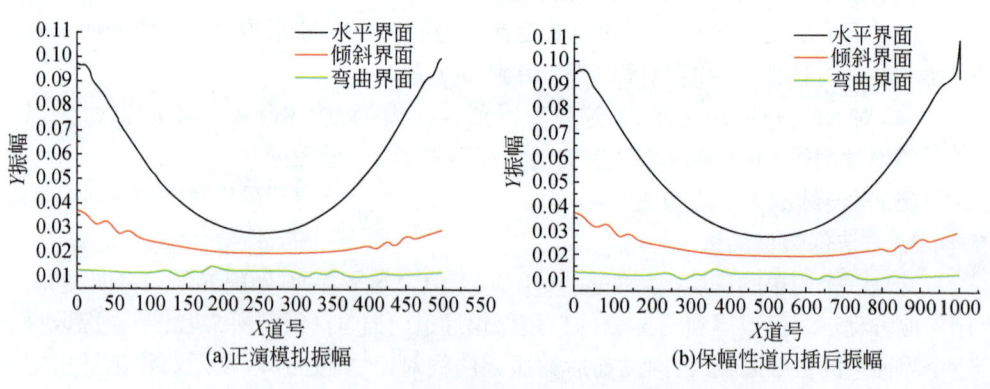

图 5-43　正演模拟振幅曲线与保幅性道内插后振幅曲线

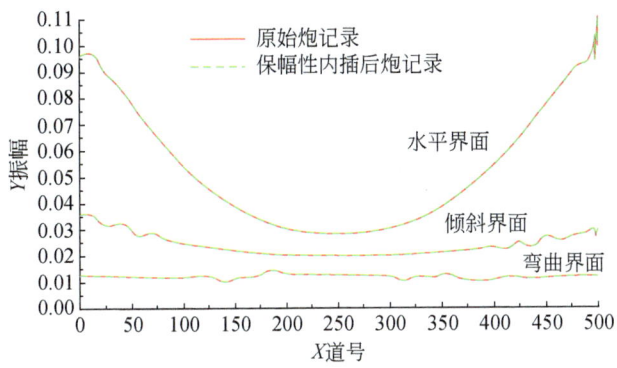

图 5-44 内插前后每一个界面的振幅曲线对比

5.3.2 空缺数据道的内插重建

图 5-45 是胜利油田 ken71 的速度模型,通过正演模拟得到炮记录。对炮记录随机抽取了 50 道作为缺失道,同样用基于三维傅里叶变换的 k_x-k_y-f 保幅地震道内插方法进行数据重建,得到图 5-45(b)。

从图(5-46)上,我们看到内插的效果很好。为了能够有效说明内插的效果,将内插前后的炮记录相减,得到差值记录(图 5-47)。将原始记录与插值后的记录做相似系数,得到图 5-48。

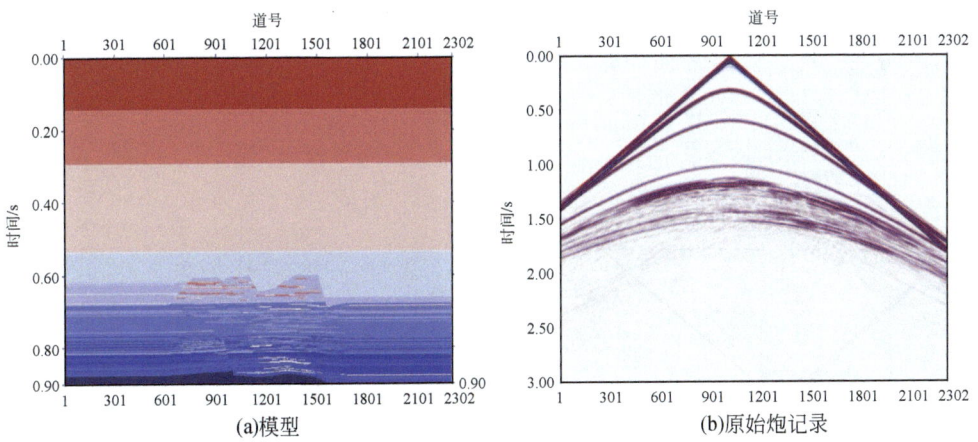

图 5-45 胜利油田 ken71 模型与模型原始炮记录

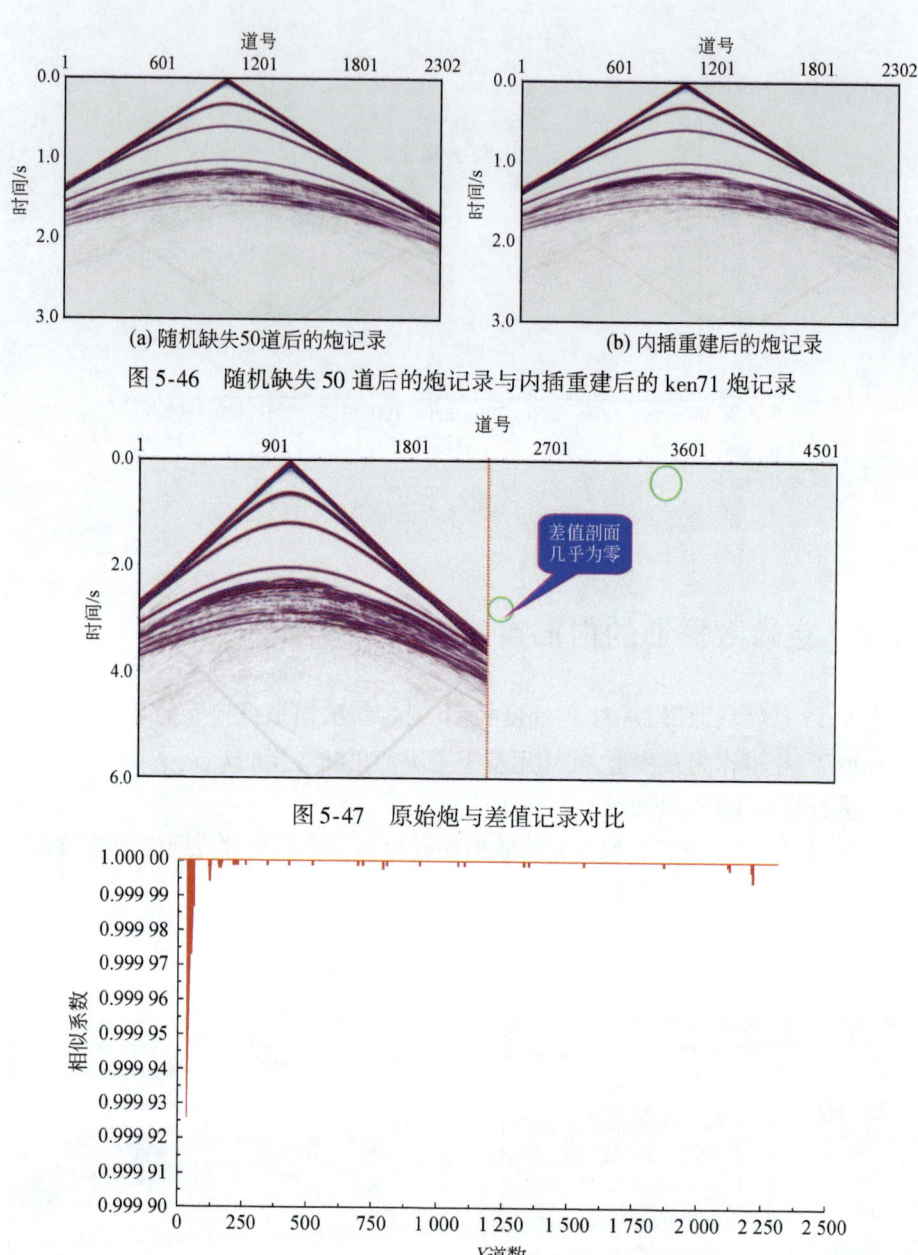

图5-46 随机缺失50道后的炮记录与内插重建后的ken71炮记录

图5-47 原始炮与差值记录对比

图5-48 插值后的记录与原始记录的相似系数

从图5-48可以看到,插值后的数据与原始数据的相似系数达到0.9999以上。通过上述的炮记录对比、差值情况和相似系数,可以看到基于三维傅里叶变换的k_x-k_y-f保幅地震道内插方法取得了很好的测试效果。

5.3.3 数据内插分类

1. CMP 域道内插

CMP 域道内插是针对 CMP 道集进行处理的,对炮集数据按照 CMP 抽线,形成三维 CMP 网格;对每个 CMP 点的偏移距进行组合,如将 0~50m 的分为一组,修改偏移距道头为 25m 距修改为 50m,把 50.0001~100m 的偏移距均偏移距修改为 75m。对组合后的偏移距从小到大进行排序,如果同一个 CMP 点相邻两道的偏移距之差大于给定的值(如 50m),则在两道之间内插一道。

从图 5-49 中可以看出,经过共偏移距内插后,偏移距的分布更加规则。图 5-50 是和原始 CMP 道集图 5-50(a)内插前后对比,从图 5-50 难以看出有明显的改进,但是插值前道数为 1064 道,插值后变为 1455 道,与图 5-49(b)中偏移距分布更加规则相对应。

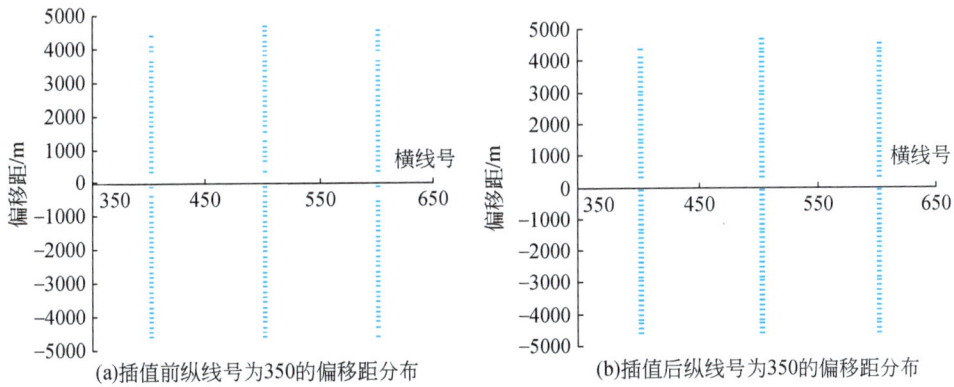

图 5-49 纵线号为 350 的 CMP 道内插前后对比

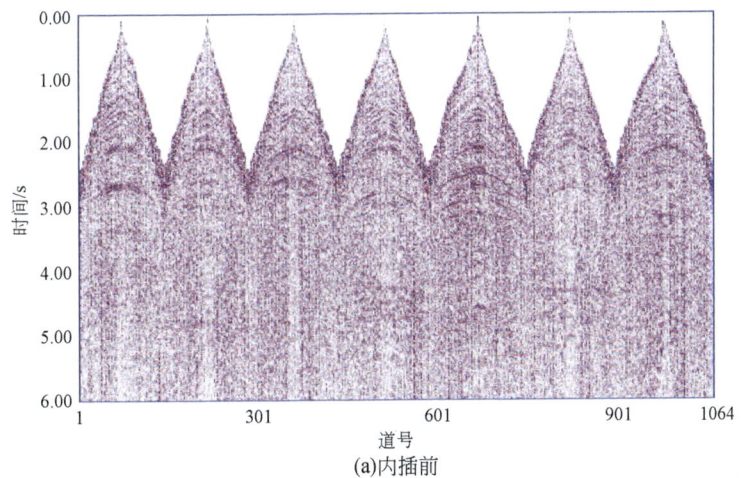

(a)内插前

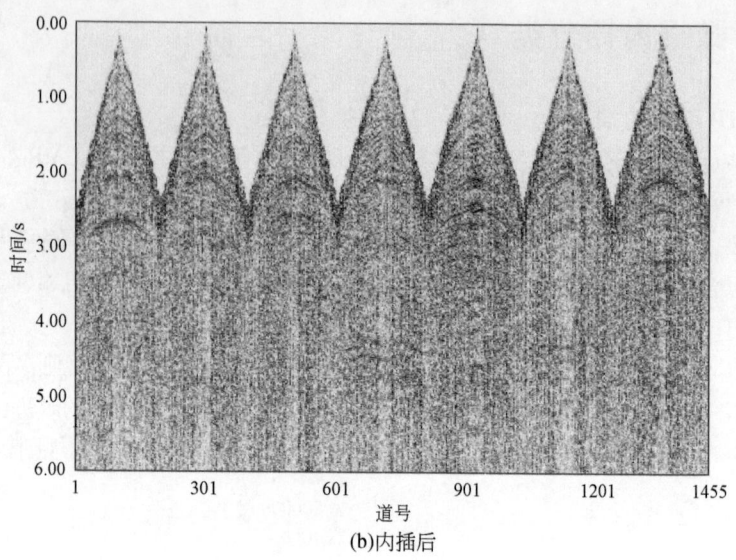

(b)内插后

图 5-50　CMP 域道内插前后对比

2. 排列的内插

有些工区由于受建筑物或者水库等的影响,整条排列缺失,故需要排列的内插。

为了进行对比,假设图 5-51 中的红色测线未知,使用两边的排列插值出中间的排列(图 5-52),再将插值出的排列与原有数据进行对比。

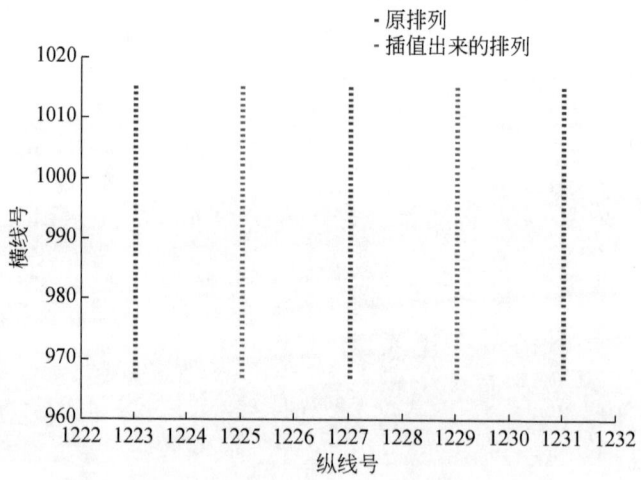

图 5-51　插值前后的检波点的分布关系

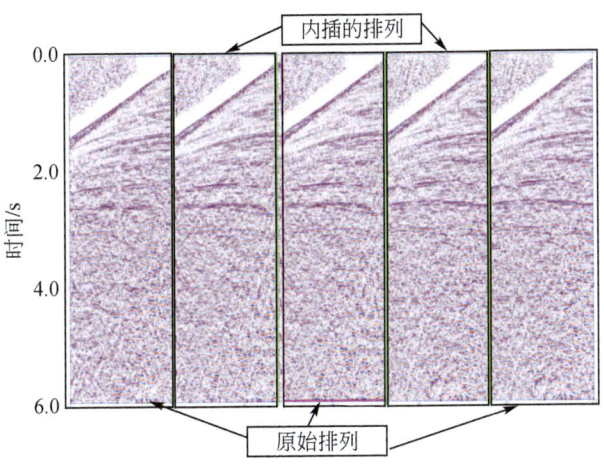

图 5-52 插值后的道集

从图 5-53 中可以看出,原排列与内插出的排列非常接近,说明这种内插方法是切实有效的。我们对内插排列的桩号增加一个最高位,并将其置 9 作为插值道的标志,同时也将插值出来的排列的道号增加 900 000,以便可以与原来的数据进行区别。

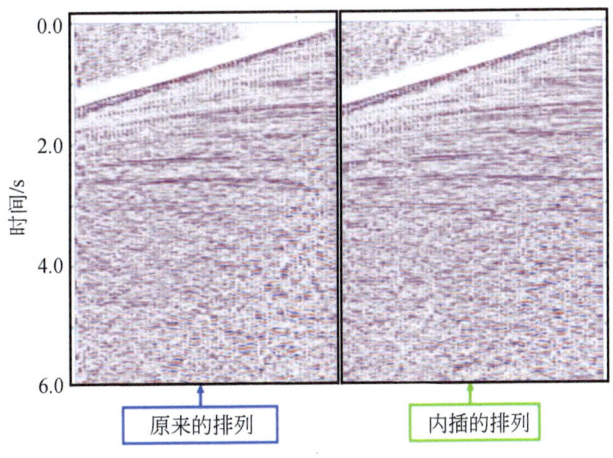

图 5-53 原排列与内插排列对比

3. 炮点内插

当工区内存在水库、村庄等不允许放炮的地方时,地震数据易大量缺失,这时需要对炮点数据进行内插。

如图 5-54 所示,圈内中间的炮点用来对比,另外两侧炮点用来插值,内插结果如图 5-55 所示。从对比结果中可以发现内插的炮点与用来对比的原炮点相似,但还是有区别,内插的炮点与用来插值的炮点更接近。

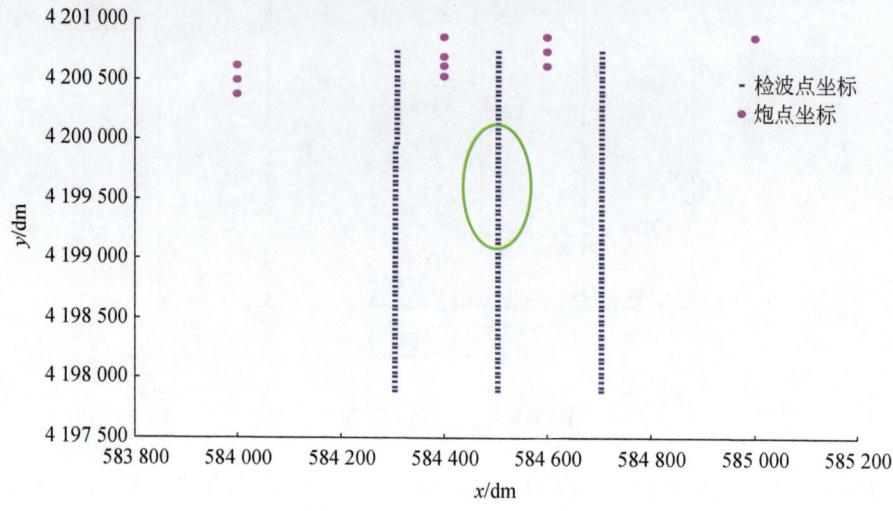

图 5-54　原始数据的观测系统

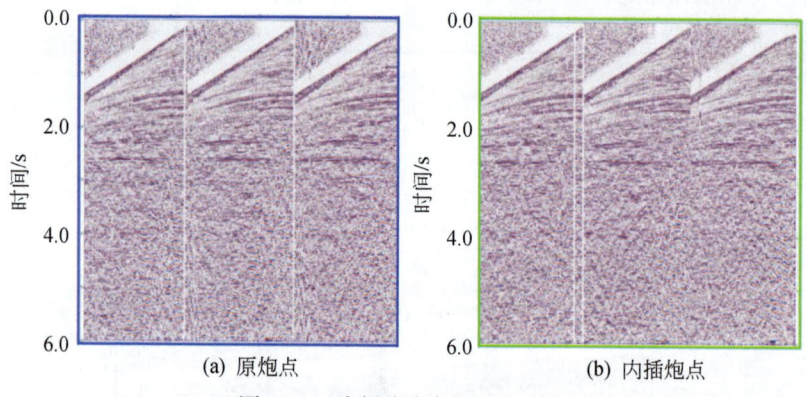

(a) 原炮点　　　　　　　　　　(b) 内插炮点

图 5-55　内插炮点与原炮点对比

4. 缺失炮数据内插重建的试验

在实际生产中,可能缺失的不仅仅是几道或是几十道的地震道数据,也可能是整炮的数据都缺失,那么这种情况下上述方法还能适用吗？本书对上述方法的适用性进行了初步试验。图 5-56 是对 Marmousi II 模型正演模拟时缺失炮的记录(该数据是共炮点的道集),图 5-57 是用上述方法内插重建得到的记录。可以看出,与共炮点道集相比,内插得到的炮集记录同相轴清晰,没有噪声干扰,与前后两炮的连续性也较好,能量的数量级上也是一致的,能达到内插的效果和目的。

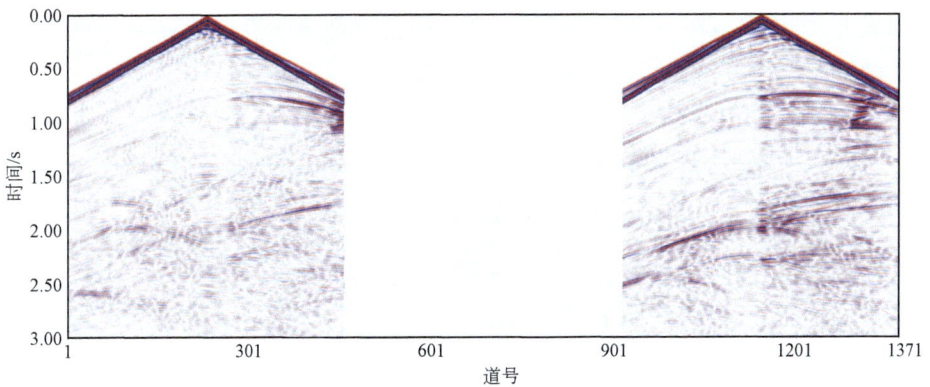

图 5-56 模型缺失炮的记录

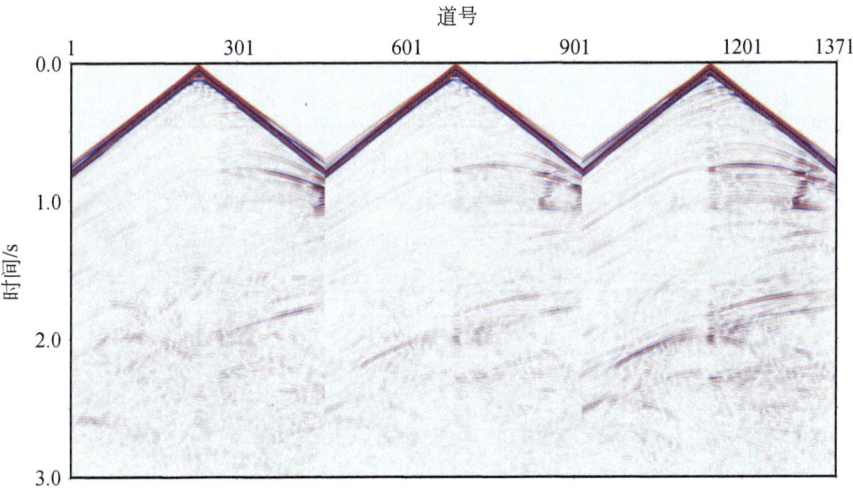

图 5-57 原始炮记录插炮得到的记录

图 5-58 是用某商业软件插值处理得到的地震道集，图 5-59 是用三维傅里叶变换中的 k_x-k_y-f 保幅地震道内插方法得到的地震道集。从图 5-58 和图 5-59 中不难看出：三维傅里叶变换的 k_x-k_y-f 保幅地震道内插方法的振幅更接近原始资料。为了定量给出内插的效果，以 100ms 为时间窗，在深度域比较各个窗口内的能量，得到图 5-60。保幅性内插方法的能量与原始道集的能量基本一致，而商业软件内插方法的能量偏弱。

三维傅里叶变换叠前道内插方法可以利用相邻炮的信息较为真实的内插出缺失的炮信息，但是任何方法的恢复重建，都只是利用其他信息推测得到相应缺失的炮信息的，不可能与原始的地震资料完全一致。叠前道集的品质也很大程度上决定了内插的准确性。

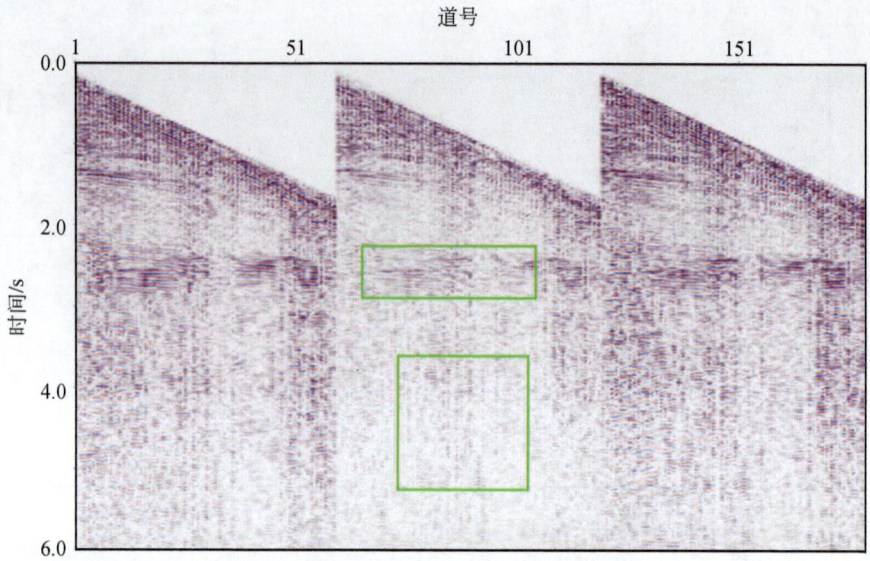

图 5-58　用某商业软件内插后道集

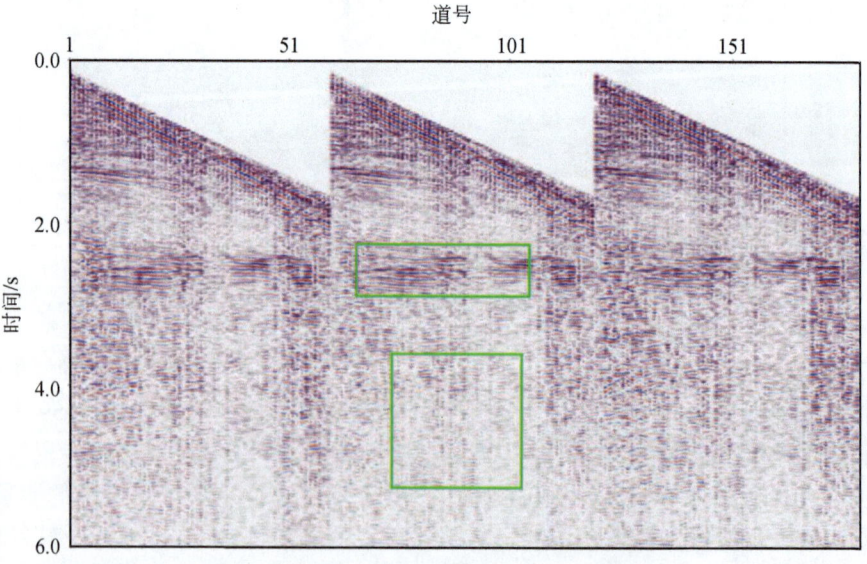

图 5-59　三维傅里叶变换道内插方法内插后道集

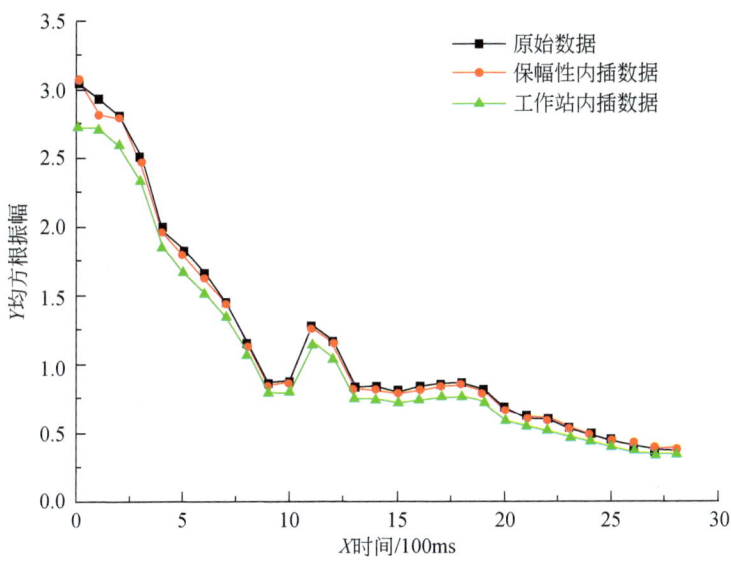

图 5-60　不同方法与原始道集能量上的比较

5. 与其他方法的效果对比

通过与其他地震道内插方法效果对比,进一步分析保幅三维傅里叶变换道内插方法的适用性与优越性。采用上述模型数据,采用不同的方法进行实验,包括 Spitz 方法、带限的 Spitz(BL-Sptiz)方法、Porsani 方法、GFKI 方法及保幅三维傅里叶变换道内插方法对数据进行内插恢复,得到的记录如图 5-61～图 5-63 所示。

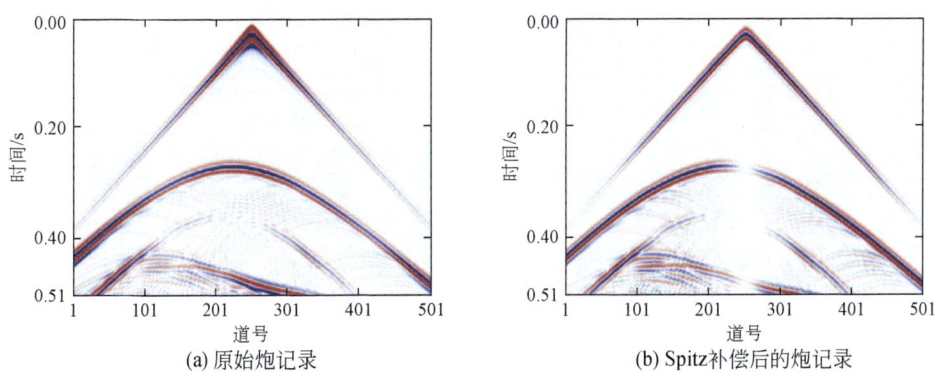

图 5-61　原始炮记录与 Spitz 方法内插的炮记录

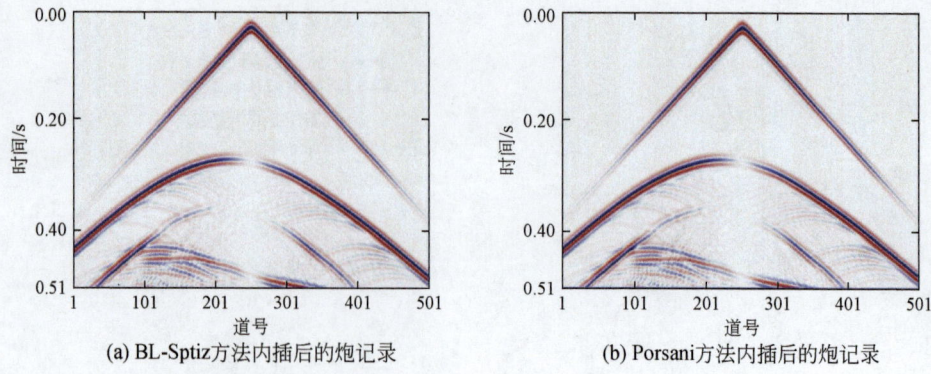

图 5-62　不同内插方法得到的炮记录对比(BL-Sptiz 方法和 Porsani 方法)

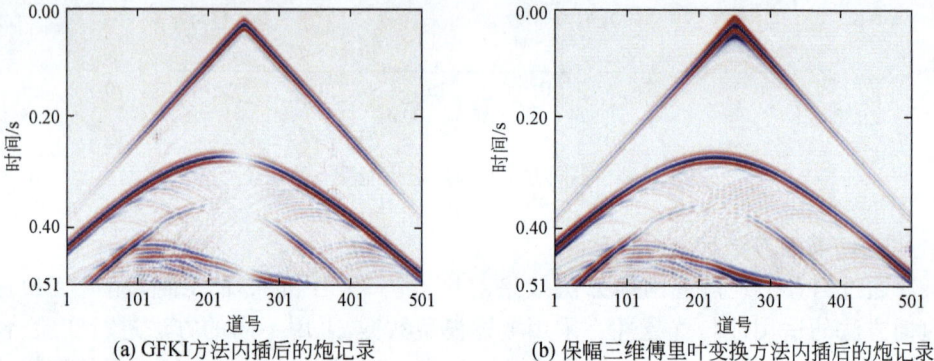

图 5-63　不同内插方法得到的炮记录对比(GFKI 方法和保幅三维傅里叶变换方法)

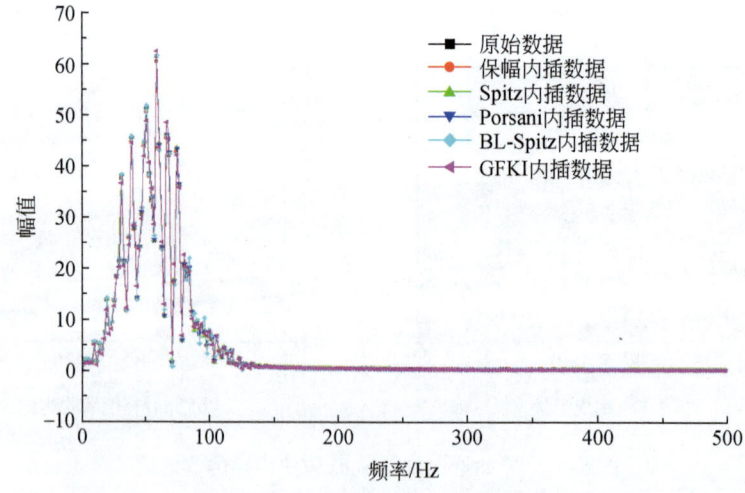

图 5-64　第 120 道不同方法的频谱对比

把数据中的第 120 道抽出来,计算其频谱,得到图 5-64。可以看到,保幅内插数据与原始数据是基本完全重合的,而其他方法的数据都有一些差距,因为是模型数据,差异也并不是很大。

将图 5-63 进行二维的 FK 变换,得到 FK 谱(图 5-65 ~ 图 5-67),再在 F-K 域进行比较分析。在 F-K 域无论是低频部分,还是高频部分,保幅内插方法与原始数据一致,且没有引入噪声。通过对比可以看出,保幅内插方法达到了保幅的效果,重建的同相轴连续性较好,波形与原始数据吻合较好,没有引入不必要的噪声。

通过对比可以看出,无论是同相轴的连续性,还是抗噪性及能量方面的对比,保幅性三维傅里叶变换 k_x-k_y-f 叠前道内插方法都具有优越性。

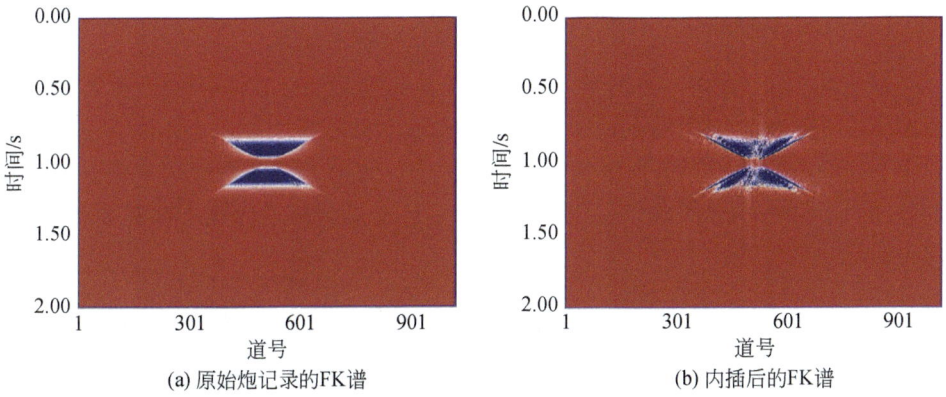

图 5-65 原始炮记录的 FK 谱与 Sptiz 方法内插记录的 FK 谱

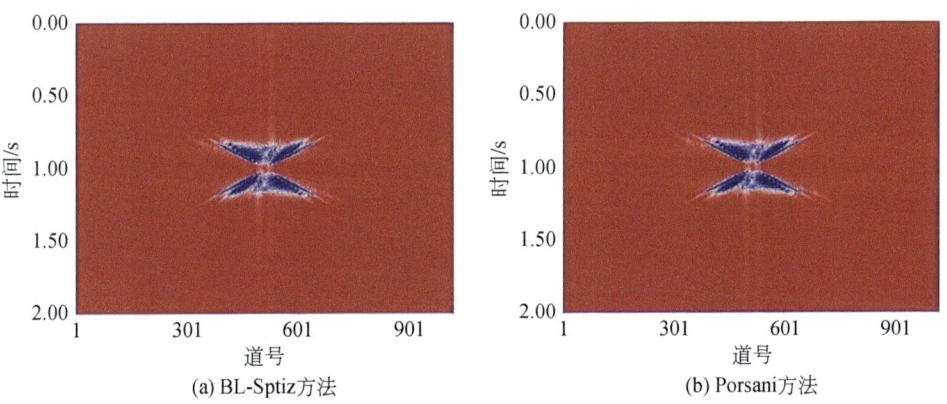

图 5-66 BL-Sptiz 方法内插记录的 FK 谱与 Porsani 方法内插记录的 FK 谱

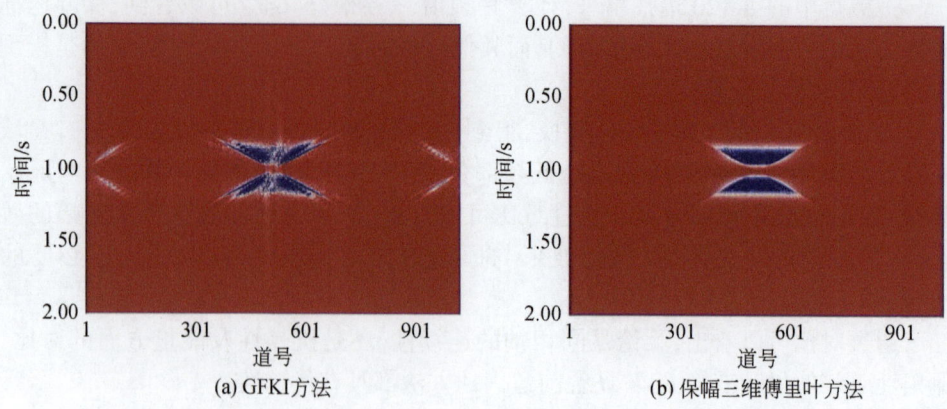

图 5-67　GFKI 方法内插记录的 FK 谱与保幅三维傅里叶方法内插记录的 FK 谱

观察图 5-68,保幅三维傅里叶方法的相似系数较高。对于同相轴数目较少的情况,Spitz 的 $F\text{-}X$ 域内插方法效果也是较好的。GFKI 方法由于相对引入的噪声较多,所以相似系数较低,插值效果不尽如人意。这些方法通常都是只插信号不插噪声,所以不能保证"保幅",保幅性三维傅里叶变换叠前道内插方法既要插信号,同时也插噪声。

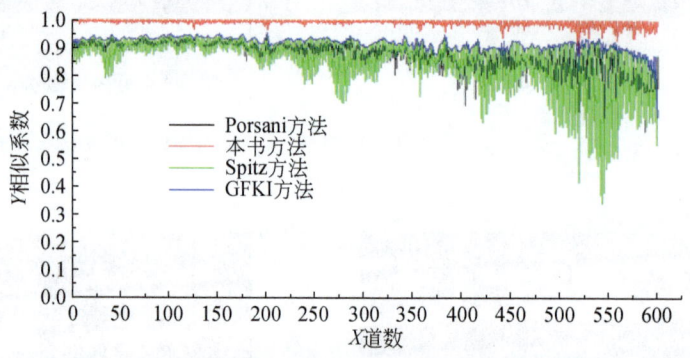

图 5-68　各种方法的相似系数对比

最重要的一点是,几种方法都只能进行规则数据的插值,保幅性三维傅里叶叠前道内插方法还可以进行不规则数据的重建,更能接近实际生产的要求。

5.3.4　保幅性三维傅里叶变换叠前道内插应用效果分析

通过对模型的试算,得到了很好的应用效果。下面用基于三维傅里叶变换的

k_x-k_y-f 保幅地震道内插方法对实际资料进行试处理,探讨该方法对实际资料的效果和适用性。

图 5-69 是永新地区某测线的实际资料,具体参数如下:道数,1082;采样点数,1501;采样率,4ms。对这个实际资料进行随机抽取使其缺失 50 道,得到的叠加剖面如图 5-70 所示,应用三维傅里叶变换的 k_x-k_y-f 保幅地震道内插方法对其进行内插重建,内插后的叠加剖面如图 5-71 所示。

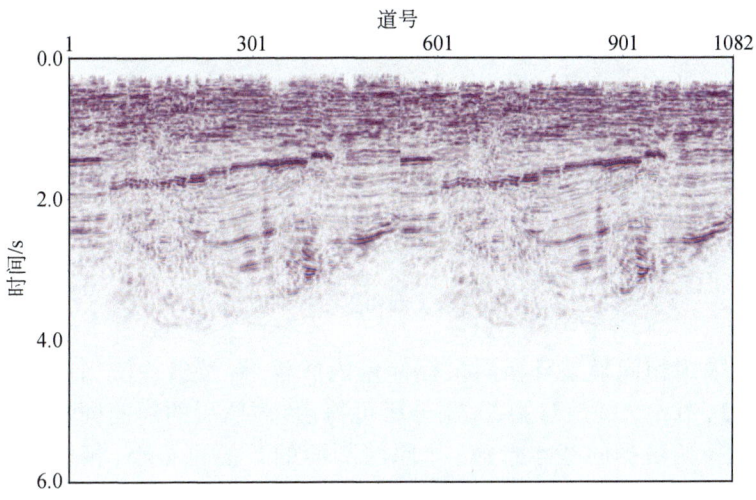

图 5-69　永新某测线叠加剖面

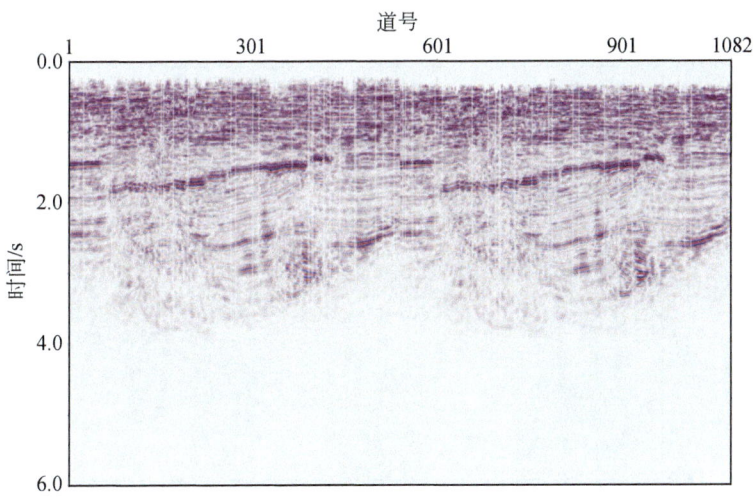

图 5-70　永新某测线随机缺失 50 道后剖面

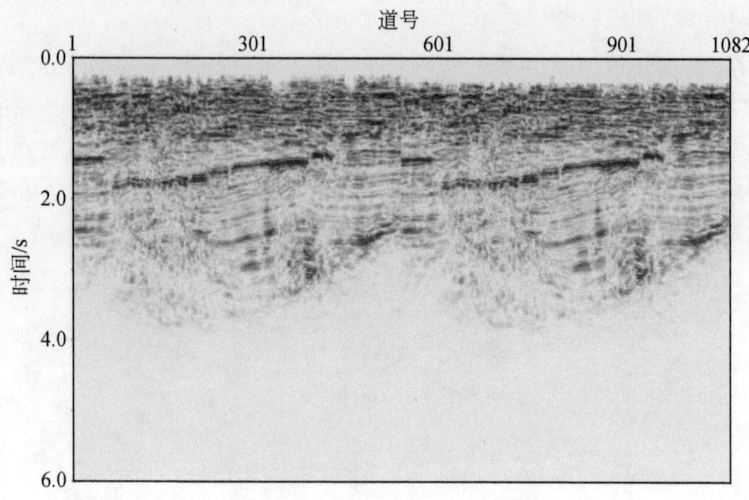

图 5-71 内插重建后剖面

同样,采用相同模型且相同指标衡量内插效果,做出差值剖面和相似系数图(图 5-72,图 5-73)。对图 5-73 分析可得出:内插后的剖面同相轴连续性很好,保持了原始数据的基本形态;与原始剖面的差值也很小,相似系数能达到 0.95 以上。所以该方法处理的效果是可以达到后续处理、偏移、解释等工作要求。

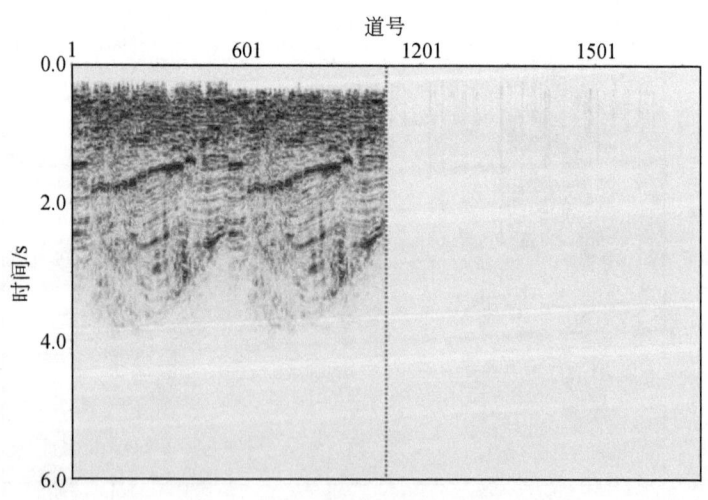

图 5-72 永新资料原始剖面与差值剖面

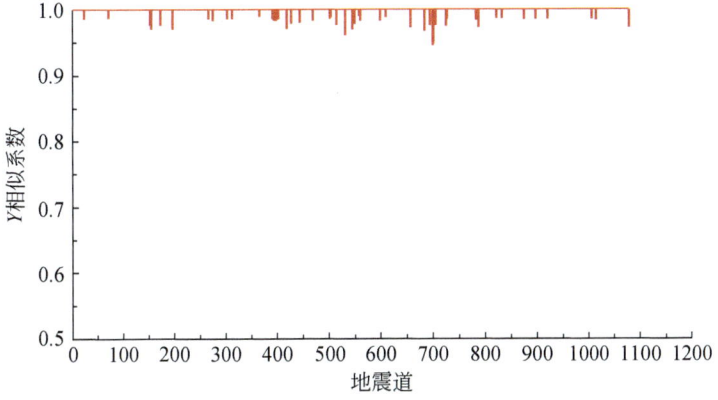

图 5-73　永新地区实际剖面与内插重建剖面的相似系数

对于胜利某地区的实际资料,当缺失 20% 时,用保幅性三维傅里叶变换叠前道内插方法得到的结果与原始道集的基本形态、同相轴的连续性等较为一致(图 5-74～图 7-76)。

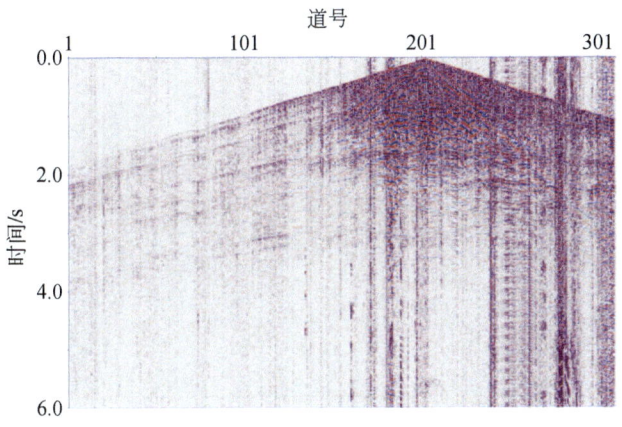

图 5-74　胜利某地区的叠前道集

5.3.5　小结

(1)地震道内插的方法很多,但是对叠前地震资料达到"保幅"效果和对不规则地震数据进行有效重建的方法并不是很多。基于三维傅里叶变换的 k_x-k_y-f 保幅地震道内插方法是较新的方法,对空缺地震道记录和炮记录的数据进行了有效的恢复重建。

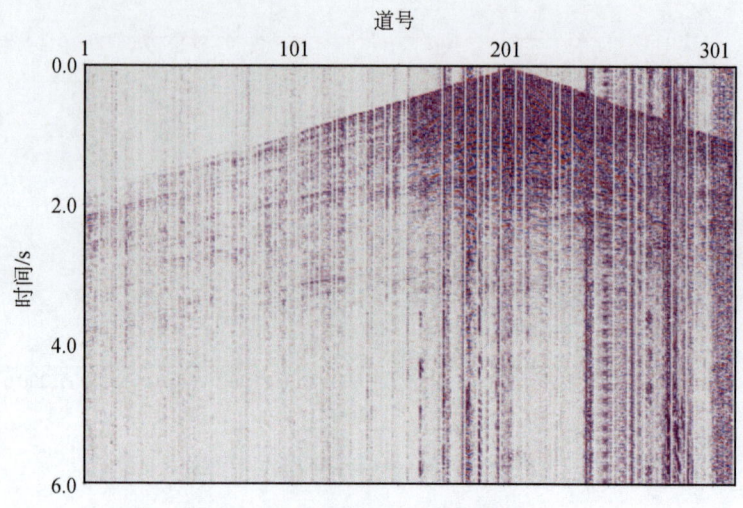

图 5-75 缺失 20% 后的叠前道集

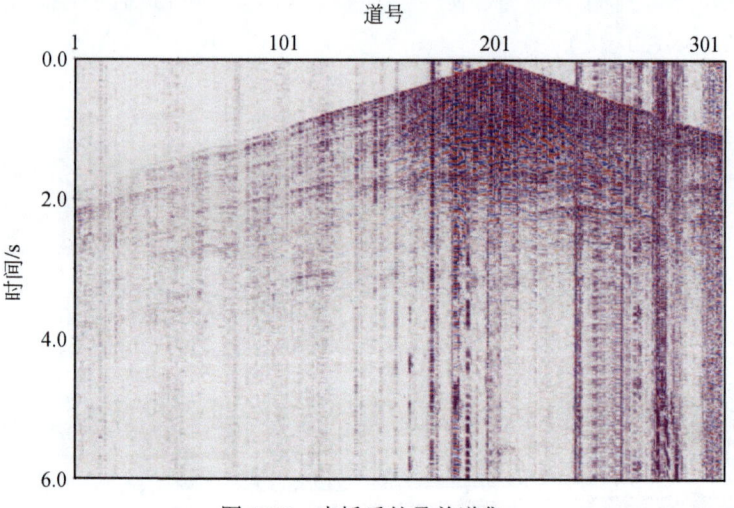

图 5-76 内插后的叠前道集

（2）通过在模型数据和实际资料试处理中的测试表明，与其他技术方法相比，基于三维傅里叶变换的地震道内插方法具有很好的"保幅"性，且内插前后的信噪比不变。

（3）保幅性三维傅里叶变换叠前道内插技术也存在一定的局限性。例如，连续缺失道太多，某些小构造在实际数据中没有显示，则利用该方法也无法内插出这些小构造。

第 6 章 面向储层精细预测的保幅处理流程建立及应用研究

地震资料处理的最初目的主要是解决构造问题,在地震资料处理阶段,主要利用的是地震波的运动学信息,如速度、走时等,对地震资料处理过程中的振幅保持并不需要过多关注。随着油气勘探从构造油气藏勘探向隐蔽油气藏勘探的转化,岩性储层预测问题、油气检测问题,甚至油气开发过程中对剩余油气分布的监控问题都摆在了地球物理工作者面前,常规的处理流程已满足不了解决这些复杂地质任务的需求,而要利用地球物理技术解决这些问题,关键是要在地震资料处理过程中做到相对振幅保持。这就要求处理人员根据处理目标的特点,通过各种试验分析,确定最佳的处理方案,科学合理的组织处理流程。下面以垦东 1 区三维(滩浅海地区)及罗家-2009 高精度三维资料(陆上资料)为代表,通过大量试验对比与分析,建立能够适应济阳拗陷特点的地震资料相对保幅处理流程。

6.1 保幅处理流程建立——以罗家-2009 高精度三维为例

罗家-2009 高精度三维工区主要位于陈家庄凸起北坡,该区近几年在碳酸盐岩油藏勘探方面取得了较大成功,近几年完钻的义东 301、302 等井分别在沙河街组钻遇灰岩油层,其成功钻探,实现了胜利地区灰礁含油连片,说明灰岩油藏可以成为本区增储上产的可靠现实油藏类型,同时,也展示了本区灰岩油藏巨大的勘探潜力。但湖相碳酸盐岩地震反射特征横向变化大,有效储层地震预测难,勘探效率较低。

研究过程中,首先了解工区勘探概况,充分分析灰岩储层沉积规律及地震反射特征,其次通过对以往关键处理流程及步骤等方面进行分析,确定原流程中的不保幅环节,最后形成一套针对性较强的能够提高储层预测的保幅处理技术系列,为后续解释人员开展综合应用研究提供优质的保幅成果资料。

6.1.1 研究区地质特点分析

为更好地完成研究工作,我们首先对本区勘探概况、灰岩储层的沉积规律及地震反射特征等方面展开分析,为后续保幅流程的建立指明研究方向。

1. 灰岩油藏勘探概况

邵家地区位于济阳坳陷沾化凹陷西部,沙四段沉积时期洼陷内发育有义东断阶、邵4断阶、邵20缓坡断块等多个构造单元。在上述构造单元中发现了多个灰岩油气藏,其单块面积较小,一般不足 $1.0km^2$,单井产量和累计产量普遍较高,具有"小而肥"的特点。2009年陈家庄北坡–邵家南坡,钻探了多口井:罗531井沙四段砂质灰岩油层8.6m/3层;沾27-斜18:沙四灰岩油层45.2m/12层,酸化日油9.4t;义东30-斜4:沙四礁灰岩,日油16t;南部邵52-斜20:沙四灰岩油层15m/3层,日油9.5t(图6-1);邵61、罗55井因碳酸盐岩储层缺失而失利,说明本区碳酸盐岩储层分布规律复杂。

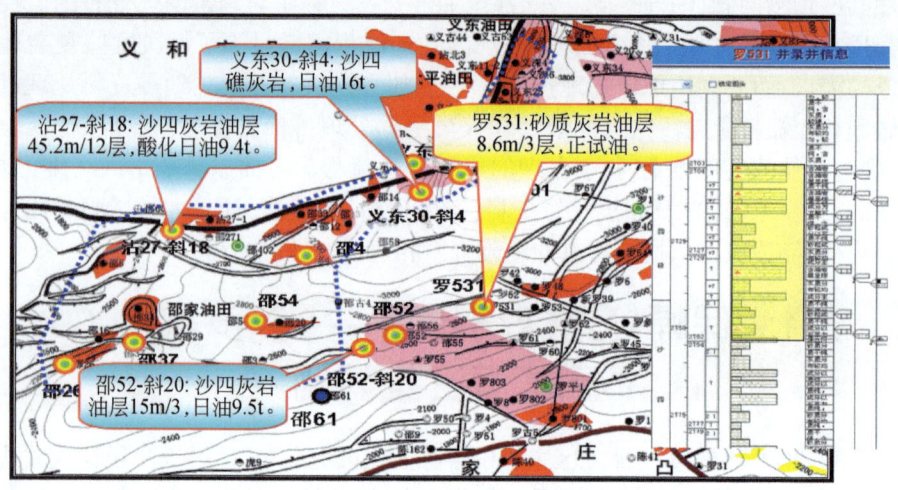

图6-1 陈家庄北坡碳酸盐岩油藏勘探形势图

2. 灰岩地震反射特征分析

邵家地区沙四段灰岩层速度一般为4000~5800m/s,上覆沙三段油页岩层速度为3200~3500m/s,灰岩层速度远大于围岩层速度。因此,灰岩分布稳定的地区,地震剖面上其顶面往往表现为连续的强反射特征,各亚相带反射特征基本一致,难以有效区分。另外,地震剖面上储层发育区反射特征也不明显。但是从另一个角度来看,灰礁、灰滩、砂砾岩体地震反射及属性特征差异明显,提取的沿层累加振幅曲线可以看出(图6-2),灰礁累加振幅值最大,滩核次之,滩缘、砂砾岩体值最小,这种变化主要是由速度变化引起的,灰礁层速度大于灰滩,随埋深增加,灰滩微相中滩核>滩间水道>滩缘,浅层砂砾岩体层速度整体小于灰礁、滩核,与滩间水道和滩缘相当,但平面变化大。而速度变化主要是岩相起主导作用,厚度次之,岩相决定反射强弱,同一亚相振幅随厚度增加而增大。

| 第6章 | 面向储层精细预测的保幅处理流程建立及应用研究

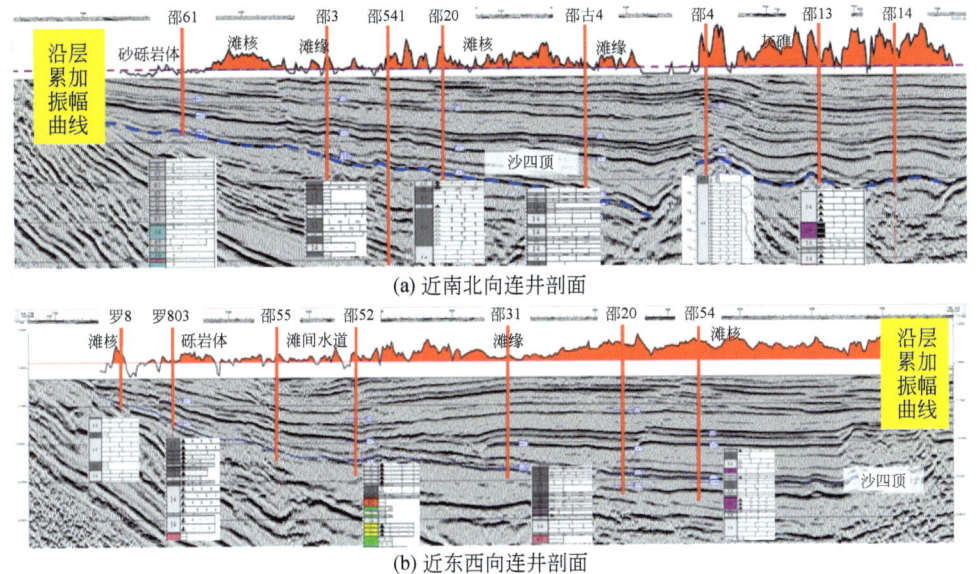

图 6-2 邵家洼陷连井剖面

6.1.2 以往处理流程分析

罗家-2009 高精度三维处理成果于 2009 年出站并投入解释,为认识本区碳酸盐岩的地震特征和发育情况提供了精准资料。从应用情况看,罗家-2009 高精度三维资料品质,特别是中深层资料的保幅性较好,有利于对中深层岩性等隐蔽圈闭描述,解释人员利用罗家-2009 高精度三维在该区进行的碳酸盐岩相带划分、储层预测都取得了一定的效果。但是随着勘探程度的日益提高,目前的成果资料已经难以完全满足要求,造成这一问题的主要原因有以下两点:①2009 年的地质任务主要是以得到各套标准层反射为主,处理过程中对沙四段灰岩并没有开展针对性处理,对后续的灰岩油藏勘探带来了一定的不利影响;②近几年处理方面新技术发展迅速,一些以往无法实现的新技术目前也已成为可能,因此,以往的处理流程存在一定的改进余地。鉴于此,我们首先通过对以往处理流程进行细致的分析,确定保幅程度相对较低的环节,从而在后续工作中有针对性地组织流程,提炼出一套保幅程度更高的处理技术系列,为后续综合应用研究打下坚实基础。为了方便后续保幅流程建立工作的展开,应对以往的处理流程及关键环节进行剖析,图 6-3 是 2009 年采用的罗家高精度三维处理流程。

从 2009 年的罗家高精度三维处理流程来看,保幅处理流程建立工作主要围绕

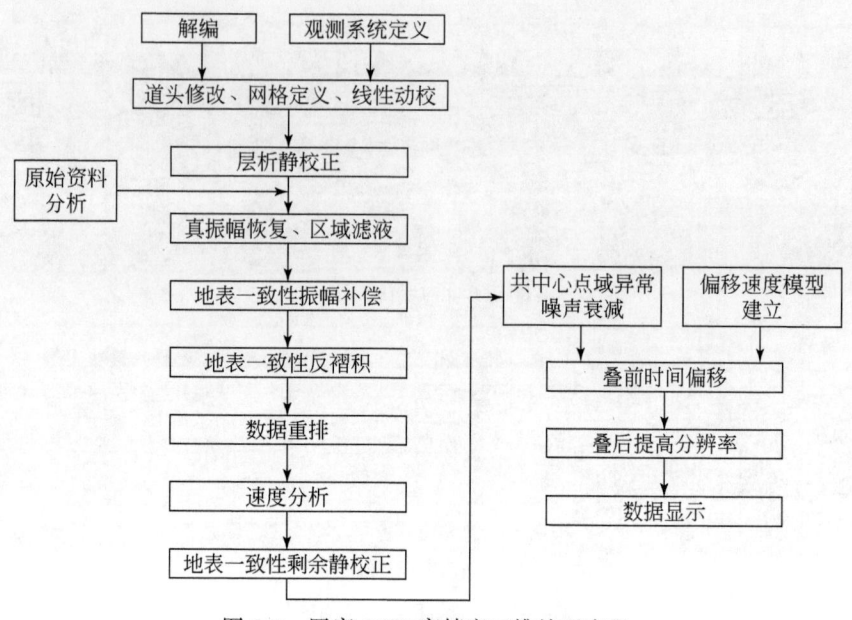

图 6-3 罗家-2009 高精度三维处理流程

以下两个方面展开：①关键处理环节的配置关系；②关键处理模块的保幅性分析及实际应用。整个处理流程可以分为 4 个比较重要的处理阶段。

1. 振幅补偿处理阶段

从原处理流程来看，能量补偿主要采用的是球面扩散补偿+地表一致性振幅补偿方法，这也是最常用的一种振幅补偿方法技术系列，很多工区的资料处理工作仍在沿用。从理论的角度看，球面扩散补偿主要是对受球面扩散因素造成的纵向上的能量差异进行补偿，使其保持仅与地下反射界面反射系数有关的振幅值，该技术理论上来讲属于保幅技术。

影响补偿因子的关键因素是均方根速度，准确的速度是球面扩散补偿保幅保真的基础。从处理流程来看，在球面扩散补偿之前，并没有进行一次全区的速度分析工作。因此，很难得到全区较准确的均方根速度，这势必会给球面扩散补偿技术的保幅性带来不利影响。另外，球面扩散补偿法虽然能够近似解决能量随传播时间的衰减影响，但无法补偿近地表因素空间变化引起的频率及能量变化。地表一致性振幅补偿技术主要以地表一致性方式对共炮点、共检波点、共偏移距道集的振幅进行补偿，消除各炮、道之间的能量差异，但也只能达到时窗统计平均补偿的效果，不能补偿随频率变化产生的衰减。这两种补偿方法都存在一定的不足，在振幅补偿阶段进行了时频空间域补偿新技术应用，取得了较好的效果。

2. 提高信噪比处理阶段

罗家-2009 高精度三维野外采集过程中对资料品质进行了严格的控制,图 6-4 是该工区的典型单炮,从单炮来看,信噪比较高,面波是主要干扰波,但是采取的去除面波方法主要是区域滤波,这种以前常用的去面波的方法在去除面波噪声的同时,也会一定程度上损害低频有效信息。因此,其属于保幅程度较低的方法。因此,此次保幅流程建立过程中关于面波去除方法要进行改进。

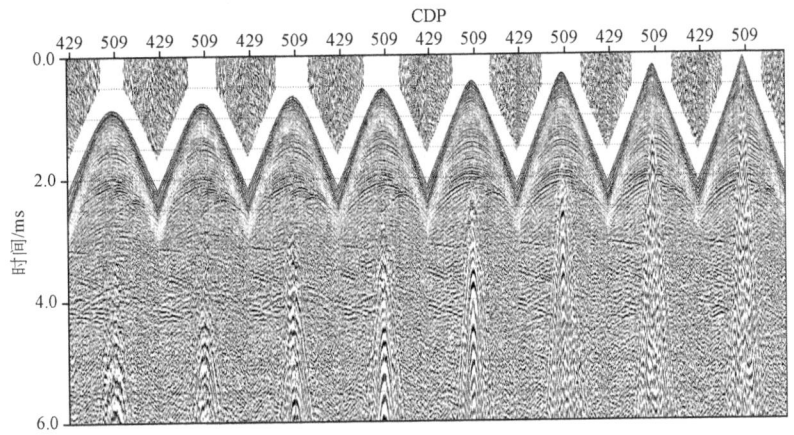

图 6-4 罗家-2009 高精度三维典型单炮

由于工区处于义和庄凸起和陈家庄凸起的结合部,渤南-四扣洼陷的局部,属于多次波的易发部位。叠加剖面中存在两套十分明显的多次波,一套位于义和庄凸起和陈家庄凸起结合部的全程多次,设在剖面上表现为平行于基底反射;另一套位于渤南-四扣洼陷内部,与有效波混杂。这些多次波会严重干扰一次波的成像,因此,在保幅流程建立过程中必须对多次波采取针对性的处理,以保证中深层资料的保幅性。

3. 提高分辨率处理阶段

从以往处理成果资料来看,沙四段资料主频为 35Hz 左右(图 6-5),主频稍低。目前在叠前所采用的地表一致性反褶积方法一般都假设反射系数序列是白噪序列,而实际情况下这一假设是相对苛刻的。这在一定程度上影响了子波估计的质量,造成子波估计不准,反褶积后在一定程度上改变了波形与真实反射系数的匹配关系,影响反褶积处理的保幅性能,因此,在叠前开发一套更加保幅的反褶积技术显得十分重要。另外目前普遍采用的反 Q 滤波技术存在一定问题,品质因子的求取往往是通过 Q 值扫描试验来确定,主观性太强,分辨率提高的同时资料的保幅性会受一定的影响,因此,在提高分辨率的同时有必要找到一个合理的求取品质因子的技术。

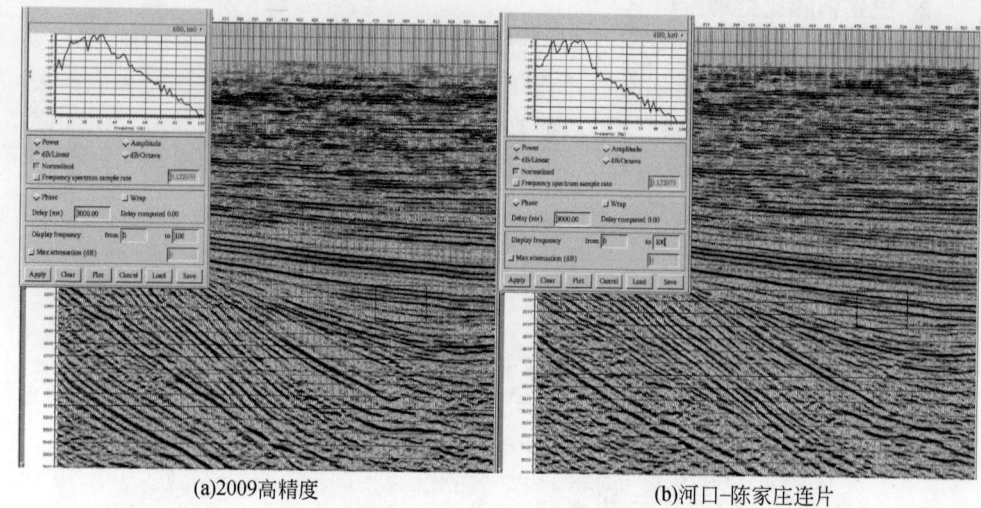

(a)2009高精度　　　　　　　　　　(b)河口-陈家庄连片

图 6-5　两期成果叠加及频谱

4. 成像阶段

成像技术的发展是影响资料成像质量的最大问题,从常规叠后偏移到叠前时间偏移,再到叠前深度偏移,应该说,成像技术是近几年资料处理中发展最迅猛的。2009 年该区资料处理采用的是叠前时间偏移,在构造成像方面取得了较好的效果,鉴于叠前深度偏移技术逐步成为常规处理技术,因此,在保幅流程建立方面采用叠前深度偏移方法是十分必要且可行的。从理论上来讲,相对于叠前时间偏移,叠前深度偏移方法符合斯奈尔定律,遵守波的绕射、反射和折射定律,适应于任意介质的成像问题,因此,叠前深度偏移保幅性更好。

6.1.3　关键处理环节配置关系研究

围绕以往的处理流程中的关键技术环节进行了较细致的剖析,下面主要从关键处理环节的配置关系及关键处理模块的实际应用两个方面入手,进一步总结提炼出一套相对保幅程度较高的处理技术系列,并通过实际资料处理,为后续综合应用研究提供一套品质更高的成果资料。

从以往的处理流程来看,在关键处理环节搭配顺序方面有两方面需要进行讨论和验证:①去噪和振幅补偿的先后顺序;②去噪和反褶积的先后顺序。下面主要从这两方面入手,结合实际处理效果最终确定关键处理环节中搭配关系。

1. 去噪和振幅补偿的先后顺序

在振幅补偿方面采用球面扩散补偿+地表一致性振幅补偿联合补偿技术,在去噪方面根据工区资料特点主要对面波、异常振幅等对能量影响较大的干扰进行去除，然后根据不同搭配的处理效果进行分析，最终确定二者的先后顺序。图 6-6 是两种不同搭配关系处理后的单炮效果，从面貌上来看，二者相差不大，去噪+振幅补偿后的单炮能量稍强，且道与道之间的能量一致性方面好于振幅补偿+去噪后的单炮。

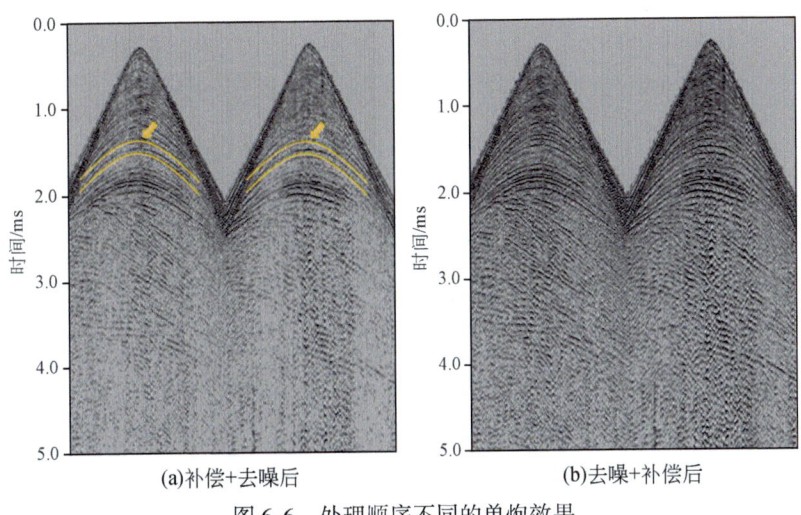

图 6-6　处理顺序不同的单炮效果

为了进一步对二者进行分析，选取一套目标层（图 6-6）进行沿层的均方根振幅统计。图 6-7 是原始单炮目标层的均方根振幅曲线，均方根振幅能量较低，且存在比较严重的炮与炮、道与道之间的能量差异，经过球面扩散补偿以后，同一炮之间的道与道之间能量差异得到一定改善，但是炮与炮之间能量差异问题仍十分明显；经过振幅补偿+去噪后炮与炮之间的能量差异问题得到较好解决，但是道间能量为 3000~8000，跨度比较大，而采用去噪+振幅补偿后的道间的相对能量差异更小，能量为 9000~11 000，而且绝对能量值更大。总体来看，去噪+振幅补偿的搭配效果更好。

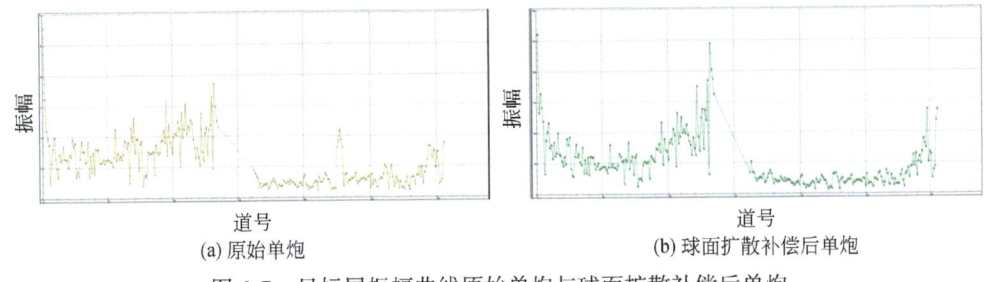

图 6-7　目标层振幅曲线原始单炮与球面扩散补偿后单炮

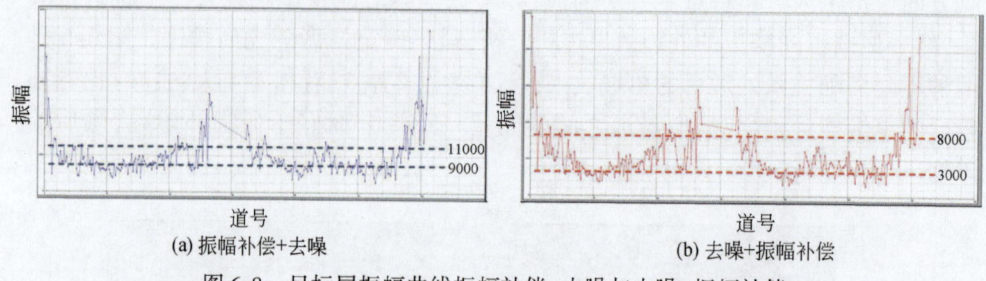

图 6-8 目标层振幅曲线振幅补偿+去噪与去噪+振幅补偿

图 6-9 是振幅补偿+去噪后的叠加，图 6-10 是去噪+振幅补偿后的叠加，从剖面来看，去噪+振幅补偿后的叠加剖面能量更加合理，总体补偿效果较好。结合上述分析效果情况，振幅补偿之前，应该先进行强能量噪声的去除工作，这样保幅效果更好。

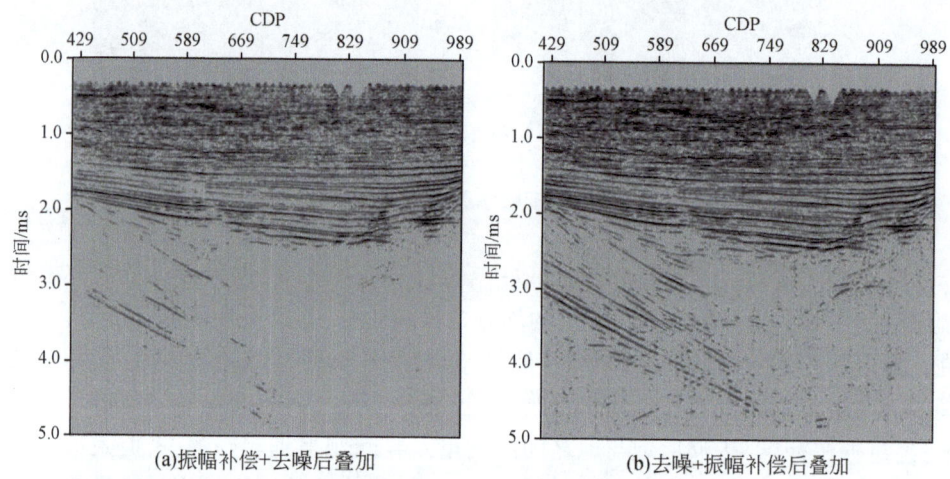

图 6-9 叠加剖面效果对比

2. 去噪和反褶积的先后顺序

在反褶积方面主要采用目前比较常用的地表一致性反褶积技术，而在去噪方面主要对面波、异常振幅等对能量影响较大的干扰进行去除，然后根据不同搭配的处理效果进行分析，最终确定二者的先后顺序。图 6-10 是不同搭配关系处理后的单炮及频谱显示，从浅层频谱情况来看，反褶积+去噪后高频端频谱并没有得到有效展宽，仅向低频端方向移动，而去噪+反褶积后的单炮频谱展宽合理，低、高频端均有展宽，分辨率提高明显。

| **第6章** | 面向储层精细预测的保幅处理流程建立及应用研究

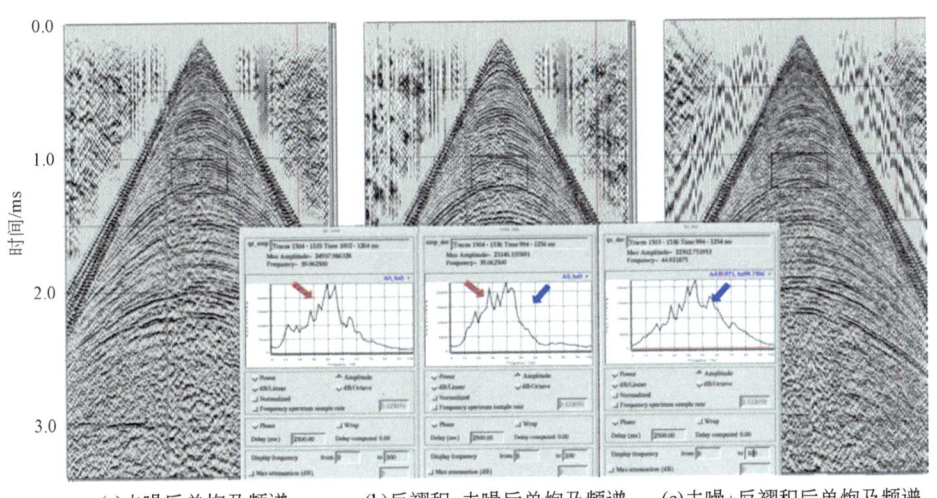

(a)去噪后单炮及频谱　　　(b)反褶积+去噪后单炮及频谱　　　(c)去噪+反褶积后单炮及频谱

图 6-10　不同搭配顺序后的单炮及浅层频谱

之所以会产生上述效果,主要是由于强能量噪声(如面波)对子波的估计产生了不利影响,造成了子波估计不准,图 6-11 是不同搭配关系处理后的单炮自相关显示,反褶积+去噪后单炮自相关发生了明显的畸变,一致性较差。因此,也造成了频宽没有得到合理展宽;从先去噪后反褶积的单炮自相关来看,一致性较好,分辨率也得到明显提高。

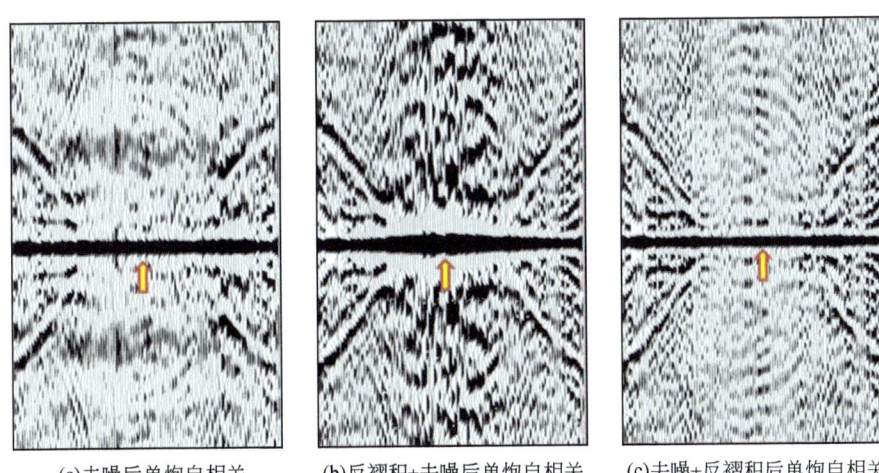

(a)去噪后单炮自相关　　　(b)反褶积+去噪后单炮自相关　　　(c)去噪+反褶积后单炮自相关

图 6-11　不同搭配顺序后的单炮自相关

对两种搭配关系处理后的叠加剖面进行分析,进一步确定二者的搭配顺序,图 6-12 是反褶积+去噪后的叠加剖面及频谱显示,由图可知,经过处理的浅层分辨率不升反降,而图 6-13 显示,经过去噪+反褶积处理后的叠加剖面浅、中、深层分辨率搭配比较合理,也得到明显提高。

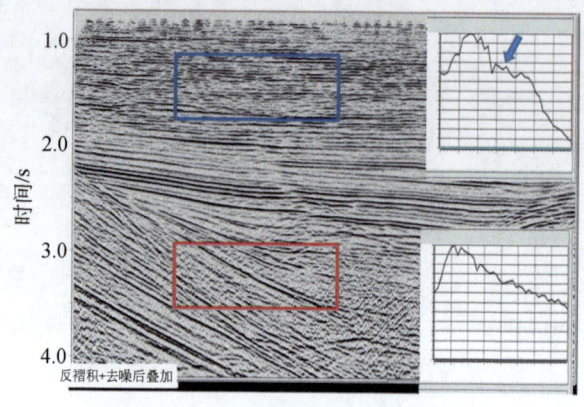

图 6-12　先反褶积后去噪剖面及频谱

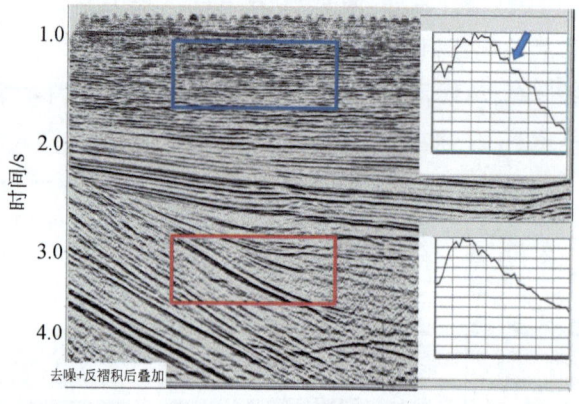

图 6-13　先去噪后反褶积剖面及频谱

经过对关键处理环节的配置关系的研究,为后续处理中关键模块的保幅性分析及流程建立奠定了基础,下一步将在该基础上进一步深入研究,以确定最终的相对保幅处理流程。

6.1.4　关键处理模块的保幅性分析及应用

前面完成了关键处理环节配置关系的研究,确定了叠前去噪、振幅补偿、反褶积的先后处理顺序,接下来主要针对每个关键环节处理技术进行保幅性分析研究,进而完成相对保幅处理流程的补充和深化。

1. 层析反演静校正技术

总体来说,胜利工区属于近地表变化比较平稳的地区,早期的资料处理过程中处理人员对近地表静校正工作重视不够,主观上认为剩余静校正能够解决全部的静校正问题,但是从保幅处理的角度来说,仅仅做好剩余静校正工作明显是不够的,前期资料中存在的长波长、短波长校正量,会影响初始速度的拾取、振幅补偿、反褶积子波提取等工作,进而会影响到后续资料的处理质量。因此,处理工作的前期必须进行近地表静校正工作,以确保资料保幅程度更高。

层析反演静校正技术是一种非线性反演技术,它利用地震记录的初至波时间,运用射线追踪方法反演地表及近地表不同介质的速度模型,以获得地震观测点处地表及近地表的速度和深度信息,建立相应的表层结构模型,在该基础上分别求取激发点和接收点的静校正值,从而消除静校正影响,提高地震反射波分辨率。图6-14为反演的近地表速度模型,从层析反演静校正前后的单炮对比来看,由于地表复杂带来的初至扭曲及同向轴抖动现象得到了较好的校正。

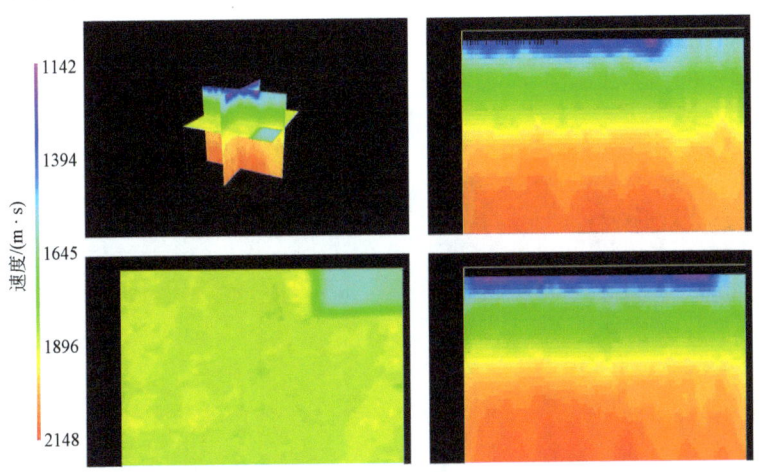

图6-14　罗家-2009三维层析反演近地表模型

图6-15是层析反演静校正前后叠加剖面的对比,叠加过程采用了相同的叠加速度,可以看出,进行了近地表层析反演静校正后的剖面同向轴的同向性得到了加强,提高了资料的分辨率,进而资料的保幅程度更高,利用层析反演静校正方法可以较好地解决本工区存在的大部分近地表静校正问题。

2. 提高信噪比技术

通过提高信噪比技术的研究,采用最小子集面波压制技术及高精度Radon变换技术对面波、多次波进行针对性的去除,在压制噪声的同时,突出有效反射信号,提高资料相对保幅程度。

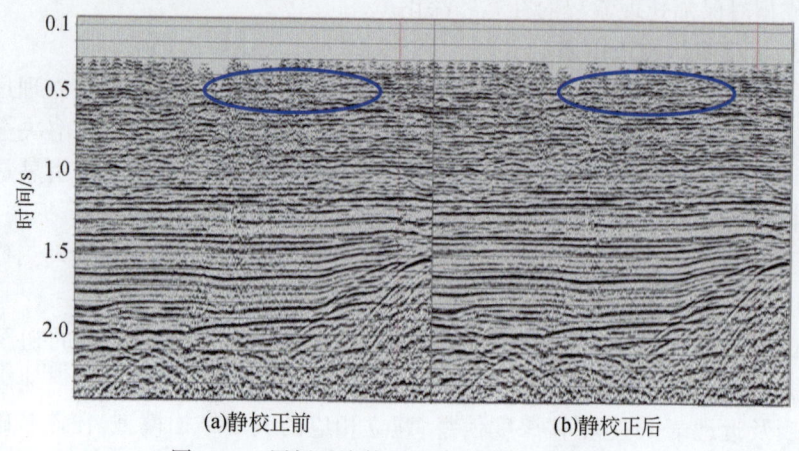

图6-15 层析反演静校正前、静校正后的叠加

1) 最小子集面波压制技术

罗家-2009高精度三维采用了16线16炮的观测系统。该三维资料的横纵两个方向都为50m,这样在一个最小子集的采集系统内,面波呈圆锥状,以某一炮为顶点向四周延伸,见图6-16,抽取任何一个方向的数据,其面波表现为同一线性关系。

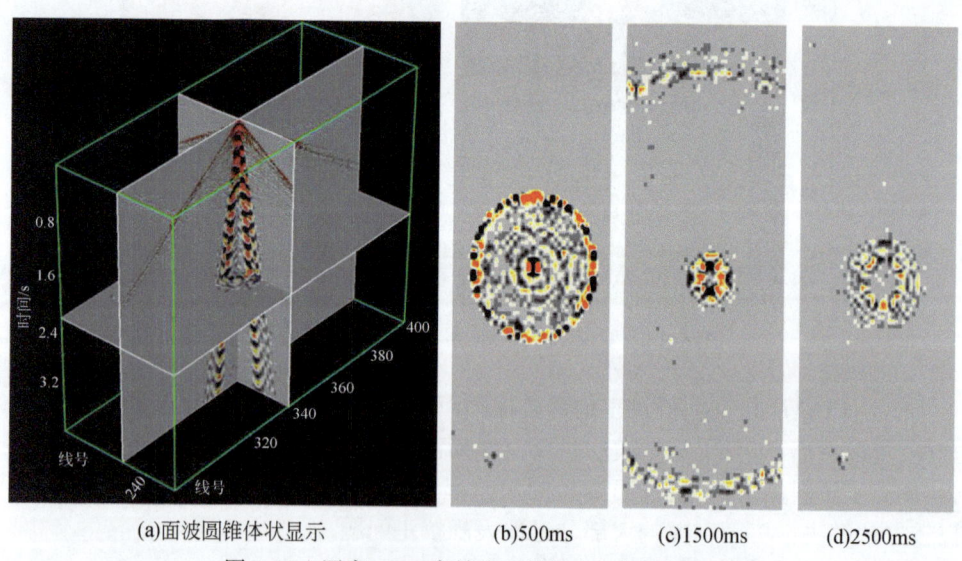

图6-16 罗家-2009高精度三维最小子集数据显示

应用低频能量重排的面波逐级衰减与分离技术,从处理前后的立体显示来看(图6-17),数据集中圆锥状分布的强能量面波在压制后得到了很好消除。

第 6 章 | 面向储层精细预测的保幅处理流程建立及应用研究

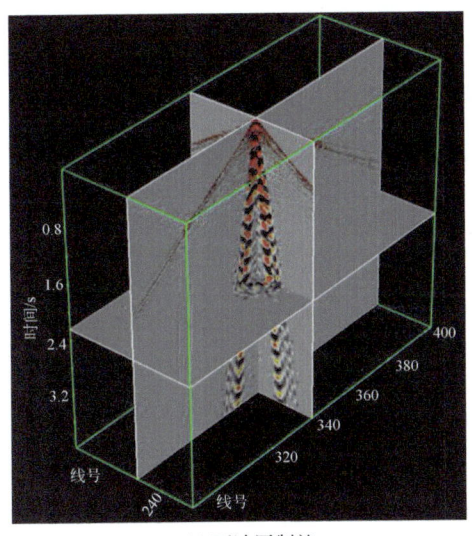
(a) 面波压制前

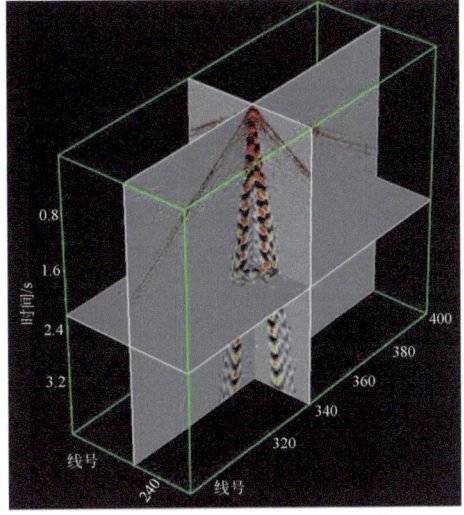
(b) 面波压制后

图 6-17 面波压制前后最小子集数据集

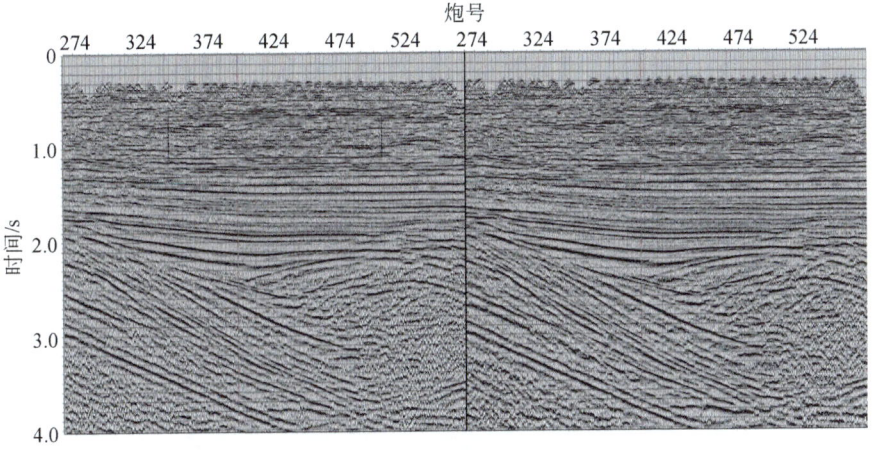

图 6-18 区域滤波叠加剖面(左)与低频能量重排压制面波叠加剖面(右)

为了与传统的滤波方式对比,分别利用区域滤波方法和低频重排压制面波方法进行叠加(图 6-19)。总体来看,两者剖面基本相当,差距不大,但分别对剖面浅、中、深层进行频谱分析(图 6-20),黑色曲线为低频重排压制面波频谱曲线,红色为区域滤波频谱曲线,可以明显看出两者在高频端基本一致,而在低频端则略有差异,利用低频能量重排方法去除面波后得到的剖面低频能量更丰富,频带更宽。

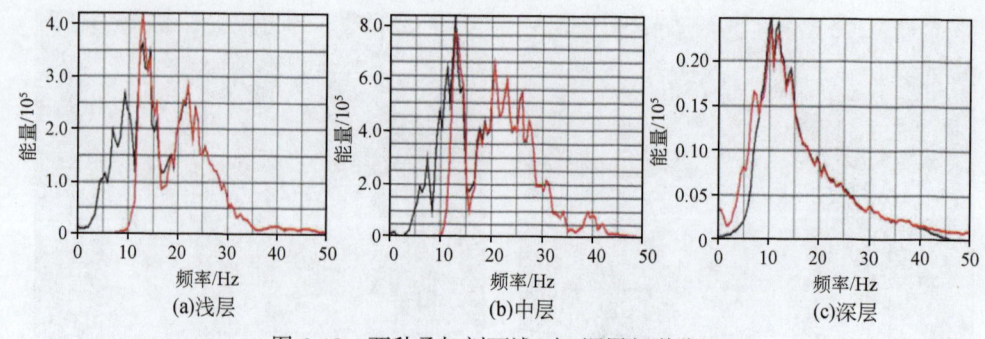

图 6-19 两种叠加剖面浅、中、深层频谱分析

将区域滤波剖面与低频能量重排方法剖面相减,可以得到低频的有效反射能量,分析这些信号的频谱,其频率在 10Hz 以内,主频为 6Hz,在低频能量重排法剖面所保留的低频能量应该是有效反射的能量,这说明低频能量重排方法能更好地消除面波,保护低频信号。

2)高精度 Radon 变换技术

本区域存在两套多次波,一套位于义和庄凸起和陈家庄凸起结合部的全程多次,在剖面上表现明显;另一套位于渤南-四扣洼陷内部,与有效波混杂,严重影响资料成像效果(图 6-20)。

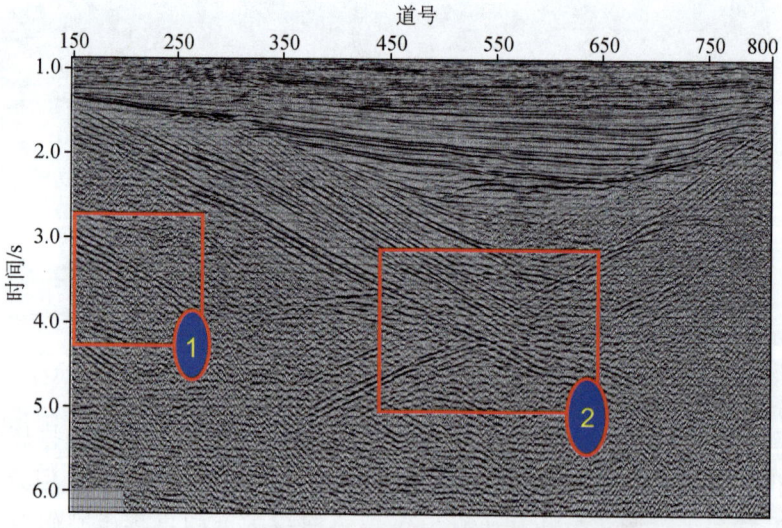

图 6-20 工区内两套多次波在叠加剖面上的表现

常规 Radon 变换中,一次波与多次波均不能很好聚焦,能量分布较宽,在压制多次波时必然会损伤有效信号以及造成多次波的残留,而在频率域实现的高精度 Radon 变换则较好地解决了这个问题,使一次波与多次波收敛程度大大提高,同时

也提高了多次波的压制效果。在实际资料的处理过程中,为尽量保护中浅层资料的有效信号,采取层位约束技术,纵线方向每隔20条线进行层位拾取,保证在去除多次波的同时,不伤害中浅层资料的有效信号(图6-21)。

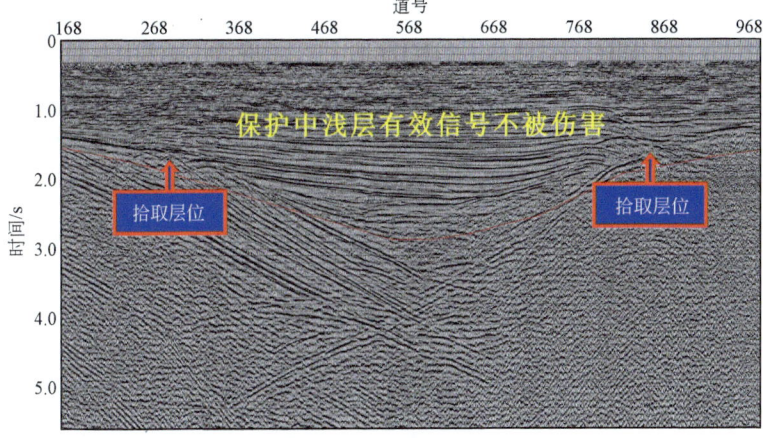

图 6-21　拾取的层位

采用高精度 Radon 变换去除多次波前后的速度谱效果明显,多次波的能量团得到很好去除,并使时间相同部位的有效波的能量团更加突出,见图6-22。而在道集上,位于义和庄凸起和陈家庄凸起结合部的全程多次波去除前后效果明显(图6-23);位于渤南-四扣洼陷内部的多次波去除后有效信号得到进一步加强。在叠加剖面上,位于义和庄凸起和陈家庄凸起结合部的全程多次波得到很好的去除,取得了明显的效果(图6-24)。

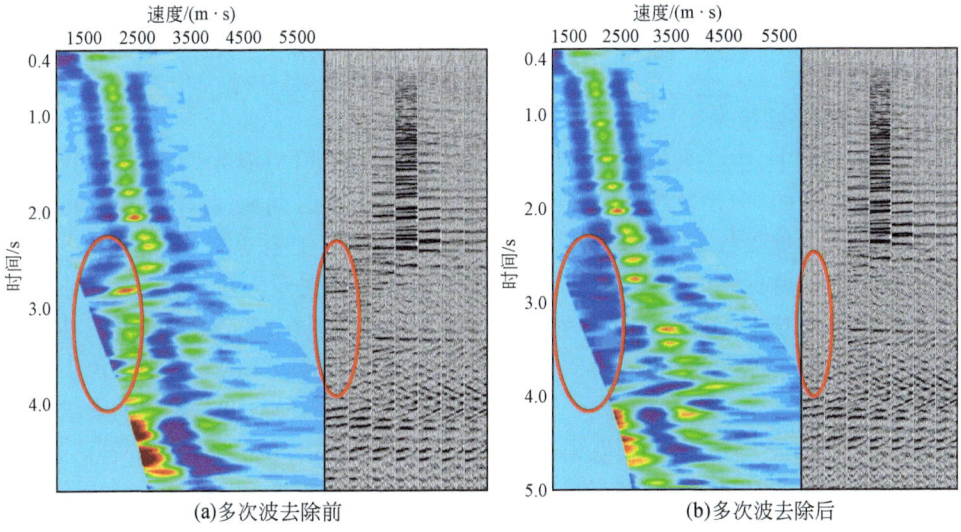

图 6-22　多次波去除前、后的速度谱

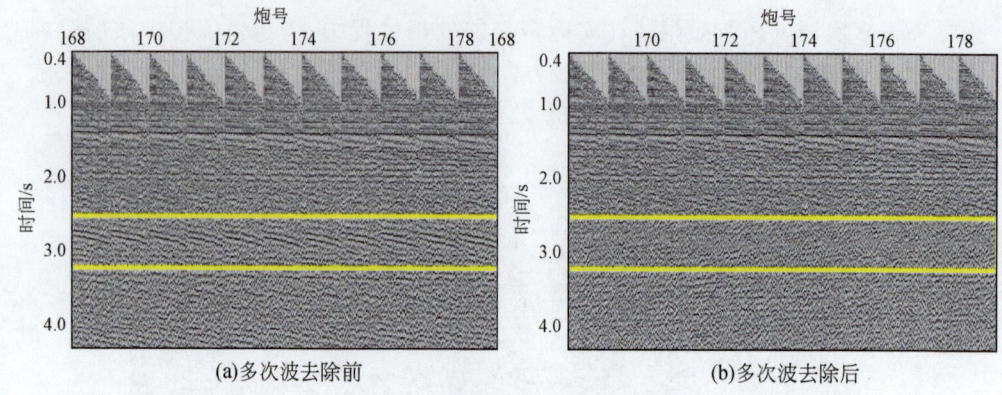

图 6-23 多次波去除前、后的道集

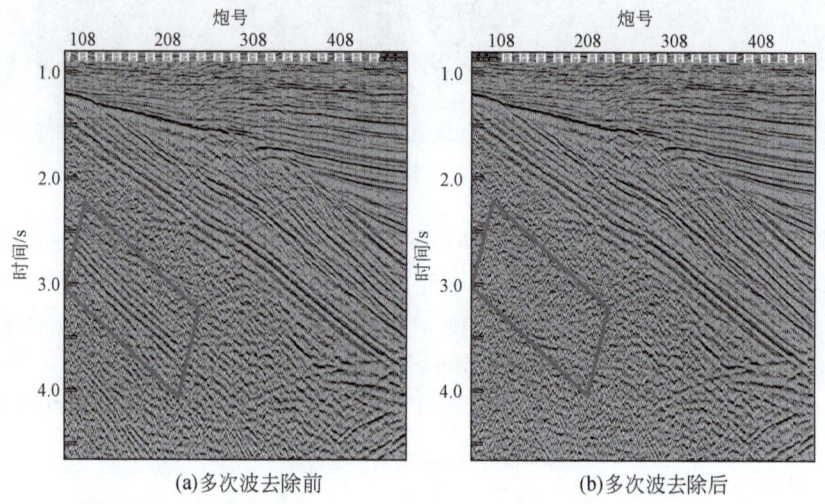

图 6-24 多次波去除前、后的叠加剖面

3. 振幅补偿技术

以往处理中,主要采用球面扩散补偿+地表一致性振幅补偿解决资料中的能量衰减及差异问题,但是要想补偿吸收衰减就必须考虑在时间域、频率域和空间域三个域内补偿大地吸收衰减与近地表引起的衰减。另外,在振幅补偿的同时还要满足叠前相对保持振幅的处理要求。为此通过新技术研发及大量试验,采用时频空间域振幅补偿技术能够较好地解决本区的能量问题。图 6-25 是时频空间域补偿后与常规振幅补偿后的叠加剖面对比,在中深层能量方面,时频空间域补偿后深层能量更强,地震波的振幅、频率都得到了较好恢复,从图 6-26 整体、中间、深层的频谱也可以看出,深层能量得到了恢复,低频有效信息也得到了补偿,获得了较好的补偿效果。选取目的层进行均方根振幅能量分析(图 6-27),也可以看出,时频域振幅补偿技术相比常规振幅补偿技术很好的补偿了高频吸收带来的能量减弱。

第6章 面向储层精细预测的保幅处理流程建立及应用研究

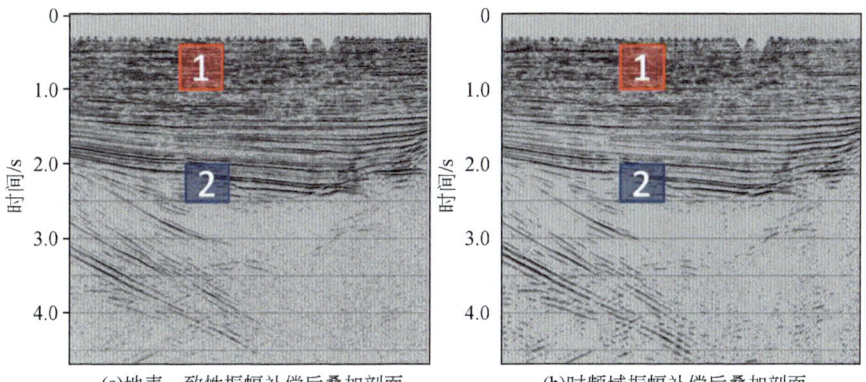

(a)地表一致性振幅补偿后叠加剖面　　　　(b)时频域振幅补偿后叠加剖面

图 6-25　不同补偿方法处理后的叠加剖面

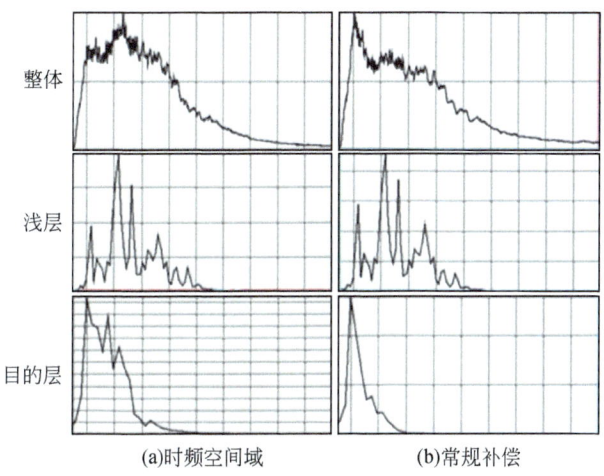

(a)时频空间域　　　　　　　　(b)常规补偿

图 6-26　不同补偿方法处理后频谱

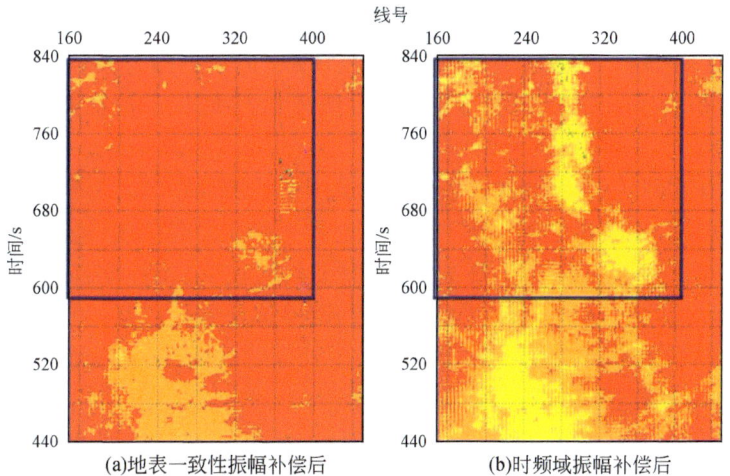

(a)地表一致性振幅补偿后　　　　　(b)时频域振幅补偿后

图 6-27　目的层均方根振幅属性

4. 提高分辨率技术

地质综合研究表明,本区中深层高频信号吸收严重,灰岩段反射信号能量较弱,地震分辨率降低,为了后续储层精细预测的需要,有效提高沙四段地质分辨能力十分重要。

常规反褶积方法一般都假设反射系数序列是白噪序列,实际情况下这一假设相对苛刻,这在一定程度上影响了子波估计质量,子波估计不准,反褶积后在一定程度上改变了波形与真实反射系数的匹配关系,影响了反褶积处理的保幅性能。经过综合研究,开发和使用了自适应谱模拟反褶积技术代替传统的反褶积技术,取得了比较理想的效果。图6-28是反褶积前、地表一致性反褶积后、谱模拟反褶积后单炮对比,两种反褶积技术处理后单炮浅层分辨率都得到提高,中深层地表一致性反褶积波形发生了比较明显的变化,而自适应谱模拟反褶积在提高分辨率的同时,波形保持较好,保幅性更高。

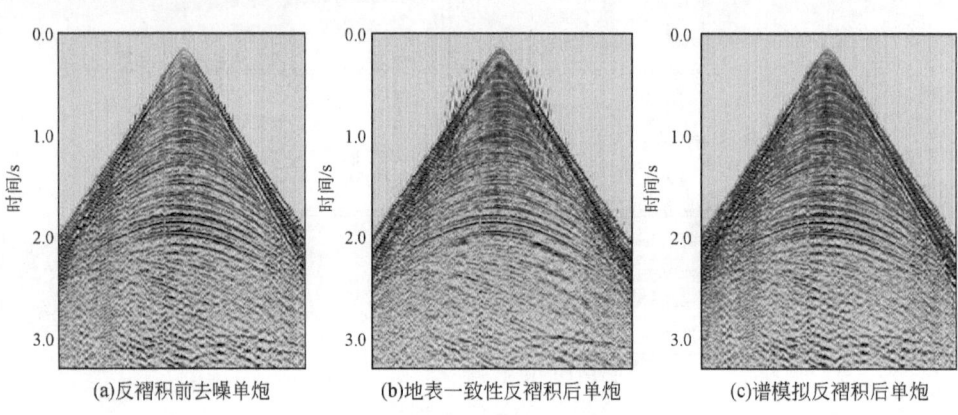

图6-28 单炮效果对比

图6-29是反褶积前、自适应谱模拟反褶积、地表一致性反褶积单炮自相关对比,反褶积后子波都得到有效压缩,但谱模拟反褶积子波波形较好,保幅性更高。

图6-30是两种反褶积方法的剖面及浅、中深层频谱对比,两种反褶积技术处理后单炮浅层分辨率都得到提高,中深层地表一致性反褶积波形发生了比较明显的变化,而谱模拟反褶积在提高分辨率的同时,对波形、相位没有产生不利影响。图6-31是反褶积前、地表一致性反褶积后、谱模拟反褶积后目的层均方根振幅属性对比,从属性图来看,经过两种反褶积技术处理后相对均方根振幅没有发生太大变化,高频端能量得到了不同程度的加强。

第6章 | 面向储层精细预测的保幅处理流程建立及应用研究

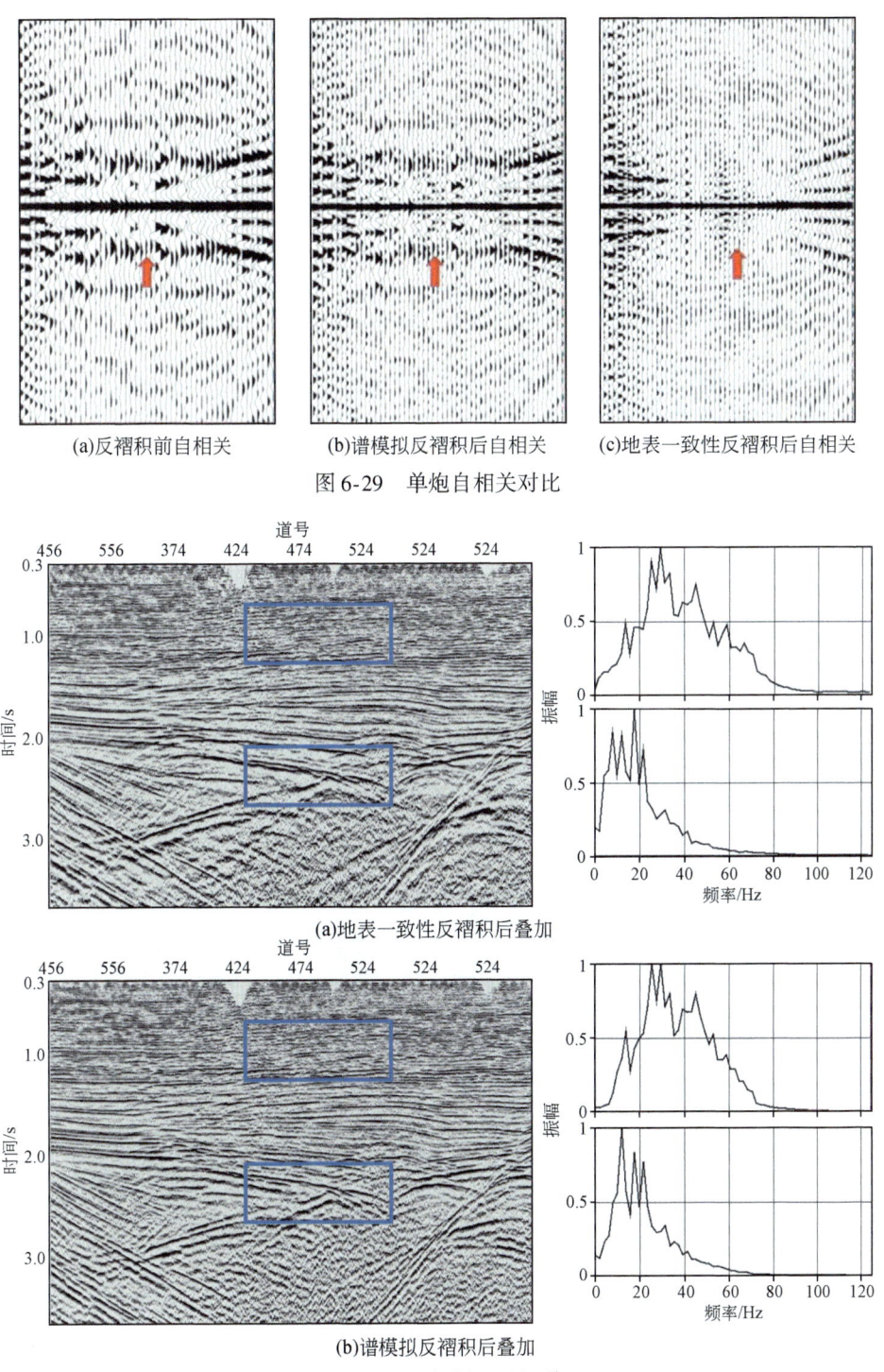

(a)反褶积前自相关　　(b)谱模拟反褶积后自相关　　(c)地表一致性反褶积后自相关

图 6-29　单炮自相关对比

(a)地表一致性反褶积后叠加

(b)谱模拟反褶积后叠加

图 6-30　叠加剖面及频谱

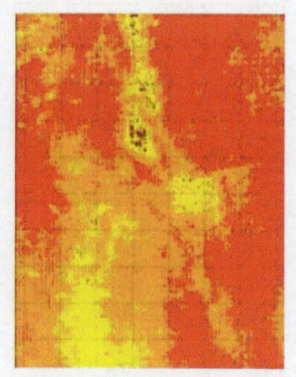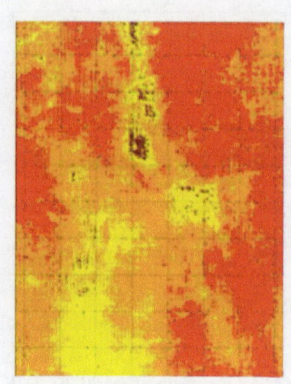

(a)反褶积前　　　　　　(b)地表一致性反褶积后　　　　　(c)谱模拟后褶积后

图 6-31　目的层均方根振幅属性

5. 频率空间域叠前数据规则化技术

从观测系统设计角度来看，全区观测方式比较合理、偏移距均匀性较好，但是由于野外存在大量变观，因此，造成近偏移距有部分缺失。在叠前偏移之前，必须进行偏移距规则化方面的处理工作，以弥补部分近偏移距缺失所带来的后续偏移划弧问题，影响资料成像质量。

通过对内插方法的研究，开发出了一套频率空间域叠前数据规则化技术，该技术具有很好的"保幅"性，且内插前后保持信噪比不变，偏移距规则化后已经得到了很好解决，偏移距曲线变得平滑连续。图 6-32 是 0～255m 偏移距规则化前后的叠前时间偏移效果，规则化后的偏移浅中层信息更加丰富，同向轴连续性更好。

(a)规则划前剖面　　　　　　　　(b)规则划后剖面

图 6-32　规则化前后剖面对比

第 6 章 面向储层精细预测的保幅处理流程建立及应用研究

6. 叠前深度偏移技术

叠前深度偏移技术建立在构造起伏及横向速度剧烈变化基础上,是一种真正的全三维成像技术。叠前深度偏移方法符合斯奈尔定律,遵守波的绕射、反射和折射定律,适应于任意介质的成像问题。它突破了水平叠加和叠后时间偏移等传统处理方法的应用条件限制,对于陡倾角及速度横向变化剧烈等复杂地区地震资料成像具有明显的改善作用。另外,在相对保幅方面,叠前成像保幅性更高。从目前来看叠前深度成像技术推广范围一直不大,最主要的影响因素是深度模型的建立方法不成熟,速度模型成为制约叠前深度偏移进一步发展的瓶颈问题,本书主要采用层析反演建模技术完成模型的修正工作,最终取得较好的处理效果。

1) 叠前深度偏移速度模型建立

正确合理的初始偏移速度场是制约后续模型层析反演的关键,较为可靠的初始偏移速度场,能保证叠前时间偏移取得良好的效果,因此,较准确的叠前时间偏移速度场应作为叠前深度偏移初始速度场。本书的叠前时间偏移速度场的建立以均方根速度场迭代分析方法为主,同时应用多种速度优化技术,提高速度谱的拾取精度,另外采用叠前偏移速度百分比扫描等方法进一步修正速度场(图 6-33)。

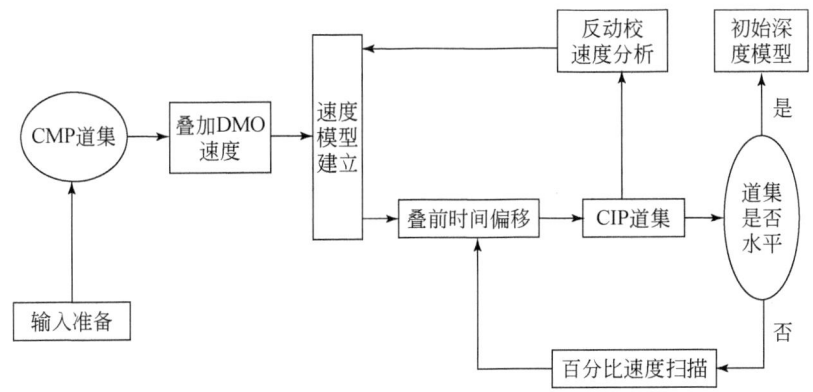

图 6-33 叠前深度初始速度模型迭代修正流程图

用常规处理的 CMP 道集解释得到的初始速度模型,与地下实际速度场存在一定差异,故用该初始速度模型来进行偏移达不到最佳的偏移效果,所以必须对速度场进行修正。速度模型修正过程如下:首先,利用初始速度场对该区三维资料目标线进行偏移,得到偏移后共成像点道集;然后,利用偏移速度场对共成像点道集(CIP)反动校,利用反动校后 CIP 道集进行剩余速度分析调整;最后,通过速度内插和平滑再一次得到偏移速度模型,用于下一次的目标控制线的偏移与速度的迭代分析。剩余速度修正是利用反动校后的 CRP 道集进行速度谱的计算和拾取。反动校后的 CRP 道集能够消除地下构造倾角和其他横向速度变化的影响,真正反映同一反射点的信息,因此,得到的速度信息更加真实、可靠。与此同时,利用速度扫描法对偏移速度进行分析,将原始速度分别乘以85%、90%、95%、100%、105%、110%、115%,对速度线进行不同速度百分比偏移,根据扫描剖面对偏移速度进行调整。

修正速度模型后,再逐渐缩小速度百分比差至2%,重新进行速度扫描,再缩小比差至1%,逐步逼近真实速度,经过多次迭代,直到得到最终的偏移速度场,从而实现全区的精确成像,并为后续叠前深度偏移建立精度较高的初始速度模型。通过以上方法建立全区的叠前时间偏移速度场,见图6-34。

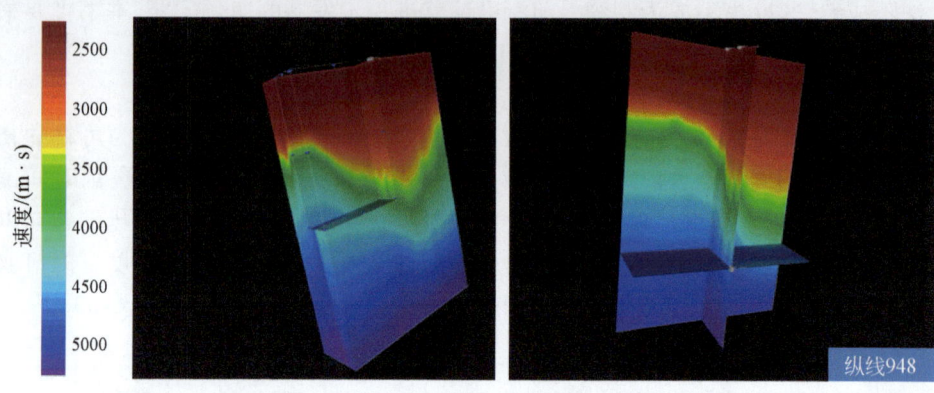

图6-34 罗家工区最终叠前时间偏移三维速度模型

2)叠前深度偏移速度模型的优化

通过高精度的速度分析工作及叠前时间偏移效果的验证,可以获得比较准确的叠前深度偏移初始速度模型。初始模型越准确,迭代收敛越快,反之需要更多的迭代次数,甚至产生错误的结果。一般来说,速度模型的修正需要2~3次的迭代即可满足精度要求。

以罗家-2009高精度三维为例。为了实现速度模型的修正,首先进行50m×50m的叠前深度偏移,在深度道集上拾取RCA曲线,主要曲线有深度误差曲线、相似性系数、骨架结构,拾取完成后需要对深度误差曲线进行离散化才能满足速度层析反演的需要;输出深度道集后,完成叠加处理,对纵横线进行倾角计算,并对纵横线倾角数据体进行平滑与差值;上述属性体形成后,利用射线层析方法完成速度模型的更新(图6-35)。

如果初始模型的精度较高,后续工作中需2~3次层析反演即可满足要求,结合本区资料的实际情况及偏移结果,处理中进行两次速度模型的反演迭代。

(1)速度模型的第一次修正。利用建立的初始速度模型,对罗家-2009高精度三维进行第一次50m×50m的叠前深度偏移,输出偏移后的深度道集和叠加剖面。50m×50m的叠前深度偏移之后,得到深度域的CIP道集,如果速度模型正确,则

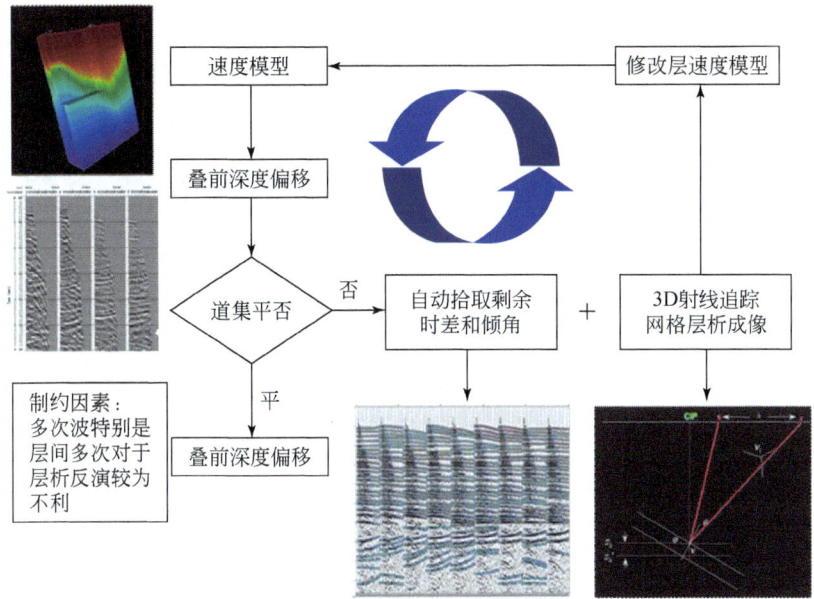

图6-35 剩余曲率深度速度模型修正技术整体实现思路

CIP道集被拉平。反之,则CIP道集存在一定的偏差,偏差在深度误差曲线、相似性系数、骨架结构会有所体现。

第一次利用初始模型叠前深度偏移后得到的道集浅层基本上拉平(个别测线存在不平现象),中间部位同向轴下拉现象比较突出(图6-36),从剖面显示来看,基底成像合理性较差,个别部位成像质量存在误差。在经过细致合理的深度误差曲线、相似性系数、骨架结构的拾取(图6-37),以及纵横线倾角计算与处理后,利用层析反演静校正技术来修正初始层速度场,得到新的偏移速度场,用于目标线的叠前深度偏移。

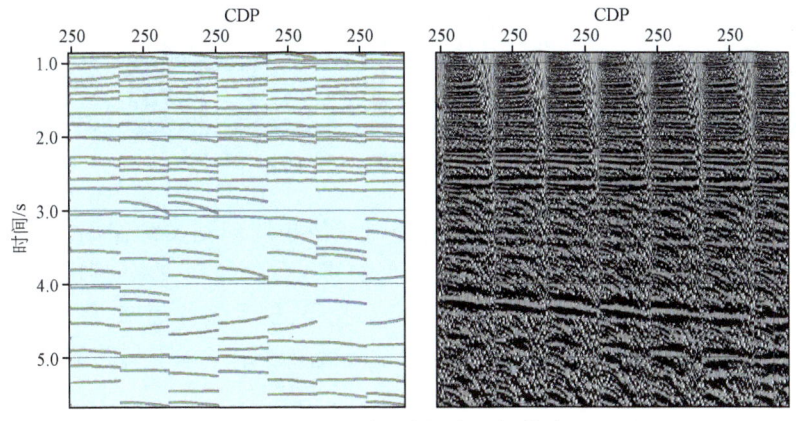

图6-36 初始速度深度骨架拾取

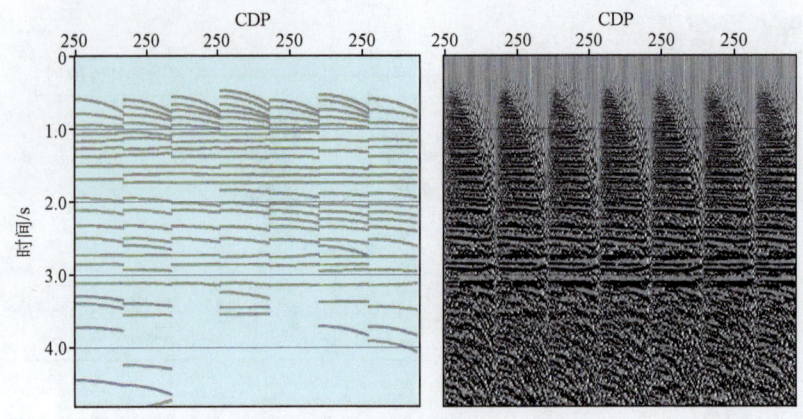

图 6-37　速度修正深度骨架拾取

速度模型的第二次修正：利用第一次修正的层速度模型，进行第二次 50m×50m 线的叠前深度偏移工作，再利用层析反演技术来修正第二次的速度场，通过进一步的质量监控情况，反演后的速度模型取得了较好的偏移成像效果，达到了预期要求。因此，可以进一步反演更新速度场，二次反演后得到的新的偏移速度场，就用来下一次的 50m×50m 的叠前深度偏移。经过对速度的多次反演修正，完成了对速度模型的层析反演工作，得到最终的偏移速度场（图 6-38），进行全区的叠前深度偏移。在实际的速度模型修正过程中要结合实际的 CIP 道集进行效果分析，本书最终对模型进行了二次反演修正，从偏移的效果来看，基本满足了要求。

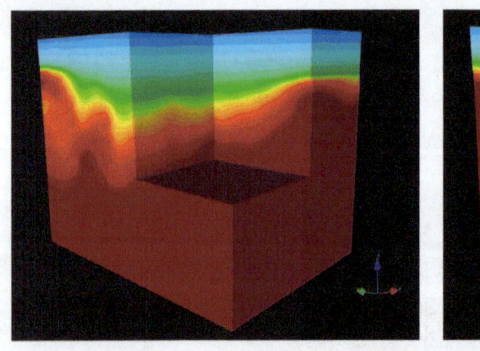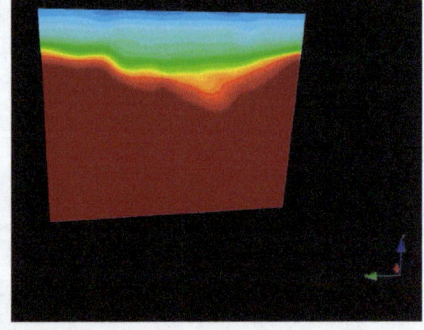

图 6-38　最终深度模型体及纵向切片显示

（2）叠前深度偏移。偏移参数的选择对成像精度起到关键作用，不合理或者不准确的参数会使偏移质量下降，也会降低偏移工作的效率，在处理过程中应重视参数的选择和测试工作。对关键参数如偏移孔径、最大偏移频率、最大偏移角度、反假频距离等进行了详细试验，最终根据试验效果确定了本书偏移的关键处理参数（表 6-1），从而完成了数据体的偏移工作。

表 6-1　罗家-2009 高精度三维叠前深度偏移参数表

试验内容	测试参数	选择参数
偏移孔径	4km×4km、4.5km×4.5km、5.0km×5.0km、5.5km×5.5km	4.0km×4.0km
反假频距离/m	25、37.5、50、62.5、75	50
最大偏移倾角/(°)	30、40、50、60、70	60
最大偏移频率/Hz	频谱分析	80

7. 双谱逐点各向异性速度分析技术

通常情况下,叠前偏移要求偏移速度场纵横向速度变化率缓在一定程度上会降低叠加质量,罗家-2009 高精度三维的偏移距较大,会在道集的远端产生动校不足的问题,见图 6-39;常规的速度场建立过程,一般通过处理人员交互拾取,按照 500m×500m 的网格进行速度拾取,但是目前该方法已不能满足保幅的精度需求,所以需要寻求一种既能够解决各向异性,又能大大提高速度拾取密度的速度分析方法。保幅流程的建立也是进一步提高资料品质的关键技术之一,经过综合研究,最终采用双谱逐点各向异性剩余速度分析技术来解决剩余速度及各向异性所带来非同相叠加问题。

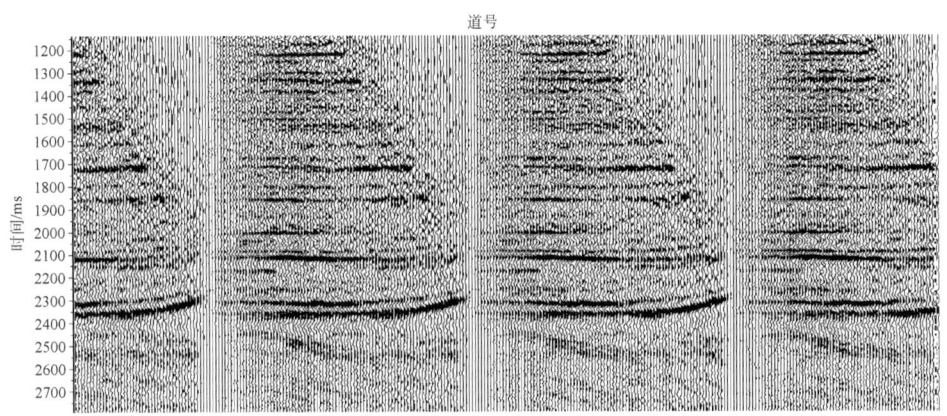

图 6-39　各向异性引起的动校不平

该技术具体实现过程如下。

(1)首先给出一个参考速度,利用参考速度和 CDP 道集求取 dtn 和 τ_0,分别输出初始 dtn 和 τ_0 体。

(2)对输出的初始 dtn 和 τ_0 分别进行差值。

(3)对 dtn 和 τ_0 值分别进行三维空间平滑,消除不正常值的影响。

(4)利用平滑后 dtn 和 τ_0 值,根据函数关系求取速度 v,再由 τ_0 值求出 η 值。

(5)分别对 v 和 η 值进行横向差值,然后利用 v 和 η 值对源数据进行高阶动校正。

基本流程见图6-40。

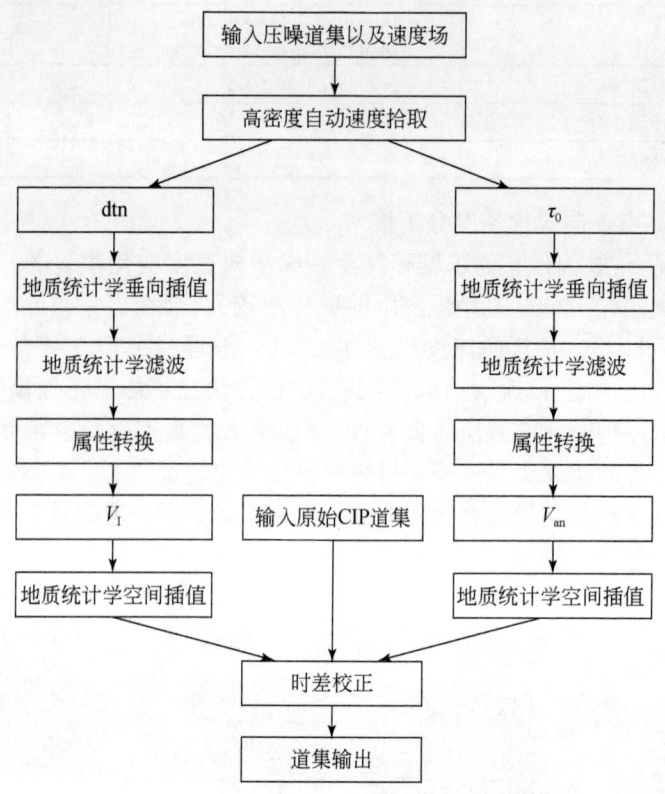

图6-40 沿层逐点各向异性速度分析流程

运用沿层逐点各向异性速度分析方法来解决各向异性问题后,使地震成像更准确,倾陡构造成像更清晰,为复杂地质条件下的地震勘探提供一种更为可靠的技术手段,也为后期进行其他特殊处理如AVO等,提供了保幅保真性更高的地震资料。

通过沿层逐点各向异性速度分析,建立了该区的各向异性模型和速度模型,该模型具有与地震数据横纵向一致的密度,真正实现了每个采样点的校正,见图6-41。通过该技术的应用取得了明显的效果,见图6-42,经过校正后的剖面[图6-42(b)]同相轴的连续性明显优于校正前的剖面[图6-42(a)],特别是在不整合上下速度变化较快的地方,常规的人工解释速度往往会缺失速度变化,不能精细描述速度的变化过程,而逐点速度分析则实现了每个采样点的速度值,能够更精细的进行成像。

由于实现了逐点的各向异性速度分析和校正,道集数据同相轴校正更平,同向性更好,进一步提高了数据的叠加质量,也相应提高了资料的频率,从图6-43可以

第6章 面向储层精细预测的保幅处理流程建立及应用研究

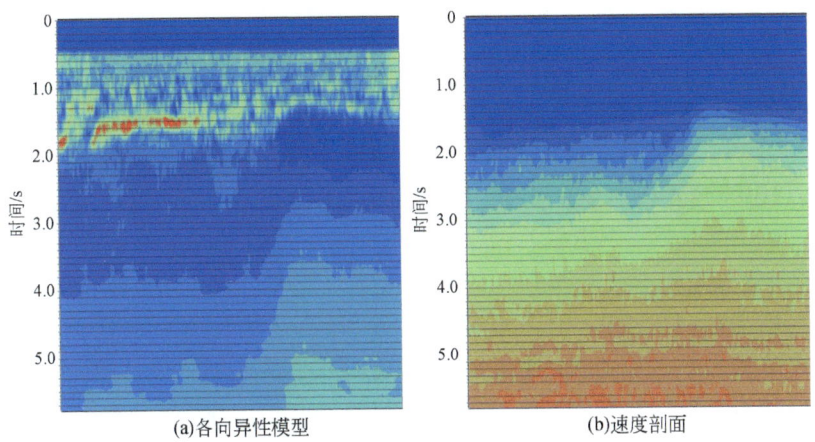

图 6-41　横线 300 各向异性模型及速度剖面

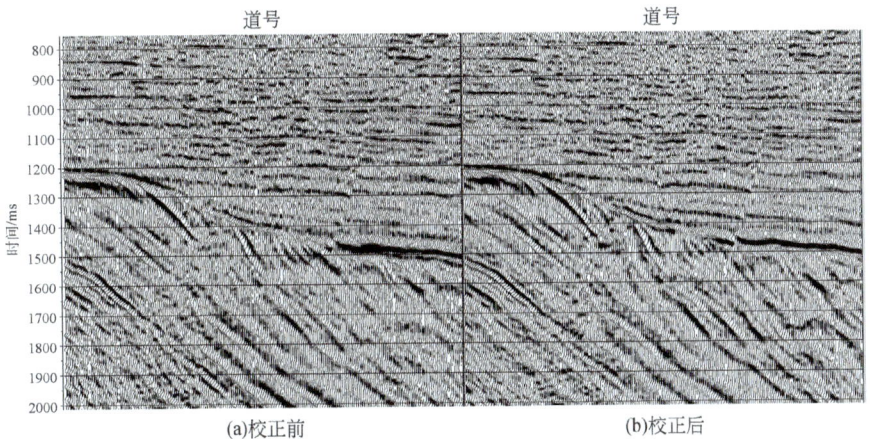

图 6-42　沿层逐点各向异性校正前、后剖面对比

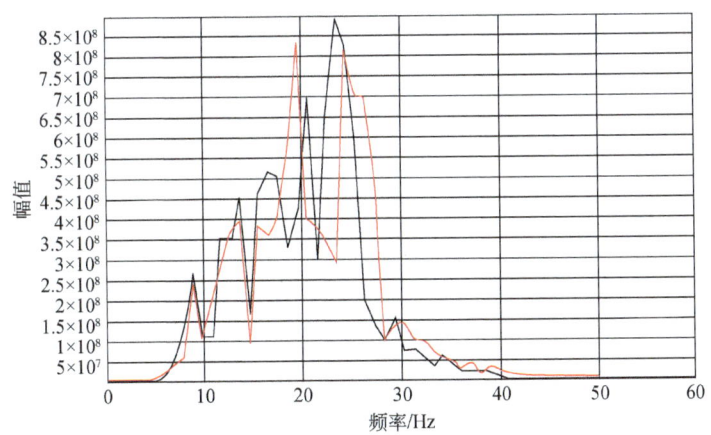

图 6-43　沿层逐点各向异性校正前(黑线)、后(红线)频谱对比

看出,分析在 1400~2800ms 区域的频谱,黑色为常规速度分析得到的叠加剖面频谱,红色为沿层逐点各向异性速度分析叠加剖面频谱,可以明显看出,在保持低频段频谱基本不变的基础上,在高频段略有拓宽,相对保幅程度得到一定提高。

6.1.5 研究区保幅流程建立

总体来看,随着本区勘探开发程度的进一步提高,以往的成果资料已经难以满足储层精细预测的需要,研究相对保幅程度更高的成果资料十分必要。因此,在对以往流程分析的基础上,通过对关键处理环节的配置关系及关键处理模块的保幅性分析,并借助目前已有的较先进的处理技术及前面对不用处理技术的分析结果,总结出了一套适合陆上地震资料的相对保幅程度更高的处理流程(图 6-44)。在后续的处理过程中,采用该套流程对研究区进行了重复处理,取得了较好的地质效果。

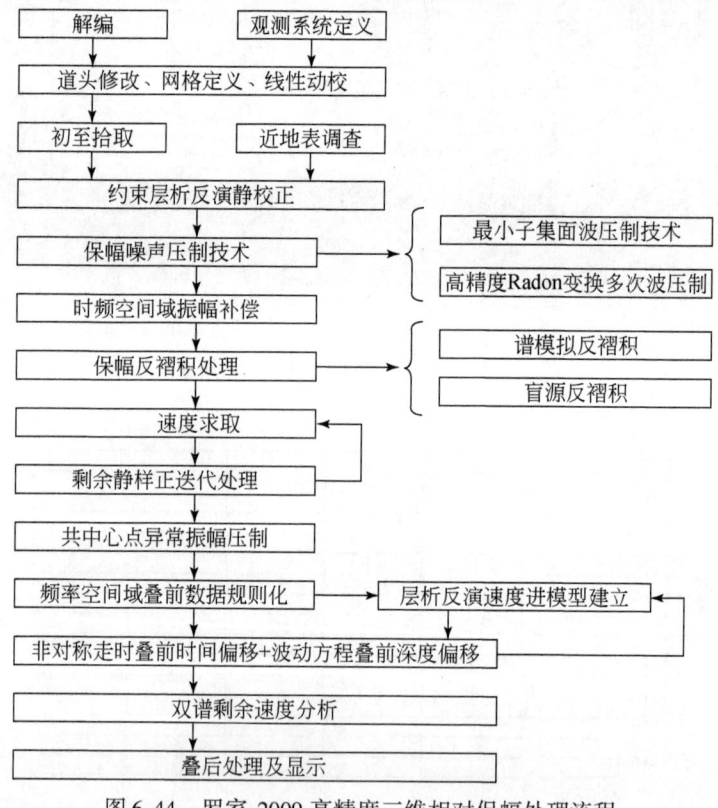

图 6-44 罗家-2009 高精度三维相对保幅处理流程

6.2 保幅处理流程建立——以垦东1 三维研究区为例

6.2.1 垦东1三维研究区概况

垦东1三维研究区位于东营市垦利县黄河入海口北部极浅海水域及两栖地带（图6-45）。地表可分为潮间带和极浅海水域两部分。区域上位于垦东凸起北部，垦东古2鼻状构造东翼。工区北部为垦东42、垦东古2鼻状构造高带，构造相对简单；南部发育三组断裂控制形成三个鼻状构造带，每一组构造带又被次级断层分割为多个次级断鼻（块）。两个近南北向鼻状构造交汇于垦东30井区，形成一系列断块、断鼻构造。

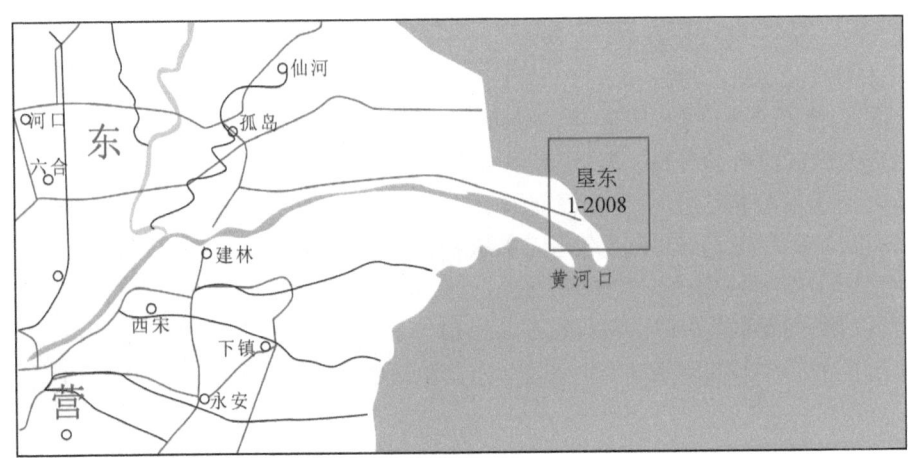

图6-45　垦东1-2008工区地理位置

该区目前发现的含油层系主要集中在新近纪馆陶组，主要发育构造-岩性油气藏、岩性油气藏两种。不同构造部位、层段发育不同的油气藏，为多层系多砂体油气藏，断层附近含油层段多，构造高部位油气富集，每个砂体均为独立的油水系统。该区存在一系列断块、断鼻构造，地层为南浅北深、东西平缓。从剖面来看，地层破碎，断点不清晰。寻找构造-岩性油藏、岩性油藏是下一步主要的勘探方向，因此，精细落实构造和储层描述成为下一步勘探的关键。

6.2.2 资料分析

垦东1-2008三维野外采集观测系统方式为10线15炮正交观测系统,接收道数为1120道,道距为50m,CDP网格为25m×25m,覆盖次数为140次,最大炮检距为2958m。炮检距分布范围总体比较均匀,方位角较宽。

由于工区施工条件较为复杂,受地表条件影响,干扰波比较严重,资料的信噪比不高。通过详细地调查分析,工区内的干扰主要包括面波干扰、打桩机干扰、次生干扰、海底侧反射干扰、强振幅干扰、随机干扰等。通过对叠加数据不同层段进行信噪比定量分析,本工区浅层干扰波较重,信噪比偏低。同时,目的层馆上段信噪比较馆下段高。深层信噪比较低。

对单炮进行主频、有效频带及优势频带分析,并对典型单炮进行频率扫描,本区目的层的有效频宽为2~74Hz,优势频带为6~65Hz,主频为30Hz。

6.2.3 以往处理流程分析

图6-46是垦东1区2009年的处理流程。下面重点对当年处理流程中的一些不足之处进行简要的分析。2009年处理时,在球面扩散补偿之前,并没有进行一次全区的速度分析工作。因为没有全区的较准确的均方根速度,因此用经验时间-速度函数代替,这势必会给几何扩散补偿技术的保幅性带来不利影响。本书处理采用了循环处理的方式进行改进:首先用经验时间-速度函数进行几何扩散补偿,以便进行后续处理;其次在后续处理中获得了比较精确的速度场时,再回到几何扩散补偿环节重新处理一遍。重新处理使用精确的速度场进行几何扩散补偿。

以前处理时对于钻采平台形成的次生干扰采用的是三维FK滤波的方式进行去除,这种方法虽然能够有效地压制次生干扰,但是也损失了许多高频有效信号。本书采用的是分频带振幅统计异常噪声压制的方法压制次生干扰,这种方法既能较好地压制次生干扰,又能保护高频的有效信号。

由于垦东1区西南部有湿地自然保护区,因此,野外施工时一些炮点无法布设,采用了一些变观施工,造成了保护区附近不同偏移距数据覆盖次数分布极不规则。不同偏移距数据覆盖次数的不同,会导致偏移后的CRP道集近、中、远偏移距存在能量差异,影响叠前AVO分析及叠前反演的准确性。本书处理时在偏移时进行了分偏移距能量补偿,有效消除了虚假的AVO能量变化特征。

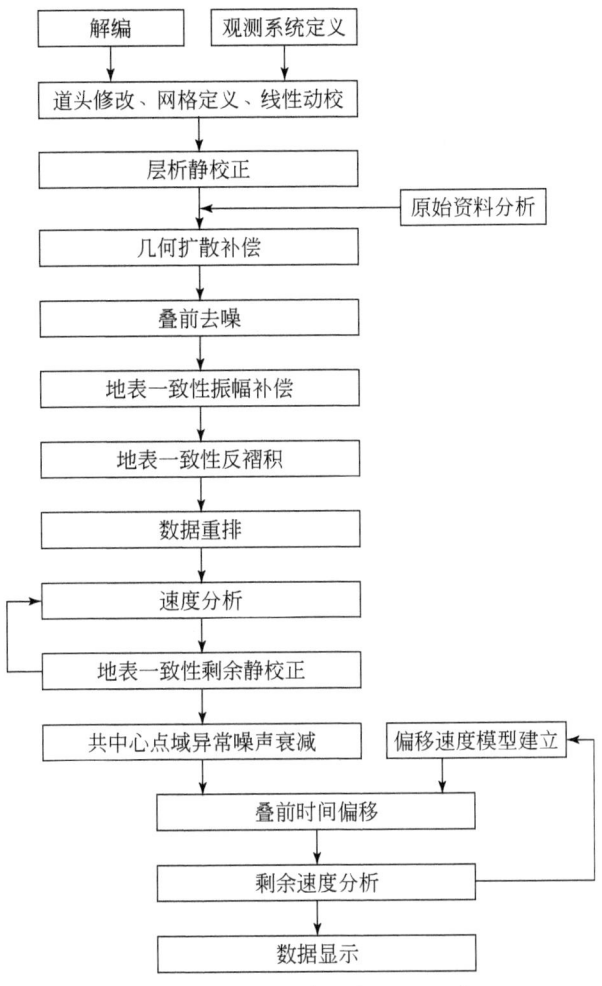

图 6-46 垦东 1 区处理流程(2009 年)

6.2.4 关键处理环节保幅配置关系研究

重点对几何扩散补偿与叠前去噪、地表一致性振幅补偿与叠前去噪、地表一致性振幅补偿与地表一致性预测反褶积等关键处理环节的配置关系进行分析。

1. 几何扩散补偿与叠前去噪的配置关系

垦东 1 区的噪声主要为面波和钻采平台产生的次生干扰,此外还有随机干扰和潮汐、浪涌噪声。经过几何扩散补偿后的单炮可以看到明显的面波和钻采平台产生的次生干扰(图 6-47)。对原始数据先进行几何扩散补偿,然后再去噪的单炮记录如图 6-48(a)所示,用经过几何扩散补偿的数据减去先进行几何扩散补偿再去噪的数据得到去除的噪声如图 6-48(b)所示。对原始数据先去噪再进行几何扩散补偿的单炮如图 6-49(a)所示,用经过几何扩散补偿的数据减去先去噪再进行

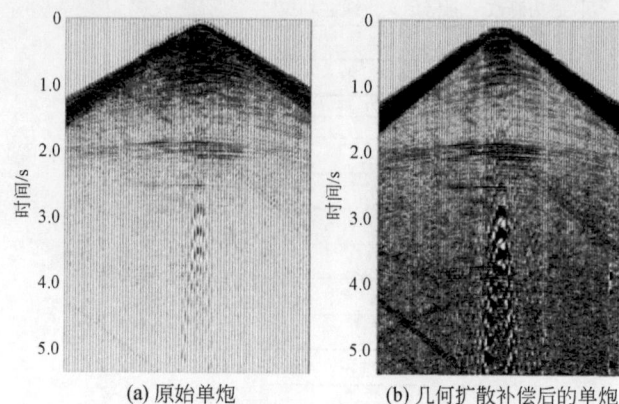

(a) 原始单炮　　　　　　　　(b) 几何扩散补偿后的单炮

图 6-47　原始单炮和经过几何扩散补偿的单炮

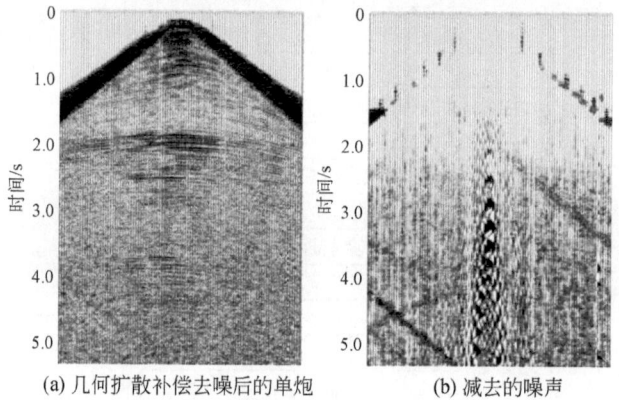

(a) 几何扩散补偿去噪后的单炮　　　　(b) 减去的噪声

图 6-48　经过几何扩散补偿后去噪的单炮和去除的噪声

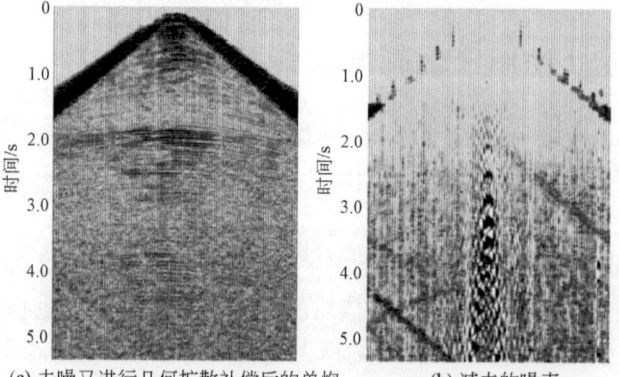

(a) 去噪又进行几何扩散补偿后的单炮　　　(b) 减去的噪声

图 6-49　经过去噪后几何扩散补偿的单炮和去除的噪声

几何扩散补偿的数据得到去除的噪声如图6-49(b)所示。对原始数据先进行几何扩散补偿再去噪的叠加剖面如图6-50所示,对原始数据先去噪再进行几何扩散补偿的叠加剖面如图6-51所示。可以看到两种方式都能够有效地去除面波和钻采平台产生的次生干扰,去除的噪声中也看不到有效信号。

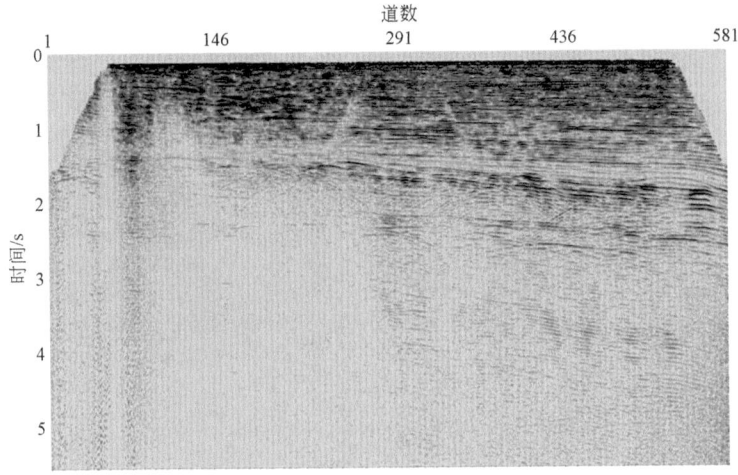

图6-50　先几何扩散补偿再去噪叠加剖面

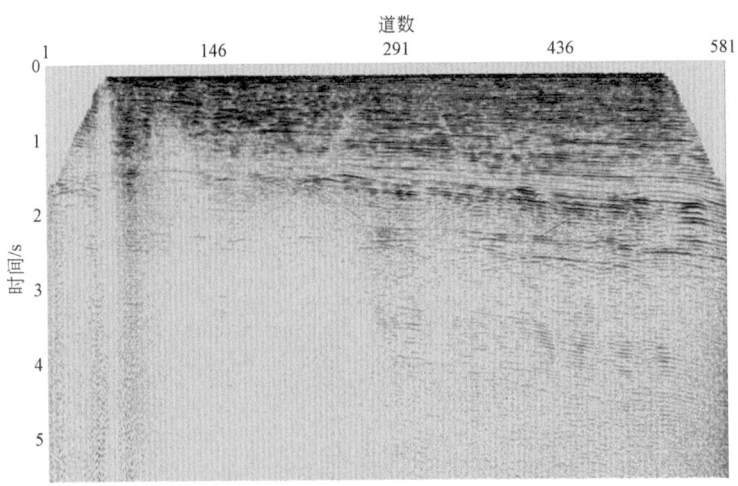

图6-51　先去噪再进行几何扩散补偿叠加剖面

为了进行更为精确的分析,抽取了垦东104井旁的CMP道集,并将其转成角道集(图6-52),图6-52从左至右依次为原始角道集、几何扩散补偿后的角道集、先进行几何扩散补偿再去噪的角道集、先去噪再进行几何扩散补偿的角道集。通过测井标定确定1.17s为一含油层(图6-52中箭头所指位置),并分析了该含油层的角道集振幅曲线。含油层的角道集振幅曲线如图 6-53 所示,图 6-53(a)为先进行几何扩散补偿再去噪的角道集振幅曲线,图 6-53(b)为先去噪再进行几何扩散补偿的角道集振幅曲线。从图中基本看不出两者的差异,说明两种处理方式的差异非常小。

但如果工区内存在 50Hz 工业电等特殊的外震源干扰时,在去除噪声时应该先去噪再进行几何扩散补偿。因为 50Hz 工业电干扰在原始单炮上近似为余弦干扰信号。

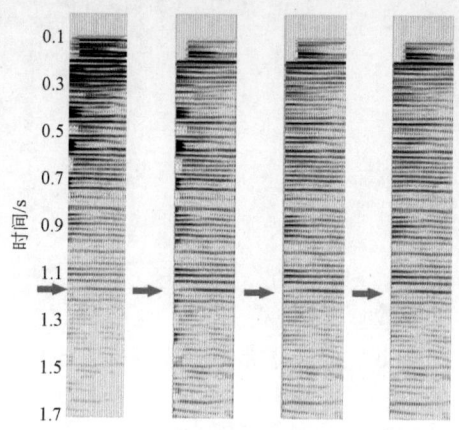

图 6-52 垦东 104 井旁的角道集

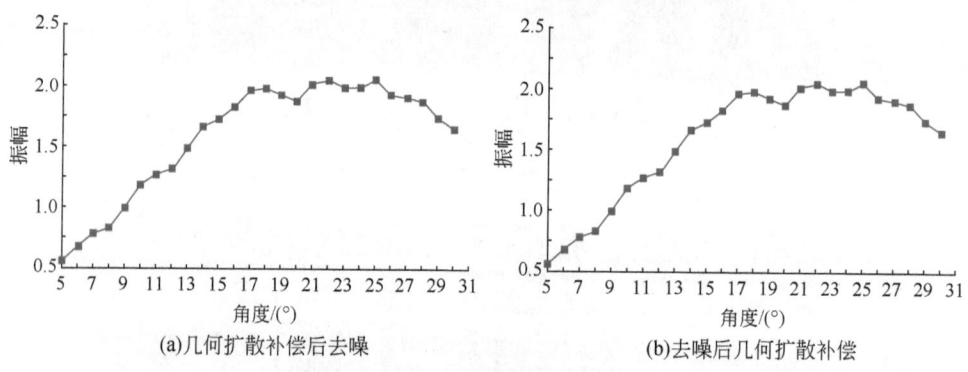

(a)几何扩散补偿后去噪　　　　　　　　(b)去噪后几何扩散补偿

图 6-53 角道集振幅曲线分析

$$f(t) = A\cos(50t+\varphi) \tag{6-1}$$

式中,A 为振幅;t 为时间;φ 为初始相位。

经过几何扩散补偿以后该信号就变为

$$g(t) = \frac{V^2}{V_{\min}^2} tA\cos(50t+\varphi) \tag{6-2}$$

式中,V为均方根速度;V_{min}为最小均方根速度。

显然在经过几何扩散补偿前50Hz工业电干扰信号比较容易预测,然后进行去除,而经过几何扩散补偿后,50Hz工业信号变得不明显,不容易预测和去除。

2. 地表一致性振幅补偿与叠前去噪的配置关系

由于垦东1区地表为潮间带和极浅海水域,在野外采集时部分潮间带区域采用了速度检波器,其余均为压电检波器。两种检波器接收相同的振动信号有不同的振幅能量响应[图6-54(a)中能量较弱的道为压电检波器],处理时除了进行相位校正外还需要进行振幅补偿,以消除两种检波器的能量差异。关于地表一致性振幅补偿与叠前去噪的配置关系进行了如下测试。

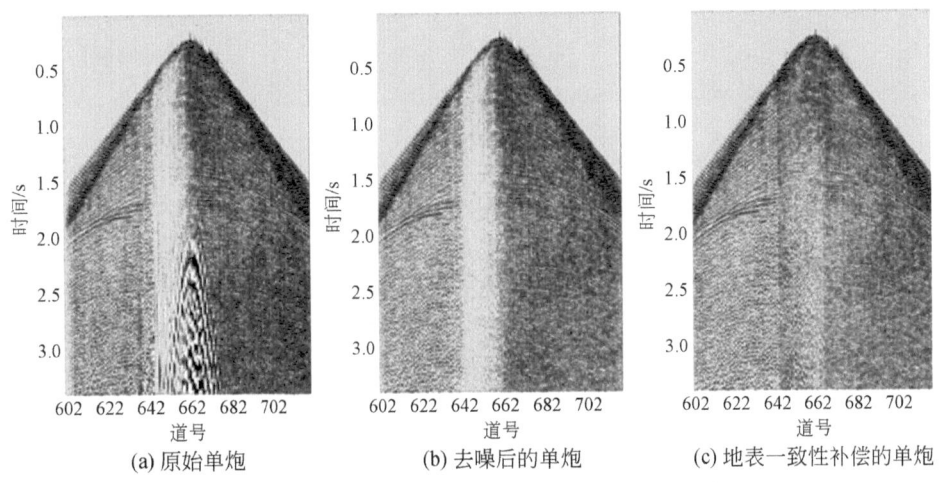

(a) 原始单炮　　　　(b) 去噪后的单炮　　　　(c) 地表一致性补偿的单炮

图6-54　先叠前去噪再进行地表一致性振幅补偿单炮

先进行叠前去噪再进行地表一致性振幅补偿的单炮如图6-55所示,图6-55(a)~(c)的处理顺序如下:几何扩散补偿——叠前去噪——地表一致性振幅补偿。从单炮上看经过这种处理后,两种检波器的能量基本一致。先进行地表一致性振幅补偿再进行叠前去噪的单炮如图6-56所示,图6-56(a)~(c)的处理顺序如下:几何扩散补偿——地表一致性振幅补偿——叠前去噪。从单炮上看经过这种处理后压电检波器的能量没有得到较好补偿。此外,受面波的强能量干扰,一些速度检波器的能量也减弱了。

通过上面的实验分析可知,在进行地表一致性振幅补偿前,必须消除面波或其他强振幅干扰,所以应该先做叠前去噪,再进行地表一致性振幅补偿。

3. 地表一致性振幅补偿与地表一致性预测反褶积的配置关系

垦东1区的地表为陆地到海洋的过渡带,并且潮间带区域又使用了两种检波

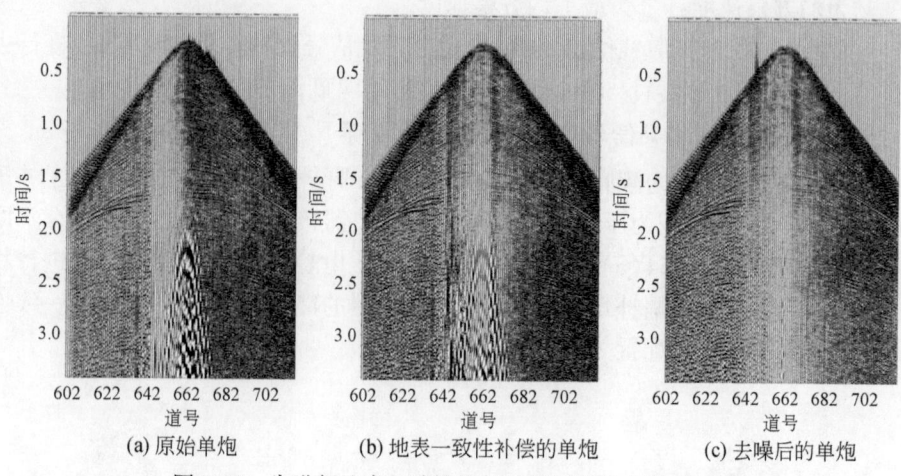

图 6-55 先进行地表一致性振幅补偿再叠前去噪的单炮

器,因此,需要校正地表因素的不一致,提高地震资料的保真度。对地表一致性振幅补偿与地表一致性预测反褶积的配置关系进行了试验。

进行地表一致性校正的单炮效果如图 6-56 所示(单炮下面为自相关)。图 6-56(a)为未经过地表一致性振幅补偿和地表一致性预测反褶积单炮,图 6-56(b)为先进行地表一致性振幅补偿再经过地表一致性预测反褶积处理的单炮,图 6-56(c)为先进行地表一致性预测反褶积处理再进行地表一致性振幅补偿的单炮。

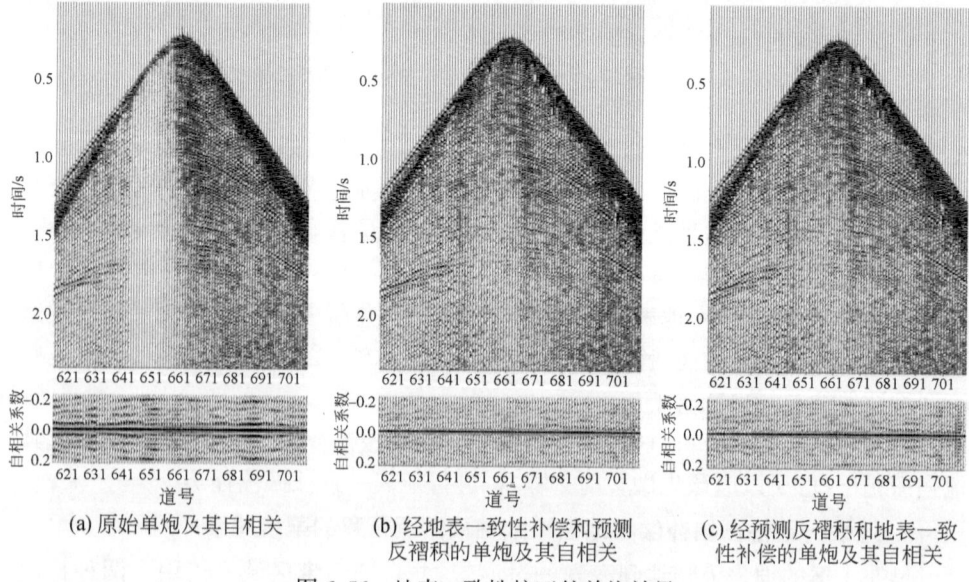

图 6-56 地表一致性校正的单炮效果

经地表一致性振幅补偿和地表一致性反褶积处理后,各地震道的振幅基本一致,自相关也显示地震子波得到了压缩,提高了地震资料分辨率,两种处理方法的效果基本一致。为了进行更为精确的分析,抽取了垦东104井旁的CMP道集,并将其转成角道集(图6-57),图6-57(a)~(c)依次为只进行地表一致性振幅补偿的角道集、先进行地表一致性振幅补偿再经过地表一致性预测反褶积处理的角道集、先进行地表一致性预测反褶积处理再进行地表一致性振幅补偿。图6-57中箭头所指为1.17s处的含油层,该含油层的角道集振幅曲线如图6-58所示,图中三角形图例的黑色曲线表示只做地表一致性振幅补偿、菱形图例的蓝色曲线表示先进行地表一致性振幅补偿再经过地表一致性预测反褶积处理、正方形图例的橙色曲线表示先进行地表一致性预测反褶积处理再进行地表一致性振幅补偿。地表一致性振幅补偿只是校正振幅方面的不一致,地表一致性预测反褶积处理能够校正频率方面的不一致,两种不同的处理顺序结果基本相同。通过上面的试验分析可以看出在垦东1区地表一致性振幅补偿和地表一致性预测反褶积的处理顺序对处理结果基本没有影响。

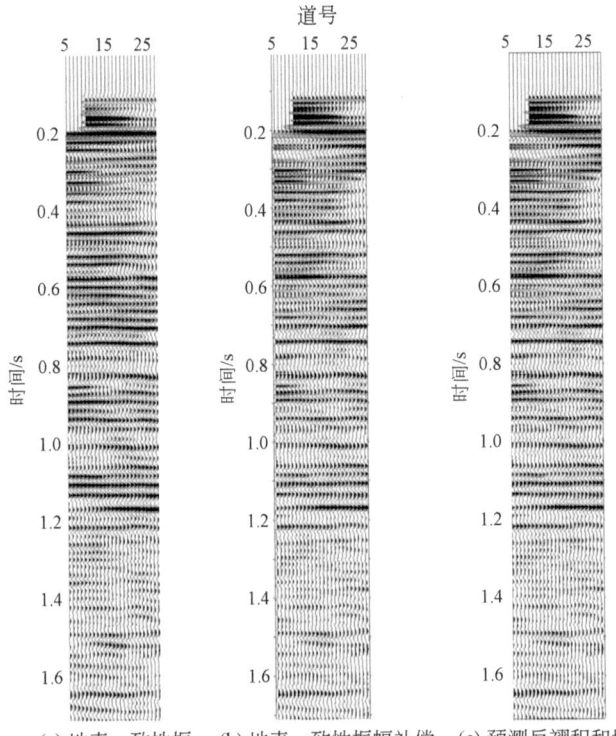

(a) 地表一致性振幅补偿的角道集　　(b) 地表一致性振幅补偿和预测反褶积的角道集　　(c) 预测反褶积和地表一致性振幅补偿的角道集

图6-57　经过一致性处理后的角道集

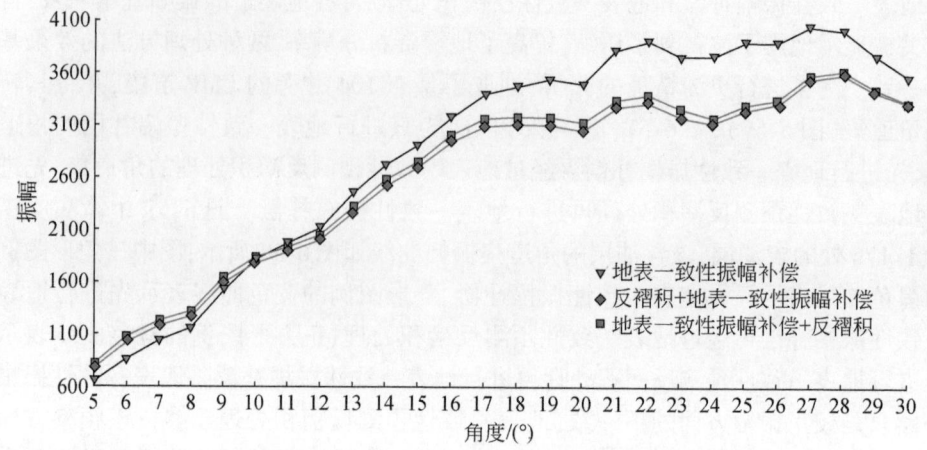

图 6-58　经过一致性处理后的含油层 AVA 曲线

6.2.5　关键处理步骤保幅性分析

对地震波反射振幅的影响因素有很多,包括激发和接收条件的一致性、地下地质构造和岩性的变化、地震波传播过程中能量的变化、噪声对地震反射波的影响、资料处理过程中处理软件模块的保幅能力等。

1. 叠前去噪

垦东 1 区的噪声主要有面波、钻采平台产生的次生干扰、潮汐和浪涌干扰、异常振幅干扰。针对面波采用频率空间域相干噪声衰减技术去除面波,利用分频带振幅统计压制异常振幅的方法去除钻采平台产生的次生干扰,利用统计高通滤波去除潮汐和浪涌干扰,应用区域异常振幅处理去除异常振幅干扰。

本区面波的特点是能量较强,有一定的主频和一定的传播范围。根据面波表现出的低速、能量强的特性和反射波在频率、空间上的分布特征及能量等方面的差异,采用区域 FXCNS 方法来压制面波。该方法先在单炮上拾取一个窗口,该窗口为面波影响区域,然后在窗口内进行频率空间域相干噪声衰减压制面波。该方法对非面波影响区域的数据没有任何影响,同单纯使用频率空间域相干噪声衰减相比,该方法能更有效地保护有效信号,相对保幅性较好。实际单炮的处理效果如图 6-59 所示,图 6-59(a)中的红色曲线为拾取的面波影响区域窗口。

垦东 1 区潮汐和浪涌干扰具有频率低、能量弱的特点,可以用高通滤波器去除这些干扰。由于涨潮和退潮时的波浪干扰以及极浅海水域中的浪涌干扰出现的准确时间以及干扰的检波点位置没有规律,保护非潮汐和浪涌干扰道的有效信号对于保幅处理十分重要。为此针对潮汐和浪涌干扰的特点,统计了所有地震道初至之前的低频背景噪声能量(图6-60中道均衡显示单炮上的红色曲线即为低频背景噪声能量,曲线向下为正方向)。潮汐和浪涌干扰有较大的低频背景噪声能量。通过设置噪声能量阈值自动拾取潮汐和浪涌噪声道,再进行去噪,就可以不损害非噪声道。图6-61为去除效果的展示,低频的潮汐和浪涌噪声被去除,未受到潮汐和浪涌噪声干扰的地方没有变化,这种去噪方法能够有效地保护非噪声道。

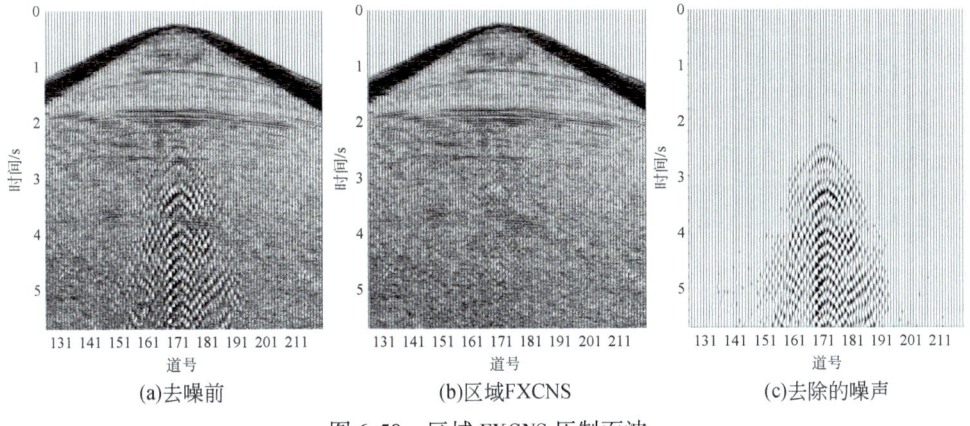

图 6-59　区域 FXCNS 压制面波

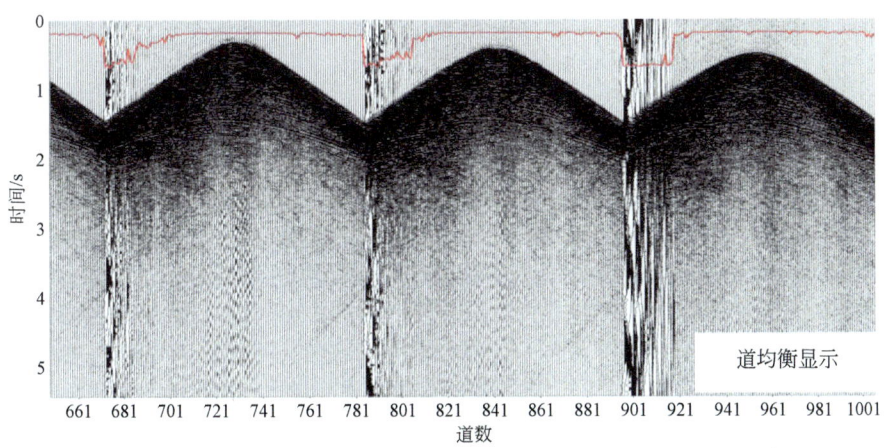

图 6-60　受潮汐和浪涌噪声干扰的单炮

区域一致性异常振幅压制技术常用于压制资料中不符合区域一致性的强脉冲和随机分布的异常振幅等不规则干扰。由于脉冲噪声、异常振幅干扰的存在,往往对有效信号产生较强的压制作用,产生假振幅,造成同相轴扭曲,偏移时出现划弧等现象。区域一致性异常振幅压制技术是基于能量统计一致性的去噪手段,可以在共炮点、共检波点、共偏移距和共深度点四个方面对信号能量进行统计,通过选

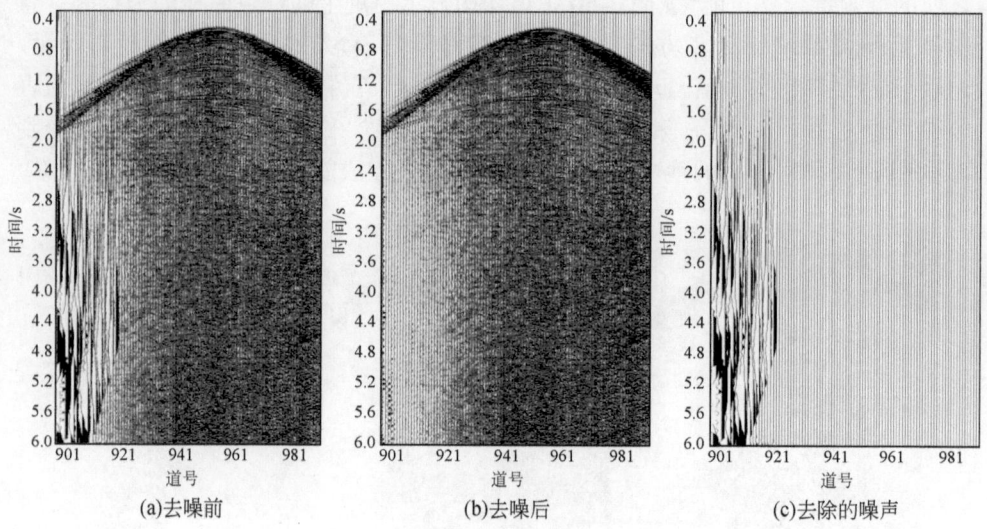

图6-61 去除潮汐和浪涌噪声干扰的单炮

择均方根振幅、平均绝对振幅、最大绝对振幅或方差极大振幅的能量统计方法,设计分析时窗、门槛值等参数,拾取振幅能量对能量分析计算并分解,对不同的噪声类型来进行压制、平滑、冲零等处理,达到消除脉冲噪声及强振幅噪声的目的。为尽可能保幅,主要应用区域一致性异常振幅压制技术消除脉冲及其他的大振幅干扰。图6-62是区域一致性异常振幅压制技术去除异常振幅的单炮效果。

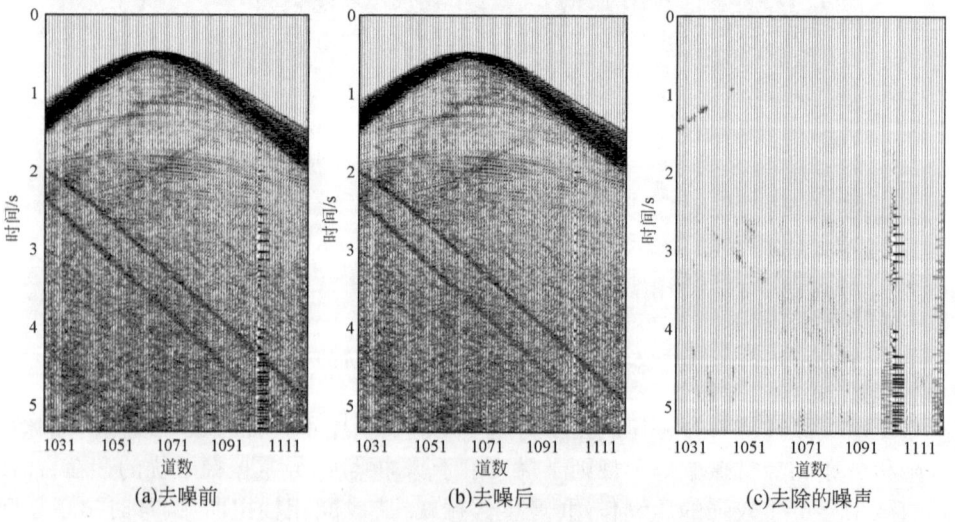

图6-62 区域一致性异常振幅压制技术去除异常振幅的单炮效果

垦东1区有许多钻井和采油平台,这些钻采平台在地震采集时形成了大量的次生干扰。对此,采用了分频带振幅统计异常噪声压制的方法压制次生干扰。使用分频带振幅统计异常噪声压制的方法压制次生干扰的效果如图6-63所示,处理时采用的是三维FK滤波压制次生干扰(图6-64),对比两种压制次生干扰方法的效果:三维FK滤波去除次生干扰更"干净",但是同时也去掉了浅层的许多有效信号;而分频带振幅统计异常噪声压制能够去除绝大部分的次生干扰,基本不损失有效信号。对比两种方法去噪后的叠加剖面可更清楚地看出三维FK滤波损失了许多有效信号(图6-65),分频带振幅统计异常噪声压制的保幅性强。

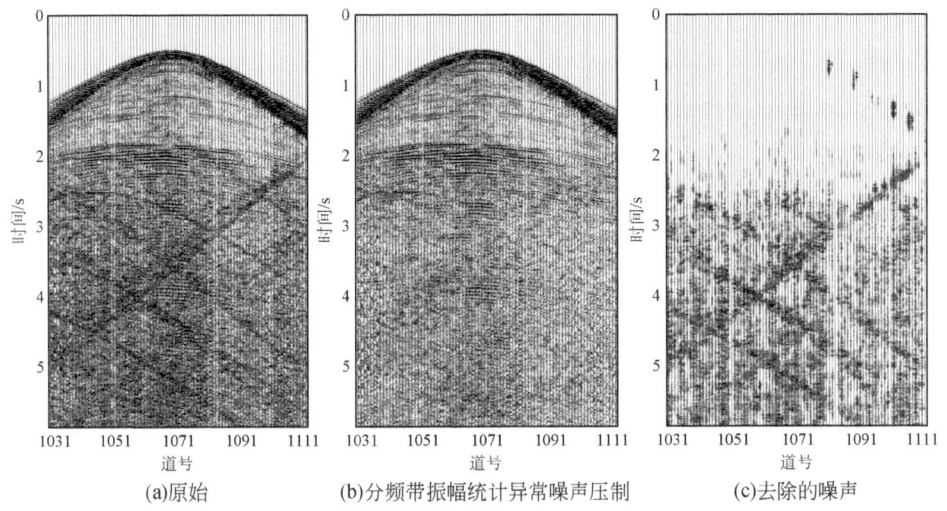

(a)原始　　　　(b)分频带振幅统计异常噪声压制　　　　(c)去除的噪声

图6-63　使用分频带振幅统计异常噪声压制的方法压制次生干扰单炮效果

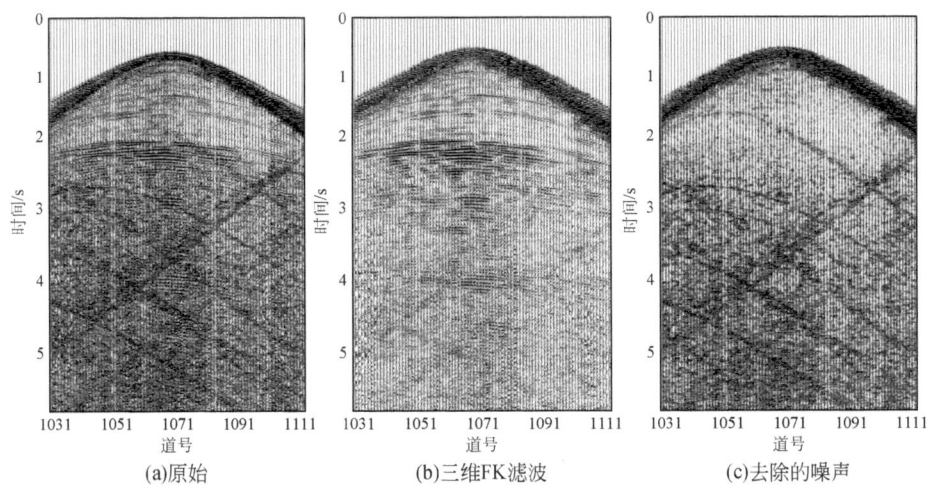

(a)原始　　　　(b)三维FK滤波　　　　(c)去除的噪声

图6-64　三维FK滤波压制次生干扰的单炮效果

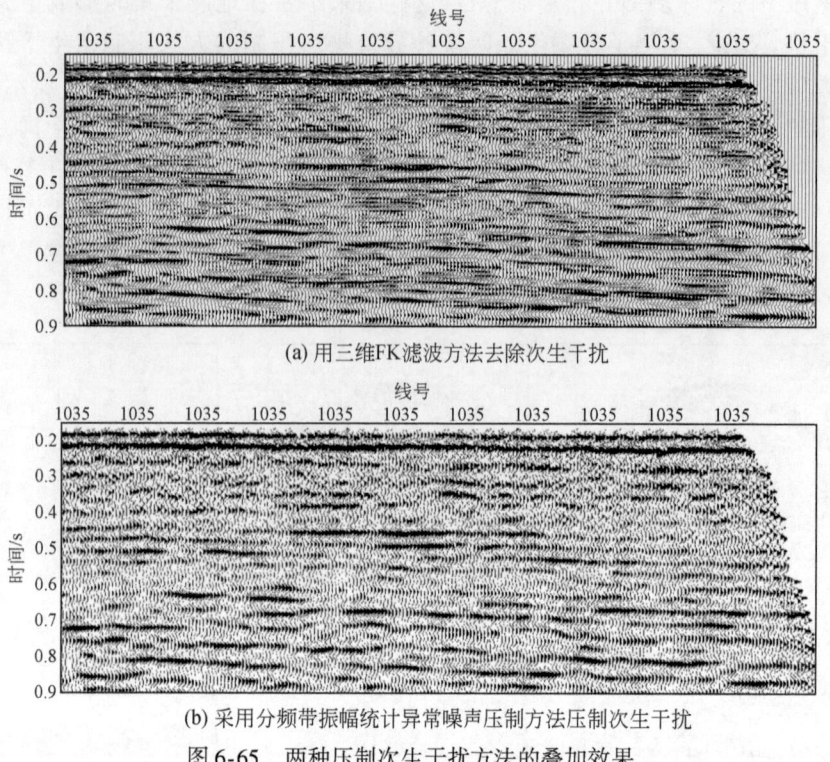

图 6-65 两种压制次生干扰方法的叠加效果

2. 振幅补偿

目前相对保幅处理中首先要对几何扩散造成的地震波能量损失进行补偿。进行几何扩散补偿时,速度参数对地震数据振幅的影响较大,如果速度参数选择不合适,则很容易生成假的 AVO 异常,可能会误导后期烃类检测技术的应用。实际工作中,在几何扩散补偿之前,处理人员并没有进行较为细致的速度分析工作,因此,很难得到全区的较准确的均方根速度。这势必会给几何扩散补偿技术的保幅性带来不利影响。在相对保幅处理中,先用较粗的速度场进行几何扩散补偿以便进行后续处理;在后续处理中获得了比较精确的速度场时,再用精确的速度场进行几何扩散补偿。通过这种循环处理的方式进行精确的几何扩散补偿。

地表一致性振幅补偿就是以地表一致性方式来消除不同炮点、检波点及不同偏移距引起的振幅差异,消除各炮、道之间的能量差异。垦东 1 区地表为潮间带和极浅海水域,处于潮间带区域的压电检波器的响应能量比速度检波器弱,经过地表一致性振幅补偿处理之后,两种检波器的响应能量基本一致(图 6-66)。

第 6 章 | 面向储层精细预测的保幅处理流程建立及应用研究

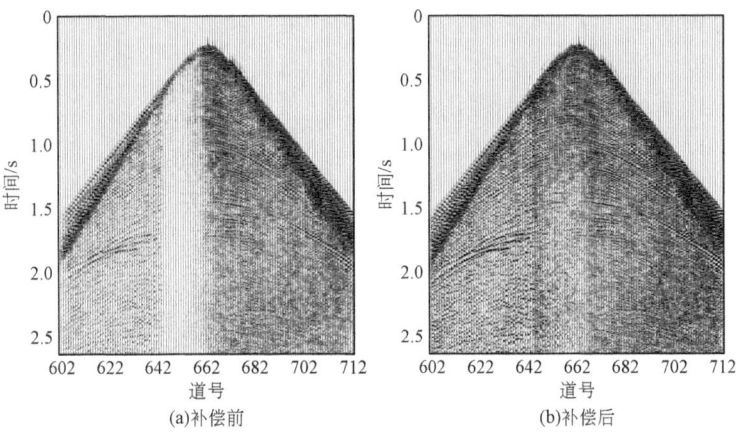

(a)补偿前 (b)补偿后

图 6-66　地表一致性振幅补偿前的单炮与补偿后的单炮

3. 反褶积

反褶积处理是提高分辨率处理的主要手段。叠前自适应谱模拟反褶积方法，在保证信噪比的前提下，尽可能提高主要目的层的分辨率，以满足地质解释的需要。垦东 1 区中浅层为主要目的层和油气富集区，合理地提高浅层的分辨率是该区的主要地质任务之一。通过地表一致性反褶积，消除炮间频率差异，压缩子波，提高资料的分辨率，使资料的频率得到提高。反褶积的效果如图 6-67 所示，单炮

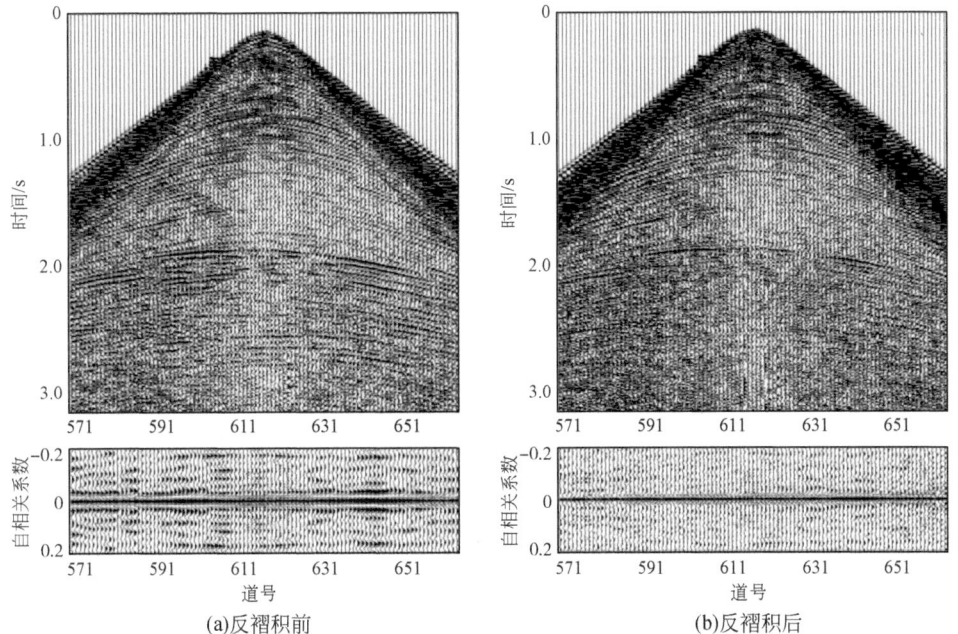

(a)反褶积前 (b)反褶积后

图 6-67　反褶积前、后的单炮

下面为自相关函数。从单炮和自相关函数可以看出反褶积后单炮的分辨率得到提高。对单炮进行频谱分析的结果如图 6-68 所示，图中单炮上的方框为频谱分析时窗。反褶积后单炮的有效频带范围得到展宽。

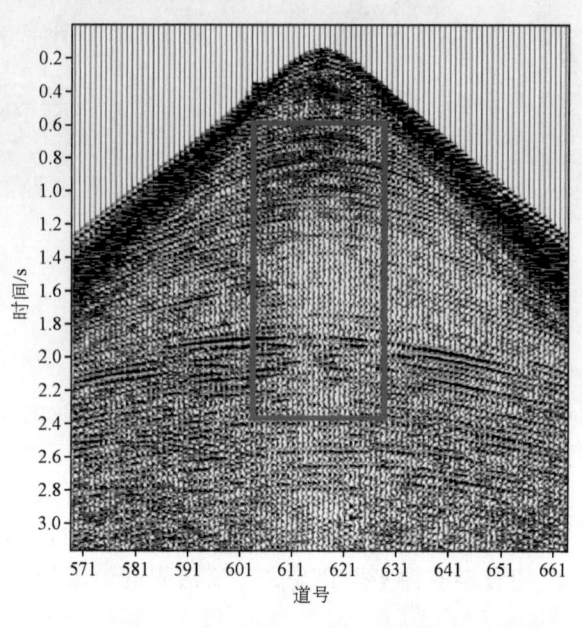

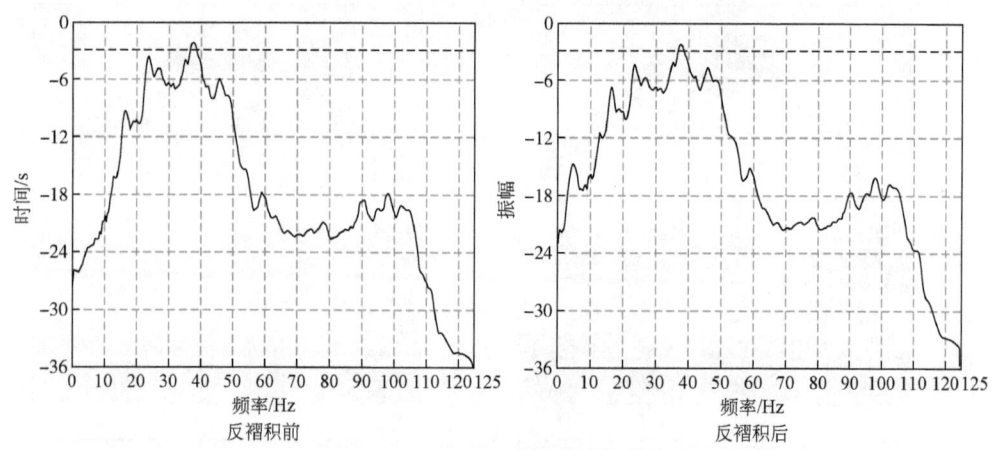

图 6-68　反褶积前、后单炮的频谱

4. 偏移成像

原始地震记录经过叠前预处理后，不同偏移距数据覆盖次数的不同，会导致偏移后的 CRP 道集近、中、远偏移距存在能量差异，影响叠前 AVO 分析及叠前反演的准确性。这种能量不均衡会影响叠前反演及属性分析的效果,必须进行合理的能量均衡处理,以改善道集的质量。通过应用基于 Voronoi 图形的分偏移距能量补偿技术,较好地实现了不同偏移距间能量的均衡。

分偏移距能量补偿的原理是首先对数据按偏移距进行分选,然后对每一偏移距面元,在每个输入道的时窗范围内对每个输入道求取加权系数进行加权。当某些偏移距的道较少时,就会得到大的加权值,道多时就会得到较小的权值,从而消除偏移产生的能量假象。

在分偏移距能量补偿前,由于覆盖次数不均匀,小偏移距和大偏移距能量很弱,容易产生虚假的 AVO 能量变化特征,经过分偏移距能量补偿偏移后,不同偏移距数据的能量得到均衡补偿,能够更准确地反映地震信号在不同偏移距上的能量变化。利用这种方法得到的 CRP 道集保幅性,相比 2009 年没有进行分偏移距能量补偿处理的地震道集在叠前属性分析方面具有更好的优势(图 6-69)。

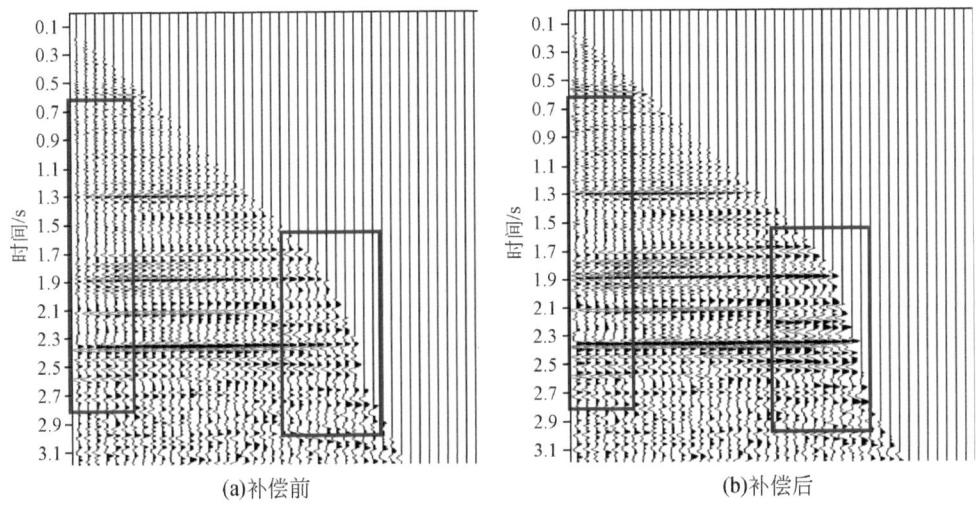

图 6-69 分偏移距能量补偿前、后 CRP 道集对比

5. 保幅处理流程的建立

在以往流程分析的基础上,通过对关键处理环节的配置关系及关键处理环节的保幅性分析,及前几个专题的分析结果,总结出了一套适合滩浅海地震资料的相对保幅处理流程(图 6-70)。在后续的处理过程中,采用该套流程对该区进行重复处理,取得了较好地处理效果及应用效果。

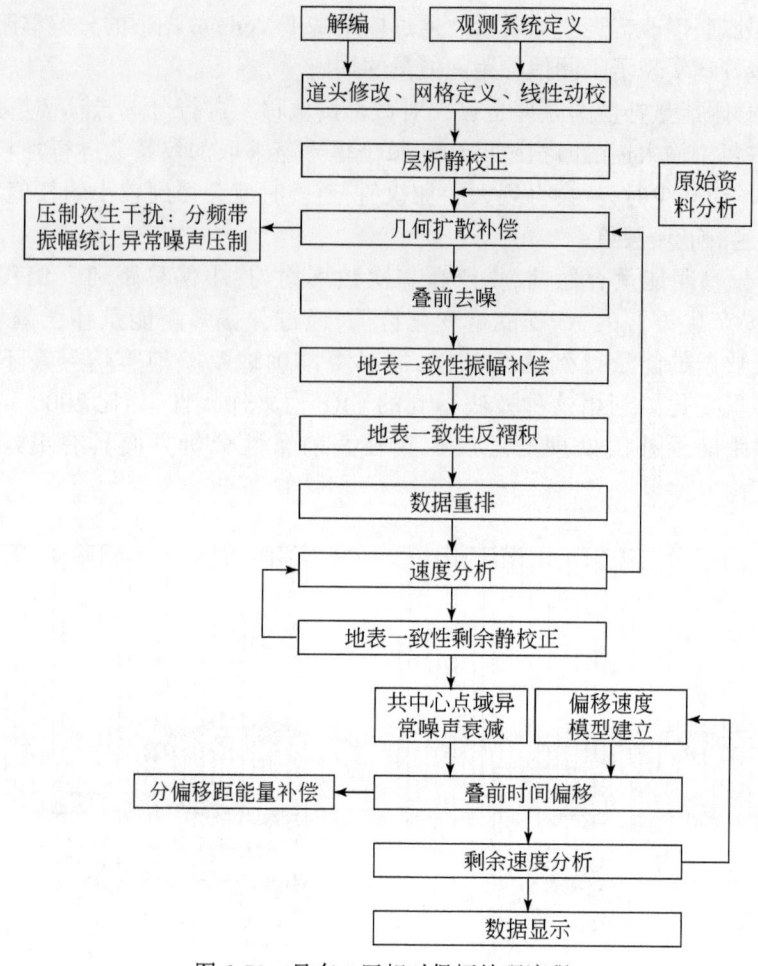

图 6-70 垦东 1 区相对保幅处理流程

在采用上述处理流程进行处理时,为了判断处理过程中储层是否出现假的 AVO 异常,选取了一个横向上较为稳定的含油砂层,并用测井资料合成了角道集,将其与井旁的角道集对比(图 6-71 中箭头所指为含油砂层),并对含油砂层进行了振幅分析(图 6-72)。测井资料显示该含油层为三类 AVO 响应,振幅随入射角增大而增大。在处理过程中,每一步处理都没有扭曲该含油层的 AVO 响应,AVA 曲线与测井合成的曲线逐渐接近也说明本处理流程对储层的相对保幅性是可靠的。

第6章 面向储层精细预测的保幅处理流程建立及应用研究

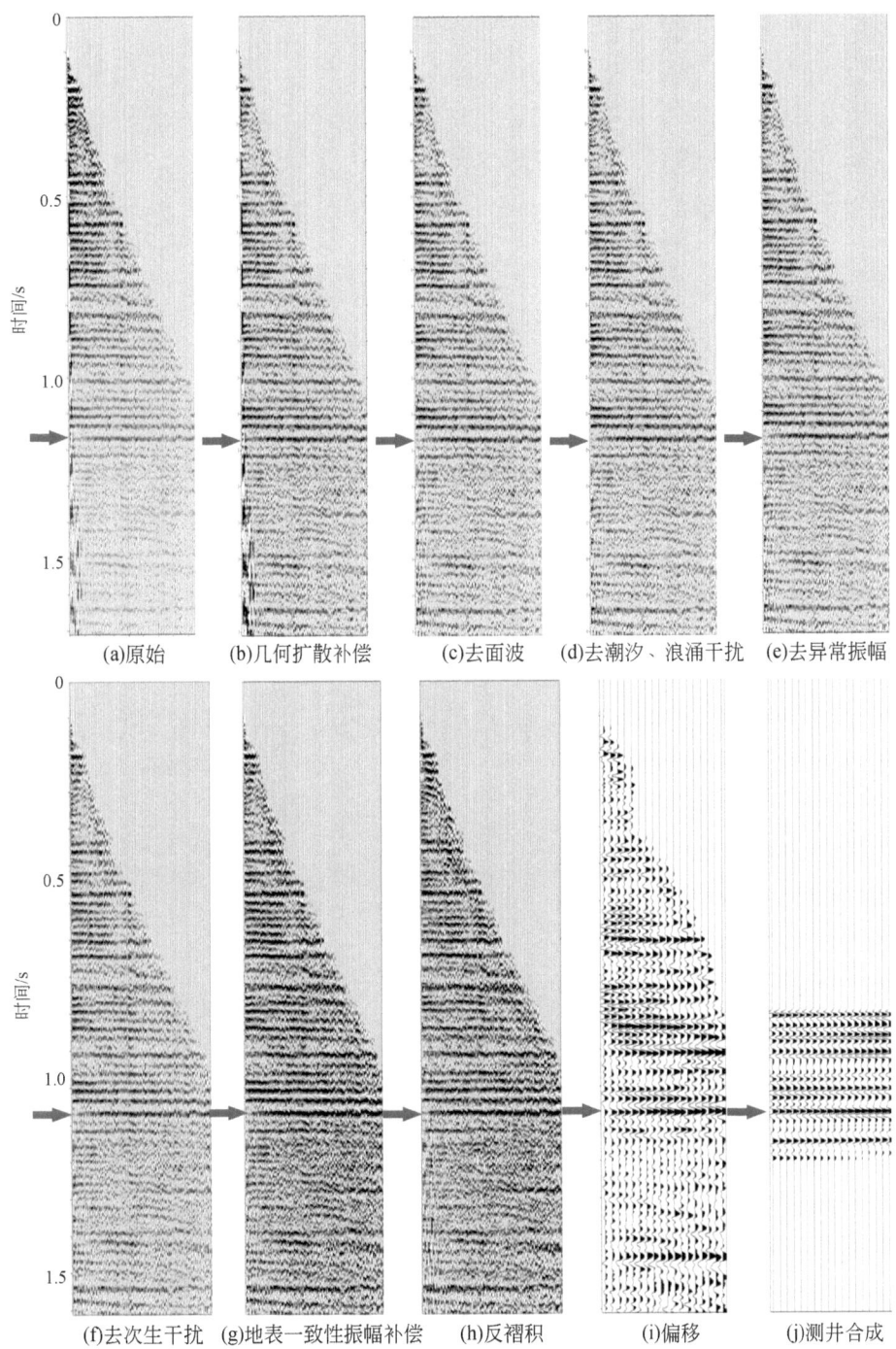

图 6-71 主要处理步骤的井旁角道集与测井合成角道集对比

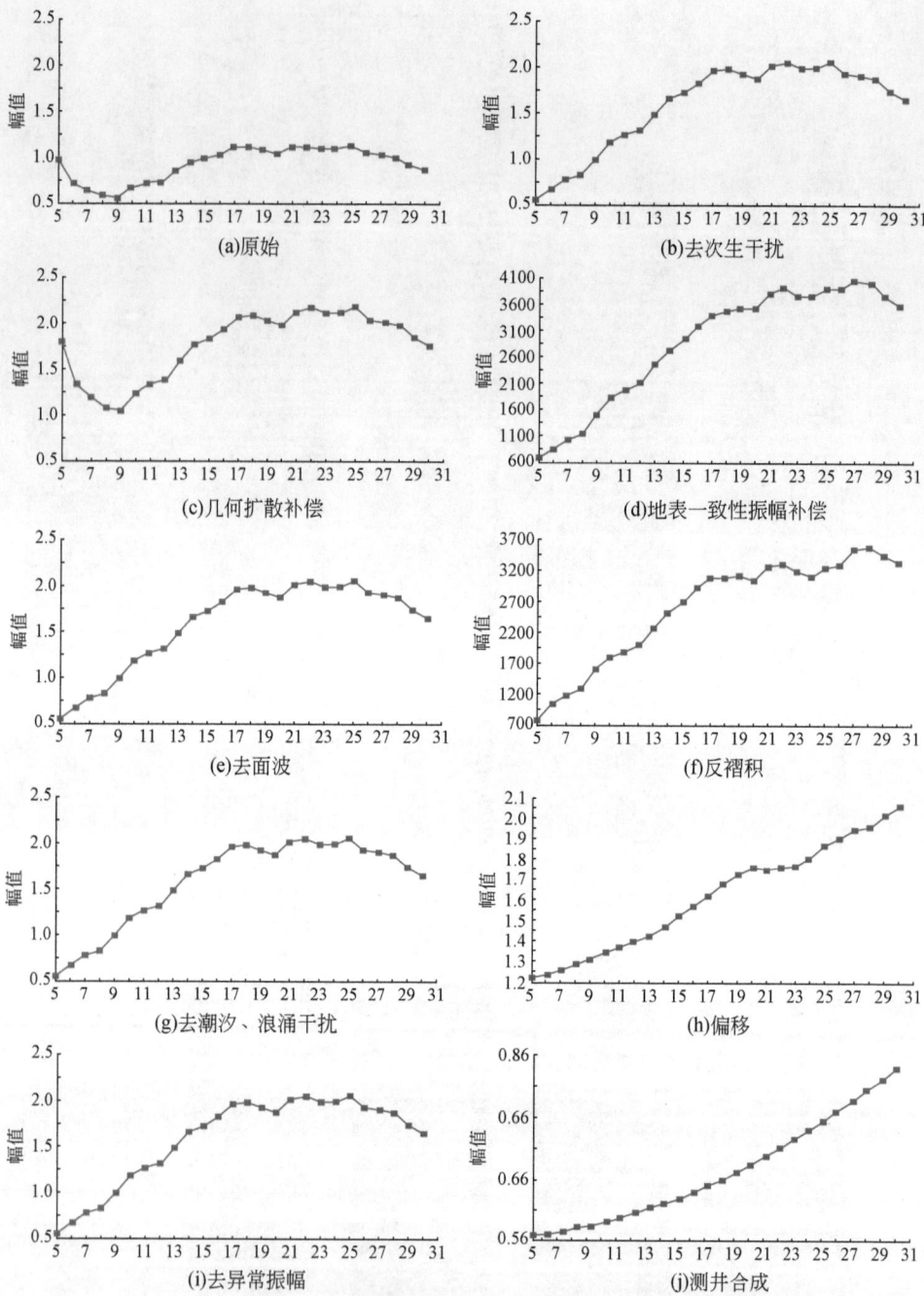

图6-72 主要处理步骤的 AVA 曲线与测井合成 AVA 曲线对比

6.3 邵家沙四段上灰岩储层应用效果分析

邵家油田位于陈家庄突起北坡,目的层为沙四段的碳酸岩沉积储层,沙四段碳酸盐岩是邵家洼陷主力含油层系,目前已上报沾27、邵4等10个探明块,含油面积7.2km², 探明地质储量 603×10^4 t。今年完钻的邵402井在沙四灰岩解释油层10.6m/2层,试油日产3.5t,进一步说明了碳酸盐岩有较好的勘探潜力。2010年以来碳酸盐岩的勘探虽然在点上突破较多,但在面上依然是零星分布没有形成规模,沉积、成藏问题制约着勘探进展。

6.3.1 储层分布及成藏特征分析

邵家地区沙四段晚期,沉积相以盐湖沉积为主,在斜坡带上,蒸发浓缩作用导致了浅湖区碳酸岩盐的沉积,深湖区泥岩增多,碳酸盐岩相对欠发育。该区碳酸盐岩又分为灰礁、灰滩和灰泥3个亚相,不同亚相岩性、物性和含流体性差异较大。沉积微相决定了储集性能,物性决定了含油气性。灰礁中生物灰岩物性最好,含油级别最高。灰滩中的白云岩物性次之,纯灰岩的物性最差。

不同相带含油控制因素不同,有效厚度与物性关系也不同。北带灰礁以岩性油藏为主;南坡邵32井区以岩性构造为主,受大构造背景的影响;灰滩发育区油水混杂,成藏受裂缝控制为主;南坡滩间水道以岩性-构造油藏为主。从不同相带的有效厚度与物性关系图上可以看出灰礁的孔隙度、渗透率与有效厚度无关,滩核与滩间水道物性与有效厚度呈正比关系。在相带控藏下,断裂影响物性、影响成藏。孔隙度与断距呈正比关系,断距越大,孔隙度越高,离断层越远,孔隙度越低。

地震反映了不同岩性间的波阻抗(速度)差异,因此,首先对该区进行分岩性速度统计技术,灰礁速度为5400~5700m/s,速度最高;滩核速度为4500~5200m/s,速度次之;滩间水道和滩缘速度分别为4000~4500m/s、3500~4000m/s,速度相对较低。目的段发育砂砾岩体速度为3600~4500m/s,与碳酸岩地层间速度重叠;而上覆围岩速度为3000~3000m/s,碳酸岩地层和砂岩地层与围岩相比储层的高速(阻抗)特征明显。从已钻井情况分析,建立了井约束正演模型,其中包含了砾岩体、滩缘、滩核以及灰礁等岩相类型(图6-73)。从地震正演上看这几种岩性都表现为强振幅特征,但幅度存在差异,其灰礁振幅最强,滩核次之,砾岩体与滩缘相当(图6-74)。一定程度上可以利用振幅来区分不同沉积亚相、微相,但由于储层厚度及含流体性的变化,会对地震反射幅度产生影响。

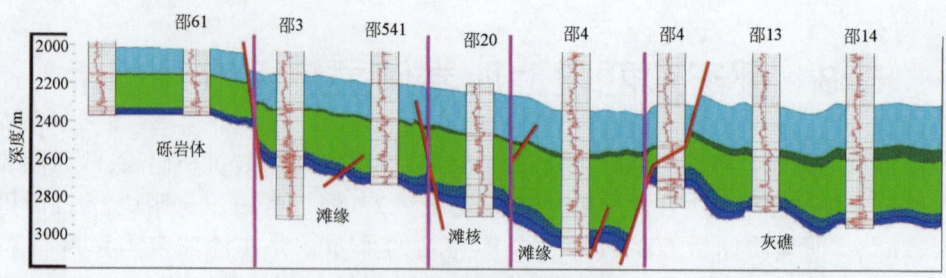

图 6-73 井约束正演模型

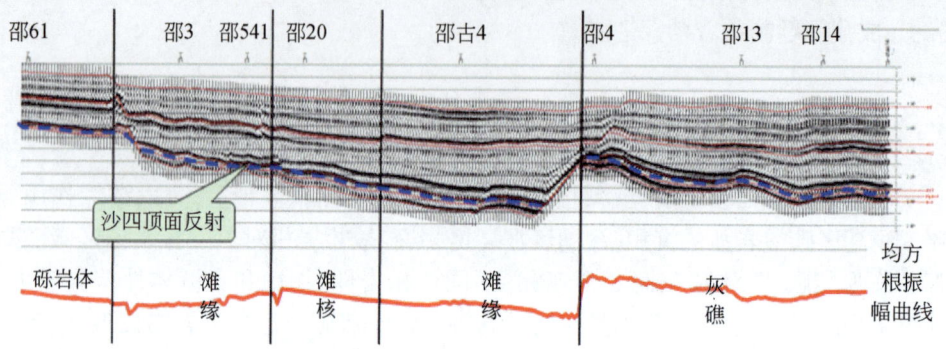

图 6-74 模型正演结果

图 6-75 为连井地震剖面,图中解释层位为灰岩顶,灰岩储层与围岩相比高阻

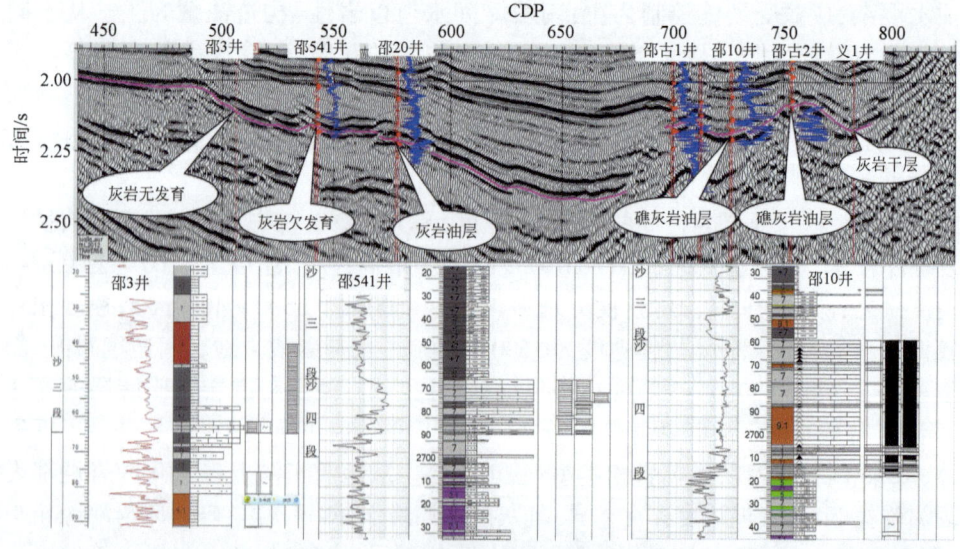

图 6-75 灰岩储层地震反射特征分析

抗特征明显,灰岩顶部为强波谷反射,底部为强波峰反射,邵 20、邵古 1、邵 10、邵古 2 和义 1 井灰岩发育特征明显,邵 541 井灰岩虽欠发育但同样表现为高阻抗,邵 3 井无灰岩发育,振幅能量弱,地震反射特征不明显。

利用保幅优化前后资料对储层反射特征进一步分析表明,地震保幅优化前后地震整体面貌变化不大,构造形态一致,但是在储层反映的细节上优化处理后要优于处理前,优化处理后灰岩尖灭点表现得更加清楚(图 6-76)。

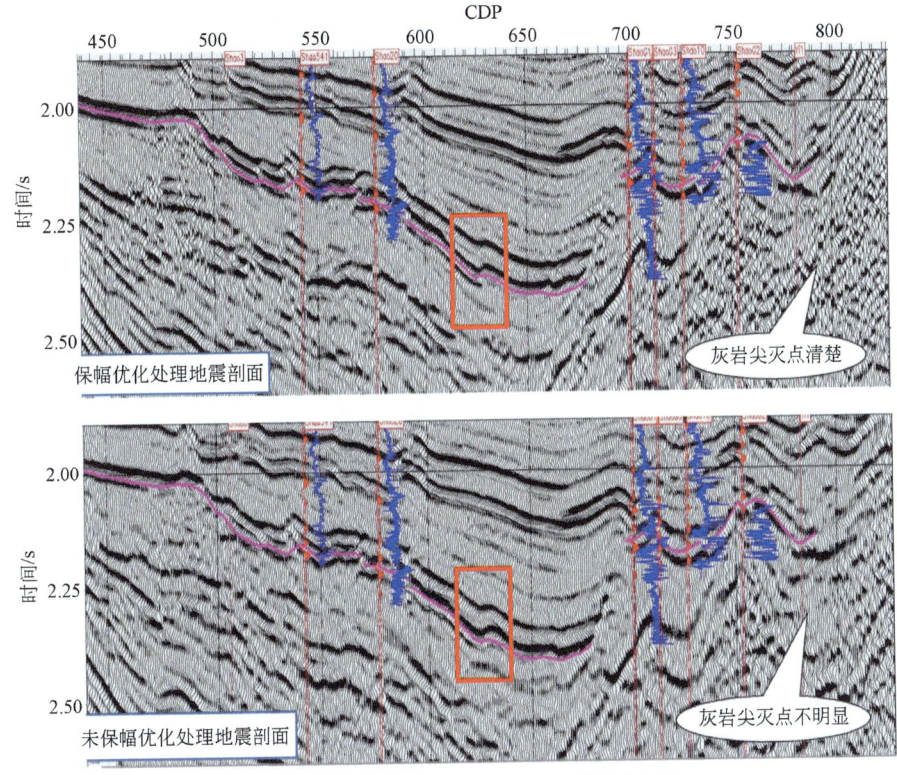

图 6-76　保幅优化前、后储层识别效果分析

6.3.2　地震属性储层预测技术

根据储层特点并结合地震属性进行储层的预测,利用保幅优化处理地震进行了地震属性提取和分析,最终将优选出均方根和调谐频率分别代表振幅和频率的两个属性。

工区内几乎所有的井都钻遇了灰岩储层,灰岩类型、物性及含流体性差异较大,各种灰岩高速度(波阻抗)特征明显。因此,在地震均方根属性上都表现为强振幅特征。邵3井因无灰岩表现为弱振幅。均方根振幅虽能够反映灰岩的分布,但不能反映灰岩的各亚相[图6-77(a)]。

图6-77(b)为调谐频率属性,较均方根振幅更能体现储层的变化特征,工区东北部和沾27井区储层物性好,厚度大,低调谐频带特征最明显,高产井都落在这一区域。邵54和邵20井区次之,邵541井高频特征明显,与实钻灰岩欠发育吻合。

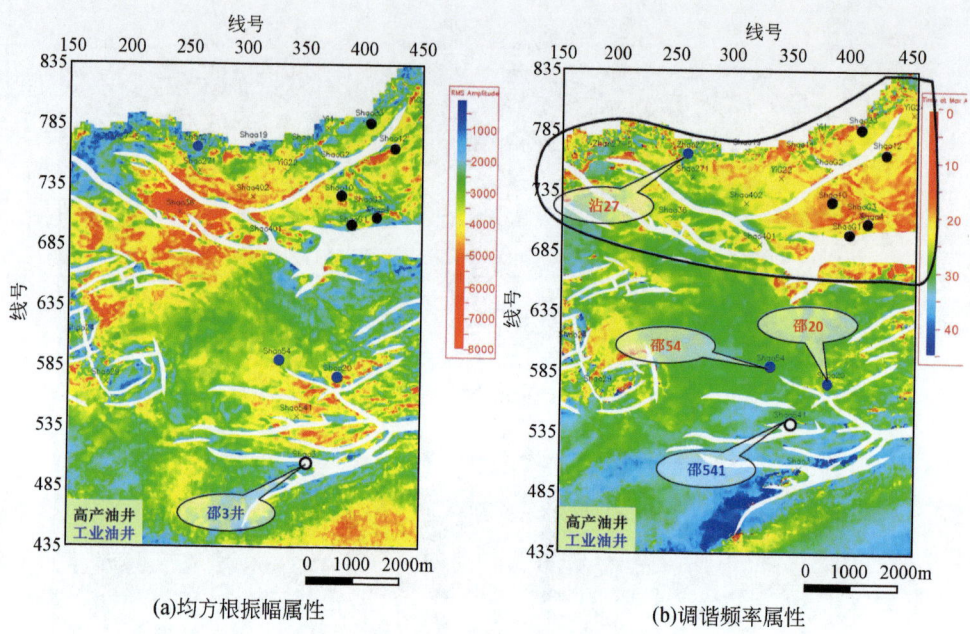

(a)均方根振幅属性　　　　　　　　(b)调谐频率属性

图6-77　灰岩储层地震属性分析

6.3.3　优化前后效果分析

在灰岩岩石物理及地震响应特征认识的基础上,对保幅优化处理技术灰岩储层应用效果进行了进一步对比分析。图6-78为保幅优化前后地震均方根振幅属性,分析邵36井和邵402井地层的波阻抗差异,邵36井明显大于邵402井,计算反射系数分别为0.2385、0.1669,差异明显。对地震资料均方根属性分析可知,保幅优化处理前,均方根振幅均为强反射,不能较好地表现波阻抗差异,地震优化后则能较好地表现这一变化特征。

| 第 6 章 | 面向储层精细预测的保幅处理流程建立及应用研究

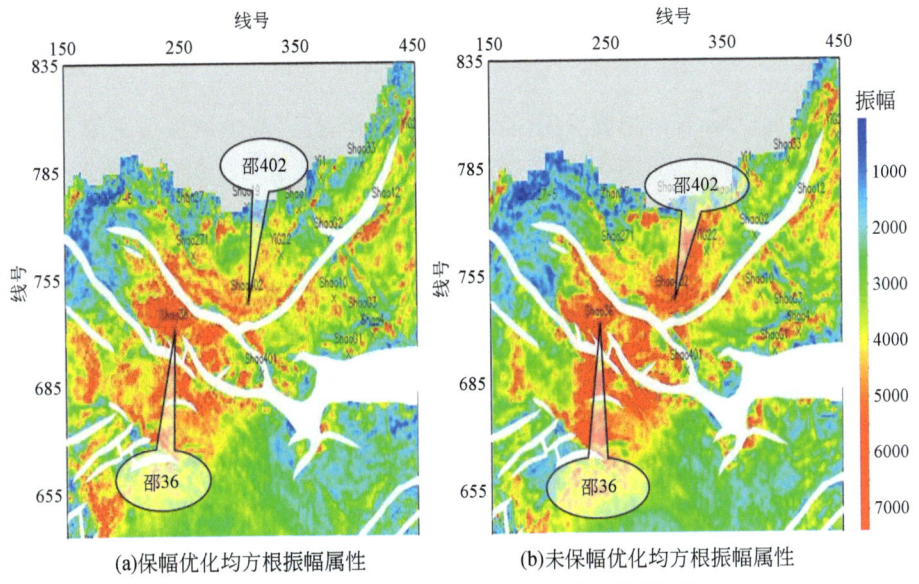

图 6-78 保幅优化前、后地震均方根振幅属性对比

图 6-79 为保幅优化前后调谐频率属性,优化后属性与钻井吻合程度更好,邵541 和邵 3 井灰岩欠发育带,高频特征清楚,工业油井邵 54 和邵 20 灰岩相对发育,为中低频特征。在优化前调谐频率属性上都表现为中低频特征。

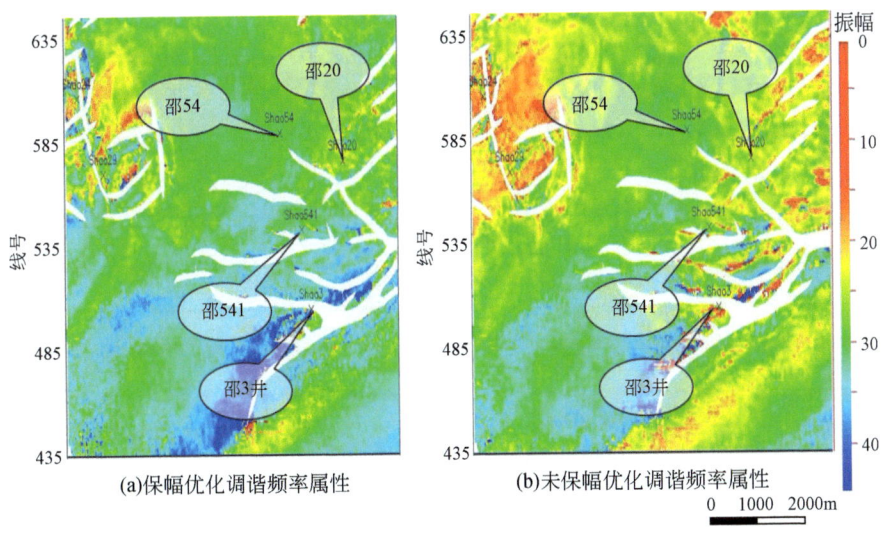

图 6-79 保幅优化前、后调谐频率属性对比

6.3.4 储层预测成果

灰礁、灰滩、砂砾岩体地震反射及属性特征差异明显,灰礁累加振幅值最大,灰滩次之,砂砾岩体最小,这种差异主要是由速度变化引起的。灰礁层速度大于灰滩,随埋深增加,灰滩微相中滩核>滩间水道>滩缘,浅层砂砾岩体层速度整体小于灰礁、滩核,与滩间水道和滩缘相当,但平面变化大。而速度变化主要是岩相起作用,厚度次之,岩相决定反射强弱,同一亚相振幅随厚度增加而增大。同时通过井约束正演模拟可知,正演模拟结果与剖面反射和属性特征一致,振幅属性可以预测相带分布,反映储层发育情况。另外,根据属性与实钻厚度,建立了能量类和轨迹类属性表征量板。以均方根振幅为例,若振幅值大于6500,可以判定为灰礁;振幅值在3500~6500,可判定为灰滩;低于3500可判定为灰泥(表6-2)。

基于以上分析并结合古地貌、沉积相以及裂缝预测(图6-80),邵家地区北带灰礁亚相内成藏最为有利;南坡灰滩在裂缝发育区成藏有利,滩间水道以构造岩性油藏为主,2013年在北带灰礁邵36、邵8、邵15井重新试油,并获得成功,北部灰礁可以实现含油连片,下一步方向是南部的滩核及滩间水道,共解释灰礁、灰滩有利面积30km^2,预测地质储量2440×10^{4}t。

表6-2 邵家地区沙四碳酸盐岩属性门槛量板

相		发育部位	岩性	门槛值				
				物性			地震属性	
亚相	微相			速度/(m/s)	孔隙度/($\rho \cdot u$)	渗透率/(md)	均方根振幅	累加负振幅绝对值
灰礁	礁核	台地隆起顶部	生物骨架碳酸盐岩	>5 500	15~22	60~220	5 500~10 000	>55 000
	礁前	湖盆一侧斜坡	角砾状灰岩,偶见泥岩夹层	5 200~5 500	9~17	9~90	3 500~5 500	45 000~55 000
	礁后	湖岩台地一侧	泥晶碳酸盐岩	4 500~5 200	10~16	7~90	3 500~5 500	45 000~55 000
	礁缘	湖盆斜坡礁前前缘	泥晶碳酸盐岩夹泥岩	4 300~5 000	6~15	10~20	2 000~3 500	20 000~45 000
	礁间水道	—	砂质灰岩	4 400~5 100	12~20	40~100	2 500~6 500	20 000~60 000

续表

相		发育部位	岩性	门槛值				
				物性			地震属性	
亚相	微相			速度/(m/s)	/(ρ·u)	渗透率/(md)	均方根振幅	累加负振幅绝对值
灰滩	滩核	坡度较大的斜坡地区	颗粒碳酸盐岩	4 500~5 400	9~21	1~59	3 500~5 000	45 000~55 000
	滩缘		颗粒碳酸盐岩和陆屑混杂碳酸盐岩	3 450~3 950	3~19	1~21	2 000~3 500	25 000~45 000
	滩间水道		陆缘粉砂和黏土矿物	3 950~4 500	4~20	1~29	2 500~6 500	20 000~60 000
灰泥	—	近岸斜坡带,湖湾及浅湖区水动力条件弱的地区	泥晶碳酸盐岩	3 800~4 500	1~5	0~1	2 000~3 500	25 000~45 000

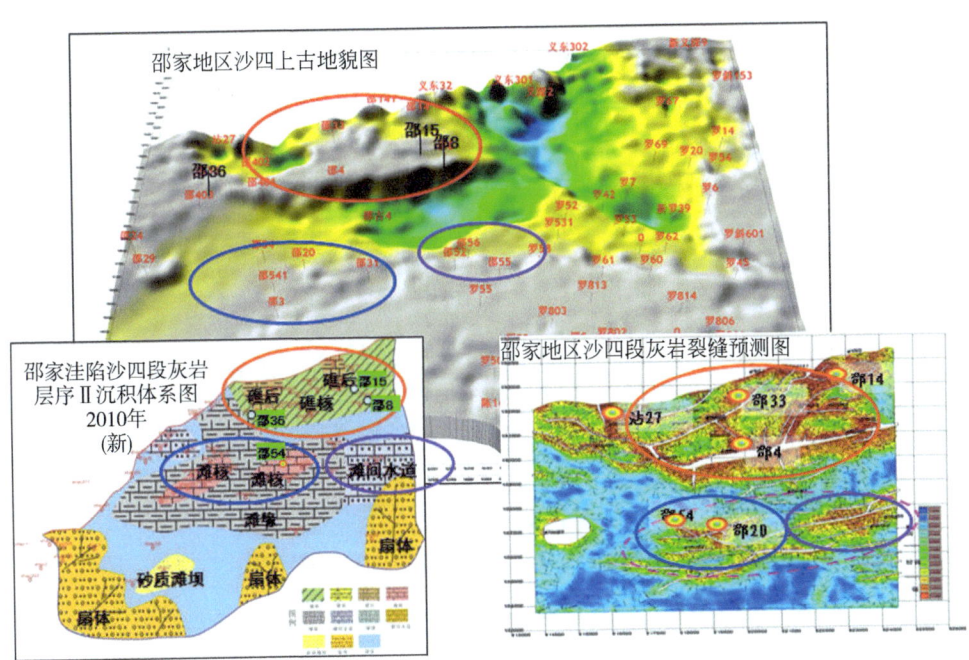

图 6-80 邵家地区沙四碳酸盐岩古地貌、沉积相图与裂缝预测

6.3.5 小结

（1）邵家沙四上各类型灰岩储层为高阻抗，地震属性具有强振幅特征，均方根振幅能够一定程度上识别灰岩发育；储层厚、物性好的灰岩低频特征明显。

（2）优化保幅处理后地震属性横向变化更丰富，从地质认识及钻井情况来看，要比优化保幅处理前更好。

6.4 垦东北馆上河道砂岩储层应用效果分析

垦东北部位于桩东洼陷到垦东凸起的斜坡过渡带。构造上属于孤南洼陷、桩东洼陷、垦东凸起、长堤潜山带和孤东潜山带5个构造单元交汇处。其西、南分别与孤南洼陷、垦东凸起主体断接，东、北分别向桩东凹陷和孤东潜山披覆构造带过渡。地貌单元为海陆过渡带。构造上主要受垦东大断层及次级断层控制。发育有古近系沙河街、新近系馆陶组等含油层系。地层特点为下古近系地层呈超覆沉积，新近系地层披覆沉积。综合该区的断裂及储层发育特征，可形成地层、岩性、构造等多种油气藏，具有复式成藏的特点。

研究目的层为垦东北部馆上段，为曲流河沉积储层，如图6-81所示，馆上段Ⅲ、Ⅳ、Ⅴ砂组泥岩地层沉积较稳定，砂岩沉积变化快，这样的沉积特点使得该区的泥岩成为这一层段的区域性盖层，有利于成藏。

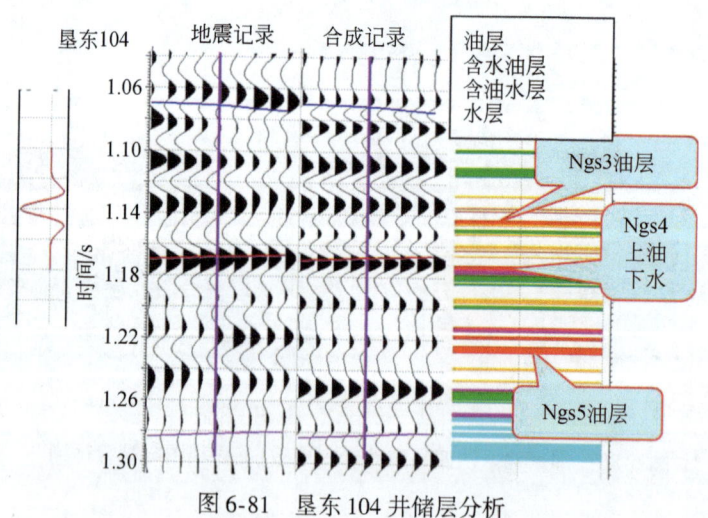

图6-81　垦东104井储层分析

利用常规地震资料虽然在砂体储层预测中取得了一定的应用效果,但是仍然存在储层预测多解性大和精度低、砂体尖灭点不清楚及含流体性识别难的问题。例如,在储层预测中出现的油层为亮点,但并非所有亮点都对应为油层(图6-82),给油层的预测带来一定的难度。首先通过开展地震保幅优化处理技术研究提高地震资料的可靠性,然后利用叠前叠后属性分析和叠前反演等技术进行了储层综合预测,以使该区储层的描述和流体识别能力大大提高。

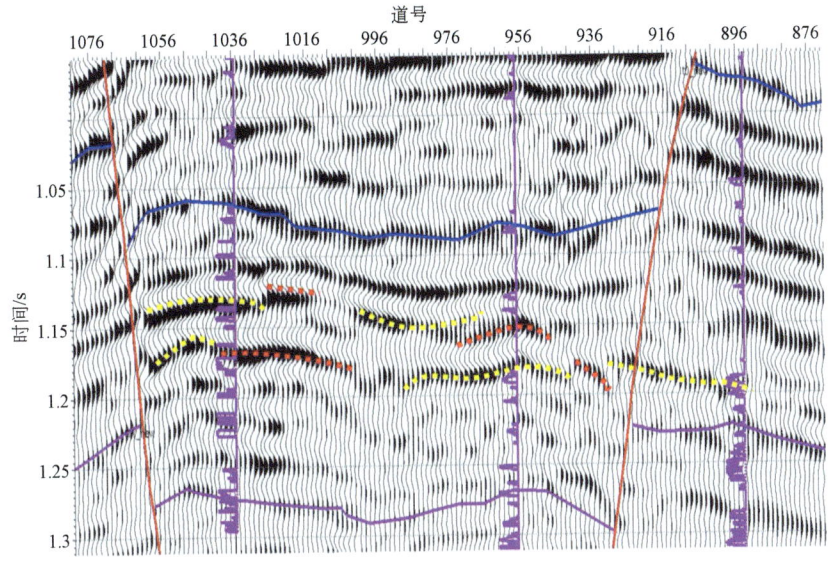

图 6-82　过井地震剖面

6.4.1　储层敏感参数及正演特征分析

该区测井多,但测井质量相对较差。而垦东104井测井曲线全,测井质量好,因此主要利用该井进行敏感参数分析。纵波速度和横波速度对储层识别困难,储层纵波速度与围岩基本一致,储层横波速度略高于围岩,储层密度要低于围岩,密度区分储层效果要好于速度(图6-83)。通过组合弹性参数纵横波速度比、拉梅系数乘密度对储层岩性和含流体性识别效果明显(图6-84)。

通过多井的岩石物理统计分析,确定了合理的岩石物理参数,见表6-3,储层纵波速度与围岩接近,略低于围岩,储层横波速度高于围岩,储层密度低于围岩。根据该区储层厚度、形态及叠置关系建立了一维和二维正演模型。利用正演方法研究储层叠前AVO特征及叠后地震反射特征,对该区地震保幅优化处理方法的应用及储层预测提供依据。

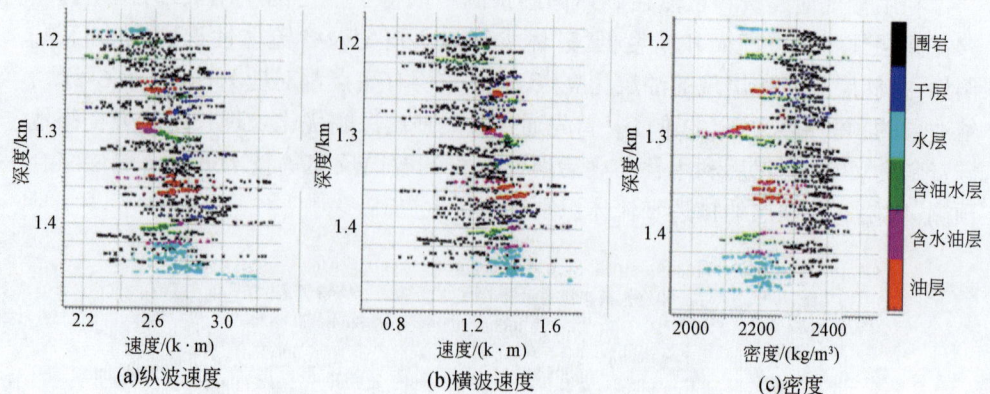

图 6-83　垦东 104 井纵横波速度及密度分析

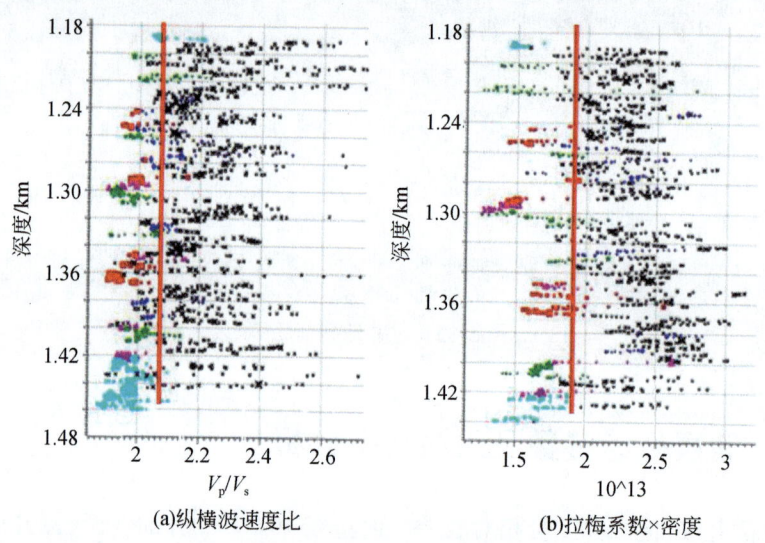

图 6-84　垦东 104 井组合弹性参数分析

表 6-3　岩石物理参数

岩性类型	纵波速度/(m/s)	横波速度/(m/s)	密度/(kg/m³)	纵横波速度比
泥岩	2800	1272	2370	2.2
水砂岩	2700	1421	2200	1.9
油砂岩	2550	1421	2150	1.8

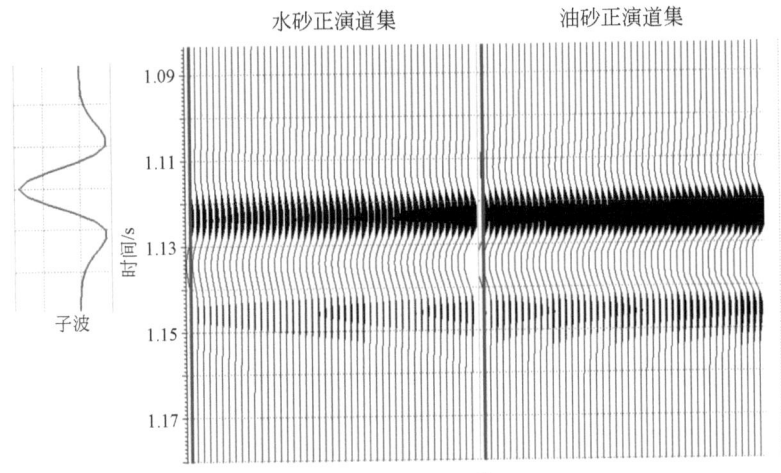

图 6-85 一维正演模型

从 15m 厚的含油储层和含水储层叠前正演道集及振幅随入射角度的变化特征上看,如图 6-85 和图 6-86 所示,无论是含油储层还是含水储层,储层顶反射都有振幅随入射角度的增大而增大的 AVA 特征,垦东北地区大角度(远偏移距)叠前地震信息对该区常见的地震"亮点"特征贡献大,对油层的影响要比水层更明显,因此,保幅优化处理中应尽量保护和利用好大偏移距信息。

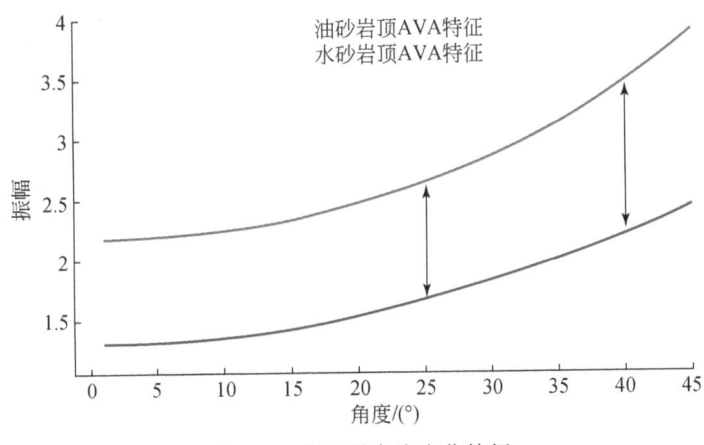

图 6-86 振幅随角度变化特征

根据该区河流相沉积储层特点,参考垦东 104 井钻遇的储层情况,综合地质、地震、钻井等资料设计了河道砂体正演模型,并利用 35Hz 雷克子波进行波动方程模型剖面中[图 6-87(a)]左上含油河道砂体最大厚度为 15m,砂体厚度变化不大,右上含油河道砂体最大厚度为 10m,为中间厚两边薄的特征,上面叠置一个最大厚度为5m的含油薄砂体,左右砂体叠置分别为50m,与左砂体有2m的泥岩隔层,与左砂体有10m厚的泥岩隔层,最下面设计了一个厚15m的含水河道砂体。从正演地震剖面上看,振幅消失代表了储层尖灭,但在砂体叠合处,地震反射特征变化复杂,与砂体厚度有很大关系,左边砂体叠合处地震通向轴扭动特征明显,而右边叠合部为复波特征,相同厚度的含油砂体比含水砂体振幅要更强一些。

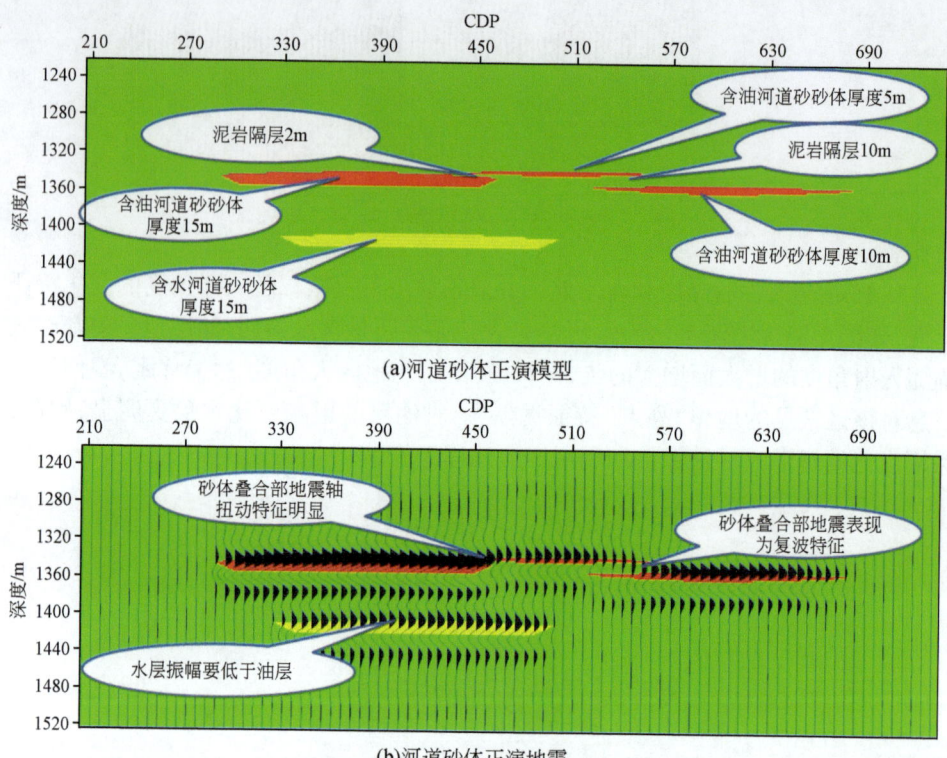

图6-87 河道砂体正演

通过正演分析可知除岩性阻抗影响地震反射特征外,砂体的厚度及砂体组合关系对地震变化影响也很明显,地震保幅优化处理技术的目的就是来体现这些特征,从而利用地震属性和地震反演技术更好地进行储层的精细描述。

6.4.2 储层预测技术

1. 叠前AVO属性储层预测技术

叠前AVO特征正演表明,储层三类AVO特征明显。地震资料在采集和处理过程中受到的影响因素多,保幅优化处理的目的就是让地震资料更能体现这些地震变化特征。优化保幅处理后,共反射道集通向轴更平,信噪比更高,远偏移距(大角度)信息可靠。地震优化前地震 AVO 特征不明显,地震优化后含油储层振幅随偏移距增大而增大的 AVO 特征清楚,与测井正演 AVO 特征吻合更好(图 6-88)。

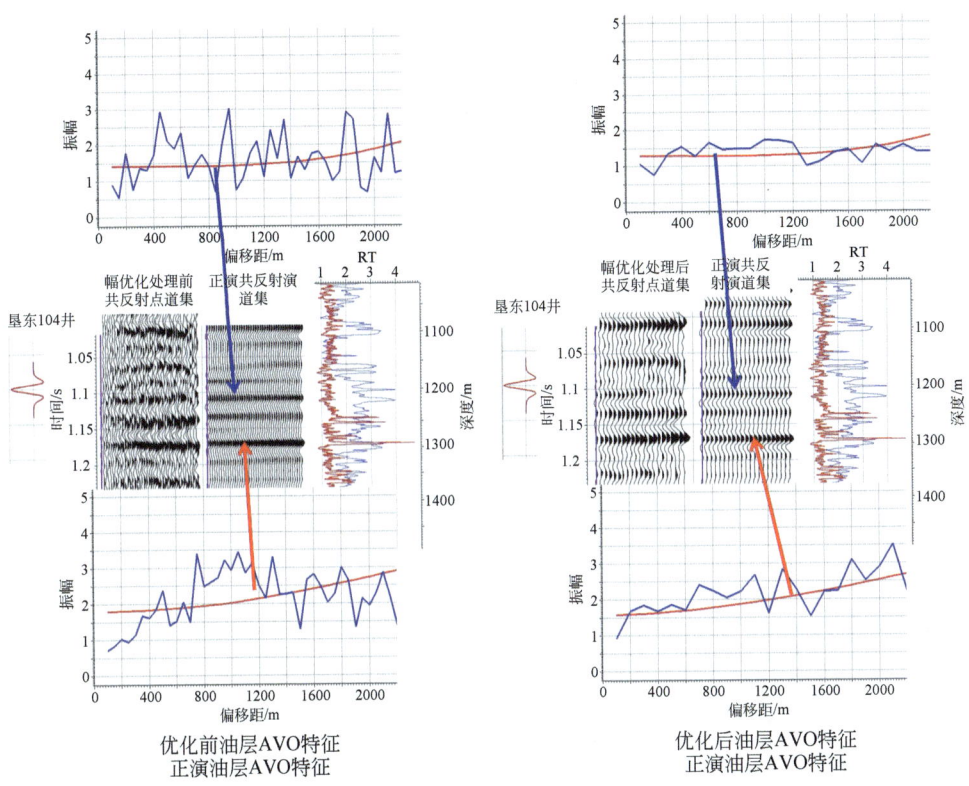

图 6-88　保幅优化前后共反射点道集分析

应用叠前道集资料,进行了叠前信息的应用分析。直接利用叠前道集提取 AVO 属性,图 6-89 为过垦东 104 井和垦东 107 井 P×G 属性剖面,垦东 104 井钻遇了较好的含油储层,而在断层上盘的垦东 107 井则钻遇了含水储层,保幅优化前 P×G 属性上两口井目标层都表现为高值特征,含流体性区分不明显,而在保幅优化后 P×G 属性上垦东 107 井低值特征明显,在平面属性更加明显,左右两条河道形态清楚,储层解释多解性和准确度明显提高,图 6-90,保幅优化处理技术提高了叠前地震信息岩性和流体识别能力(图 6-91)。

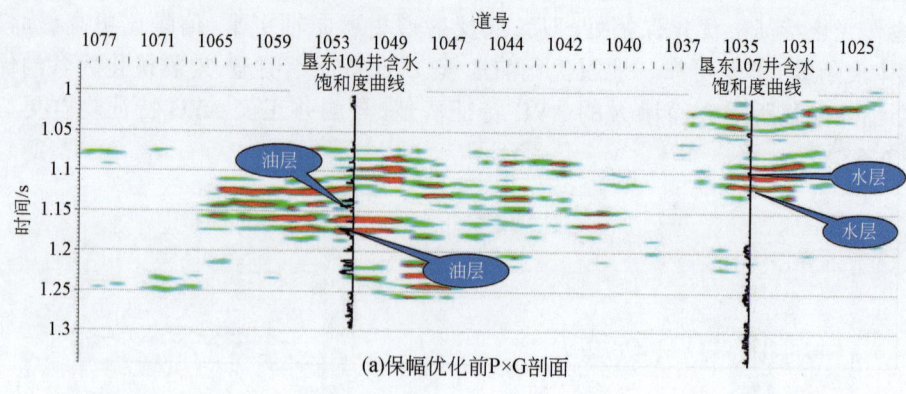

(a) 保幅优化前P×G剖面

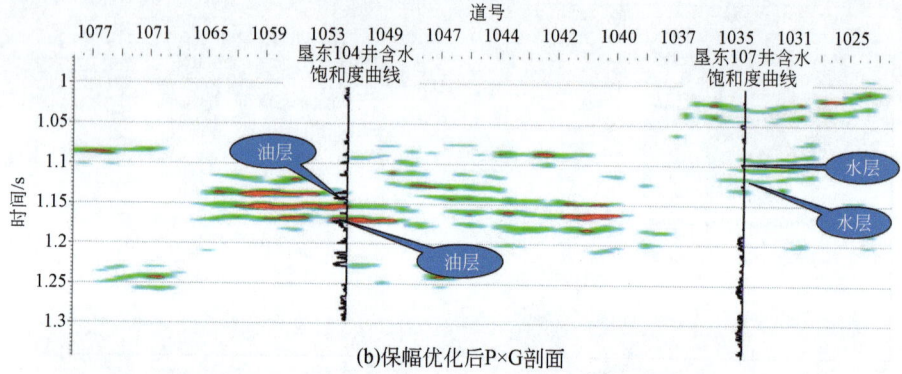

(b) 保幅优化后P×G剖面

图 6-89　过垦东 104 井和垦东 107 井 P×G 属性剖面

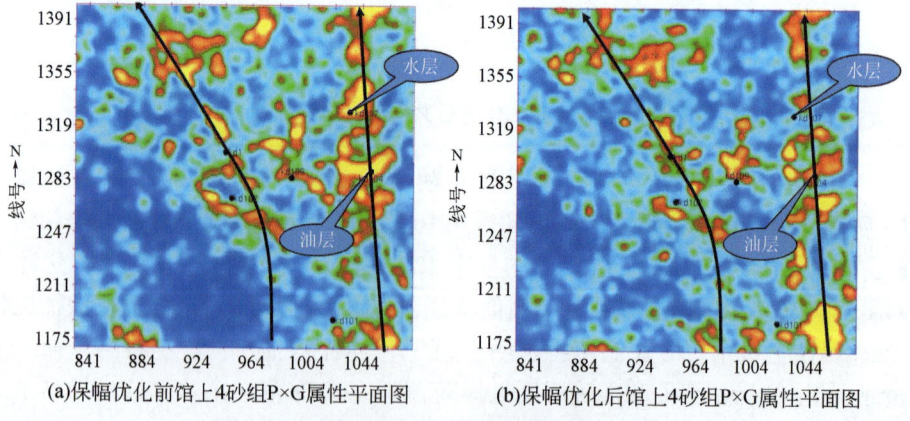

(a) 保幅优化前馆上4砂组P×G属性平面图　　(b) 保幅优化后馆上4砂组P×G属性平面图

图 6-90　保幅优化前、后提取的叠前 P×G 属性

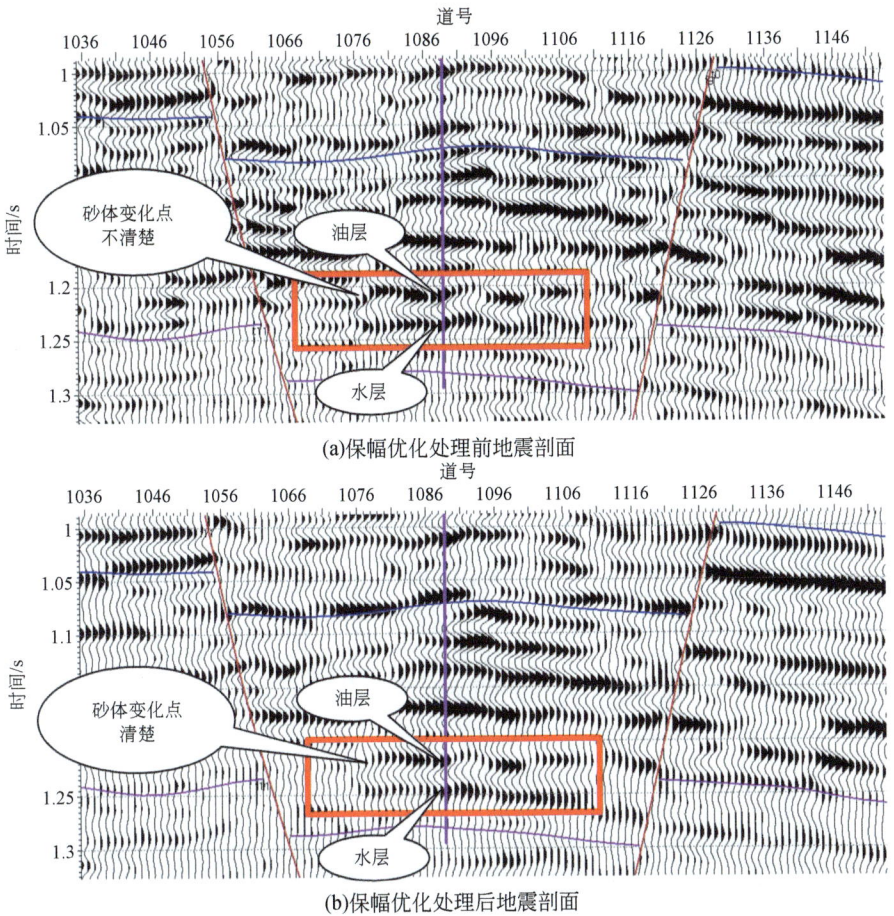

图 6-91 垦东 104 井保幅优化前、后地震储层识别效果分析

2. 叠后属性储层预测技术

保幅优化处理技术叠前信息对储层和流体识别提高效果明显,对叠后属性储层预测也有明显改善。图 6-92 为联井地震剖面叠加剖面中保幅优化后地震构造形态以及地震轴横向变化基本一致,但经过保幅优化处理后信噪比更高,对储层反映更加清楚。在全叠加剖面中保幅优化后对储层变化表现更加清楚。垦东 104 为油层,107 为水层。优化前均为强振幅优化后,垦东 104 的振幅明显比 107 强,特征明显。

从保幅优化前后地震属性上看,如图 6-93 所示,保幅优化后河道形态更加明显,特别是左边的河道,但与优化保幅后叠前属性比储层表征能力要差。垦东 104 为油层,107 为水层。优化前均为强振幅,优化后,垦东 104 为强振幅,明显比垦东 107 强,特征明显,保幅优化后地震与前面油层和水层正演分析特征吻合较好。

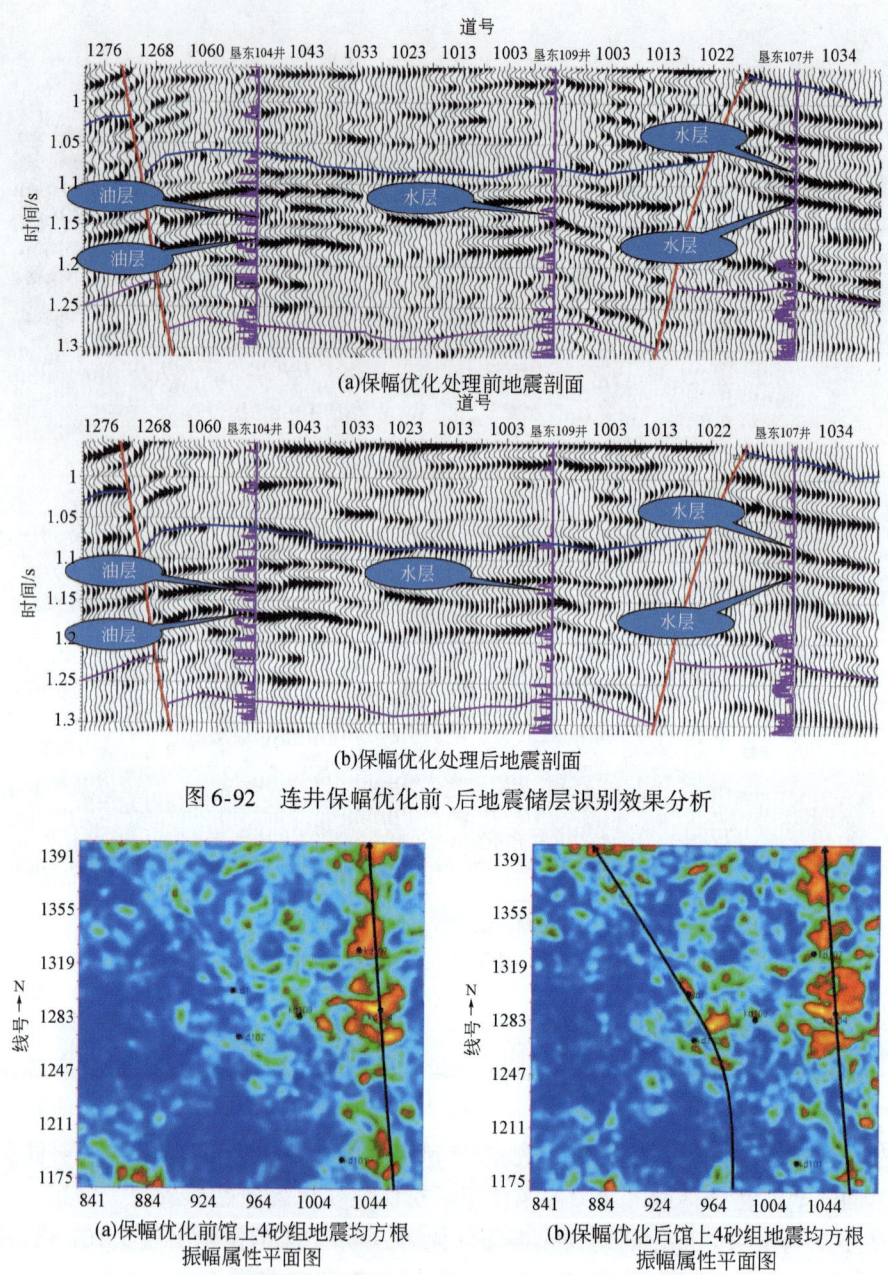

图 6-92 连井保幅优化前、后地震储层识别效果分析

(a) 保幅优化前馆上4砂组地震均方根振幅属性平面图
(b) 保幅优化后馆上4砂组地震均方根振幅属性平面图

图 6-93 保幅优化前、后地震属性分析

全叠加地震数据是不同偏移距反射记录得到的综合体,保幅优化处理技术虽然没有叠前数据改善效果那样明显,但在常规叠加数据上对储层的变化特征同样会有所体现,因此该区地震处理过程中针对储层地震反射特点,采用了相应的分偏

移距补偿、道间均衡以及速度精细拾取等关键保幅优化处理技术,对于地震储层特征的保护和利用起到了重要作用,能够更好地进行储层岩性和流体识别。

6.4.3 叠前反演储层预测技术

利用地震振幅随偏移距(角度)变化来计算多种岩石物理弹性参数,更好的研究储层的岩性、物性和含流体性。利用保幅优化处理的地震资料进一步开展了基于 Zoeppritz 方程精确解的纵、横波速度及密度三参数反演处理,进一步可以估算纵横波速度比、泊松比及拉梅系数乘密度等储层敏感参数,对于储层岩性和流体识别准确度又进一步提高。

从过垦东 104 井地震剖面上看,保幅优化处理后地震体现了储层分布和变化特征,通过高精度叠前反演技术的应用砂体的形态和叠置关系更加明确,并且与测井有较好的吻合(图 6-94)。

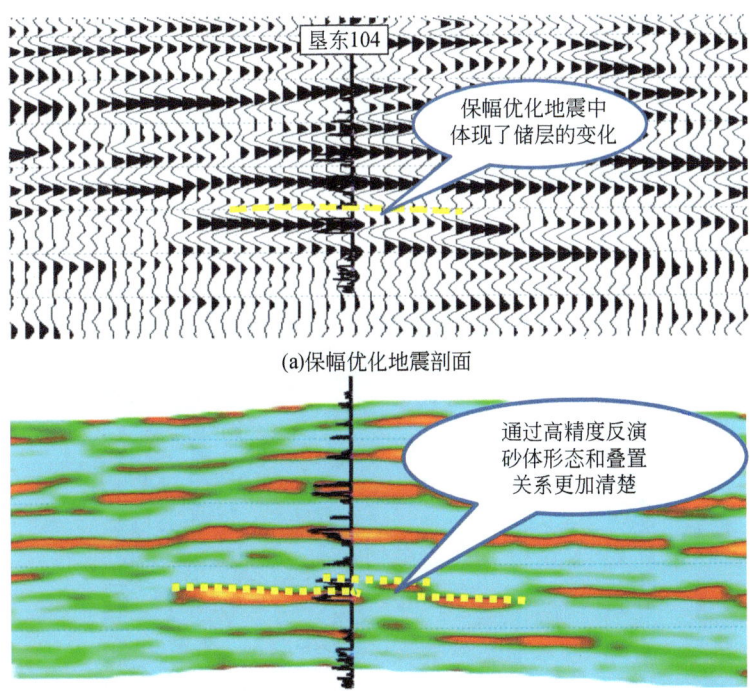

(a)保幅优化地震剖面

(b)反演拉梅系数乘密度

图 6-94 垦东 104 井储层识别效果分析

从过垦东 102 井地震剖面上看(图 6-95),保幅优化处理地震中具有储层变化的细微信息,但由于储层薄,对于储层表征不明显,利用高精度叠前反演技术能够把这些细微的地震变化信息表现得更加合理准确,钻遇的 5m 厚油层清楚。

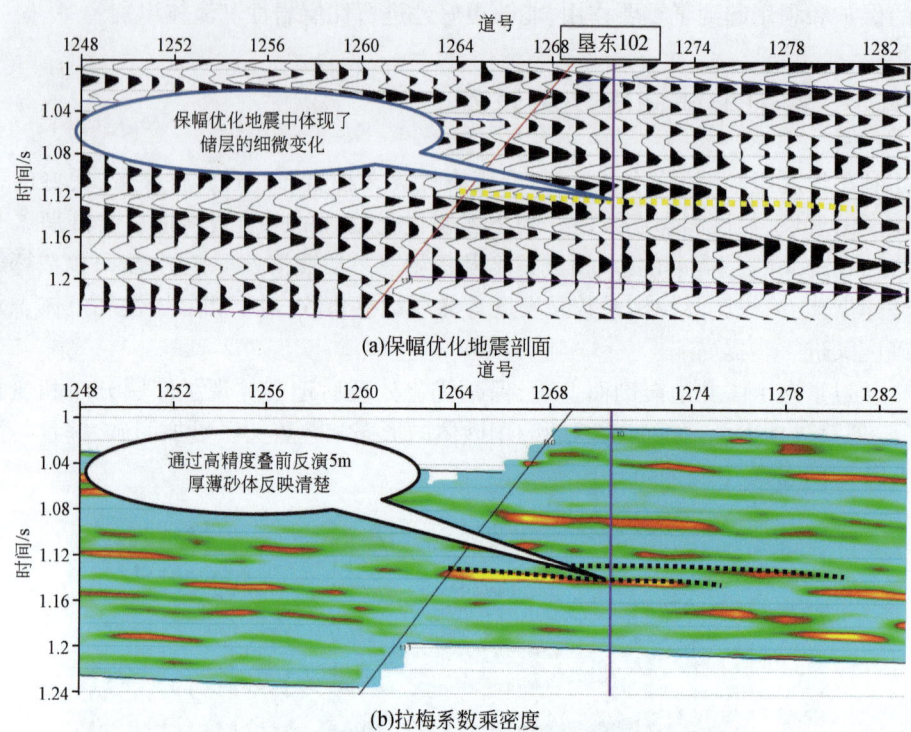

图 6-95 垦东 102 井储层识别效果分析

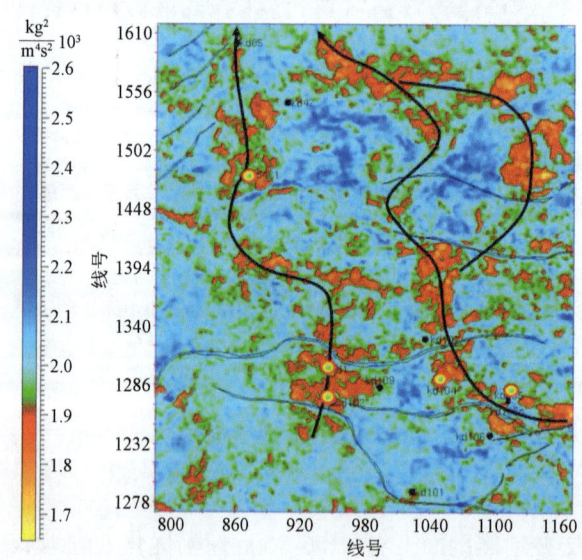

图 6-96 保幅优化后馆上 4 砂组拉梅系数与密度乘积属性平面图

基于保幅优化后资料利用叠前同时反演技术进行了反演,根据测井统计分析拉梅系数乘密度对于岩性和流体识别效果最好的认识,对该属性进行了分析(图6-96),宏观上能够很好地识别储层的形态,通过实钻井分析,已钻较好的含油储层都落在了河道上,保幅优化处理以及叠前反演技术对于该区岩性和流体的识别起到重要作用。

6.4.4 储层综合解释评价

应用保幅优化处理技术、叠前反演及储层表征技术对该区进行了储层预测(图6-97)。垦东87侧油层:有利含油面积为12.6km², 资源量为1260×10⁴t; 垦东42油层:有利含油面积为8.6km², 资源量为860×10⁴t; 垦东古2油层:有利含油面积为16.8km², 资源量为1680×10⁴t; 垦东87同层:有利含油面积为14km², 资源量为1400×10⁴t; 得到了垦东地区以下油气富集规律,北部多油层组叠合含油,富集程度优于南部,北部可细分为东西两个含油富集条带,对于该区的勘探开发起到了重要作用。

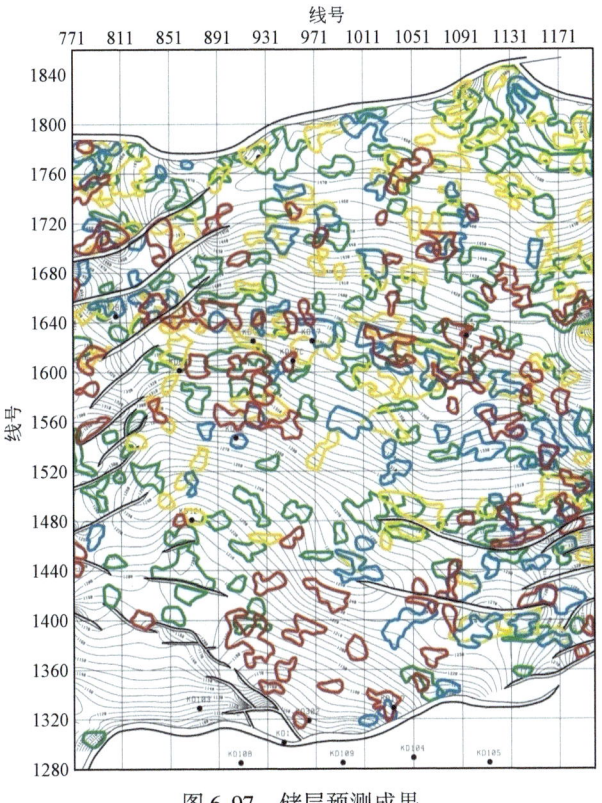

图6-97 储层预测成果

红线为垦东87侧油层;黄线为垦东古2油层;蓝线为垦东42油层;绿线为垦东87同层

6.4.5 小结

(1)在叠后数据中保幅优化处理后地震信噪比更高,储层有效信息更加突出。
(2)保幅优化处理技术能够保持储层的真实 AVO 特征,基于保幅优化处理后的数据叠前属性和叠前反演识别岩性和流体识别能力更强。

参考文献

白桦,李级鹏.1999.基于时频分析的地层吸收补偿.石油地球物理勘探,34(6):642~648.

曹思远.1994.小波变换在地震资料处理和分形研究中的应用.北京:中国石油大学(北京)博士学位论文.

陈树民,宋永忠,牛彦良.2001.松辽盆地地层吸收特性和地震波衰减规律研究.地球物理学进展,16(4):43~52.

杜世通.2005.地震波动力学.东营:石油大学出版社.

高静怀,陈文超,李幼铭,等.2003.广义S变换与薄互层地震响应.地球物理学报,46(4):526~532.

高军,凌云,周兴元.1996.时频域球面发散和吸收补偿.石油地球物理勘探,31(6):856~866,905.

高瑞琪,赵政璋.2001.中国油气新区勘探—渤海湾盆地隐蔽油气藏勘探.北京:石油工业出版社.

关达,付强.2003.地震解释技术新进展.勘探地球物理进展,26(5-6):367~373.

郭树祥.2009.地震资料保幅处理的讨论.油气地球物理,7(1):1~4.

郝芳,邹华耀,方勇.2005.隐蔽油气藏研究的难点和前沿.地学前缘,12(4):481~488.

何登发.2007.不整合面的结构与油气聚集.石油勘探与开发,4(2):142~149.

侯读杰,张善文,肖建新.2008.济阳坳陷优质烃源岩特征与隐蔽油气藏的关系分析.地学前缘,15(2):137~146.

侯明才,陈洪德,田景春.2001.层序地层学的研究进展.矿物岩石,21(3):128~134.

胡晓兰,樊太亮,王宏语,等.2010.隐蔽油气藏勘探理论体系再认识.天然气地球科学,21(6):996~1014.

黄新平.2009.叠前地震反演方法综述.内蒙古石油化工,14:49~50.

贾承造,赵文智,邹才能.2004.岩性地层油气藏勘探研究的两项核心技术.石油勘探与开发,31(3):3~9.

姜秀清,沈财余,李红梅.2002.模型技术在地震解释中的应用.石油地球物理勘探,37,增,189~195.

焦湘恒译.1988.真振幅恢复处理中最佳衰减曲线的确定方法.国外石油地球物理勘探,4(4):8~17.

敬魏,杨文斌.2007.吐哈盆地岩性勘探地震资料叠前处理技术.吐哈油气,12(1):40~42.

李鲲鹏,李衍达,张学工.2000.基于小波包分解的地层吸收补偿.地球物理学报,43(4):542~549.

李林,黄安敏,李添才,等.2011.南海西部深水区二维叠前地震成像方法应用研究.中国海上油气,23(5):299~302.

李丕龙,庞雄奇.2004.陆相断陷湖盆隐蔽油气藏形成—以济阳坳陷为例.北京:石油工业出版社.

李庆忠. 1993. 走向精确勘探的道路. 北京:石油工业出版社.
李生杰,施行觉,王宝善,等. 2002. 地层衰减在地震记录上的特征分析. 石油地球物理勘探, 37(3):248~253.
李世哲,刘洋,张凤琴,等. 2000. 复杂条件下地震波球面扩散衰减机制研究. 长春科技学学报, (30):82~88.
李晓明,陈双全,李向阳. 2012. 利用多分量地震数据反演近地表横波速度. 石油地球物理勘探, 47(4):532~536.
李振春,岳玉波,郭朝斌. 2010. 高斯波束共角度保幅深度偏移。石油地球物理勘探,45(3):360~365.
李振春,张军华. 2006. 地震数据处理方法. 东营:石油大学出版社.
林畅松,潘元林,肖建新. 2000. "构造坡折带"—断陷盆地层序分析和油气预测的重要概念. 地球科学:中国地质大学学报,25(3):260~267.
凌云. 2001. 大地吸收衰减分析. 石油地球物理勘探,36(1):1~8.
凌云,高军,吴琳. 2005. 时频空间域球面发散与吸收补偿. 石油地球物理勘探,40(2):176~182.
凌云,俞寿朋,周熙襄. 1995. 瞬时吸收率检测与高频噪声的剔除. 石油地球物理勘探,30(6):775~787.
凌云研究组. 2004a. 地震分辨率极限问题的研究. 石油地球物理勘探,39(4):435~442.
凌云研究组. 2004b. 叠前相对保持振幅、频率、相位和波形的地震数据处理与评价研究. 石油地球物理勘探,39(5):543~552.
刘财,刘洋,王典. 2005. 一种频域吸收衰减补偿方法. 石油物探,44(2):116~118.
刘财,张智,邵志刚. 2005. 线性粘弹体中地震波场伪谱法模拟技术. 地球物理学进展,20(3):640~644.
刘豪,王英民,王媛. 2004. 坳陷湖盆坡折带特征及其对非构造圈闭的控制. 石油学报,25(2):30~35.
刘伟,曹思远. 2008. AVO 技术新进展,30(6):471~479.
刘喜武,年静波,刘洪. 2006. 基于广义 S 变换的吸收衰减补偿方法. 石油物探,45(1):9~14.
陆基孟. 1993. 地震勘探原理. 东营:石油大学出版社.
罗立民. 1999. 河湖沉积体系三维高分辨率层序地层学. 北京:地质出版社.
马昭军,刘洋. 2005. 地震波衰减反演研究综述. 地球物理学进展,20(4):1047~1082.
牛嘉玉,李秋芬,鲁卫华. 2005. 关于"隐蔽油气藏"概念的若干思考. 石油学报,26(2):122~126.
潘元林,孔凡仙,郑和荣. 1998. 中国隐蔽油气藏. 北京:地质出版社.
庞雄奇,陈冬霞,张俊. 2007a. 隐蔽油气藏成藏机理研究现状及展望. 海相油气地质,12(1):56~63.
庞雄奇,陈冬霞,张俊. 2007b. 隐蔽油气藏的概念与分类及其在实际应用中需要注意的问题. 岩性油气藏,19(1):1~8.
芮拥军. 2011. 地震资料处理中相对保幅性讨论. 物探与化探,35(3):371~375.

撒利明,杨午阳,姚逢昌.2015.地震反演技术回顾与展望.石油地球物理勘探,50(1):184~183.

沈守文,彭大钧,颜其彬.2001.层序地层学预测隐蔽油气藏的原理和方法.地球学报,1(3):300~305.

宋建国,王艳香,乔玉雷,等.2008.AVO技术进展.地球物理学进展,23(2):508~514.

孙成禹.2007.地震波理论与方法.青岛:中国石油大学出版社.

孙鹏远.2005.AVO技术新进展.勘探地球物理进展,28(6):432~438.

陶云光,王小卫,吕磊,等.2010.大众地区碳酸盐岩储层地震资料叠前处理技术.石油地球物理勘探,45(2):230~236.

王宝善,孙道远,李生杰,等.2001.岩石非均匀性对超声衰减的影响及修正.中国地震,17(1):1~7.

王华忠,李伟波,张元巧.2007.起伏地表条件下偏移到多偏移距叠前时间偏移.勘探地球物理进展,30(5):361~367.

王英民,金武弟,刘书会.2003.断陷湖盆多级坡折带的成因类型、展布及其勘探意义.石油与天然气地质,24(3):199~205.

王永刚.2009.地震资料综合解释方法.青岛:中国石油大学出版社.

王有新.2009.应用地震数据处理方法.北京:石油工业出版社.

王云专,王晓华,王丽英.1998.分频球面扩散和频率吸收补偿.石油物探,1998年增刊,12~16.

渥·伊尔马滋.2006.地震资料分析——地震资料处理、反演和解释.北京:石油工业出版社.

吴金才,孟闲龙,王离迟,等.2004.准格尔盆地腹部隐蔽油气藏及勘探思路.石油与天然气地质,25(6):682~685.

席道瑛,程经毅,张斌,等.1997.饱和多孔岩石应力波的衰减特性.地震学报,19(5):457~461.

席道瑛,刘爱文,刘卫.1995.低频条件下饱和流体砂岩的衰减研究.地震学报,17(4):585~591.

席道瑛,刘斌,谢端,等.1998.孔隙流体饱和砂岩的衰减与频率的相关性.石油地球物理勘探,33(1):66~70.

席道瑛,邱文亮,程经毅,等.1997.饱和多孔岩石的衰减与孔隙率和饱和度的关系.石油地球物理勘探,32(2):196~201.

肖传桃,刘莉,陈志勇.2006.层序地层学的研究状况及有关理论问题探讨.石油天然气学报,28(6):1~7.

肖志波,张金淼,曹向阳.2013.基于岩石物理统计的两点技术应用分析.CT理论与应用研究,22(3):447~454.

熊翥.2002.复杂地区地震数据处理思路.北京:石油工业出版社.

熊翥.2008.地震数据处理应用技术.北京:石油工业出版社.

杨万里.1984.隐蔽油气藏勘探的实践与认识.哈尔滨:黑龙江科学技术出版社.

杨占龙,陈启林.2006.岩性圈闭与陆相盆地岩性油气藏勘探.天然气地球科学,17(5):616~621.

杨忠民,黄大云.1994.小波变换在提高信噪比和分辨率中的应用.石油地球物理勘探.29(5):623~629.

姚振兴,高星,李维新.2003.用于深度域地震剖面衰减与频散补偿的反Q滤波方法.地球物理学报,46(2):229~230.

尹太举,张昌民.2005.层序地层格架内的油气勘探.天然气地球科学,16(1):25~30.

俞寿朋,董兆斌,梁杰牛,等.1984.地震勘探中的分辨率和信噪比问题.物探科技通报,2(2).

俞寿朋.1993.高分辨率地震勘探.北京:石油工业出版社.

张进铎.2006.地震解释技术现状及发展趋势.地球物理学进展,21(2):578~587.

张善文,王英民,李群.2003.应用坡折带理论寻找隐蔽油气藏.石油勘探与开发,3(30):5~8.

张向林,陶果,刘新茹.2006.油气地球物理勘探技术进展.地球物理学进展,21(1):143~151.

张延玲,杨长春,贾曙光.2006.地震属性技术的研究和应用.地球物理学进展,21(4):1129~1133.

张振波,轩义华,刘宾.2014.基于各向异性理论的深水区地震资料叠前处理技术.吉林大学学报:地球科学版,44(3):1031~1038.

赵邦六,石玉梅,姚逢昌,等.2013.多分量地震全波形弹性反演预测砂岩油藏剩余油分布.石油学报,34(2):328~333.

赵文智,邹才能,汪泽成.2004.富油气凹陷"满凹含油"论—内涵与意义.石油勘探与开发,31(2):5~13.

郑荣才,吴朝容,叶茂才.2000.浅谈陆相盆地高分辨率层序地层研究思路.成都理工学院学报,27(3):241~244.

周能丰,李青.2005.振幅补偿与保幅处理探讨.小型油气藏,10(4):23~26.

周心怀,王德英,张新涛.2016.渤海海域石臼坨凸起两个亿吨级隐蔽油气藏勘探实践与启示.中国石油勘探,21(4):30~37.

R.E.谢里夫,L.P.吉尔达特.1999.勘探地震学.北京:石油工业出版社.

Bickel S H, Natarajan R R. 1985. Plane-wave Q deconvolution. Geophysics,50(9):1426~1439.

Claserbout J F. 1971. Toward a unified theory of reflector mapping. Geophysics,36(3):467-481.

Cohen I. 1995. Time-Frequency Analysis:Theory and Application. Englewood Cliffs, N J:Prentice Hall.

Connolly P. 2012. Elastic impedance. The Leading Edge,18(4):438~452.

Cross T A. 1994. High resolution stratigraphic correlation from the perspective of base level cycles and sediment accommodation//Precedings of Northwestern European Sequence Stratigraphy Congree,105~123.

Dvorkin J, Nur A. 1993. Dynamic poroelasticity: a unified model with the squirt and the Biot mechanisms. Geophysics,58:524~533.

Farra V, Virieux J, Madariaga R. 1989. Ray perturbation theory for interfaces. Geophys J Int, 99:377~390.

Ferber R. A filter bank solution to absorption simulation and compensation. Seg/Houston,2005 Annual Meeting.

Futterman W. 1962. Dispersive body waves. Journal of Geophysical Research,67:5279~5291.

Goodway B, Chen T, Downton J. 1997. Improved AVO fluid detection and lithology discrimination using lame petrophysical parameters. SEG Technical Program Expanded Abstracts, 16: 183~186.

Halbouty M T. 1981. The Deliberate Search for the Subtle Trap. Oklahoma: AAPG Memoir, 32: 1~8

Hale D. 1981. An inverse Q filter. Stanford Exploration Project, 28: 289~298.

Hale D. 1982. Q-adaptive deconvolution Stanford Exploration Project, 30: 133~158.

Haq B U, Hardenbol J, Vail P R. 1987. Chronology of fluctuating sea levels since the Triassic. Science, 235: 1156~1167.

Hargreaves N D, Calvert A J. 1991. Inverse Q filtering by Fourier transform. Geophysics, 56(4): 519~527.

Hilterman F J. 2001. Seismic amplitudeinterpretation. Tulsa: Society of Exploration Geophysicists: 68~82.

Kjartansson E. 1979. Attenuation of seismic waves in rocks and application in energy exploration. Palo Alto: California Stanford University.

Kjartansson E. 1979. Constant Q wave propagation and attenuation. Journal of Geophysical Research, 84(B9): 4737~4748.

Levorsen A I. 1964. The obscure and subtle trap. AAPG Bulletin, 48(5): 141~156.

Mansinha L, Stoekwell R G, Lowe R P. 1997. Pattern analysis with two dimensional spectral localization. Application of two dimensional S-transform E. Physics Seccion A, 239(3): 286~295.

Martins J L. 2006. Elastic impedance in weakly anisotropic media. Geophysics, 71(3), 73~83.

McDonal F J, Angona F A, Mills R L, et al. 1958. Attenuation of shear and compressional waves if Pierre shale. Geophysics, 23(2): 421~439.

Pinnegar C R, Eaton D W. 2003. Application of S-transform to prestack noise attenuation filtering. Journal of Geophysial Research, 108(B9): 1~10.

Pinnegar C R, Mansinha L. 2003. The S-transfo1Tn with windows of arbitrary and varying shape. Geophysics, 68(1): 381~385.

Qian S, Chen D. 1999. Joint time-frequency analysis. IEEE Signal Processing Magazine, 16(2): 52~67.

Sambridge M S, Kennett B L N. 1990. Boundary value ray tracing in heterogeneous medium: a simple and versatile algorithm. Geophys J Int, 101: 157~168.

Schleicher J, Tygel M, Hurbal P. 1993. True-amplitude finite-offset migration. Geophysics, 58(8): 1112~1126.

Shuey B R T. 1984. A simplification of the zoeppritz equations. Geophysics, 50(4): 609~634.

Smith G C, Gidlow P M. 1987. Weighted stacking for rock property estimation and detection of gas. Geophysical Prospecting, 35(9): 915~942.

Stoekwell R G, Mansinha L, Lowe R P. 1996. Localization of the complex spectrum: the Stransform. IEEE Transactions on Signal Processing, 17(6): 998~1001.

Stolt R H. 1978. Migration by Fourier transform. Geophysics, 43(1): 23~48.

Vail P R. 1987. Seismic stratigaphy interpretation using sequence stratigraphy, Part 1:

Seismicstratigraphy interpretation procedure// Bally A M. Atlas of seismic stratigraphy, studies in Geology. American Association of Petroleum Geologists, Studies in Geology.

Wang Y H. 2002. A stable and efficient approach of inverse Q filtering. Geophysics, 67(2):657~663.

Wang Y H. 2006. Inverse Q filter for seismic resolution enhancement. Geophysics, 71(3):V51~V60.

Whitcombe D N. 2002. Extended elastic impedance for fluid and lithology prediction. Geophysics, 67(1):63~67.

Winbow G A, Schneider W A. 1999. Weights for 3-D controlled amplitude prestack time migration. 69th Annual Internat. Mtg. , Soc. Expl. Geophys. , Expanded Abstracts.